エピジェネティクス革命

——世代を超える遺伝子の記憶

ネッサ・キャリー［著］

中山潤一［訳］

The Epigenetics Revolution

How Modern Biology is Rewriting Our Understanding of Genetics, Disease and Inheritance

Nessa Carey

丸善出版

The Epigenetics Revolution

How Modern Biology is Rewriting Our Understanding
of Genetics, Disease and Inheritance

by

Nessa Carey

Originally published in English by Icon Books Ltd., under the title:
"The Epigenetics Revolution: How Modern Biology is Rewriting Our Understanding of Genetics, Disease and Inheritance", © 2011 Nessa Carey.

Japanese edition ©2015 Maruzen Publishing Co. Ltd., Tokyo, Japan.
Japanese translation rights arranged with Nessa Carey c/o The Andrew Lownie Literary Agent Ltd., London through Tuttle-Mori Agency, Inc., Tokyo.

Printed in Japan

※原著者の許諾を得て一部内容の更新および改変を行った。

私の人生を「リプログラム」した

アビー・レイノルズのために

そして、ショーン・キャリー(1925〜2011)に捧ぐ

謝辞

私はここ数年間、本当に素晴らしい研究者たちと一緒に仕事する機会に恵まれた。その数は多すぎてすべての方の名前を挙げることはできないが、以下の方々には特に感謝の意を表したい。マイケル・バートン（Michelle Barton）、ステファン・ベック（Stephan Beck）、マーク・ベッドフォード（Mark Bedford）、シェリー・バーガー（Shelley Berger）、エイドリアン・バード（Adrian Bird）、クリス・ボショフ（Chris Boshoff）、シャロン・デント（Sharon Dent）、ディディエ・デヴィス（Didier Devys）、ルチアーノ・ディ・クローチェ（Luciano Di Croce）、アン・ファーガソン＝スミス（Anne Ferguson-Smith）、ジャン＝ピエール・イッサ（Jean-Pierre Issa）、ピーター・ジョーンズ（Peter Jones）、ボブ・キングストン（Bob Kingston）、トニー・クーザライズ（Tony Kouzarides）、ピーター・レアード（Peter Laird）、ジェニー・リー（Jeannie Lee）、ダニッシュ・モアゼド（Danesh Moazed）、スティーヴ・マクマホン（Steve McMahon）、ウルフ・レイク（Wolf Reik）、ラミン・シークハッター（Ramin Shiekhattar）、イリナ・スタンチェヴァ（Irina Stancheva）、アジム・スラーニ（Azim Surani）、ラズロー・トラ（Laszlo Tora）、ブライアン・ターナー（Bryan Turner）、パトリック・ヴァルガ＝ワイズ（Patrick Varga-Weisz）。

セルセントリック（CellCentric）での以前の同僚にも感謝したい。ジョナサン・ベスト（Jonathan Best）、デーヴァナンド・クリース（Devanand Crease）、ティム・フェル（Tim Fell）、デヴィッド・ノールス（David Knowles）、ニール・ペッグ（Neil Pegg）、ティア・スタンウェイ（Thea Stanway）、ウィル・ウェスト（Will West）。

本書は私の処女作であり、私と本書にかけてくれた代理人であるアンドリュー・ロウニー（Andrew Lownie）に心から感謝する。

出版経験のまったくない私に辛抱強くお付き合いいただいたアイコン（Icon）社の方々に感謝する。シモン・フリン（Simon Flynn）、ナジマ・フィンレイ（Najma Finlay）、アンドリュー・ファーロウ（Andrew Furlow）、ニック・ハリデー（Nick Halliday）、ハリー・スコーブル（Harry Scoble）。

家族や友人たちからも多大な支援を受けた。ここで彼らの名前を挙げられないことを許してほしい。しかし、ストレスを感じていた私に、娯楽と気晴らしを与えてくれた次の人々に感謝したい。エレノア・フラワーデイ（Eleanor Flowerday）、ウィレム・フラワーデイ（Willem Flowerday）、アレックス・ギブス（Alex Gibbs）、エラ・ギブス（Ella Gibbs）、ジェシカ・シェイル・オトゥール（Jessica Shayle O’Toole）、リリー・サットン（Lili Sutton）、ルーク・サットン（Luke Sutton）。

私が「本を書いているので、友達に会えない」とか「皿洗いできない」とか「週末出かけられない」といっても、あきれずに見守ってくれた私の素晴らしいパートナー、アビー・レイノルズ（Abi Reynolds）に感謝している。本書を書き終えたいま、ようやく社交ダンスのレッスンが受けられるわ。

はじめに

私たちが生物学について学ぶ際、ＤＮＡですべてを説明できると思いがちである。次の例は、２０００年６月20日、研究者たちがヒトゲノムの解読を発表したときに出された声明である。

「今日私たちは、神が生命をつくるために使った言語を手に入れたのだ。」

アメリカ合衆国大統領　ビル・クリントン

「いま、我々がこれまで医学に望んできたすべてを実現する可能性を手にしたのだ。」

英国科学大臣　セインズブリー卿

「ヒトゲノムを解読することは、ひとりの人間を月に送り込むことと比較されてきたが、実際にはそれ以上のものである。これは現代においてだけでなく、人類史上に残る偉大な業績である。」

マイケル・デクスター、ウェルカム・トラストこれらの声明や多くの似た記述から、私たちの健康や病気の問題のほとんどはヒトゲノムの解読によって容易に解決され、多くの研究者はホッと胸をなでおろしたと思われるかもしれない。なんといっても、私たちはヒトの設計図を手に入れたのだ。今後私たちがすべきことは、この設計図をもう少し詳しく理解して、その細部を補うだけでよいはずだった。

しかし残念なことに、これらの声明は、ひいき目に見たとしても時期尚早であることがわかったのだ。現実にはそんなに簡単な話ではなかった。

ＤＮＡについて話すとき、私たちは工場で車の部品をつくるときの金型に似た、鋳型のようなものを思い浮かべる。工場では、溶けた金属やプラスチックがこの鋳型に何千回と流し込まれ、工程に何か不具合が起こらない限り、同じ車の部品が何千個も鋳型から飛び出してくる。

しかし実際は、ＤＮＡはそのようなものではない。むしろ、お芝居の台本のようなものである。たとえば「ロミオとジュリエット」という戯曲を考えてほしい。１９３６年の映画版では、ジョージ・キューカーが監督で、レスリー・ハワードとノーマ・シアラーが主演をつとめた。60年後、バズ・ラーマン監督の別の映画版では、レオナルド・ディカプリオとクレア・デインズが主演をつとめた。どちらの作品もシェイクスピアの台本をもとにしているが、二つの映画はまったくの別物である。出発点は同じなのに、結果が異なっているのだ。

細胞がＤＮＡの中の遺伝暗号を読み出すとき、これと同じことが起きている。同じ台本が異なる作品を生み出すのである。これから本書で具体例を見ていくように、ヒトの健康においてこの事実はとても大きな意味を持つ。すべての事例において、ＤＮＡという設計図には何も起きていない、と理解することが重要である。本書でこれから紹介する人々のＤＮＡは変化（変異）していない。しかし、彼らの生涯にわたる生活は、環境に応答して決定的に変化したのだ。

　オードリー・ヘップバーンは、20世紀の最も偉大な映画女優のひとりである。洗練されていて上品、繊細な愛らしさに包まれ、壊れてしまいそうなくらい華奢な体。「ティファニーで朝食を」のホリー・ゴライトリー役は、それまで映画を見たことがないような人でさえも魅了した。この輝くほどの美しさが、実はひどい困窮から生み出されたというのは驚くべきことである。オードリー・ヘップバーンは、第二次世界大戦の最中に起きた、「オランダの冬の飢饉」として知られる事件を生き延びたひとりだった。この事件は彼女が16歳のときに終結したが、虚弱体質を含むこのときの後遺症は一生涯続いたのだった。

　オランダの冬の飢饉は１９４４年の11月に始まり、翌１９４５年の晩春まで続いた。この季節の西ヨーロッパはひどく寒く、４年にもわたる非人道的な戦争によって荒廃した大陸に、さらなる苦難をもたらした。なかでも最悪だったのは、この時期にドイツ占領下にあったオランダ西部だ。ドイツによる物理的封鎖は、オランダの人々に対する食糧供給量を壊滅的に減少させた。人々は通常必要とされるカロリー摂取量の30％に満たない食糧で生き延びなければならないときもあった。人々は雑草やチューリップの球根を食べ、手に入る家具の木片を燃やして必死に生き延びようとした。１９４５年の5月に食糧の供給が回復するまでに、２万人以上の人が亡くなった。

　このときの恐ろしいほどの食糧不足はまた、科学研究における驚くべき集団をもつくり出したのだ。この飢饉を生き延びたオランダ人は、一時期だけ、しかも正確に同じ期間だけ栄養不良を経験したことがはっきりしている個人の集団である。オランダにおける優れた健康管理の基盤と記録管理によって、疫学者は飢饉の長期にわたる影響を追跡することができた。彼らが見出したことは、まったく予想外の結果であった。

　最初に研究された対象のひとつは、飢饉のときに母親の胎内にいた子どもの出生時体重への影響だった。もし母親が妊娠初期に栄養の十分な食事を取っていて、妊娠の終わりの数か月間だけ栄養不良になったら、赤ちゃんは低体重で生まれるだろう。一方、もし母親が妊娠の最初の3か月だけ栄養不良に苦しんで、その後栄養状態が回復したら、ふつうの体重の赤ちゃんが生まれる可能性が高い。胎児は、妊娠の最後にはふつうの状態に追いつくと考えられる。

　胎児の成長のほとんどは、妊娠の最後の数か月に進むという考えが一般的であるため、この結果は当然のことのように思われた。ところが、疫学者たちがこれらの赤ちゃんの追跡調査を何十年にもわたって行い、その結果明らかになった事実は実に驚くべきものだった。低体重で生まれた赤ちゃんは、その後ずっと小さいままで、一般の人よりも低い肥満率を示したのだ。40年、あるいはそれよりも長い間、これらの人々はほしい食べ物を自由に手にすることができたにもかかわらず、体は胎児期の栄養不良の影響を克服することができなかったのである。なぜ克服できなかったのか？　胎児期の経験は、どうやって何十年も彼らに影響を与えたのか？環境が本来あるべき状態に戻ったのに、なぜこれらの人々はふつうに戻れなかったのか？

　もっと意外なことは、妊娠の初期にだけ栄養不良を経験した母親の子どもは、先の例と反対に通常より高い肥満率を示したことだ。最近の報告では、ある種の心の健康も含めた他の健康上の問題でも、高い確率で発症することが示されている。彼らは生まれたときにはまったく正常に見えるにもかかわらず、子宮の中で発生する際に起きた何かが、何十年もの間彼らに影響を及ぼしたのだ。重要なのは、このようなことが起きたという事実だけではなく、それがいつ起きたかということである。発生の最初の3か月という、胎児がとても小さい時期に起きた出来事が、その人のその後の一生に影響を及ぼし得るのだ。

さらに意外なことは、これらの影響のうちの一部は次の世代、つまり、妊娠の最初の3か月間栄養不良になった女性の孫にも及んでいるように見えることである。そう、妊娠したひとりの女性に起きた何かがその子どもの子どもに影響を与えたのである。この事実によって、これらの影響がどうやって次の世代へ伝わったのかという不可解な疑問が生まれたのだ。

ここで別の話を考えてみよう。統合失調症は、もし治療しなければ、発症した患者の基本的な身体能力を奪い、患者に深刻な影響を与える恐ろしい精神疾患である。患者は、妄想や幻覚に加えて、感情や意識を集中できなくなるなど、幅広い症状を示す。統合失調症の人は、現実と妄想や幻覚の世界を完全に区別できなくなることもあり、ふつうの認知的、感情的、社会的反応が失われてしまう。統合失調症の人は暴力的で危険だというひどい誤解があるが、ほとんどの患者はそのような傾向はなく、この病気で最も苦しむのは、おそらく患者本人であろう。統合失調症の人は、健康な人に比べて50倍も自殺を試みる可能性が高い。

悲しいことに、統合失調症は比較的よく見られる疾患である。この病気は、多くの国や文化において、だいたい０・５％から１％の人が発症する。現在この病気の患者は５０００万人以上いると考えられている。研究者はずいぶん前から、この病気の発症に遺伝的な要因が重要な役割を果たしていることを知っていた。なぜなら、一卵性双生児の一方が統合失調症を発症すると、もう一方の双子も50％の確率で発症するからだ。これは通常の人の１％に比べるときわめて高い数字である。

一卵性双生児はまったく同じ遺伝情報を持っている。彼らは同じ母親の子宮で成長し、多くの場合よく似た環境で育てられる。このような状況をふまえて考えると、双子のひとりが統合失調症を発症したら、もうひとりが同じ病気を発症する確率が高いのはそれほど驚くべきことではないかもしれない。逆に、そもそもなぜその程度でしかないのか、という疑問から考え始める必要があるように思える。なぜ１００％ではないのか？　外見上まったく同じに見える二人が、なぜそこまで違うのか？　双子のひとりが重い精神疾患を発症した場合、もうひとりも同じように病気を発症するのか？　コイントスの表と裏のように、発症したりしなかったりするのはなぜなのか？　環境の違いだけでは説明できそうにない。仮に説明できたとして、それでは環境の違いは、いったいどのように遺伝的に同一な二人に異なる影響を与えるのか。

さらに三つ目の具体例を考えてみよう。３歳未満の幼い子どもが両親から虐待され育児放棄される。最終的には自治体が介入し、子どもは実の両親から引き離され、里親か養子縁組した親に預けられる。新しい親は子どもを愛し、慈しみ、愛に満ちた家庭をつくるためにできる限りのことをする。そしてその子どもは、幼児期、青年期、若い成人期を通じて新しい両親と一緒に生活する。

このような人にとってすべてが順調な場合もある。その場合虐待などを受けず、ふつうに子ども時代を過ごした仲間と見分けがつかないくらい、幸福で落ち着いた人物に成長する。しかし悲しいことに、そのようにうまく行かない場合もある。成長の早い段階で虐待や育児放棄を受けた子どもは、ふつうの人に比べて、明らかに高い精神疾患のリスクを伴って成長する。多くの場合、うつ病や自傷行為、薬物中毒、自殺における高いリスクを持った大人に成長する。

ここでもう一度問いかける必要があるだろう。幼少期に受けた育児放棄や虐待などの影響を克服することが、なぜこれほどまでに難しいのか？　人生の初期に起きたことが、どうして何十年も後になって、明らかな形で精神衛生上の影響を与えなければならないのか？　なかには、幼少期のトラウマの記憶を完全になくしている場合もある。しかし、それでも後の人生において、精神的、感情的な影響に苦しめられるかもしれないのだ。

これらの三つの具体例は、一見まったく異なる事例に見えるかもしれない。最初の事例は、これから生まれる子どもの栄養について、二つ目は遺伝学的に同一な個人間に生じる違いについて、三つ目は、幼少期の虐待によって起きる長期的な精神的ダメージについての話である。

しかし、これらの話は生物学の根本的なレベルで結びついている。これらはすべて「エピジェネティクス」の事例である。エピジェネティクスは、生物学に革命を起こしつつある新しい基本原理である。遺伝的に同一な二つの個体が、ある観点から見たときに同一でない場合、そのような現象はエピジェネティクスと呼ばれる。環境の変化が生物にある影響を及ぼし、変化自体がとっくの昔に消えてしまった後でもその影響が続いているようなとき、私たちはまさにエピジェネティクスを目のあたりにしているのだ。

エピジェネティクスは、私たちの身のまわりでそれこそ毎日のように見ることができる。研究者は長年にわたって、先に述べたようなエピジェネティクスの事例を数多く見出してきた。研究者がエピジェネティクスというときは、実際に起きていることを遺伝暗号だけではきちんと説明できない、そんなすべての事象のことを指している。そこには別の何かがあるに違いないのだ。

「遺伝的に同一の個体が、お互いまったく異なって見える」というのは、確かにエピジェネティクスを科学的に説明するひとつの方法である。しかしそこには、遺伝的台本と最終産物の間に不一致をもたらすメカニズムが存在しているはずである。これらのエピジェネティックな影響は、すべての生物の基本単位である細胞の中にある分子の、何らかの物理的な変化によって起きているに違いない。このように考えると、エピジェネティクスについて、「分子として記述された変化」という別の見方ができる。このモデルによると、エピジェネティクスは「遺伝子自体は変化させずに、遺伝子のスイッチをオン、あるいはオフに変化させる、私たちの遺伝物質上の一連の付加的変化（修飾）」と定義することができる。

「エピジェネティクス」という言葉が二つの異なる意味を持つというのはわかりにくいかもしれないが、同じ現象を二つの異なるレベルで説明しているからにすぎない。これは、古い新聞記事の写真を虫眼鏡で見て、その写真が細かいインクの点で構成されていることに気づくのに似ている。もし虫眼鏡がなければ、新聞記事の写真をどれも一つのまとまりだと思って、どうやって毎日たくさんの新しい画像をつくり出しているのか、きちんと理解することはないだろう。一方、もし常に虫眼鏡を通して新聞を見ていたら点しか見えず、点が集まってつくられるすばらしい画像や、少し離れて見ることで目に入る全体像を見ることができない。

　最近の生物学における革命は、この驚くべきエピジェネティクス現象がどのように起きているのかについて、実際に私たちが理解し始めたことである。大きな画像を見ているだけでなく、いまやその画像をつくり出している個々の点を調べることができる。これは、生まれと育ちの間のミッシングリンク、つまり、どのように環境が私たちに作用し、ときにその環境が私たちを永遠に変えるのかという疑問について、私たちがようやく理解し始めたことを意味する。

　エピジェネティクス（epigenetics）という語の「エピ（epi）」はギリシャ語に由来し、～の上に（on, upon）、～を越えて（over）、あるいは、～の傍らに（beside）を意味している。私たちの細胞のＤＮＡは、純粋で混ざりもののない分子ではない。小さな化学的変化（化学修飾）が、特定の領域のＤＮＡに付加されることがある。またＤＮＡは特別なタンパク質に巻きつけられて核内に詰め込まれている。これらのタンパク質自身も、また小さな化学修飾がつけられている。これらの化学修飾はどれも、遺伝暗号を変えるものではない。しかし、化学修飾をＤＮＡにあるいは結合タンパク質につけたり取り除いたりすると、近くの遺伝子の発現が変化する。遺伝子発現の変化は、細胞の機能や性質を変える。もしこれらの化学修飾パターンが、発生の重要な時期に生じたり、あるいは消去されたりしたら、そのパターンは、たとえ１００年以上生き続けたとしても残りの人生においてセットされたままということもあるだろう。

ＤＮＡ設計図がすべての出発点であるという点については、もちろん議論する余地はない。設計図はとても重要な出発点であり、間違いなく必須の存在である。しかし、ときに素晴らしく、ときには驚異的な生物の複雑性を説明するには、ＤＮＡだけでは不十分である。もしＤＮＡ配列がすべてであれば、一卵性双生児はいつでもあらゆる面で完璧に同一になるはずである。栄養不良の母親から生まれた赤ちゃんは、健康的に人生をスタートした他の赤ちゃんと同じように体重が増えるはずである。第1章で見ていくように、もし私たちの体の細胞が完全に同じであれば、私たちの体は決まった形を持たない、ただの大きな塊にしかならないだろう。

エピジェネティクスは広範な生物学分野に影響を及ぼし、私たちの考え方にもたらされた革命は、地球上の生命の思いもしなかったようなフロンティアにどんどん広がっている。本書で紹介する例には以下のような話が含まれる。なぜ2個の精子、あるいは2個の卵で赤ちゃんをつくることができず、それぞれひとつずつでないといけないのか？　何がクローン動物作製を可能にしたのか？　なぜクローン動物をつくるのは難しいのか？　なぜある植物では開花する前に寒い時期を経る必要があるのか？　女王バチと働きバチはすべて遺伝的に同じなのに、なぜ体の形から役割までまったく異なっているのか？　なぜ三毛猫はみな雌なのか？　ヒトは数百もの複雑な器官に何兆もの細胞を持ち、顕微鏡下でしか見えない虫（線虫）は約１０００個の細胞と原始的な器官しか持っていない。それにもかかわらず、なぜ私たちと線虫は同じ数の遺伝子を持っているのか？

大学の研究者も企業の研究者も、エピジェネティクスがヒトの健康にとても大きな影響を与えていることに気がつきつつある。エピジェネティクスは、統合失調症から関節リウマチ、がんから慢性疼痛に至るまで、さまざまな病気と深く関わっている。すでに、エピジェネティクスの過程を阻害することである種のがんを治療する2種類の薬が開発されている。先進国の人々を苦しめている深刻な病気を治療するために、製薬会社は次世代エピジェネティクス薬の開発に何億ドルも投資している。エピジェネティクス治療は、創薬における新境地なのだ。

これまでの生物学を考えると、19世紀はダーウィンとメンデルによってもたらされた進化と遺伝学の時代であり、20世紀はワトソンとクリックの発見をきっかけとするＤＮＡの時代、つまり遺伝と進化がどのように結びつくのかについて理解が進んだ時代であった。そして、この21世紀はエピジェネティクスという新しい学問領域の時代である。エピジェネティクスは、ＤＮＡの発見によってもたらされた生物学上のドグマの実体を解き明かし、さらにそのドグマを、より多様で、より複雑で、しかもより美しいものに再構築する。

エピジェネティクスは魅力的な世界である。それは驚くほど繊細さと複雑さに満ちており、第3章と第4章において、遺伝子がエピジェネティックに修飾されたとき起きる分子生物学について深く掘り下げて見ていく。しかし、これまで生物学にもたらされた数多くの革新的な概念と同様に、エピジェネティクスも一度説明されてしまえばあたりまえと思えるくらい単純な原理である。第1章では、そのような問題の中でも最も重要な例を紹介する。それはエピジェネティクスの革命を引き起こした研究である。

	ヒト	ヒト以外（例：マウス）
遺伝子名	*SO DAMNED COMPLICATED*	*So Damned Complicated*
遺伝子表記	*SDC*	*Sdc*
タンパク質名	SO DAMNED COMPLICATED	So Damned Complicated
タンパク質表記	SDC	Sdc

●命名法に関して

遺伝子やタンパク質の名前の書き方には国際的な慣例があり、本書ではその慣例に従っている。

遺伝子の名前や記号は斜体（イタリック体）で、遺伝子がコードするタンパク質は立体で記載している。

ヒトの遺伝子やタンパク質は大文字で記載している。たとえばマウスのような他の生物種では、最初の文字だけ大文字としている。

ある仮想の遺伝子を使って、上の表に表記の仕方をまとめる。

とはいえ、ルールというのはどれもそうだが、この表記方法にも気まぐれな点がある。本書ではおおむねこの慣例に従うが、例外もいくつかあることを了解してほしい。

【目次】

THE EPIGENETICS REVOLUTION

第1章

みにくいヒキガエルと優雅な人間

第1章●●
みにくいヒキガエルと優雅な人間

それはヒキガエルのようにみにくく、毒を持っているが、
頭の中には貴重な宝石を宿している

ウィリアム・シェイクスピア『お気に召すまま』より

人間の体は約50兆から70兆個の細胞で形づくられている。桁数がわかりやすいように表記すれば、50,000,000,000,000の細胞である。この推定の仕方には少し曖昧な点もあるが、実際にその数を想像するのは難しいかもしれない。もし人の体を構成する細胞を1個1個分けて、それらを毎秒1個ずつのペースで数えるとすると、少なく見積もっても約１５０万年かかる計算になる。しかもこの計算にはコーヒータイムや数え間違いの時間は含まれていない。これらの細胞は実に多様な組織を形づくり、すべての細胞が高度に特殊化し、そしてそれぞれの細胞がお互いまったく違っている。何か突拍子もないことでも起きない限り、私たちの頭のてっぺんから腎臓が成長することはないし、目玉の中から歯が生えてくることはない。これは、一見するととてもあたりまえのように見えるが、そもそもなぜそのようなことが起きないのだろうか？　私たちの体の中のすべての細胞が、最初の1個の細胞から

分裂して生じたことを考えると、これは実に奇妙なことではないだろうか。この最初の細胞は「受精卵」と呼ばれている。受精卵は、ひとつの精子とひとつの卵が合体してつくられる。この受精卵が二つに分かれ、分かれた二つがまたさらに分裂し、これがくり返されて人の体という奇跡の作品が生み出されるのである。分裂するたびに、これらの細胞はお互い徐々に違うものになっていき、特殊化した細胞種がつくり出される。この過程が「分化」である。この分化の過程は、すべての多細胞生物にとって必須の過程である。

顕微鏡を使って細菌を見ると、同じ種に属する細菌はすべて同じように見える。次にヒトの細胞、たとえば、小腸で栄養を吸収する細胞と脳の神経細胞を同じように顕微鏡で見てみるとしよう。すると、それらが同じ星のもとに生まれた細胞であることさえ自信を持てないくらい、違って見える。しかし、いったいなぜなのか？　これらの細胞はみんな同じ遺伝材料から出発したのだ。たった1個の出発点の細胞、つまり受精卵からできたのだから、これは間違いない。ということは、これらの細胞は1枚の設計図を持ったたったひとつの細胞から、互いにまったく異なる細胞になったのである。

このような細胞の違いを説明するひとつのアイディアは、「細胞が同じ情報を異なる様式で使っている」というものであり、この考えは正しい。しかし、このようなアイディアをいってみたところで、私たちはいっこうに前に進んでいない。H・G・ウェルズの『タイムマシン』を映画化し、ロッド・テイラーが時間旅行をする科学者に扮した1960年の作品には、こんなシーンがある。彼がタイム・マシンを科学者の友人たちに披露し、そのうちのひとりが、タイム・マシンがどのように動くのか説明を求めるのである。主人公は、マシンの操縦者がどのように時間旅行をするのか、その仕組みを次のように説明する。

操縦者の前には操縦レバーがある。前方に倒すとマシンは未来へ向かい、後方に倒すと過去へ向かう。より強い力で倒せば、より速くマシンは時間を旅するのだ。

みなこの説明を聞いて物知り顔でうなずく。ここで問題なのは、これは機械の仕組みに関する説明ではなく、ただの操縦方法の説明にすぎないということだ。「細胞が同じ情報を異なる様式で使っている」というのもこれと同じことであり、私たちに本質的な何かを伝えているのではなく、すでに知っていることをただ別の言葉で言い換えているにすぎない。

もっと興味深いことは、細胞はどのように同じ情報を異なる仕組みで使っているかを明らかにすることである。さらに重要なことは、どのように細胞は遺伝子の使い方を記憶しているかということであろう。私たちの骨髄細胞はずっと赤血球をつくり続けるし、肝臓は肝臓の細胞をつくり続ける。いったいどうしてこのようなことが可能なのか?

ひとつの魅力的な仮説として、細胞が特殊化するに従って、たとえば不要になった遺伝子を捨て去るなどして、自身の遺伝物質を再構成するという考えがある。肝臓は活発できわめて複雑な臓器である。イギリス肝臓協会のウェブサイトによると[1]、肝臓は500を超す機能を果たしている。小腸で消化された食べ物を分解したり、毒を無毒化したり、私たちの体の中でさまざまな仕事をする酵素をつくり出したりしている。しかし、肝臓が決してしない仕事のひとつに酸素の運搬がある。これは赤血球が担当し、その中にはヘモグロビンというタンパク質が詰め込まれている。ヘモグロビンは、酸素が豊富に存在する肺などの臓器の中で酸素と結合し、たとえば足先の毛細血管のような酸素を必要としている場所にたどり着くと酸素を放出する。肝臓は決してこのような仕事はしない。したがって、まったく使う必要のないヘモグロビン遺伝子を捨ててしまっていても何の不思議もない。

細胞が使う予定のない遺伝子を単純に失っているというのは、実に明快で合理的なアイディアである。細胞が分化するに従って、もう必要のなくなった何百もの遺伝子を処分する。このアイディアをもう少し控えめにしたのが、もう使わない遺伝子をシャットダウン（不活性化）するという方法である。細胞は遺伝子を完全に不活性化するという作業を効率よく行って、いったん不活性化した遺伝子のスイッチが細胞内でふたたびオンになることがないようにしているのかもしれない。遺伝子を失う、あるいは完全に不活性化する、というきわめて合理的なこれらの仮説を検証するための鍵となる実験が、本章のタイトルである「みにくいヒキガエルと優雅な人間」につながるのだ。

●生物学的時間を巻き戻す

これらの仮説を検証する最初の実験は、何十年も前にイギリスのジョン・ガードンによって、最初はオックスフォードで、のちにケンブリッジにおいて行われた。ジョン・ガードン教授はいまもケンブリッジで、彼の名前にちなんで名づけられたピカピカでモダンな建物の中の研究室で研究を続けている。彼は人間的魅力にあふれ、謙虚で、印象深い男性であり、彼の画期的な成果から40年たったいまでも、彼自身が築きあげた分野で研究成果を発表し続けている。

もしケンブリッジ界隈で会ったら、ひと目でジョン・ガードンとわかるくらい彼は印象的な容姿をしている。いまは70代だが、背が高く、細身で、ブロンドの髪をオールバックにした素敵な髪型をしている。アメリカの映画に出てくる典型的なイギリスの老紳士のようであり、彼がイギリスの名門イートン校を卒業したというのはその容姿にぴったりに思える。彼についてはひとつ楽しい話がある。彼はいまでもイートン校の生物学教師からもらった通知表を大事に持っており、その通知表の中で教師は「ガードン君は科学者になりたいと思っているようだが、いまの様子を見る限り、それは実にばかげた話だ」と書いている。[2] ジョンは、単に暗記するだけのつまらない学習を毛嫌いしていたため、教師はこのようなコメントをしたというのだ。これから見ていくように、ジョン・ガードンは素晴らしい科学者であり、暗記することより想像することの方がはるかに重要なことなのだ。

１９３７年、ハンガリー出身の生化学者アルベルト・セント＝ジョルジが、ビタミンCの発見などの業績においてノーベル生理学・医学賞を受賞した。少々異なる翻訳もあるが、共通の解釈として、彼は「発見」を次のように定義している。「誰もが見たことのある物を見て、誰も考えたことのないことを考える」[3]。これは、偉大な科学者が実際にしていることを表現した言葉として、おそらく最も的確な言葉であろう。ジョン・ガードンは実に偉大な科学者であり、セント＝ジョルジと同じノーベル賞への道を歩んだのである。２００９年、まず彼はラスカー賞を共同受賞している。ゴールデン・グローブ賞の受賞者が、しばしばアカデミー賞も受賞するように、ジョン・ガードン博士は、実際２０１２年に、山中伸弥博士とともにノーベル生理学・医学賞を受賞したのだ。ジョン・ガードンの仕事が最初に報告されたとき、それは疑う余地のないくらい素晴らしいものであったため、どうしてこれまで誰も同じことをしなかったのか不思議に思われたほどであった。彼が問いかけた疑問、そして彼がその疑問に答えた方法は、科学的な観点から見ても優雅で、自明に見えるほど洗練されたものである。

ジョン・ガードンは研究にカエルの未受精卵を使った。あなたも小さい頃、水槽にたくさんのカエルの卵を入れて、ジェリー状の塊がオタマジャクシに、そして最後には小さなカエルになるのを見たことがないだろうか？　そのようなカエルの発生を見たことがある人は、その呼び名を知っていたかどうかはともかく、受精卵というものを観察していたはずである。受精卵の中には精子がすでに入りこんでいて新しく完全な核を形づくっている。ジョン・ガードンが使った卵は、この卵に似ているが、精子にさらされる前の卵であった。

彼が実験でカエルの卵を選んだのにはきちんとした理由があった。両生類の卵は一般的にとても大きく、体の外にたくさん産み出され、しかも透けて見える。こうした利点のある卵は技術的に扱いが簡単なので、両生類は発生生物学にとってきわめて有用な実験動物として重宝されている。両生類の卵がヒトの卵よりずっと便利なのは間違いない。というのもヒトの卵は、そもそも入手が難しく、たとえ手に入れたとしても扱いが難しく、透けて見えることもなく、単に見るだけでも顕微鏡を必要とするぐらい小さい。

ジョン・ガードンは、俳優のジョン・マルコヴィッチのような見た目のキモかわいい動物のひとつでもあるアフリカツメガエル（正式名称は*Xenopus laevis*）を使って、カエルの卵が発生、分化、成長する際に、細胞に何が起きているのか調べた。彼は、大人のカエルの組織を構成する細胞が、最初の受精卵のときと同じ遺伝情報をすべて保持しているのか、あるいは特殊化した細胞になるにつれて、一部の遺伝情報を不可逆的に不活性化しているのかを確認したかった。彼が実際に行った方法は、大人のカエルの細胞から核を取り出して、その核をあらかじめ核を取り除いておいた未受精卵に挿入することであった。現在この方法は体細胞核移植（somatic cell nuclear transfer：ＳＣＮＴ）と呼ばれ、本書の中でこの後何度も出てくる手法である。体細胞を表すsomaticという言葉は、ギリシャ語の「体」を表す語、bodyに由来している。

ジョン・ガードンはＳＣＮＴを行った後、その卵を適切な環境に置いて（まるで子どもが水槽にカエルの卵を入れるように）、これらの卵のうち何個かでも、卵からかえって小さなオタマジャクシになるかどうかを観察した。

この実験は、「細胞がより特殊化（分化）するにつれて、もともと持っていた遺伝物質を不可逆的に消失、あるいは不活性化する」という仮説を検証するために考案されたものである。これらの実験から得られる結果としては、以下の二つが考えられる。

〈想定される結果その1〉

仮説は正しく、大人の核は新しい個体をつくるために必要な最初の設計図の一部を失っている。このような状況では、大人の核は卵の核の代わりをすることはできず、すべての組織、器官を備えた新しい個体を生み出すことはできない。

〈想定される結果その2〉

この仮説は間違いであり、もともとの核を取り除き、その核を大人の組織由来の核で置き換えた卵から新しいカエルが生まれる。

ジョン・ガードンがこの問題に取り組む以前に、二人の研究者が同じ問題について考え始めていた。この二人はブリッグスとキングという名前で、ヒョウガエル（*Rana pipiens*）という別種のカエルを使っていた。１９５２年、彼らは非常に早い発生段階の細胞から核を取り出し、あらかじめ核を取り除いた卵に移植して生きたカエルを得ることに成功していた。この実験は、細胞を壊すことなく核を取り除いた卵に、別の細胞の核を移すことが技術的に可能であることを示している。しかしながら、ブリッグスとキングはこの最初の報告の後で、同じシステムを使ってより発生の進んだ細胞の核を移植したところ、カエルをつくり出すことができなかったと報告した。この二つの論文で、核を取り出すために使った細胞の違いは驚くほどわずかであり、実際、核を取り出すのがたった1日違っただけで、カエルを生み出すことができなかった。この結果は、遺伝物質を不可逆的に不活性化する何らかの出来事が、細胞が分化するにつれて起こるという仮説を支持するものであった。ジョン・ガードンほど意志の強い人でなければ、やる気をなくしていたに違いない。しかしジョン・ガードンは、実に10年以上もの間この問題に取り組んだのである。

　実験をどうデザインするかがきわめて重要だった。たとえば、あなたがいまアガサ・クリスティーの探偵小説シリーズを読み始めたと想像してみてほしい。最初の3冊を読み終わった時点で、「アガサ・クリスティーの小説では、殺人者は必ず医者だ」という仮説を立てるとする。さらに3冊読み進んだところ、確かにいずれの場合も殺人者が医者である。私たちは最初の仮説を証明したのだろうか？　答えはノーだ。仮説を証明するためには、さらにもう1冊読んで確かめるという作業をいつまでも続けなくてはならない。もしシリーズのいくつかが絶版になっていたり、入手困難だったりしたらどうだろうか？　どれだけ多くの小説を読んだとしても、コレクションのすべてを読んだという確証は得られないかもしれない。しかし、それが仮説を反証することの喜びでもある。私たちに必要なのは、小説の中でポワロかミス・マープルが、医者は完全に潔白で、本当の殺人者は牧師だと明らかにする、というたったひとつの事例だけであり、それで私たちの立てた仮説はくずれ落ちる。仮説を証明するのではなく反証するというのは、科学的実験を組み立てる際の醍醐味でもある。

　そして、これこそがジョン・ガードンの仕事の神髄である。彼が実験を行っていた当時、彼が挑戦していたことは当時の技術レベルからするときわめて難しいものだった。もし彼が大人の核を使ってカエルを生み出すことに失敗したとしても、それは単に技術的な問題なのかもしれない。たとえ何度も実験してカエルが得られなかったとしても、これは実際の仮説の証明にはならないだろう。しかし、もし本来の核を大人の核に置き換えた卵から生きたカエルを生み出すことができたら、彼は仮説を反証したことになる。そして彼は、細胞が分化する際、その遺伝物質は不可逆的に失われたり変化したりすることはない、ということを疑う余地なく実証したことになる。この実験手法の美しさは、たった1匹のカエルの存在が理論全体をひっくり返してしまうというところであり、事実、彼は見事にひっくり返したのである。

ジョン・ガードンは、協力し合いながら研究を進める科学者の性分や、広く研究者に設備を開放した研究室や大学に対して信じられないほど感謝の念を表している。彼が紫外線を発生させる最新機械を備えた研究室で研究を始められたことは、実に幸運なことであった。紫外線を使うことで、彼は卵に過剰なダメージを与えることなくもとの核の機能を壊すことができたし、また紫外線は細胞自体を柔らかくするため、ガラスの皮下注射針を使ってドナー核を卵に注入することができた。当時同じ研究室でまったく別の研究をしていた彼の同僚は、カエルの生育自体には影響を与えず、見た目で容易に識別できるカエルの変異体をつくっていた。ほとんどすべての変異と同様に、この変異体は核の遺伝子の変異が原因であり、細胞質を介して遺伝するものではない。細胞質には厚い脂肪層があり、その中に核が存在している。ジョン・ガードンは通常のカエルから採取した卵と、変異を持つカエルから取り出したドナー核を使ったのである。彼はこの工夫によって、実験で得られたカエルが、ドナー核に由来する変異体の体色を持っており、紫外線処理後に残った少数の卵の核による実験的エラーではないことをはっきりと示すことができた。

　分化した細胞から取り出した核が、たとえば未受精卵といった適切な環境に置かれれば、きちんと動物の個体を生み出すことができるということを実証するため、ジョン・ガードンは１９５０年代後半から約15年の年月を費やした[4]。ドナーとなる細胞がより分化（特殊化）しているほど、生まれてくる動物の数としての成功率は減少した。しかし、反証実験の素晴らしい点はここにある。実験にはたくさんのカエルの卵を必要とするかもしれないが、別に生きたカエルをたくさんつくり出す必要はない。殺人者でないたったひとりの医者さえいれば、事は足りるのだ。

ジョン・ガードンはこの実験で、遺伝子をオンにしたりオフにしたりする「何か未知のメカニズム」が細胞に存在しているが、遺伝物質は細胞から失われたり、永久に不活性化されたりすることはないということを示したのである。なぜならば、成熟したカエルの核を、核を取り除いた未受精卵という適切な環境に置いたとき、その核は自分の由来に関する記憶をすべて忘れてしまったのである。最初の受精卵の核のような無垢な状態に戻り、すべての発生過程を再開したのだ。

　細胞におけるこの「何らかの未知のメカニズム」が、実はエピジェネティクスである。エピジェネティック・システムは、ＤＮＡに書き込まれた遺伝子をどのように使うかを制御するものであり、それは細胞分裂を何百回経ても細胞から細胞へ伝えられる。エピジェネティック修飾は、遺伝暗号の上に存在し、細胞のふるまいを何十年も規定する。しかし、ある適切な状況の下では、このエピジェネティック情報は消し去られ、その下に変わらずに存在するまっさらのＤＮＡ配列が現れる。これは、ジョン・ガードンが分化した細胞の核を未受精卵に入れたときに、まさに起こった出来事である。

　ジョン・ガードンが新しい赤ちゃんガエルを生み出したとき、彼はこの過程を知っていたのだろうか？　答えはノーだ。では、彼がそれを知らなかったとして、彼の輝かしい成功に傷がつくだろうか？そんなことはまったくない。ダーウィンが自然選択による進化の理論を考え出したとき、彼は遺伝子のことを何も知らなかった。メンデルがオーストリアの修道院の菜園で、世代を通じて正確に受け継がれるエンドウの遺伝要素についての考えに思い至ったとき、彼はＤＮＡのことを何も知らなかった。これらは大した問題ではない。彼らは誰も見たことのないものを見つけ、その発見によって、私たちは突如として新しい世界観を手にしたのである。

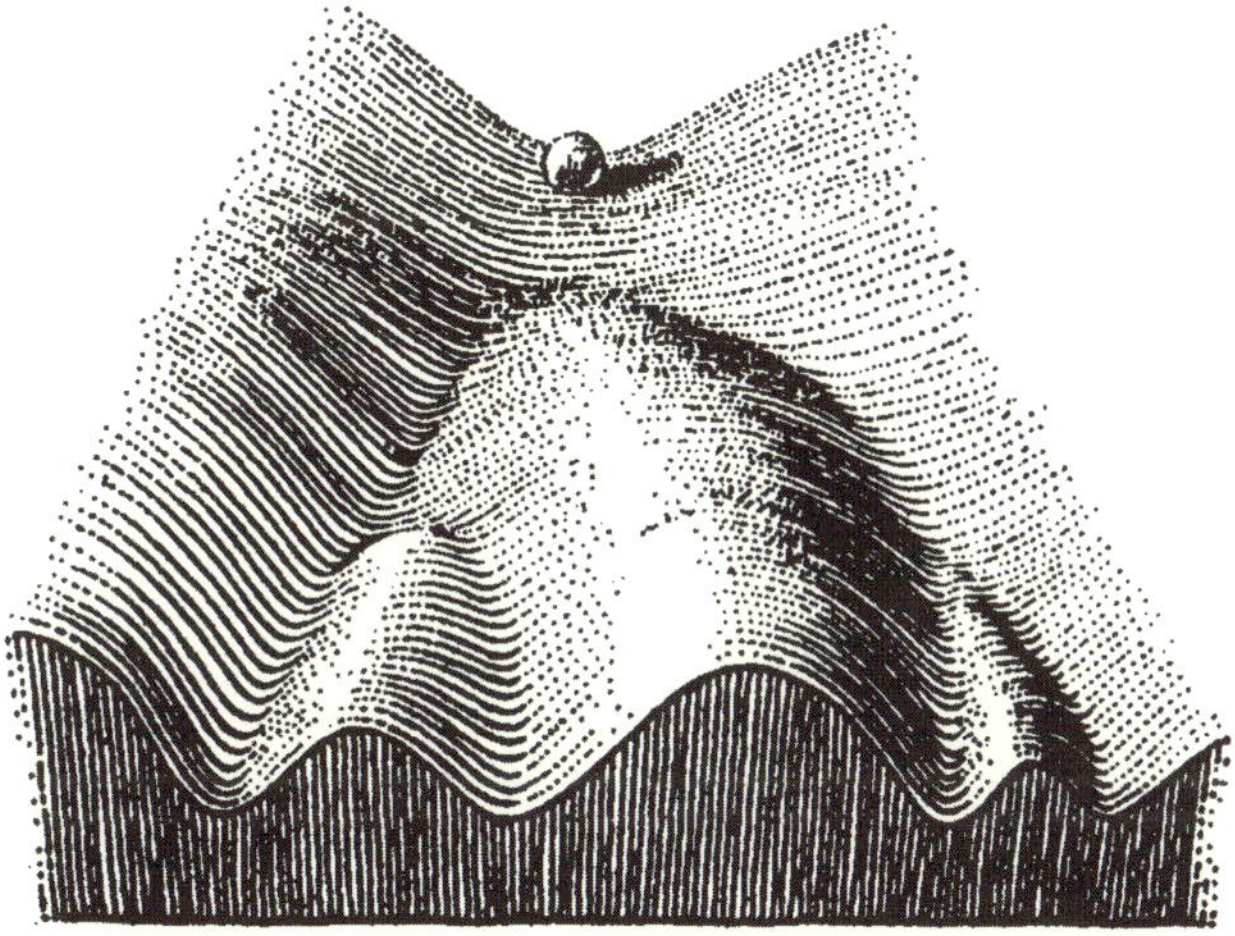

図1.1　エピジェネティック・ランドスケープを表現するためにコンラッド・ワディントンが描いたイメージ。ボールの位置は異なる細胞運命を表現している。

●エピジェネティック・ランドスケープ

不思議なことに、ジョン・ガードンが自身の研究をしていたとき、すでにひとつの概念的な枠組みが存在していたのである。タイトルに「エピジェネティクス」という名前が入っている学会に行くと、たいてい**図1・1**のような白黒の絵を示す講演者がいるだろう。この図は「ワディントンのエピジェネティック・ランドスケープ」と呼ばれている。

コンラッド・ワディントンは、きわめて影響力の大きいイギリスの学者であった。彼は1903年にインドで生まれたが、学校に行くためイギリスに帰らされた。彼はケンブリッジ大学で勉強したが、実際にはエジンバラ大学でキャリアのほとんどを過ごした。彼の学術的な興味は幅広く、発生生物学から視覚芸術、哲学にまで及んだ。これらの分野間の融合が、彼が切り開いた新しい考え方の中に顕著に表れている。

ワディントンは、１９５７年にこの隠喩的なエピジェネティック・ランドスケープを示し、発生生物学の概念をわかりやすく説明した。[5] このランドスケープは実に示唆に富んでいる。まず目に入るのは、丘の頂上に置かれたボールである。ボールが丘を転がり出せば、丘の下へ向かういくつかの谷のひとつに進むと予想できる。

このワディントンのランドスケープの絵を見て、何がわかるだろうか？　まず私たちは、いったんボールが谷底にたどり着いたら、何か手を加えない限りボールはそこにとどまったままだとわかる。ボールを丘の上から転がすのに比べたら、底まで転がってしまったボールをもとの頂上まで戻すのがとても大変なことがわかる。また、ひとつの谷に転がり落ちたボールを別の谷に転がし直すことが容易でないこともわかる。いったん転がった道筋を戻して改めて別の谷へ転がす方が、谷底から谷底へ、直接尾根越えのルートをとるより容易かもしれない。これは、二つの谷底が複数の尾根で隔てられている場合特にそうである。

このイメージは、細胞が分化する際に何が起きているのかを想像する際、驚くほど役に立つ。丘の上のボールは受精卵、つまり卵と精子が融合してできた単一の細胞を表現している。体を形づくるさまざまな細胞が分化してより特殊化するとき、個々の細胞は、丘を転がりひとつの谷底へ向かうボールのようにふるまうのである。いったん谷の行けるところまで行き着いたら、そこから動かず、何か突拍子もないことが起きない限り、細胞が別の種類の細胞に変わる（別の谷底へ飛び越えていく）ことはない。丘の頂上に戻って、また転がり直してありとあらゆる種類の細胞を生み出すこともない。

ワディントンのランドスケープは、先ほどのタイム・マシンのレバーの例えのように、単なる言い換えだと思うかもしれない。しかし、実際にはそれだけではなく、私たちが発生の過程を理解するのを助けるモデルなのである。本章に出てくる他の多くの科学者と同じように、ワディントン自身も詳しいメカニズムは知らなかったが、それは問題にはならない。彼は、問題に対する有用な考え方を私たちに示してくれたのである。

ジョン・ガードンの実験は、もし彼が十分強い力でタイム・マシンのレバーを押し戻せば、ときとして細胞を丘の谷底から頂上まで逆戻りさせることができるということを示したのである。ジョン・ガードンと彼のチームがつくり出したカエルは、さらに二つの重要なことを私たちに教えてくれた。ひとつ目はクローニングが可能だ、ということである。クローニングとは、大人の細胞から動物の複製（コピー）をつくることであり、実際彼が成し遂げたことである。二つ目はクローニングがとても難しいということである。なぜなら、1匹のカエルをなんとか生み出すために、体細胞核移植を数百回も実施する必要があったからである。

1996年にロスリン研究所のキース・キャンベルとイアン・ウィルムットが初めて哺乳動物のクローン、羊のドリーをつくり出したときに大騒ぎになったのはそのためである[6]。ジョン・ガードンと同じように彼らは体細胞核移植を行ったのだ。ドリーの場合、大人の雌羊の乳腺細胞から取り出した核を、あらかじめ核を取り除いた羊の未受精卵に移植した。そして移植した卵を雌羊の子宮に移植した。成功するまで永遠に実験をやめないくらいの根気強さなくして、クローニングの先駆者は現れなかっただろう。現在エジンバラのスコットランド博物館のガラスケースに納められているこのドリーが生まれるまで、キャンベルとウィルムットは３００回近くも核移植を行ったのである。競走馬やコンテストで優勝した牛、さらにはペットとしての犬や猫まで、あらゆる種類の動物のクローンがつくり出されている現在でも、その成功率は気が遠くなるほど低い。ドリーがよろよろと立ち上がり、若くして関節炎にかかったその足で歴史の1ページをめくってからいまに至るまで、未解決なままの疑問が二つある。一つ目は、動物のクローニングはなぜこんなにも効率が悪いのかという疑問である。二つ目は、クローンとして生まれた動物が、自然に生まれた子どもに比べて不健康になりがちなのはなぜかという疑問である。どちらも、その答えはエピジェネティクスにある。私たちがエピジェネティクスという分野を探っていくにつれて、これらの疑問に関する分子メカニズムが明らかになるだろう。しかしその前に、H・G・ウェルズにあやかって、ケンブリッジのジョン・ガードンから30年ほど後の日本の研究室にタイムトラベルすることにしよう。そこでは、ジョンと同じように根気強いひとりの研究者が、大人の細胞から動物をクローニングする、まったく新しい方法を見つけていた。

THE EPIGENETICS REVOLUTION

第2章

私たちはどのように坂の上り方を学んだのか

第2章●●

私たちはどのように坂の上り方を学んだのか

どんな知的な愚か者でも物事をより大きく、より複雑にすることはできる……
その反対の方向へ物事を動かすには、ちょっとした才能と多大な勇気が必要だ

アルベルト・アインシュタイン

ジョン・ガードンの研究から約40年、そしてドリーの誕生から10年後に時間を進めよう。哺乳動物のクローンに関しては盛んに報道され、クローニングという作業がすでに日常的で簡単なものになっていると思うかもしれない。ところが現実は、核移植によってクローンを作成することはいまでもかなりの時間と労力を必要とし、それゆえ非常にコストがかかるというのが一般的である。そもそもの大きな問題は、体細胞の核を卵に移植する過程については人の手作業に頼らざるを得ないという点にある。ジョン・ガードンが用いた両生類とは異なり、哺乳動物は一度にたくさんの卵をつくれないという問題もある。また、バケツに自然に生み出されるカエルの卵とは異なり、哺乳動物の卵は体の中から注意深く取り出す必要がある。さらに、哺乳動物の卵を健康な状態に保っておくには、細心の注意を払って培養する必要がある。クローニングを行う研究者は、手作業で卵から核を取り出し、大人

の細胞から傷つけずに取り出した核を卵に注入し、さらに別の雌の子宮に移植するまで、慎重に卵を培養しなくてはならない。これは、信じられないくらい骨の折れる作業であり、しかも一度にひとつの細胞しか扱えないのである。

研究者たちはみな、理想的なクローニングとはどのようなものかを夢に描いてきた。まずコピーをつくりたい大人の哺乳動物から、手に入れやすい細胞を取り出す。皮膚をこするだけで得られる少量の細胞は、最も容易に入手可能な細胞試料のひとつである。そして実験室で、これらの細胞に何か特殊な遺伝子やタンパク質、あるいは化学物質を加えるなどの処理をする。この処理によって、取り出した細胞中の核のふるまいを変化させる。皮膚細胞の核ではなく、受精直後の新しい受精卵から取り出した核と同じようなふるまいをさせるのだ。これは、大人の細胞から取り出した核を、あらかじめ核を取り除いた未受精卵に移すのと同じような効果をもたらすのである。この想像上の実験手法の利点は、小さな細胞を操作する高い技術や、困難で時間のかかるほとんどの段階を経ずにすむ点にある。もしこのような実験が可能になれば、これまで一度にひとつの核を移植していた作業が、多くの細胞に対して同時に行うことができるような簡便な技術に変わるだろう。

さて、もしそのような細胞をつくり出すことができたとして、次は代理母にそれらの細胞を入れる方法を見出さなくてはならない。しかし、代理母が必要なのは私たちが完全な個体をつくり出したい場合だけで、たとえば、名誉ある賞を獲得した雄牛や種馬の完全なクローン個体をつくり出したい場合などである。良識ある多くの人は、完全なヒトのクローンをつくることを望んだりしない。ヒトのクローンをつくることに関しては、クローン技術に詳しい研究者やクローン作成を可能とする技術基盤を持つすべての国で事実上禁止されている。しかし、多くの現実的な目的においては、クローン技術をヒトへ応用するような段階まで進む必要性はない。私たちが手にしたいのは、多種多様な細胞へ変化する潜在性を持つ細胞なのである。このような細胞は「幹細胞」として知られ、ワディントンのランドスケープでたとえると、頂上に近いところに位置する細胞である。私たちがそのような細胞を必要とする背景には、先進国で大きな問題となっている病気と関係がある。

　地球上の経済的に豊かな地域において、死因となる病気のほとんどは慢性的な病気である。それらは長い時間をかけて体をむしばみ、じわじわと私たちに死をもたらす。たとえば心臓病を例に取ると、もしある人が最初の心臓発作の後で命を取り留めたとしても、完全に健康な心臓を取り戻せるわけではない。心臓発作の間に、心筋細胞の一部は酸欠状態に陥って死んでしまう。きっと心臓は代わりの細胞をつくってくれるので問題ないと思うかもしれない。確かに私たちがどれだけ献血をしたとしても、骨髄がまた赤血球細胞をつくり出してくれるし、同様に、よほど深刻な損傷を受けない限り、肝臓は再生して自身を修復し続けることができる。しかし、心臓は別物なのだ。心筋細胞はいわば最終状態まで分化した細胞であり、ワディントンの丘の一番底まで行って、ひとつの谷にはまり込んだ状態にある。心臓は骨髄や肝臓とは異なり、新しい心筋細胞に変化するような、最終分化していない細胞（心臓幹細胞）の予備を持ち合わせていない。したがって、心臓発作の後に起きる長期の問題は、私たちの体が新しい心筋細胞をつくれないということである。心臓は死んだ心筋細胞を結合組織に変えることしかできず、決して以前と同じように拍動することはない。

　同じようなことが数多くの病気で起こっている。たとえば、10代の若者が1型糖尿病を発症すると、インスリン産生細胞が失われる。アルツハイマー病では脳細胞が失われる。変形性関節炎を発症すると、軟骨産生細胞が消えていく。このような病気は挙げればきりがない。もしこれらの細胞を、まったく同じ細胞で、しかも自分自身の細胞で置き換えることができれば、実に素晴らしいことに違いない。そのような方法があれば、拒絶反応という、臓器移植をかくも困難にし、ドナー適合の可能性を低くしている問題すら気にする必要がなくなる。このような目的で幹細胞を使うことはクローン治療と呼ばれ、ある人の病気を治療するために、その人の細胞とまったく同じ細胞をつくり出すのである。

私たちは、40年以上も前からこのような方法が理論的に可能だということを知っている。ジョン・ガードンの研究や彼の後に行われた研究は、大人の細胞が体の全細胞をつくり出すための設計図をきちんと持っていることを明らかにしてきた。ジョン・ガードンは、大人のカエルから核を取り出し、その核をカエルの卵に入れることによって、核をワディントンのランドスケープの谷底から頂上まで逆戻りさせて、新しい動物を生み出すことに成功した。大人の核は「リプログラムされた」のである。イアン・ウィルムットとキース・キャンベルは、羊を使ってまったく同じことを行った。ここで私たちが認識すべき重要な共通点は、どちらの場合においても、大人の核を未受精卵に入れたときにのみリプログラミングが起こったということである。本当に重要なのは卵の方なのだ。大人の核を取り出して卵ではない別の細胞に入れても、動物をクローン化することはできない。

なぜできないのか？

ここで少し細胞生物学に触れておく必要がある。核は、ＤＮＡ、あるいは遺伝子と呼ばれる、私たちの体を形づくるための設計図の大部分を含んでいる。核ではなく、ミトコンドリアと呼ばれる小さな細胞内小器官にもごく少量のＤＮＡが含まれているが、この話の中ではあまり気にしなくてよい。私たちが学校で細胞について習うとき、核があたかも絶対的な存在であり、細胞質と呼ばれる残りの部分は、たいした働きをしていない液体の入れ物のようなものだと教わったかもしれない。しかし、この説明はまったくのでたらめであり、卵の場合はなおさらである。カエルとドリーの研究は、卵の細胞質がきわめて重要な鍵を握っていることを教えてくれた。卵の細胞質に含まれる何かが、移植された大人の核を積極的にリプログラムしたのである。未知の因子が、核をワディントンのランドスケープの谷底から頂上まで引き戻したのだ。

卵の細胞質がどうやって大人の核を受精卵の核のように変えたのか、実際誰もきちんと理解してはいなかった。たとえどのようなメカニズムであっても、それは非常に複雑で、解明は困難だろうという強い思い込みがあった。科学の世界では、解明が不可能に見えるような大きな問題でも、その中に実は容易にアプローチできるような小さな問題が含まれている場合がよくある。そのような事例をふまえ、数多くの研究室が、概念的には単純に見えるが、技術的にはまだきわめて挑戦的なこの問題に取り組んだ。

●無限の可能性

ワディントンのランドスケープの頂上に置かれたボールを思い出してほしい。細胞学的な言葉で表現すると、このボールは受精卵であり、分化全能性があるといわれる。分化全能性とは、胎盤《たいばん》を含む体の中のすべての細胞を形成する能力のことである。もちろん、受精卵の数はとても限られており、

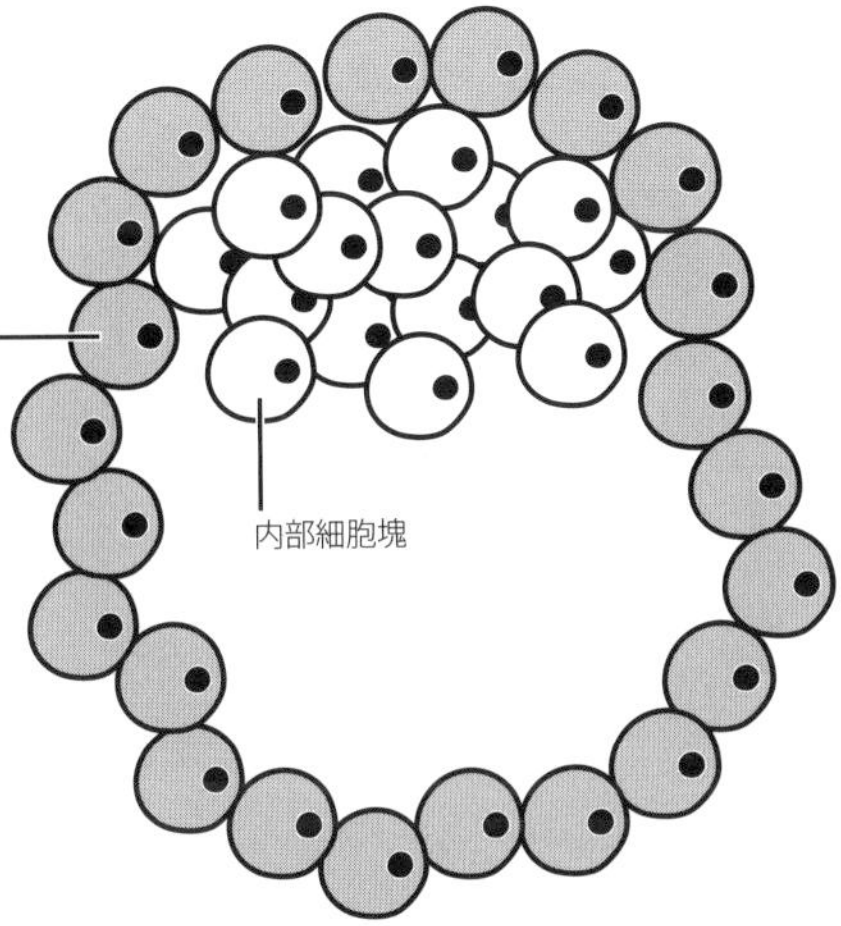

図2.1　哺乳動物細胞における胚盤胞の模式図。栄養外胚葉の細胞は、胎盤を生み出す。通常の発生では、内部細胞塊（ICM）の細胞は胚の組織を生み出す。実験室の環境下では、ICMの細胞は多能性の胚性幹細胞（ES細胞）として培養することができる。

初期発生を研究する多くの研究者は、受精卵よりも少し発生の進んだ、有名な胚《はい》性《せい》幹《かん》細《さい》胞《ぼう》（ES細胞）を使って研究している。このES細胞は、通常の発生過程の結果としてつくり出される。受精卵は数回分裂して、胚《はい》盤《ばん》胞《ほう》（ブラストシスト：blastocyst）と呼ばれる細胞の塊をつくり出す。胚盤胞はだいたい150個足らずの細胞から構成されているが、すでにはっきり区別できる二つの層を持った初期胚である。外側の層は栄養外胚葉（trophectoderm）と呼ばれ、将来胎盤や他の胚体外組織になり、内側の層は内部細胞塊《かい》（ICM：inner cell mass）である。

図2・1は胚盤胞の様子を表している。この絵は二次元で描かれているが、実際には胚盤胞は三次元の構造であり、テニスボールの内側にゴルフボールがのりづけされているような形である。

ICMの細胞は、研究室の培養皿の中で増殖させることができる。この細胞を維持するのはとても手間がかかり、特別な培養条件と慎重な取り扱いを必要とする。しかし、きちんと面倒を見さえすれば、もとの細胞の状態を維持したまま無限に増殖し、私たちに相応の恩恵をもたらしてくれる。これがＥＳ細胞であり、その名が示す通り、胚のすべての細胞、最終的には成熟した動物のすべての細胞を形成できる。ただし、ＥＳ細胞は全能性（totipotent）を持たず、胎盤を形成することはできない。それゆえ、胎盤以外のあらゆる細胞を形成できるという意味で多能性（pluripotent）と呼ばれている。

　細胞が多能性を維持するのに何が重要なのかを理解するうえで、ＥＳ細胞の果たした役割ははかり知れない。ケンブリッジ大学のアジム・スラーニ、エジンバラ大学のオースティン・スミス、ボストンにあるホワイトヘッド研究所のルドルフ・イェニッシュ、京都大学の山中伸弥を含む数多くの一流研究者が、何年もの膨大な時間をかけて、ＥＳ細胞で働いている遺伝子やタンパク質を見つけようとしていた。彼らの目当ては、ＥＳ細胞の多能性を維持している遺伝子であった。適切な培養条件を保たないと、ＥＳ細胞はすぐに分化して他の細胞に変わってしまうことから、そのような多能性維持に関わる遺伝子はＥＳ細胞にとってきわめて重要だと考えられた。たとえば、一度ＥＳ細胞を培養皿いっぱいになるまで増殖させてしまうような、ほんの些細な培養条件の変化で、ＥＳ細胞は心筋細胞に分化して、本来の心臓の細胞のようにお互い同調して拍動し始める。また、培養液の中の微妙な化学物質のバランスをわずかに変化させてしまうだけで、ＥＳ細胞は心臓への経路から外れ、脳のニューロンを生み出す細胞へ分化し始める。

　ＥＳ細胞の研究者は、細胞の多能性を維持するために重要だと考えられる膨大な数の遺伝子を見出した。彼らが見つけた遺伝子の機能は必ずしも同じではない。いくつかの遺伝子は、ＥＳ細胞が２個のＥＳ細胞に分裂するような自己複製能に重要であり、また別の遺伝子群は、細胞を分化しないように引き留めるのに必要であったりした[1]。

　そうして、21世紀に入って最初の数年のうちに、研究者たちは培養皿の中でＥＳ細胞の多能性を維持させるための方法を見つけ、ＥＳ細胞の生物学的特性についての多くのことを理解するようになった。また、どのように培養条件を変えたら、ＥＳ細胞が、肝細胞、心臓細胞、神経といったさまざまな細胞に分化するのかについても明らかにされた。しかし、これらの知識は、私たちが先に夢見た実験法を実現するうえでどのように役立つのだろうか？　この情報を利用することで、ワディントンのランドスケープの頂上まで細胞を逆戻りさせる新しい方法を開発することができるのだろうか？　完全に分化した細胞に、研究室で何らかの処理をすることで、ＥＳ細胞のような多能性を持つ細胞に変えることができるのだろうか？　そのようなことが理論的には可能であると、信じるに足る十分な根拠は確かに存在したが、実際に可能になるまでの道のりは長かった。しかし、幹細胞を使って人の病気の治療をしたいと考えている研究者は、そのような方法の実現に驚くほどの期待を寄せていた。

　２００５年頃までに、20以上の遺伝子がＥＳ細胞にとって重要な遺伝子として特定された。それらの遺伝子がどのように一緒に働くのかについては必ずしもはっきりせず、ＥＳ細胞の生物学的特徴について、まだ私たちが理解していないことがたくさんあると考えるのはもっともであった。成熟した細胞を使って、その中にＥＳ細胞のような複雑な細胞内環境を再構築するのは、途方もなく難しいことだと考えられていたのである。

●楽観主義の勝利

ときに、科学史における偉大な発見は、一般には到底無理と思われることを無視して突き進むひとりの人間によってもたらされる。今回、周囲の誰もが不可能だと考えていたことに挑戦してみようと考えたのは、先ほど紹介した山中伸弥と、当時彼の研究室の博士研究員だった高橋和利である。

山中教授は、幹細胞や多能性の分野において最も若い世代の指導者のひとりである。彼は１９６２年に大阪で生まれ、かなり珍しいことに、日本でもアメリカでも著名な大学の教授職に就くことができた。彼は、もともと臨床医としての訓練を受け、整形外科の執刀医になった。この分野を専門とする医師は、よく他の外科医から、「ハンマーと彫刻刀部隊」と揶揄《やゆ》されることがある。これはひどい言われようだが、整形外科医の手術の訓練が、優雅な分子生物学や幹細胞研究からは最も遠く離れた世界というのも事実である。

山中教授は、おそらく他のどんな幹細胞研究者よりも、分化した細胞から多能性の細胞をつくり出す方法を見つけたい、という願望に突き動かされていたに違いない。彼はまず、ＥＳ細胞に特に重要だと考えられる24の遺伝子のリストから研究を開始した。これらの遺伝子はすべて、ＥＳ細胞が多能性を維持する際に、必ずスイッチが入っていないといけない、いわゆる「多能性遺伝子」と呼ばれる遺伝子であった。さまざまな実験手法を用いてこれらの遺伝子のスイッチをオフにすると、ＥＳ細胞は培養皿の中で拍動する心臓細胞のように分化して、決してＥＳ細胞に戻ることはない。このような遺伝子の調節は、哺乳動物の発生に際してごくふつうに起きていることであり、いったん細胞が分化して特殊化するときには、細胞は必ずこれらの多能性遺伝子のスイッチをオフにしている。

山中伸弥は、これらの遺伝子を組み合わせることで、分化した細胞をより未分化な発生段階に戻すことができるか試してみようと考えた。これは大ばくちのように思えたし、否定的な結果に終わるという不安は常にあった。「逆戻り」した細胞がひとつもなかった場合に、そもそも不可能な実験であったのか、あるいは実験条件が悪かっただけなのかを判断するすべがない。このような実験は、山中のようにすでに地位を確立した研究者にとっては、少しリスクがあるという程度のことかもしれないが、比較的若い博士研究員の高橋にとっては、彼の研究者人生を左右する大きな賭であった。

イギリスの首相だったウェリントン公爵は、個人的なラブレターが公にされそうになったとき、「勝手に公表するがいい、おまえの脅しなんか怖くない（Publish and be damned）」といった。科学者が唱えるモットーはこれとよく似ているが、ひとつ重要な点が違っている。「論文を出すか、破滅か（Publish *or* be damned）」である。つまり、論文を出さなければ研究資金を得ることもできず、大学で職を得ることもできないという意味である。もし、何年も努力した末の結論が「頑張ったけどダメでした」というものだとしたら、そのような研究が論文としてよい雑誌に掲載されることはまずあり得ない。したがって、ポジティブな結果が得られる見込みがほとんどないプロジェクトに着手するには、かなり思い切った決断が必要であり、この点で私たちは、特に高橋の勇気を賞賛しなくてはいけない。

山中教授と高橋博士は、多能性遺伝子と考えられる24の遺伝子を選び、マウス胚性繊維芽《せんいが》細胞（MEF：mouse embryonic fibroblast）として知られる細胞にこれらの遺伝子を導入して調べることにした。

繊維芽細胞は、結合組織の主要な細胞であり、皮膚を含むあらゆる器官に存在している。ＭＥＦは簡単に取り出すことができ、培養液中で盛んに増殖する優れた実験材料である。そもそもＭＥＦは胎児由来の細胞なので、まだ少しは未分化な細胞へ戻る能力を保持しているのではないかという期待もあって、出発材料として使われた。

ここでひとつ思い出してほしい。ジョン・ガードンは、見てすぐに区別がつけられるような遺伝的変異を持ったカエルの核とふつうのカエルの卵を用意して、どちらの核によって新しい動物がつくり出されたのか区別できるようにした。山中たちも似たような工夫をしている。彼らはあらかじめある遺伝子を導入しておいたマウス由来の細胞を使った。この遺伝子はネオマイシン耐性（*neo*^{r}）遺伝子と呼ばれ、その名の通りの働きをする遺伝子である。ネオマイシンは抗生物質であり、ふつうであれば哺乳動物の細胞を死滅させる。しかし、この*neo*^{r}遺伝子を発現するように遺伝子操作された細胞は、ネオマイシン存在下でも生き続けることができる。山中たちは、実験に使うマウスをつくるとき、ある特別な方法を使ってこの*neo*^{r}遺伝子を導入した。つまり、細胞が多能性細胞に変化したときにだけ、*neo*^{r}遺伝子のスイッチが入るように工夫したのだ。もし実験がうまく行けば、細胞はＥＳ細胞のようにふるまうはずである。つまり、繊維芽細胞を実験的に未分化なＥＳ細胞に戻すことができたら、致死量の抗生物質が存在していても細胞は増殖し続けられる。もし実験が失敗したら、すべての細胞が死滅してしまう。

山中教授と高橋博士は、調べたい24の遺伝子をベクターと呼ばれる特別に設計された分子に挿入した。このベクターは、繊維芽細胞の中に高濃度の「外来」ＤＮＡを運ぶ、いわばトロイの木馬のような働きをする。いったん細胞に入ると、これらの遺伝子のスイッチが入り、それぞれの遺伝子特異的なタンパク質をつくり出す。化学物質による処理や電気的な刺激による方法で、比較的簡単にベクターを多数の細胞に同時に導入することができる（というわけで、山中が極小の注射器で苦労させられることはなかった）。山中たちが24個すべての遺伝子を同時に使ったとき、いくつかの細胞がネオマイシン存在下でも生き残ったのである。それはごく少数の細胞であったが、それでも望みをつなぐ結果であった。これらの細胞ではneo^r遺伝子のスイッチが入ったことを意味している。つまり、生き残った細胞はESのようなふるまいをしていることが示唆されたのだ。ところが、彼らが1個ずつの遺伝子を導入した場合、生き残った細胞はなかった。山中教授と高橋博士は次に、リストの中のひとつずつの遺伝子を除いた23個の遺伝子セットを細胞に加えた。この一連の実験から、彼らはネオマイシン耐性の多能性細胞をつくり出すために必要な10個の遺伝子を見出した。さらに、これら10個の遺伝子についてさまざまな組み合わせを検証することで、胚性繊維芽細胞をES様の細胞に変化させることができる、最小の遺伝子セットにたどり着いた。

結局、必要な最小遺伝子数は4であることがわかった。繊維芽細胞に、*Oct4*, *Sox2*, *Klf4*, *c-Myc* と呼ばれる遺伝子を乗せたベクターを導入したら、驚くべきことが起きたのだ。細胞はネオマイシン存在下でも生存し、これは細胞がneo^r遺伝子のスイッチを入れてES細胞っぽくなったことを意味する。単にそれだけではなく、その繊維芽細胞は外見もES細胞そっくりな形へ変化し始めたのである。さまざまな実験系で検証した結果、このリプログラムされた細胞は、哺乳動物のすべての器官を形成するもととなる、3種類の主要な領域、外胚葉《がいはいよう》、中胚葉、内胚葉のいずれにも変化できることが示された。もちろん、通常のES細胞も同じように変化できるが、繊維芽細胞は決してそのような変化はしない。山中たちはこの後、最初に出発材料として用いた胎児ではなく、大人のマウスから取り出した繊維芽細胞を使っても、すべての過程が再現できることを示した。この結果より、彼らが発見した方法が、胎児に由来する細胞の何か特別な性質に依存しているのではなく、完全に分化して成熟した個体から取り出した細胞にも応用できることが示された。

山中たちは、彼らがつくり出した細胞を「誘導型多能性幹細胞（induced pluripotent stem cells）」と名づけ、いまではこの頭文字をとったiPS細胞という呼び名が、生物学の関係者にとっておなじみの名前となっている。数年前にはまったく存在していなかったこの呼び名が、現在人々の間であまねく認識されているということは、いかにこの発見が驚異的な発見であったかを物語っている。

哺乳動物の細胞は約2万個もの遺伝子を持っているのに、たった4個の遺伝子だけで、最終分化した細胞を、多能性を持つ何かに変えることができるというのは信じがたいことであった。たった四つの遺伝子だけで、山中たちはワディントンのランドスケープの谷底に落ちたボールを、頂上まで引き戻したのだ。

山中教授と高橋博士が、世界で最も名高い生物学分野の雑誌である「セル」誌で自分たちの発見を発表したのは驚くことではない[2]。しかし、逆に少し驚きだったのは、彼らの論文に対する人々の反応であった。論文が発表された2006年、誰もがそれを大発見だと思った。ただし「それが事実であれば」という意味においてである。多くの研究者は、彼らの結果を心から信じることはできなかった。もちろん、山中教授と高橋博士が嘘をついているとか、詐欺的なことをしたとは微塵も思わなかった。

そもそも、そんなに簡単にできるはずがないと信じていたので、彼らが何か間違えただけだろうと考えたのだ。

もちろん、誰かが実験を追試して、同じ結果が得られるかどうかを確かめればすべてが明らかになるはずである。不思議に思えるかもしれないが、追試をしたいといって多くの研究室が名乗りを上げるようなことはなかった。山中教授と高橋博士が、発表した実験のすべてをやり遂げるのには2年もの月日を要している。単に時間がかかるというだけでなく、すべての段階において正確な実験を行う必要もあった。また、多くの研究室はそれぞれ独自の研究プロジェクトを持っており、わざわざ脇道にそれる必要がなかったという理由もあるだろう。さらに、特定の研究プロジェクトを遂行するよう研究者に助成金を与えている研究助成機関は、研究者が突然そのプロジェクトを止めて、まったく異なる研究を始めたりしたら、それに対して批判的な立場を取るのがふつうである。もしその結果がネガティブなデータばかりだったら目も当てられない。実際の話、豊富な研究資金と最新の研究設備を持ち、自信過剰なボスがいるような研究室に限って、他の誰かの実験を繰り返すのは単なる「時間の無駄」とさえ考えていたりする。

ボストンにあるホワイトヘッド研究所のルドルフ・イェニッシュは、遺伝子改変動物をつくり出す分野の巨人的な存在である。ドイツ出身で、もう30年近くアメリカで研究を続けている人物で、灰色の巻き毛と印象的な口ひげという容貌から、研究会で会えばすぐに彼だとわかる。一見不可能な偉業を本当に山中たちが成し遂げたのかどうか、自分の研究室の仕事の一部を方向転換させるリスクを負って実際に確認しようとしたのは、それほど驚くべきことではないかもしれない。ルドルフ・イェニッシュはのちに以下のような言葉を残している。「私自身これまでリスクの高い数々のプロジェクトを何年も行ってきた。もし君が何か面白いアイディアを持っているのであれば、失敗を覚悟してでもその研究を続けるべきだと私は信じている」。

2007年4月にコロラドで行われた研究会において、イェニッシュ教授は自身の発表の番になって立ち上がり、山中の実験を追試したと発表した。実験は再現できたのだ。山中は正しかった。たった四つの遺伝子を分化した細胞に入れるだけでiPS細胞がつくれたのである。聴衆の反応はドラマのようだった。それはまるで陪審員が判決を下し、新聞記者全員が駆け出して編集部に電話するような、そんな映画の見せ場のような雰囲気だった。

ルドルフ・イェニッシュは偉大だった。彼は、山中の結果が何かの間違いではないかということを確かめたくて実験した、と素直に認めたのである。そのあと業界は大騒ぎである。まず、幹細胞研究に関わるいわゆるビッグラボは、すぐに山中の技術を使い始め、精査し、より効率的に行えるよう工夫をした。ほんの数年の間に、それまでES細胞すら扱っていなかった研究室までが、自分たちの興味のある組織やドナー患者からiPS細胞をつくるようになった。いまや、iPS細胞に関する論文は毎週発表されているほどだ。さらに、iPS細胞を経ることなく、直接ヒト繊維芽細胞を神経細胞に変換させるような技術まで開発されている[3]。これは、ワディントンのエピジェネティック・ランドスケープの途中までボールを戻して、その後別の谷へボールを転がすようなものである。

ひとりのアメリカの研究者が「山中の結果は正しい」というまで、誰ひとり彼の研究を取り上げなかったというのは、山中にとってどれだけもどかしいものだったろうか、と考えずにはいられない。

２００９年、彼はジョン・ガードンとともにラスカー賞を、２０１２年にはノーベル生理学・医学賞も共同受賞しており、おそらくそんな忸怩《じくじ》たる思いは忘れているだろう。いまや彼の名誉はもう揺るがないのだから。

●お金を求めて

物語としては、今回の話はとても感動的でわかりやすい。しかし、現実には特許という別の話題がある。特許に関する情報は、査読つきの専門誌に論文が掲載された後、しばらくしてからようやくその様子が見えてくる。この分野の特許の申請状況が見え始めてくると、より複雑な物語が展開された。特許は通常、特許庁に申請が出されてから、最初の1年から1年半の間は秘密にされるので、このようなことが判明するまでにはしばらく時間がかかる。これは発明者の知的財産権を守るためであり、この猶予期間の間、世界に発明について宣言することなく、秘密裏に作業が進められる。大事な点は、山中とイェニッシュの両方が、細胞運命の制御に関する彼らの研究に関して特許を申請していたということである。これらの特許はいずれも承認されていたので、どちらの特許が保護されるべきか、今後法廷で審査される可能性が高い。とても奇妙なことに、山中が最初に論文を発表したのにもかかわらず、実際にはイェニッシュの方が彼よりも早く特許を申請していたのである。

なぜそのようなことが起こり得たのか？　その理由の一端は、特許申請にはとても投機的な側面があるということだ。申請者は、自身の主張のいちいちすべてを証明する必要はない。最初に特許を申請して、それが承認されるまでの猶予期間を、その特許請求の主張を支持するような証拠集めのために使うことができるのだ。アメリカの法的文書によると、山中伸弥の特許は２００５年12月13日に出願され、先ほど述べた研究、つまり、どのように体細胞を取り出し、四つの因子——*Oct4, Sox2, Klf4, c-Myc*——を使って多能性を持った細胞に変えるかということについて記載されている。一方、ルドルフ・イェニッシュの特許は、２００３年11月26日が法律上の出願日となっている。その特許はいくつもの技術的な側面が記述され、体細胞において多能性遺伝子を発現させるということを主張しており、提案している遺伝子のひとつが*Oct4*である。当時*Oct4*が多分化能の維持に必須であることはわかっており、山中が最初のリプログラミング実験でこの遺伝子を入れた理由でもある。これらの特許に関わる法律的な議論は、今後しばらく続けられる見込みが高い［ｉＰＳの特許に関しては、京都大学が保有する複数の基本特許が、国内、国外で成立している］。

想像力にあふれた素晴らしい研究者である二人の研究室が、そもそもなぜ特許の出願をしたのだろうか。建前としては、特許とは独占的に何かすることを特許取得者に許可するものである。しかしながら、アカデミックな世界では、別の研究室の人が何か基礎的な実験をするのに対して、それを止めさせようとする人はいない。特許の目的は、最初の発明者が自身の優れたアイディアで利益を得て、しかも他の人がその発明でお金儲けできないようにするためのものである。

生物学に関するもので、最も利益が見込まれる特許は、人の病気の治療に役立つ、あるいは新しい治療法の開発を促進させるようなものという傾向がある。イェニッシュと山中の間の特許を巡る論争の原因はここにある。法廷は、誰かがｉＰＳ細胞をつくり出すたびに、その特許を所有する研究者か研究機関にお金を払うべきだという決定をするかもしれない。もし企業がみずからつくったｉＰＳ細胞を売るたびに、利益の一部を特許取得者に支払ったとしたら、特許取得者の儲けは相当な額になるに違いない。金銭的な面において、なぜこれらの細胞が潜在的にそこまで価値があると見られているのか、ここで少し考えて見るとよいだろう。

まず病気のひとつとして、1型糖尿病を考えてみよう。この病気はたいてい子どもの頃、膵臓のある細胞（ランゲルハンス島のベータ細胞というちょっと冒険的な響きの名前を持つ細胞）が、（詳細は省くが）ある理由で破壊されることで発症する。いったん失われてしまうと、これらの細胞はふたたびつくり出されることはなく、その結果、患者はインスリンというホルモンをつくれなくなる。インスリンがないと、血糖値をコントロールすることができなくなり、深刻な事態に陥る可能性がある。インスリンをブタから抽出して、それを患者に投与する方法が見つかるまで、子どもや若者が糖尿病で亡くなることは珍しくなかった。比較的簡単にインスリン（通常人工的に合成したヒト型のもの）を投与できるようになったいまでも、患者は多くの困難を抱えている。患者は血糖値を一日に何回も確認し、血糖値がある範囲内に収まるように、インスリンの投与量や食事の量を変えなくてはいけない。これを辛抱強く何年も続けるのは、特に10代の若者にとってはつらいことである。40歳になる頃には状況がさらに悪くなるかもしれないということを知りながら、前向きでいられる若者がどれだけいるというのだろう。1型糖尿病を長期間患うと、失明、血行障害による四肢の切断、腎臓病など、さまざまな種類の合併症を引き起こす傾向がある。

もし毎日インスリンを投与する代わりに、糖尿病患者が新しいベータ細胞を受け取ることができれば、それほど素晴らしいことはない。彼らはみずからインスリンをつくれるようになるかもしれない。

体の内部調節機構は、血糖値を上手にコントロールできるので、多くの合併症を回避できるだろう。問題は、ワディントンのひとつの谷底に至るまで分化したベータ細胞を、新たにつくれる細胞が体の中に存在していないということであり、膵臓を移植するか、ヒトのＥＳ細胞をベータ細胞に分化させて、患者に移植しなくてはならない。

　これには二つの大きな問題がある。最初の問題は、提供材料（ＥＳ細胞、あるいは膵臓）の供給が少なく、すべての糖尿病患者に供給するにはまったく足りないということである。たとえ供給量が十分であったとしても、それらの材料が患者自身のものではないという問題がある。患者の免疫系は提供された臓器や組織を異物と認識して排除しようとする。提供を受けた人は確かにインスリンを自分でつくり出せるようになるかもしれないが、おそらく生涯にわたり免疫抑制剤が必要になるだろう。これらの薬はひどい副作用を引き起こすため、もはやこの治療が患者にとって有益なのかどうかわからなくなる。

　ｉＰＳ細胞は、私たちが前進する新しい方法をいきなりつくり出したのである。たとえば仮にフレディという患者の皮膚から細胞を少量掻き取る。細胞が十分な量になるまで培養液中で増殖させる（これはとても容易な作業である）。次に四つの「山中因子」を使ってｉＰＳ細胞を大量につくり、実験室での処理によってそれらをベータ細胞に変え、そして患者に戻すのである。フレディは単に自分の細胞を受け取っただけなので、免疫系による拒絶反応は起きない。最近、研究者たちは糖尿病のマウスモデルを使って、この方法が実際に可能であることを示したのである。[4]

　もちろん実際にはそんな簡単な道のりではなく、あらゆる種類の技術的なハードルを乗り越えなくてはならない。とりわけ、四つの山中因子のひとつ、*c-Myc*はがん化を促進する遺伝子としても知られている。しかし、最初の「セル」の論文が報告されてから技術的な面では大きく前進し、ますます臨床応用へ近づいている。マウスの細胞と同じくらい簡単にヒトのｉＰＳ細胞をつくり出すことも可能であり、その際に必ずしも*c-Myc*を使う必要はない[5]。安全面から懸念されている別の問題を回避して細胞をつくり出す方法もある。たとえば、ｉＰＳ細胞をつくった最初の方法では、細胞培養の際に動物細胞（マウスやウシ）由来の物質を使っていた。これは常に心配の種だった。何か未知の動物の病気を人の社会に蔓延させるおそれがあるからである。しかし、これらの動物由来の物質に代わる代替合成物質がすでに見出されており[6]、ｉＰＳ細胞をつくり出す環境はどんどん改善されている。それでも、まだ臨床応用という最終段階まではたどり着いていない［２０１４年９月にｉＰＳ細胞由来の網膜色素上皮を用いた臨床研究が日本でスタートした］。

　商業面での問題のひとつは、規制当局がｉＰＳ細胞を人の患者に使うのを許可する前に、安全性に関するデータとして何を求めてくるのかわからないということである。臨床研究へのｉＰＳ細胞の使用許諾を出すには、現在二つの医学的規制が絡んでくる。なぜなら、患者の細胞を提供するのは「細胞治療」であり、その細胞は遺伝学的に改変されているので「遺伝子治療」にも該当する。規制する側が慎重になる背景には、１９８０年代から１９９０年代にかけていくつもの遺伝子治療の試みが熱狂的に開始され、結果としてほとんど患者に役に立たなかったケースもあれば、ときにはがんを引き起こすなどしてひどい想定外の結果をもたらしたことがあったからである[7]。ｉＰＳ細胞が、実際に患者に使われるようになるまでに乗り越えなくてはならない規制の数は無数にある。そのような高いリスクが想定されるようなことに出資する投資家はいないと考えるかもしれない。それでも投資する人はいる。なぜなら、研究者たちがこの技術を完成させれば、投資の見返りは莫大なものになるからだ。

ここでひとつ簡単な計算をしてみよう。ひとりの糖尿病患者にインスリンと血糖値測定器を提供するのに、アメリカでは少なく見積もっても月に500ドルかかる。1年間では6000ドルとなり、もし糖尿病を患ったまま40年間生きたとすると一生でかかる費用は24万ドルになる。さらに、きちんと管理された糖尿病患者でも引き起こす可能性の高い合併症を治療するためにかかる費用もここに加えるとする。そうすると、糖尿病患者ひとりに対して一生の間にかかる医療費は、最低でも100万ドルになる。そして、アメリカだけで100万人以上の1型糖尿病の患者がいるのである。つまり、アメリカ経済は最低でも4年後ごとに1000億ドル以上を1型糖尿病の治療のために使うことになる。したがって、たとえiPS細胞を臨床に使えるようにするまでに費用がかさんだとしても、現在の治療による生涯医療費よりも低く抑えることができれば、莫大な収益をもたらす見込みがある。

これは、糖尿病に限った場合の話であるが、iPS細胞が治療のきっかけをもたらす可能性のある他の病気の患者の数ははかり知れない。簡単に例を挙げると、血友病のような血液凝固の疾患、パーキンソン病、変形性関節症、黄斑変性による失明などである。科学技術が進歩して、体に移植できる人工物をつくれるようになれば、iPS細胞は、心臓疾患で傷ついた血管を取り替えたり、がんやその治療で損なわれた組織の再生をしたりすることに役立つだろう。

アメリカの国防総省はiPS細胞研究のための資金提供をしている。軍はどんな戦闘状況においても、負傷した兵士を治療するために常時多量の血液を必要としている。赤血球は、他のほとんどの体細胞とは異なる。赤血球細胞は核を持たず、分裂によって新しい細胞を生み出すことはない。また赤血球は、長くても数週間しか体内にとどまることはないので、ｉＰＳ細胞由来の赤血球を臨床的に使ったとしても比較的安全だと考えられている。また、免疫系が細胞を認識するしくみが違うため、赤血球がたとえば移植した腎臓のように拒絶されることはない。人は異なる血液型を持っている。よく知られたＡＢＯ型とそれに伴う少々複雑なシステムである。特異的な血液型の40人を選んでｉＰＳの細胞バンクをつくれば、すべての必要な血液型を網羅することが可能になる[8]。ｉＰＳ細胞は、適切な条件で培養すれば、分裂によってより大量のｉＰＳ細胞を生み出すことができる。したがって、私たちはそれこそ無尽蔵な細胞バンクをつくり出すことが可能となる。実際、未成熟の血液幹細胞を取り出し、特別な刺激の下で増殖させることで赤血球に分化させるという、よく確立された方法が存在する。原理的には、異なる血液型の赤血球を網羅した細胞バンクをつくり出すことが可能となり、戦場や交通事故で負傷した患者に合う血液を常備することができるのである。

　ｉＰＳ細胞の誕生は、ひとつの分野を変えただけでなく、その分野をほとんど刷新してしまうくらい、生物学分野でもきわめてまれな出来事であった。山中伸弥は、ジョン・ガードンとノーベル賞を共同受賞しており、その仕事の技術的な衝撃ははかり知れない。しかし、その功績がいかに並外れたものであっても、自然は、同じリプログラミングという過程をより効率よく、より迅速に行っている。

　精子と卵が融合すると、二つの核は卵の細胞質によってリプログラムされる。特に精子の核は、瞬く間に分子的な記憶を失い、それこそ真っさらなキャンバスのようになる。これこそがジョン・ガードン、イアン・ウィルムットとキース・キャンベルが利用したリプログラミングという現象であり、大人の核を卵の細胞質に挿入することで新しいクローンが生み出されたのである。

卵と精子が融合すると、リプログラミングの過程は信じられないほど効率よく進み、36時間以内にすべてが完了する。山中伸弥が最初に少数のｉＰＳ細胞をつくり出したとき、ベストな条件でも1％以下の細胞しかリプログラムされなかった。また、最初にリプログラムされたｉＰＳ細胞が増殖してくるのに、実際には数週間という時間がかかっている。その後、大人の細胞をリプログラムしてｉＰＳ細胞に変換させる効率やスピードはかなり改善したが、それでも通常の受精の間に起こる効率やスピードとは比較にならない。いったいこれはどうしてなのか？

その答えがエピジェネティクスである。分化した細胞は、非常に特殊な分子レベルの方法で、エピジェネティックな印（修飾）を施されている。皮膚の繊維芽細胞が、通常皮膚の繊維芽細胞のままであって、たとえば心筋細胞に変わることがないのはこのためである。分化した細胞が、体細胞核移植や山中因子によって多能性を持った細胞にリプログラムされると、その特殊なエピジェネティックな印は取り除かれ、核は新しく授精した接合子（卵と精子が結合したもの）のような状態に近くなる。

卵の細胞質は、私たちの遺伝子の上に書き込まれたエピジェネティックな記憶を、まるで巨大な「分子消しゴム」のようにきわめて効率よく消し去る。これは、卵と精子が融合して接合子を形成する際に、実際に行われていることなのである。ｉＰＳ細胞をつくるための人工的なリプログラミングは、6歳の子どもが宿題をするようなものである。消しゴムの使い方が下手な子どもは、間違えてしまった単語を書き直そうと消しゴムでこすり過ぎて、結局ノートの方がぼろぼろになってしまい、その様子は決してほめられるようなものではない。私たちは、確かにエピジェネティックな記憶の消去について少しずつ理解し始めたが、自然に起きていることを研究室で再現するまでには程遠い。

ここまで、エピジェネティクスについての現象レベルの話をしてきた。次はいよいよ、これまで話してきた驚嘆すべき現象、さらにその他数多くの現象の基盤となる分子の世界に進むべきときが来た。

THE EPIGENETICS
REVOLUTION

第3章

これまで私たちが理解していた生命像

第3章 ●●
これまで私たちが理解していた生命像

詩人はいかなる苦難にも耐えられる
ただし、誤植だけは別だ

オスカー・ワイルド

エピジェネティクスについて理解するには、まず遺伝学と遺伝子について少し理解する必要がある。細菌からゾウ、またイタドリからヒトに至るまで、地球上のすべての生き物を形づくるための基本的な設計図はＤＮＡ（デオキシリボ核酸）である。「ＤＮＡ」という言葉は、それ自体曖昧な意味を持つ存在になっている。たとえば、社会的な物事について意見を述べるコメンテーターは、組織の裏側に隠された本質的なものを指して、社会のＤＮＡ、共同体のＤＮＡというような言い方をする。かつてはＤＮＡにちなんだ名前の香水が売られていたりした。20世紀中頃は、科学の象徴的なイメージは原子爆弾のキノコ雲であったが、同じ20世紀の後半になると、ＤＮＡの二重らせんはキノコ雲と同じくらい私たちにとって象徴的な存在になった。

科学は、他の人間活動と同じように、流行り廃りのあるファッションのようなものである。かつて、遺伝物質であるＤＮＡの文字情報だけが重要であると考えられていた時代があった。第1章、第2章では、必ずしも文字だけが重要なのではなく、細胞の状況に応じて、同じ文字が異なる使われ方をされていることを示した。いまこの分野は、強硬なエピジェネティクス信奉者が、ＤＮＡ暗号の重要性を過小に評価するという、逆の方向に行き過ぎているように見える。もちろん、実際にはそのちょうど中間あたりの立ち位置が適当だと考えられる。

「はじめに」の中でＤＮＡは台本であると説明した。もし劇において台本が全然面白くなかったら、いかに素晴らしい監督がいて、素晴らしい役者がいたとしても優れた作品を生み出すことはできない。また、あなたのお気に入りの戯曲が、上手に上演されなかったという経験をしたこともあるだろう。たとえ台本が完璧であっても、演出が下手であれば最終的な作品はひどいものになる。同じように、遺伝学（ジェネティクス）とエピジェネティクスは、私たちや身のまわりの生き物という奇跡の作品を、お互い密に協力しあってつくり出している。

ＤＮＡは私たちの細胞の中の根本的な情報源であり、細胞にとっての設計図である。ＤＮＡそれ自身は、何かの役に立つような道具の一部ではなく、私たちを生かすために必要な数千もの活動のすべてを行っているわけでもない。そのような仕事はおもにタンパク質によって行われている。血管に酸素を運んだり、ポテトチップスやハンバーガーを糖や他の化合物に分解して、小腸で吸収し脳での活動に使えるようにしたり、筋肉を収縮させて本書のページをめくれるようにしたりしているのは、すべてタンパク質である。しかし、これらすべてのタンパク質をコードする暗号を運んでいるのがＤＮＡである。

もしＤＮＡが暗号だとしたら、それは読み解くことができるような記号を含んでいなくてはならず、そしてその記号は言語のように機能するはずである。まさにそれがＤＮＡの果たしている役割である。私たち人の体の複雑さを考えると、ＤＮＡがたった四つの文字からなる言語であるのはとても奇妙に思えるかもしれない。これらの文字は塩基として知られ、正確な名前は、アデニン、シトシン、グアニン、チミンである。これらの塩基は、Ａ、Ｃ、Ｇ、Ｔと略して表記される。ここでは特にＣ、シトシンについて覚えておいてほしい。なぜなら、エピジェネティクスではこの塩基が最も重要な役割を果たしているからである。

　ＤＮＡをイメージするには、ジッパーを思い浮かべてみるとよい。これは完璧な比喩ではないが、話し始めとしてはちょうどよい。最も明らかなジッパーの特徴とは、お互い向き合った細長い二つのパーツからできているということである。これはＤＮＡにもあてはまる。ＤＮＡの四つの塩基は、ジッパーの歯の部分に相当する。ジッパーの両側に並んだ塩基は、化学的な力でお互い連結し、ジッパーをひとつに結束させることができる。お互い向き合って結合した二つの塩基は、塩基対という。ジッパーの歯の部分が縫いつけられた細長い布の部分は、ＤＮＡの骨格（主鎖）である。ジッパーの両側のように、二つの主鎖は常に互いに向かい合っているため、ＤＮＡは2本鎖と呼ばれている。このジッパーの両側は、基本的にらせん構造をつくるようによじられており、これが有名な二重らせんである。**図3・1**は、ＤＮＡの二重らせんがどのように見えるかを表現した模式図である。

　ただし、ジッパーを比喩にした説明はここまでであり、実際のＤＮＡジッパーの歯はすべてが同じではない。もしひとつの歯がＡという塩基だとすると、反対の鎖のＴとだけ結合することができる。

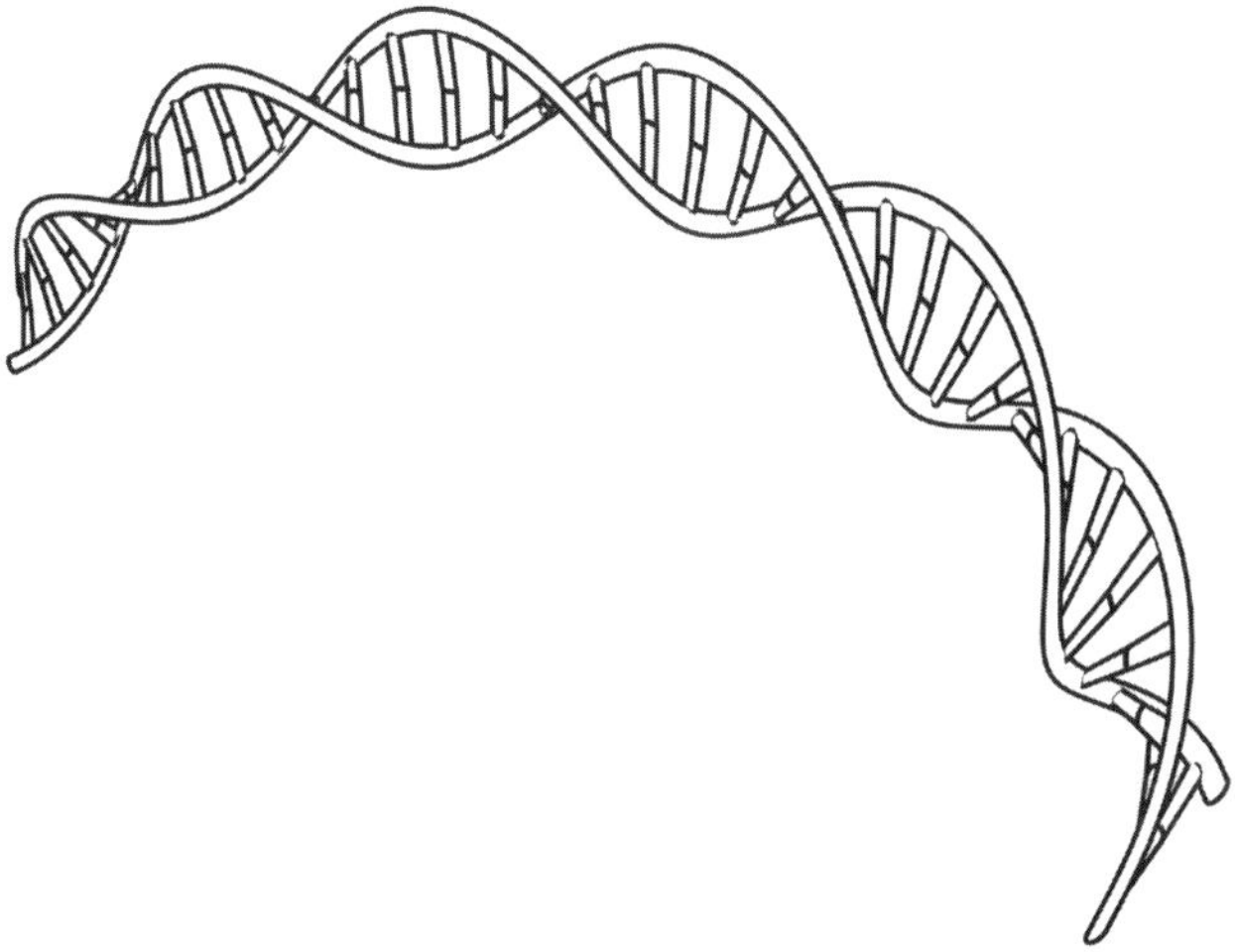

図3.1 DNAの模式図。2本の主鎖がお互いより合わさって二重らせんを形成している。らせんは、分子中央にある塩基間の「水素結合」という弱い結合によって結びつけられている。

同じように、ひとつの鎖がＧという塩基だとしたら、反対側のＣという塩基とだけ結合する。これが塩基対の原理である。もしＡが反対側のＣと結合しようとすると、ＤＮＡ全体の形が狂ってしまう。ちょうどジッパーの歯のひとつが壊れたせいで、ジッパー全体が使えなくなってしまうように。

●オリジナルを維持する

塩基対形成の原理は、ＤＮＡの機能にとってきわめて重要である。発生段階だけでなく、成長した後でも私たちの体の細胞は分裂している。細胞が分裂するおかげで、臓器は体の成長に応じて大きくなる。また、自然に死んでいく細胞を新しい細胞で置き換えるためにも細胞は分裂して増殖する。このような例としては、骨髄における白血球の産生がある。骨髄は、感染した微生物との絶え間ない戦いの中で失われてしまう白血球を補うために、新しい白血球の産生を続けている。ほとんどの細胞種では、最初にDNA全体をコピーして、そして二つの娘細胞に均等に分配する。このDNA複製の過程は細胞増殖にとって必須の過程である。もしこれがきちんと行われなければ、娘細胞の片方はDNAを持たない細胞になってしまい、その細胞は、まるでオペレーティング・ソフトをなくしたコンピューターのように役に立たない。

細胞分裂の前に行われるのはDNAをコピーすることであり、そのために塩基対形成の原理が重要となる。これまでに数多くの研究者が、みずからの研究人生を捧げて、DNAが忠実に複製される仕組みの詳細を調べてきた。以下はその要点である。まず、2本鎖のDNAが引きはがされ、そしてコピーに関わる膨大な数のタンパク質（複製複合体として知られている）が仕事に取りかかる。**図3・2**は、原理上起きていることを示している。複製複合体は、1本鎖にされたそれぞれのDNA鎖に沿って動き、向かい合った新しい鎖をつくり上げる。この複合体は特定の塩基、たとえばC（シトシン）塩基を認識して、新たに合成している鎖の上の反対側の位置には必ずG（グアニン）を配置する。これが、塩基対の原理が重要な理由である。すなわち、C（シトシン）は必ずG（グアニン）とペアをつくり、A（アデニン）は必ずT（チミン）とペアをつくる。こうすることで、細胞はもともと持っていたDNAを、新しい鎖をつくるための鋳型として使っているのである。その結果、娘細胞は新しい完全なコピーのDNAを持つことになる。そのDNAの片方の鎖はオリジナルのDNA分子に由来し、もう一方は新しく合成されたDNAである。

自然のシステムは、数十億年以上もの時間をかけて進化してきたものであるが、それでも完璧なも

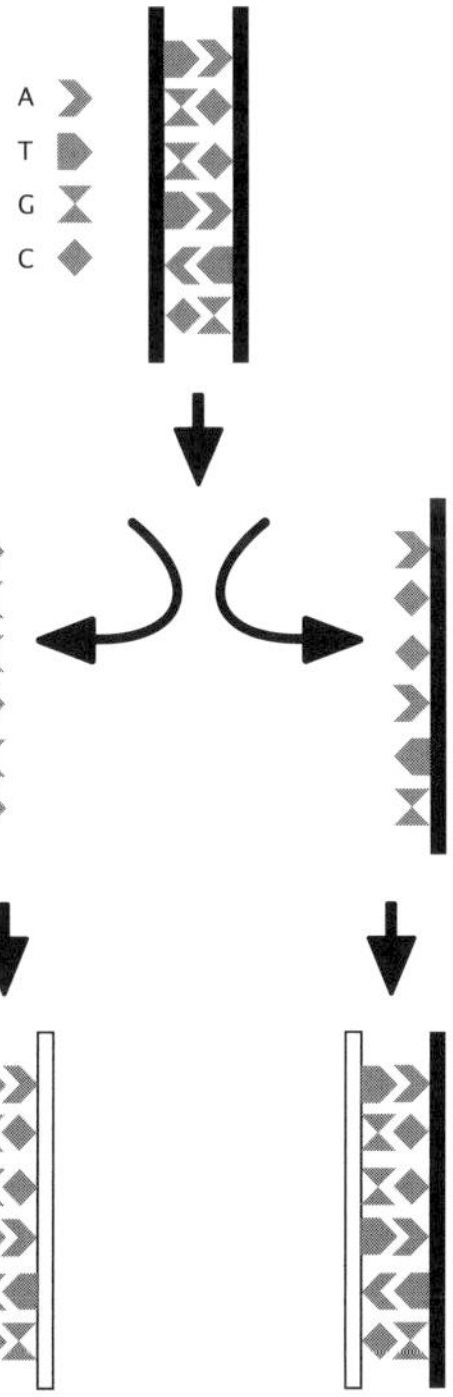

図3.2　DNA複製の最初の段階では、二重らせんを形成する2本の鎖を分離する。分離された主鎖の上の塩基は、新しい鎖をつくる際の鋳型としての役割を果たす。この機構によって、新しくつくられた二本鎖DNA分子が、もとの親分子とまったく同じ塩基配列を持つことが保証される。新しいDNA二重らせんは、親分子に由来する主鎖（黒色）と、新規に合成された主鎖（白色）を持つ。

のはなく、複製複合体もときどき間違うことがあり、本来Ｃが入るべきところにＴを入れてしまったりする。このようなことが起きると、その間違った箇所は、ほとんどの場合すぐに修復される。別の一群のタンパク質がその誤りを見つけ、間違った塩基を取り除いて、正しいものを入れるのだ。これはＤＮＡ修復装置と呼ばれ、もし間違った塩基がペアをつくっていると、この装置はＤＮＡジッパーが正しくはまっていないということを認識して作用する。

もとの鋳型を忠実にコピーしたＤＮＡを維持するために、細胞は莫大なエネルギーを使っている。ＤＮＡを演劇の台本とみなしたたとえに立ち返ってみれば、これは当然のことである。英文学において最も有名な以下の一節を考えてみよう。

O Romeo, Romeo! wherefore art thou Romeo?
（おお、ロミオ、ロミオ！　どうしてあなたはロミオなの？）

ほんの1文字だけこの文に挿入したとする。すると、舞台でいかに上手にこの台詞を伝えたとしても、その効果は作者が意図したものにはなりそうもない。

O Romeo, Romeo! wherefore fart thou Romeo?
（おお、ロミオ、ロミオ！　どうしてあなたはロミおならなの？）

この子どもだましのようなたとえは、なぜ台本を忠実に再現する必要があるのかを教えてくれる。私たちのＤＮＡでもまったく同じであり、1か所でも何か不適切な変化（変異）が起これば深刻な影響をもたらし得る。特に、変異が卵や精子に存在する場合はとても深刻である。すべての細胞のＤＮＡに変異が入ったまま個体が生まれることになるからだ。ある種の変異は、悲惨な臨床的影響をもたらす。老化が早期に進行し、10歳にもかかわらず70歳近い人の体を持つ子どもから、40歳までに悪性で治療の難しい乳がんを発症する女性に至るまで、変異のもたらす影響はさまざまである。ただ幸いなことに、多くの人を悩ますありふれた病気に比べたら、このような遺伝的変異や症状はきわめてまれにしか起こらない。

人の体を構成する約50兆（50,000,000,000,000）の細胞は、第1章で紹介した受精卵というひとつの細胞が、完璧なＤＮＡ複製を細胞分裂のたびに繰り返してきた結果である。1回の分裂に際して、細胞がどれだけたくさんのＤＮＡを複製しなくてはならないかを考えると、さらに感心させられる。1個の細胞は60億塩基対のＤＮＡを持っている（半分は父親から、半分は母親から譲り受けたものである）。この60億塩基対の配列（正確には片親に由来する30億塩基対の配列）が、私たちがゲノムと呼んでいるものの正体である。人の体の中で細胞分裂が1回起こるたびに、60億（6,000,000,000）塩基のＤＮＡが複製されているのである。第1章と同じように、もし塩基対を毎秒1回ずつ休みなく数えていったとすると、1個の細胞に含まれるすべての塩基を数えるのに１９０年かかる計算になる。1個の受精卵がつくられてから、わずか9か月後に赤ちゃんが生まれることを考えると、細胞がどれだけのスピードでＤＮＡを複製しているのかが理解できる。

両親からそれぞれ受け継ぐ30億塩基対は、1本の長いＤＮＡを形成しているわけではない。それらのＤＮＡは、染色体と呼ばれる小さな束にまとめられている。染色体については、第9章で詳しく取り上げることにする。

●台本を読む

これら60億塩基対のＤＮＡは具体的には何をしていて、どうやって台本としての機能を果たしているのかという、より根本的な問題に立ち返ってみよう。もっと具体的にいうと、たった四つの文字（Ａ、Ｃ、Ｇ、Ｔ）から構成された暗号は、どうやって細胞中の何千もの異なるタンパク質をつくり出せるのか。その答えは驚くほど美しい。その仕組みは、分子生物学的なモジュラー・パラダイム［なじみのある構成要素が組み合わさって、複雑な機能を発揮すること］と表現することができるが、おそらくレゴ・ブロックのようなものと考える方が、はるかに理解しやすいだろう。

レゴ・ブロックにはかつて、「毎日新しいおもちゃに出会える」という素晴らしい宣伝文句があったが、これはレゴ・ブロックの特徴を正確に言い表している。レゴ・ブロックの大箱ひとつの中には、基本的に決まった形、大きさ、色のブロックが入っているだけで、その形状のバリエーションはきわめて限られている。しかし、これらのブロックを組み合わせて使うことで、アヒルからウマまで、飛行機からカバまで、ありとあらゆる模型をつくり出すことができる。タンパク質はこのようなレゴ・ブロックとよく似ている。タンパク質の「ブロック」はアミノ酸と呼ばれるとても小さな分子であり、私たちの細胞の中には20種類の標準アミノ酸が存在している。しかし、異なる長さや組み合わせでこれらの20種類のアミノ酸をつなぎ合わせることで、膨大な種類のタンパク質をつくり出すことができる。

しかし、まだ問題が残されている。アミノ酸が20種類あるとして、たった4種類の塩基でどうやってこれらのアミノ酸を決めているのだろうか。これは、細胞内の装置が、三つの塩基対をひと続きの単位としてＤＮＡを読むという仕組みによって解決している。この三つの塩基からなる単位はコドンと呼ばれ、それはＡＡＡやＧＣＧ、あるいは別のＡ、Ｃ、Ｇ、Ｔの組み合わせかもしれない。この仕組みによれば、4種類の塩基から64（4^3）種類のコドンをつくり出すことできるので、20種類のアミノ酸を決めるのには十分過ぎる数となる。いくつかのアミノ酸については、複数のコドンで指定される。たとえば、リシンと呼ばれるアミノ酸は、ＡＡＡとＡＡＧで決められる。数個のコドンはどのアミノ酸も指定しないが、その代わり、これらのコドンは細胞内の装置に、タンパク質の配列はここで終わりです、と伝える役目を果たしている。これらはストップコドンと呼ばれている。

私たちの染色体に含まれるＤＮＡは、どのようにタンパク質をつくるための台本としての役割を果たしているのか？　実際には、メッセンジャーＲＮＡ（ｍＲＮＡ）と呼ばれる中間媒体を通じてその機能を果たしている。ｍＲＮＡはＤＮＡとよく似ているが、いくつかの重要な点でＤＮＡと異なっている。まず、ＲＮＡの主鎖はＤＮＡと少し異なっている（ＲＮＡとはリボ核酸のことであり、ＤＮＡのデオキシリボ核酸とは異なる）。ＲＮＡは1本鎖である（主鎖は1本だけ）。ＲＮＡにはＴ（チミン）の代わりに、よく似てはいるが少し異なるＵ（ウラシル）が用いられている（なぜ違うかという理由については、ここでは触れないで先に進むことにする）。2本あるＤＮＡ鎖のうち、一方のＤＮＡ鎖を読み取ってタンパク質をつくり出す際、巨大なタンパク質複合体が、ジッパーを開くように正しい方のＤＮＡを引き離して、ｍＲＮＡのコピーをつくる。その複合体は、塩基対の原理を利用して正確なｍＲＮＡコピーをつくり出す。この後ｍＲＮＡ分子は、タンパク質合成のための特殊構造体（リボソーム）において、一時的な鋳型として使われる。この構造体は３文字からなるコドンを読み取り、適切なアミノ酸をつなぎ合わせて長いタンパク質の鎖をつくり出す。もちろん、実際にはここで述べたことよりも、もっと多くの細かい仕組みが関わっているが、これだけ知っておけばたぶん十分だろう。

　ここで、ふだんの私たちの生活に即したたとえを使って説明する方がわかりやすいかもしれない。ＤＮＡからｍＲＮＡ、そしてタンパク質へ進む過程は、デジタル写真の画像の扱いに少し似ている。いまデジタルカメラを使って、世界で最も素晴らしいものを写真で撮ったとしよう。他の人にもその写真を見てもらいたいが、一方でオリジナルの写真には手を加えてほしくない。カメラから取り出した生データが、ＤＮＡという青写真のようなものである。私たちはその写真データを、あまり中身が大きく変化しないような他のファイル形式、たとえばＰＤＦといった形式にコピーして、その写真を見たいという人全員にメールでコピーを送る。このＰＤＦがメッセンジャーＲＮＡである。もし受け取った人が望むなら、そのＰＤＦから紙のコピーを何枚でも好きなだけ印刷できる。この紙のコピーがタンパク質である。世界中の誰でも写真の画像を印刷できるが、オリジナルのデータはひとつしか存在しない。

　なぜここまで複雑で、なぜもっと直接的なメカニズムではいけないのか？　進化がこの間接的な方法を支持してきたのには、もっともな理由が数多くある。その理由のひとつは、もとの画像データである台本を損傷から守るためである。2本鎖ＤＮＡが離されて1本鎖にされると、比較的損傷を受けやすくなり、細胞はこれを避けようと進化してきたのである。ＤＮＡがタンパク質をコードする間接的な方法では、ある特定のＤＮＡ部分が開いて損傷を受けるような時間を最小限にすることができる。進化がこの間接的な方法を支持してきたもうひとつの別の理由は、この方法によって、ある特定のタンパク質の産生量を多段階で制御することが可能になり、これが細胞に柔軟性をもたらすことにある。

たとえばアルコール脱水素酵素（ＡＤＨ）を考えてみよう。この酵素は肝臓で合成され、アルコールの分解をする。もし私たちがたくさんアルコールを摂取したら、私たちの肝臓の細胞はＡＤＨの産生量を増やす。もししばらくお酒を飲まなかったら、肝臓はこの酵素を少ししかつくらなくなる。これは、頻繁にお酒を飲んでいる人が、ほとんどお酒を飲まない人に比べてアルコールに耐性を示す理由であり、実際ほとんどお酒を飲まない人は、数杯のワインですぐに酔っ払ってしまう。私たちが頻繁にお酒を飲むほど、肝臓はより多くのＡＤＨをつくり出す（もちろん上限はあるが）。肝臓の細胞は、*ADH*遺伝子のコピー数を増やすことでＡＤＨの産生量を増やしているわけではない。実際には*ADH*遺伝子をより効率よく読み出している。つまり、タンパク質合成の鋳型となるｍＲＮＡコピーをより多くつくり出したり、あるいはｍＲＮＡコピーをより効率よく使ったりしているのだ。

これから見ていくように、エピジェネティクスとは、細胞がある特定のタンパク質の産生量を調節するのに使うメカニズムのひとつであり、具体的にはどれだけたくさんのｍＲＮＡをオリジナルの鋳型からつくるかを調節している。

ここまでの数ページで、どのように遺伝子がタンパク質をコードしているかについて説明した。細胞にはどれだけ多くの遺伝子が存在しているのか？　これは実に単純な質問に見えるが、不思議なことに、この遺伝子の数について誰もが納得する値は出されていない。これは、科学者の間で、遺伝子の定義についての意見が一致していないためである。以前はきわめて単純な話だった。遺伝子とは、タンパク質をコードするひと続きのＤＮＡ、でよかった。ところがいまでは、この定義が単純化しすぎたものであることがわかっている。しかし、すべての遺伝子が必ずしもタンパク質をコードしていないとしても、すべてのタンパク質が遺伝子にコードされている、というのはもちろん正しい。私たちのＤＮＡにはだいたい2万から2万４０００個のタンパク質コード遺伝子が存在しており、これは10年前に科学者たちが予測した10万個に比べてかなり少ない数字である。[1]

　ヒト細胞に存在するほとんどの遺伝子は、構造的にとてもよく似ている。最初にプロモーターと呼ばれる領域があって、ＤＮＡをコピーしてｍＲＮＡをつくり出すタンパク質複合体がこのプロモーター領域に結合する。結合したこのタンパク質複合体は、その後遺伝子の本体部（ジーン・ボディー）として知られる領域に沿って動きながら、長い1本のｍＲＮＡ鎖をつくり、そして遺伝子の終わりの部分に着いたらＤＮＡから離れる。

●台本の編集

　いま、３０００塩基対という、通常よく見られる長さの遺伝子（本体部）について考えてみよう。ｍＲＮＡもおよそ３０００塩基の長さになる。３塩基からなるコドンにアミノ酸ひとつがコードされているので、このｍＲＮＡは１０００アミノ酸からなるタンパク質をコードしていることが予想される。しかし、実際のタンパク質の長さは、この予想よりはるかに短いことが多い。

もし遺伝子の配列を活字にしたら、Ａ、Ｃ、Ｇ、Ｔという文字の組み合わせからなる長い文字の羅列にしか見えない。しかし、もしこの文字の羅列を正しいソフトウェアで解析したら、長い文字の羅列を2種類の配列に分けることができる。ひとつは「エキソン」（exon: expressed sequence, 発現される配列）と呼ばれ、アミノ酸の並びを規定する。もう一方は「イントロン」（intron: inexpressed sequence, 発現されない配列）と呼ばれ、こちらはアミノ酸の並びを規定していない。その代わりイントロンには、タンパク質合成の終点を指示する「停止」コドンが数多く含まれている。

ＤＮＡからコピーされたばかりのｍＲＮＡは、エキソンとイントロンをすべて含んでいる。いったんこの長いｍＲＮＡがつくり出されると、いくつもの要素（サブユニット）から構成された別のタンパク質複合体がやってくる。この複合体はすべてのイントロンを取り除き、エキソン同士をつなぎ合わせ、そしてひと続きのアミノ酸をコードしたｍＲＮＡをつくり出すのである。この編集作業は「スプライシング」と呼ばれている。

このスプライシングという過程は、またしてもきわめて複雑に見えるが、なぜこの複雑なメカニズムが、進化の過程で好まれ現存しているのかということについては、これもまたもっともな理由がある。この仕組みによって、比較的少ない数の遺伝子を使って、膨大な種類のタンパク質を生み出すことが可能になるからだ。**図3・3**はこの仕組みを示している。

最初のｍＲＮＡはすべてのエキソンとイントロンを含んでいる。そしてこのｍＲＮＡはイントロンを取り除くために切り貼りされる。しかし、このスプライシングの過程では、いくつかのエキソンを

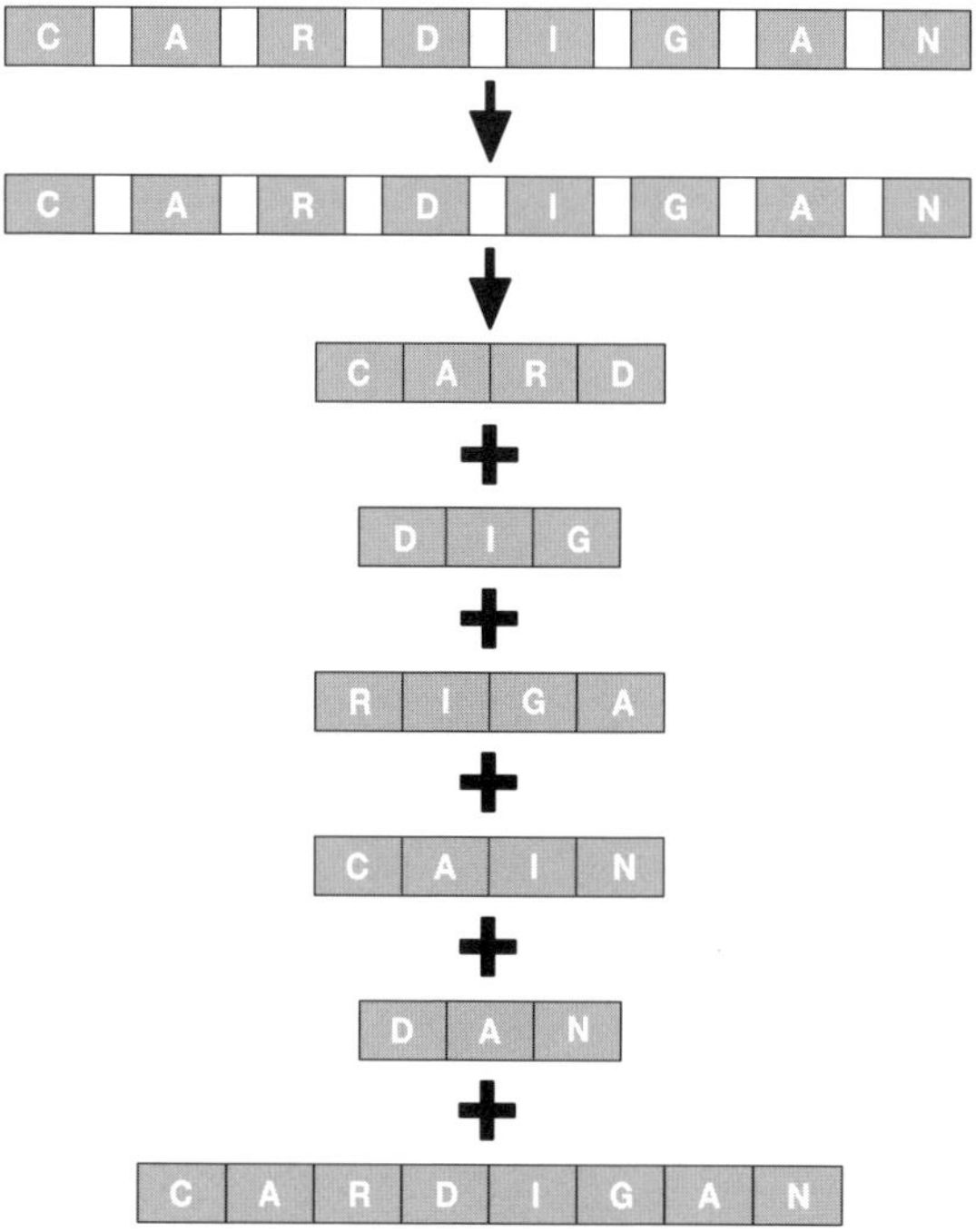

図3.3　模式図の一番上にDNA分子を示している。ひと続きのアミノ酸をコードするエキソンは、灰色の四角で示している。アミノ酸配列をコードしないイントロンは、白い四角で表している。最初の矢印で示されているように、DNAがRNAにコピーされると、そのRNAはエキソンとイントロンの両方を含んでいる。細胞の中の装置は次に、イントロンの一部、あるいは全部を取り除く（この過程はスプライシングとして知られている）。模式図にさまざまな単語で表現しているように、最終的なメッセンジャーRNA分子は、同じ遺伝子に由来しているにもかかわらず、異なるさまざまなタンパク質をコードすることが可能になる。単純化するため、すべてのイントロンとエキソンは同じ大きさで表現しているが、実際には大きく異なっている。

一緒に取り除くこともできる。こうして、エキソンの一部はｍＲＮＡに残り、他のエキソンはスキップされることになる。この仕組みによってつくり出されたさまざまなタンパク質は、まったく同じ機能を持っているかもしれないし、劇的に変化しているかもしれない。細胞は、ある特別なタイミングで何かをするときや、別のシグナルを受け取ったときなど、状況に応じて異なるタンパク質を発現することができる。もし、タンパク質をコードしているものを遺伝子と定義するなら、このメカニズムは、２万個程度の遺伝子が、２万種類以上のタンパク質をコードできるということを意味している。

私たちがゲノムについて説明するとき、まるで線路のような二次元的なイメージで話している。ケンブリッジの外れにあるバブラハム研究所のピーター・フレイザーの研究室は、ゲノムとは二次元的に表現できるようなものとはまったく異なるという、驚くべき研究成果を発表している。彼はヘモグロビン（酸素を体中に運ぶ赤血球の中の色素成分）をつくるために必要なタンパク質をコードしている遺伝子について研究している。最終的な色素をつくるためには数多くのタンパク質が必要であり、それらをコードする遺伝子は異なる染色体上に存在している。フレイザー博士は、大量のヘモグロビンをつくり出している細胞では、これらの遺伝子が存在している染色体の各領域が緩んで、タコの体から伸びた触手のようにループ状に飛び出していることを示した。これらのふらふらした領域は、お互いを見つけるまで揺れ動いたあと、核の中の小さな領域で集合してくる。同じ空間的な領域に異なる複数の遺伝子が存在することで、ヘモグロビン色素をつくるために必要なすべてのタンパク質が同時に、そして一緒に発現される機会が高められることになる。[2]

私たちの体の細胞はすべて、60億の塩基対を持っている。このうち約１億２０００万塩基対がタンパク質をコードしている。１億２０００万というとたくさんに聞こえるが、実際には全体のわずか２％でしかない。タンパク質というと、細胞がつくり出す最も重要なものであるように考えがちだが、私たちのゲノムの約98%はタンパク質をコードしていないのである。

タンパク質をつくるためにほんのわずかな部分しか必要ないのに、なぜこれほどまでに膨大な量のＤＮＡを持っているのか。最近までその理由についてはまったくの謎だった。ここ10年の間でようやく私たちはその理由を理解し始め、そしてまたしてもそれは、エピジェネティック機構による遺伝子発現の制御に結びついている。さて、ここからエピジェネティクスの分子生物学へ進むことにしよう。

THE EPIGENETICS REVOLUTION

第4章

いま私たちが理解している生命像

第4章 ●●

いま私たちが理解している生命像

科学において重要なことは、新しい事実を手にすることよりむしろ、手にした事実から新しい考え方を発見することである

ウィリアム・ローレンス・ブラッグ

ここまで、外見からすぐにエピジェネティック現象が起きたとわかるような結果について注目してきた。しかし、すべての生命現象には物理的根拠があり、本章ではその物理的根拠について議論していくことにしよう。これまで見てきたエピジェネティックな結果はすべて、遺伝子発現の変化によってもたらされている。たとえば網膜の細胞は、膀胱《ぼうこう》の細胞とは異なるセットの遺伝子を発現している。しかし、異なる種類の細胞はどのように異なるセットの遺伝子をオンにしたり、オフにしたりしているのだろうか？

網膜や膀胱の中の特殊化した細胞は、それぞれワディントンのランドスケープの別々の谷底にいる。ジョン・ガードンと山中伸弥の研究はどちらも、何らかのメカニズムによって細胞が谷底にとどまっているとしても、それは設計図であるＤＮＡの変化を伴うようなものではない、ということを示した。

ＤＮＡは無傷なまま何も変えられていない。したがって、特定の遺伝子のオン、オフの維持は、何か別の、とても長い期間維持されるようなメカニズムを介して起きたに違いない。そのようなメカニズムが存在するということは、脳の神経細胞などの細胞が驚くほど長く生き続けることからも明らかである。たとえば85歳の老人の脳の神経細胞は、およそ85年間生き続けている。これらの神経細胞は、その人がとても若い時期に生み出され、その後ずっと同じ状態を保っているのだ。

しかし他の細胞の場合は事情が異なる。皮膚の一番上の層の細胞である上皮細胞は、組織の深層にいる幹細胞が定期的に分裂することで、５週間ごとに入れ代わる。これらの幹細胞は常に新しい皮膚細胞をつくり出し、筋細胞をつくり出すことはない。したがって、ある遺伝子セットのオン、あるいはオフの状態を維持するシステムは、細胞分裂のたびに親細胞から娘細胞に受け渡すことができるようなメカニズムでなければならない。

ここでひとつ矛盾が生じる。オズワルド・アヴェリーとその同僚たちは、１９４０年中頃の実験によって遺伝情報を運ぶ物質がＤＮＡであることを示した。もし異なる細胞種においてＤＮＡがまったく同じままだとしたら、いったいどのようにして、驚くほど正確な遺伝子発現パターンを、細胞分裂を通じて次の世代へ伝えることができるのだろうか？

ここでまた、俳優と台本の比喩を考えるとわかりやすいだろう。映画監督のバズ・ラーマンが、レオナルド・ディカプリオにシェイクスピア原作のロミオとジュリエットの台本を手渡す。監督は、役者の向く方向やカメラの位置、その他数多くの技術的な情報をその台本に書き込んでいる。レオの持っている台本がオリジナルをコピーしたものであれば、バズ・ラーマンの書き込みも台本と一緒にコピーされる。ジュリエット役のクレア・デインズもロミオとジュリエットの台本を持っている。彼女の台本への書き込みは共演者のものと違っているかもしれないが、同じようにコピーしたらその書き込みは台本に残される。これが、遺伝子発現においてエピジェネティックな制御が起きる仕組みである。異なる細胞は同じＤＮＡ設計図（オリジナルの台本）を持っているが、一方で変化に富んだ分子修飾（撮影台本への書き込み）も一緒に運んでおり、この修飾は細胞分裂において母細胞から娘細胞に伝えられるのだ。

ＤＮＡ上に起こるこれらの修飾は、Ａ、Ｃ、Ｇ、Ｔという本質的な文字列は変えない。遺伝子のスイッチが入って、ｍＲＮＡをつくるためにＤＮＡがコピーされるとき、その遺伝子上のエピジェネティックな付加情報の有無にかかわらず、塩基対の原則に従って同じ配列のｍＲＮＡがつくられる。同様に、細胞分裂に際しては、同じＡ、Ｃ、Ｇ、Ｔという配列がコピーされて新しい染色体がつくられる。

エピジェネティック修飾が、遺伝子コード自体を変化させないのであれば、いったいその修飾は何をしているのか？　エピジェネティック修飾は、基本的にある遺伝子をどれだけたくさん発現させるか、あるいは、そもそもその遺伝子を発現させるかどうかを変化させることができる。また、エピジェネティック修飾は細胞分裂を通じて伝えられるため、母細胞と娘細胞で同じ遺伝子発現様式を維持するメカニズムとなる。それゆえ、皮膚の幹細胞は皮膚の細胞だけを生み出し、他の細胞を生み出すことはないのだ。

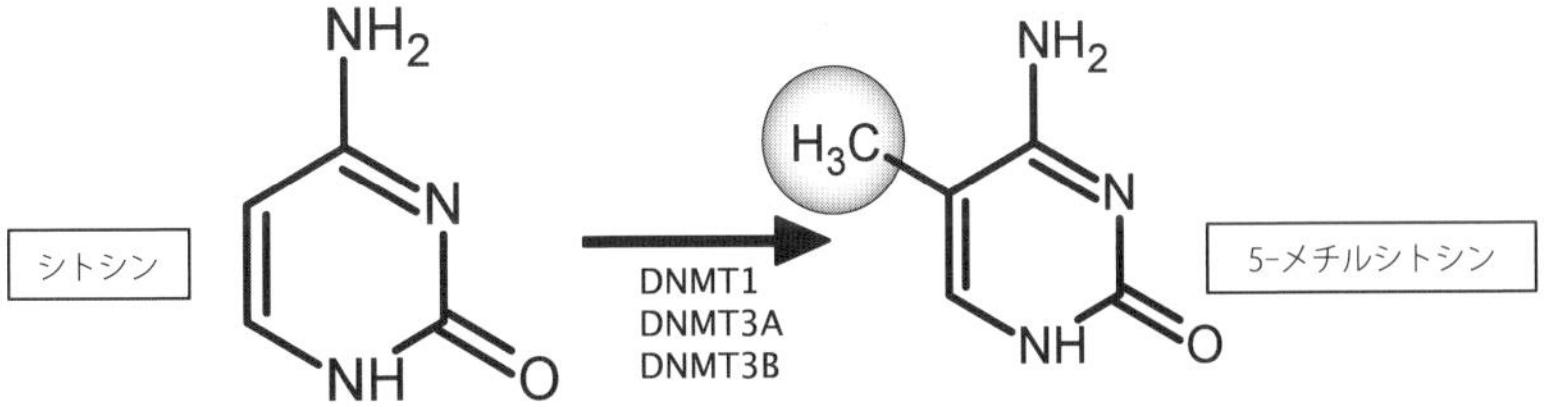

図4.1 DNA塩基のシトシンと、エピジェネティックな修飾が付加された5-メチルシトシンの化学構造。C：炭素原子、H：水素原子、N：窒素原子、O：酸素原子。単純にするため、いくつかの炭素原子と水素原子はきちんと表記していないが、2本の直線の交点として炭素原子を表している。

●DNAにブドウをくっつける

最初に発見されたエピジェネティックな修飾はDNAメチル化である。メチル化とは、メチル基を他の化学物質、この場合はDNAに付加することを意味する。1個のメチル基はとても小さい。たったひとつの炭素原子に三つの水素原子がついただけである。それぞれの原子は異なった重さを持っており、化学者は原子や分子を「分子量」で表す。塩基対の平均の分子量は、だいたい600Daになる（Daはダルトンと読み、分子量で使われる単位のこと）。メチル基1個の重さはたった15Daである。メチル基がひとつ付加されたとしても、塩基対の重さはたった2・5％増えるにすぎない。大きさとして、だいたいテニスボールにブドウをくっつけるような感じである。

図4・1はDNAメチル化が化学的にどのように見えるかを示している。図示されている塩基はC、シトシンである。シトシンは、四つのDNA塩基の中で唯一メチル化される塩基であり、その結果5-メチルシトシンが形成される。この頭の「5」は、メチル基が付加される環の中の炭素の位置を示しており、メチル基が5個つけられているという意味ではない。私たちヒトを含む多くの生物の細胞では、この

メチル化の反応は、DNMT1, DNMT3A, DNMT3Bと呼ばれる三つの酵素の中のいずれかによって行われる。DNMTは、ＤＮＡメチル化酵素（DNA methyltransferase）を表している。DNMTは、エピジェネティック情報の「書き手」（エピジェネティックな化学修飾をつくり出す酵素）のひとつである。たいていの場合、これらの酵素はＣの直後にＧが来たときだけ、そのＣにメチル基を付加する。このように後ろにＧが続くＣはＣｐＧと表記する。

　このＣｐＧメチル化はエピジェネティックな修飾であり、エピジェネティック・マークといってもよい。この化学基はＤＮＡ上につけられたものだが、遺伝的な配列を変えているわけではない。Ｃは変えられたというよりもむしろ装飾を施されたと考えた方がいい。このメチル化はとても小さい修飾であるにもかかわらず、本書の中で繰り返し取り上げられ、しかもどのエピジェネティクスの話の中にも出てくるというのは驚くべきことかもしれない。ＤＮＡのメチル化は遺伝子発現ばかりでなく、最終的には細胞、組織、個体の機能にはかり知れない影響をもたらすのだ。

　１９８０年代初め頃、哺乳動物の細胞にＤＮＡを導入する実験が行われ、ＤＮＡにあらかじめつけられたメチル化の程度によって、転写されるＲＮＡの量が変化することが示された。付加するＤＮＡメチル基の量が多ければ多いほど、転写量が減少したのである[1]。言い換えると、高レベルのＤＮＡメチル化は、遺伝子のスイッチがオフにされた状態と相関することがわかった。しかし、外から細胞に導入した遺伝子ではなく、核の中に存在する通常の遺伝子にとって、ＤＮＡメチル化がどれだけ重要なのかは明らかにされなかった。

　哺乳動物細胞におけるメチル化の重要性は、エイドリアン・バードの研究室による重要な研究で初めて明らかにされた。彼は、コンラッド・ワディントンも在籍したエジンバラ大学で、研究者人生のほとんどを過ごしてきた。バード教授は英国王立協会の会員であり、ウェルカム・トラストというイギリス科学界に甚大な影響力を持つ独立資金提供機関の前会長を務めた。彼は昔ながらのイギリス人科学者タイプの人で、控えめで口ぶり穏やか、派手さはなく皮肉なユーモアを好む。自分を売り込むような話をほとんどしない彼の様子は、彼の素晴らしい国際的評価とは対照的である。世界中の多くの研究者が、ＤＮＡメチル化と遺伝子発現におけるその役割という研究分野において、彼が第一人者だと認めている。

１９８５年、エイドリアン・バードはきわめて重要な論文を「セル」誌に発表した。彼はその論文の中で、多くのＣｐＧモチーフはＤＮＡ上にランダムに散らばっているわけではなく、プロモーターと呼ばれる遺伝子の上流部分に集中して存在していることを明らかにした[2]。このプロモーター領域には転写複合体が結合し、そのすぐ下流からＤＮＡの転写を開始してＲＮＡをつくる。ＣｐＧモチーフが高頻度に存在しているゲノム領域は、一般にＣｐＧアイランドと呼ばれている。

タンパク質をコードする遺伝子の約60%では、ＣｐＧアイランドの中にそのプロモーターが存在している。これらの遺伝子が活発に転写されているとき、ＣｐＧアイランドのメチル化レベルは低くなっている。また、遺伝子のスイッチがオフになっている場合に限って、ＣｐＧアイランドが高度にメチル化されている傾向が見られる。異なる細胞種では遺伝子発現パターンも異なっており、当然ながら、ＣｐＧアイランドのメチル化パターンも異なっている。

この相関関係にどのような意味があるのかについては、かなり長い間議論が交わされた。よくある

「卵が先か、ニワトリが先か」という議論である。ひとつの解釈は、ＤＮＡメチル化は基本的に過去を反映した修飾であり、遺伝子が何らかのメカニズムで抑制されるとＤＮＡがメチル化される、というものである。このモデルでは、ＤＮＡメチル化は単に遺伝子抑制の下流に位置する結果にすぎない。もうひとつの解釈は、ＣｐＧアイランドがメチル化されると、そのメチル化自身が遺伝子のスイッチをオフにするというものである。このモデルでは、エピジェネティックな修飾が、実際に遺伝子発現の変化を引き起こす原因となる。いまでもたまに、同分野の研究室間で原因か結果かを議論するときがあるが、この分野の大多数の研究者は、エイドリアン・バードの論文から現在までの四半世紀の間に出された数多くの結果は、ＤＮＡメチル化が原因であるとする後者のモデルを支持するものだと信じている。ほとんどの状況において、遺伝子の転写開始点付近に存在するＣｐＧのメチル化は、その遺伝子のスイッチをオフにする。

　エイドリアン・バードは、ＤＮＡメチル化がどのように遺伝子のスイッチをオフにするのかについて研究を続けた。彼は、ＤＮＡがメチル化されると、MeCP2（Methyl CpG binding protein 2）と呼ばれるタンパク質が結合することを明らかにした。[3] 面白いことに、このタンパク質はメチル化されていないＣｐＧには結合しない。図４・１を改めて見て、メチル化されたシトシンと、メチル化されていないシトシンがどれだけ似ているか考えてみると、これらの違いを識別できるということはとても驚きである。先に、ＤＮＡにメチル基を付加する酵素をエピジェネティック・コードの書き手だと表現した。MeCP2の場合はＤＮＡに何の修飾も付加しない。その役割は、ＤＮＡ上の修飾を読み取ることである。それゆえ、MeCP2はエピジェネティック・コードの「読み手」のひとつであるといえる。

　いったんMeCP2が遺伝子プロモーター上の5-メチルシトシンに結合すると、さまざまなことを実行する。まず、遺伝子のスイッチをオフにするのを手伝う別のタンパク質を呼び寄せる。[4] また、転写装置が遺伝子のプロモーターに結合するのを阻止して、ｍＲＮＡの産生を妨げる。[5] 高度にメチル化された遺伝子やプロモーター領域へのMeCP2の結合は、その染色体領域をほぼ永久にシャットダウンする引き金になっているように見える。その結果、ＤＮＡは信じられないくらい堅く巻き上げられ、転写装置はＲＮＡコピーをつくるために塩基対に接近することができなくなる。

　これが、ＤＮＡメチル化が重要であるというひとつの理由である。老人の脳の中で85年も生き続けている神経細胞を思い出してほしい。ＤＮＡメチル化は、80年以上もの間ある特定のゲノム領域を堅く凝縮させ、それによって神経細胞は一群の遺伝子の発現を完全に抑えたままにしている。それゆえ、私たちの脳の細胞は決してヘモグロビンや消化酵素をつくることはない。

　しかし、他の状況ではどうだろう。たとえば、皮膚の幹細胞はとても頻繁に分裂しているが、つくり出すのは常に新しい皮膚細胞だけで、たとえば骨のような別の種類の細胞をつくり出すことはない。この場合、ＤＮＡメチル化のパターンは、母細胞から娘細胞に受けつがれている。第3章で見てきたように、ＤＮＡ二重らせんが二つの鎖に分けられる際、塩基対の原則に従ってそれぞれの鎖がコピーされる。**図4・2**は、ＣｐＧのＣがメチル化されているＤＮＡ領域が複製される際、実際に起きていることを説明している。

　ＣｐＧモチーフの片方の鎖だけがメチル化されているとき、DNMT1はそのＣｐＧモチーフを認識

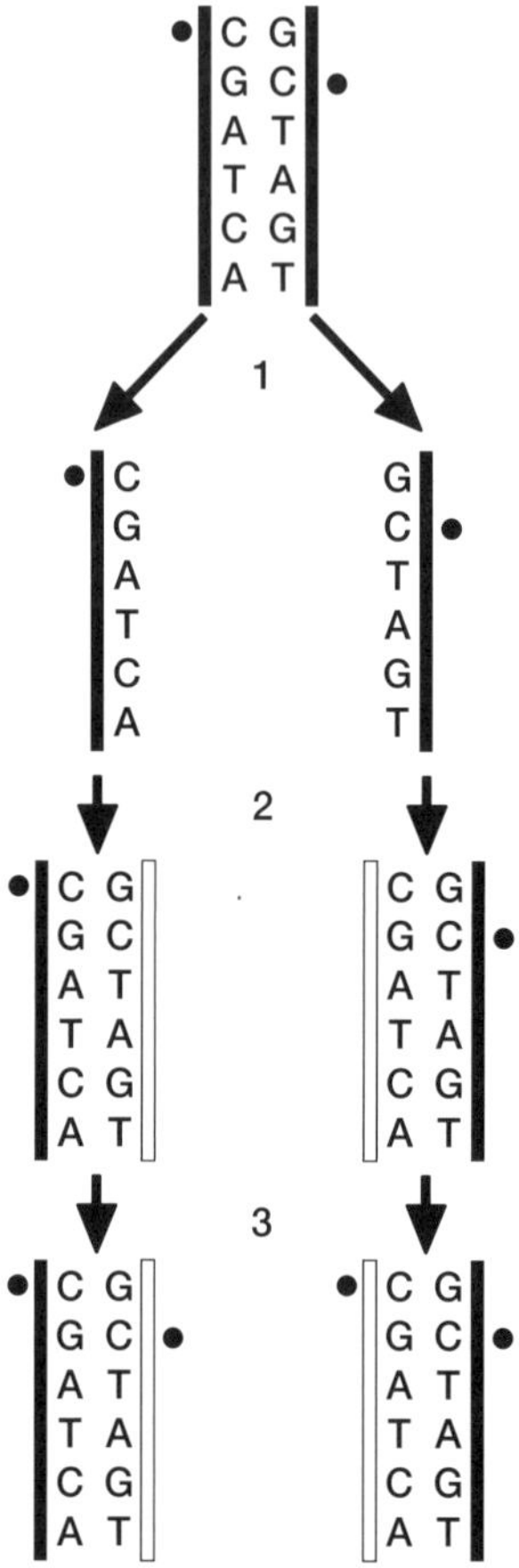

図4.2　この模式図は、DNAが複製される際、DNAメチル化のパターンがどのように保存されるかを示している。メチル基は黒丸（●）で示されている。ステップ1で親のDNA二重らせんが分けられ、ステップ2でDNA鎖が複製されるのに続いて、DNAメチルトランスフェラーゼ1（DNMT1）酵素によって新しく合成された鎖がチェックされる。DNMT1は、一方のDNA鎖のシトシンがメチル化され、新しく合成されたDNA鎖がメチル化されていない状態を認識することができる。DNMT1は新しいDNA鎖のシトシンにメチル基を付加する（ステップ3）。これはCとGと隣り合わせに存在してCpGモチーフを形成しているときだけ起きる。この過程は、DNAメチル化のパターンがDNA複製や細胞分裂を経ても維持されることを保証している。

できる。この不均衡な状態を見つけたDNMT1は、新しくコピーされた鎖の「失われた」メチル基を入れ戻す。最終的に、娘細胞は親細胞と同じＤＮＡメチル化パターンを持つことになる。その結果、親細胞と同じように決まった遺伝子セットを抑制し、皮膚細胞は皮膚細胞のままでいられるのだ。

●YouTubeのミラクルマウス

エピジェネティクスは、研究者たちがまるで予想もしていなかったところに突然現れることがよくある。ここ数年で最も興味深い例のひとつは、ＤＮＡメチル化を読み取るタンパク質であるMeCP2に関する話に違いない。数年前、いまでこそその信憑性は失われているが、ＭＭＲワクチン（三種混合ワクチン）が自閉症の原因になるという説が注目され、一般のメディアでも頻繁に取り上げられていた。イギリスで評判の高い新聞社は、とても可哀想な幼い少女の話を詳しく紙面に取り上げた。その少女は、発育状態を調べる乳児期検診において、初めのうち何の問題も見つからなかった。ところが、最初の誕生日を迎える少し前、ＭＭＲの皮下注射を受けた後に状況が悪化し、それまでに身につけた能力のほとんどを失ってしまったのだ。新聞記者が彼女の記事を書いた頃、その少女は4歳近くになっていたが、その記者は、そのときの少女の様子をこれまで見てきた中で最も深刻な自閉症の症状のように説明していた。彼女は言葉を話せず、重度の学習障害があり、身体動作は限られ、反復した動作が多く見られる。たとえば食べ物に手を伸ばすというような目的を持った手の動きはほとんどできない様子だった。このような重度の身体的障害が現れたことは、彼女自身にとっても彼女の家族にとっても悲劇以外の何ものでもなかった。

しかし、もし神経遺伝学の知識を多少でも持っている読者がこの記事を読んだとしたら、すぐに二つのおかしな点に気づくに違いない。まずひとつ目は、女の子がそのような重度の自閉症の症状を示すというのは、まったくないことではないが、かなり珍しいという点である。このような症状は男の子の方でもっと一般的に見られる。二つ目は、初期に見られた正常な発達と、その後に症状が現れる時期やその症状の特徴が、レット症候群と呼ばれるまれな遺伝病と酷似しているという点である。ＭＭＲワクチンを接種されるようなタイミングで、レット症候群や多くの自閉症の症状が現れ始めるというのは、単に偶然の一致にすぎない。

ところで、この話のどこにエピジェネティクスが関与しているのだろうか？　１９９９年、メリーランドのハワード・ヒューズ医学研究所の著名な神経遺伝学者、ヒューダ・ゾービが率いるグループは、大部分のレット症候群は、メチル化ＤＮＡの読み手をコードする*MeCP2*遺伝子の変異が原因で起きることを明らかにした。この病気の子どもは*MeCP2*遺伝子に変異を持ち、機能を持ったMeCP2タンパク質をつくることができない。彼らの細胞は、ＤＮＡを正しくメチル化することはできるが、このエピジェネティック・コードを適切に読み取ることができないのである。

*MeCP2*変異を持つ子どもの重篤な臨床症状は、エピジェネティック・コードを正しく読み取ることがいかに重要かを私たちに教えてくれる。しかし、同時にまた別のことも示唆している。レット症候群を患う女の子では、すべての組織が同じように影響を受けるわけではない。つまり、MeCP2が関与するエピジェネティック経路は、一部の組織において特に重要な役割を果たしていると考えられる。レット症候群の女の子が重度の知的障害を持つことから、一定量のMeCP2タンパク質は、脳の

機能に重要だということが推測できる。一方この遺伝病の子どもたちは、肝臓や腎臓といった他の組織はほとんど影響を受けていないように見える。この事実から、MeCP2の機能はこれらの臓器ではそれほど重要ではないということが示唆される。これらの臓器では、ＤＮＡメチル化自体あまり重要な役割を果たしていないのかもしれない。あるいは、ＤＮＡメチル化というエピジェネティック・コードを読み取ることが可能な、MeCP2とは別のタンパク質を発現しているのかもしれない。

レット症候群に関わる研究者や医者、またレット症候群の子どもを持つ家族は、この病気に関しての理解が深まることで、優れた治療法の開発につながることを長い間切望してきた。しかし、遺伝子変異は受精卵が発生する段階から、出生後成長する間もずっと存在しており、その変異によって脳が受ける影響を、外から手を加えて改善しようとするのはきわめて難しいことに違いない。

レット症候群の症状で最も深刻なのは、この病気で一般的に見られる重度の知的障害である。一度知的障害という形で現れた神経発生上の問題がもとに戻るのかどうか、もちろん誰ひとりとして知る人はいなかったが、ふつうの感覚として、楽観視できるようなものではなかった。エイドリアン・バードは、この話でもまた重要な貢献をした人物のひとりであった。２００７年、彼は「サイエンス」誌に驚くべき論文を発表した。その論文の中で、彼と彼の共同研究者は、マウスをモデルに使った実験で、レット症候群の症状が回復可能であることを示したのである。

エイドリアン・バードと彼の共同研究者は、*MeCP2* 遺伝子が不活性化されたマウスをつくり出した。彼らは、ルドルフ・イェニッシュが最初に開発した方法と同じような技術を使った。これらのマウスは重度の神経症状を引き起こし、大人になってもふつうのマウスのような行動はほとんどしない。

もしふつうのマウスを白い大きな箱の中に入れたら、そのマウスはすぐに周囲を探索し始める。家の中で壁際に沿って走りまわっているように、箱の中を頻繁に動きまわり、箱の端の方に行って、箱の外を見ようとして後ろ足で立ち上がったりする。*MeCP2*の変異を持ったマウスはこのような行動はほとんどせず、白い大きな箱の中央に置かれたら、ずっと大人しく真ん中に留まる傾向がある。

　エイドリアン・バードが*MeCP2*変異を持つマウスをつくったとき、彼はそのマウスをさらに遺伝的に操作して、正常な*MeCP2*遺伝子のコピーも別に持たせた。ただし、この正常な*MeCP2*遺伝子は、マウスの細胞の中ではスイッチが入らないように制御されている。この実験の実に巧妙なところは、マウスにある無害な化合物を与えると、この正常な*MeCP2*遺伝子が活性化されるという仕掛けである。この実験系によって、実験者はMeCP2が細胞内にない状態で最初にマウスを発生させて、その後適当なタイミングを見計らって*MeCP2*遺伝子のスイッチをオンにできるのである。

　*MeCP2*遺伝子のスイッチを入れた結果は驚くべきものだった。以前は白い箱の真ん中に座っていたマウスが、正常なマウスがするような周囲の探索行動をするマウスに突如変わったのである。[6]このマウスの様子は、YouTubeで見ることができる。その映像にはエイドリアン・バードのインタビューもつけられていて、その中で彼は、こんな劇的な実験結果はまったく予想していなかった、と正直に告白している。[7]

　複雑な神経疾患であっても、それに対処する新しい治療法が見つかるかもしれないという希望を与えてくれたという意味において、この実験の重要性ははかり知れない。この論文が発表される以前は、一度複雑な神経疾患が発症したら、それをもとに戻すのは不可能だと考えられていた。子宮の中や乳児期初期といった発生段階の時期に起こった症状の場合は、特にその回復は難しいと考えられていた。哺乳動物における初期発生期は、脳がその後一生使い続けるたくさんの結合や構造をつくるのに重要な時期である。*MeCP2*の変異マウスを使った実験によれば、レット症候群においては、通常の神経機能に必要な細胞内装置はすべて脳の中に存在しており、単にそれらの装置を正しく活性化させればよいということを示唆している。もしこれがヒトにもあてはまるのだとしたら（さらに、私たちの脳の機能レベルが、マウスとそれほど変わらないとしたら）、知的障害のような複雑な症状でも、それを回復させる治療法の開発を始められるかもしれないのだ。もちろん先に紹介した実験は、実験動物に対してだけ使える遺伝的アプローチであり、マウスに用いた方法をそのままヒトに応用することはできない。しかし、同じような効果を持つ薬剤の開発に挑戦する価値が十分あることを示唆している。

　ＤＮＡメチル化の重要性は明らかである。ＤＮＡメチル化の読み取りが異常になるだけで、複雑で深刻な神経疾患が引き起こされ、レット症候群の子どもでは一生涯に及ぶ重篤な障害が残る。ＤＮＡメチル化は、何十年も生き続ける神経細胞でも、あるいは皮膚のような常に幹細胞から生み出される細胞であっても、正しい遺伝子発現パターンを維持するために必須である。

　しかし、まだ根本的な問題が残されている。神経細胞は上皮細胞とはまったく異なる。もしどちらの細胞も、ある遺伝子のスイッチをオフにして、さらにそのオフの状態を維持するためにＤＮＡメチル化を使っているとすると、両者は異なる遺伝子セットでＤＮＡメチル化を使っているはずである。もしそうでなければ、これらの細胞はすべて同じ遺伝子を同じ程度に発現し、その結果同じ種類の細胞になるはずであり、神経細胞と上皮細胞のように異なる種類の細胞にはなり得ない。

異なる種類の細胞が、ＤＮＡメチル化という同じメカニズムを使ってどのように異なる結果をもたらしているのか。この疑問を理解するには、それらの細胞がどのように異なるゲノム領域をＤＮＡメチル化の標的としているのかを明らかにしなくてはならない。この問題は、私たちをエピジェネティクスにおける２番目に重要な分子の領域である、タンパク質の世界へいざなう。

●ＤＮＡには友達がいる

ＤＮＡはしばしば裸の分子のように説明される。ＤＮＡ、その他には何もない、といった具合である。もし頭の中で思い浮かべたら、ＤＮＡ二重らせんは、長く曲がりくねった線路のようなイメージになるかもしれない。これは、まさに私たちが前章で説明したＤＮＡのイメージである。しかし、実際のＤＮＡの様子はこのイメージとはかけ離れたものであり、エピジェネティクスという分野における素晴らしい発見の数々は、研究者がこの事実を深く認識し始めたことによってもたらされたといえる。

ＤＮＡはタンパク質、特にヒストンと呼ばれるタンパク質と強く結合している。現在、エピジェネティクスや遺伝子制御の分野では、Ｈ２Ａ、Ｈ２Ｂ、Ｈ３、Ｈ４と呼ばれる４種類のヒストンが特に注目されている。これらのヒストンは、球状の構造を持ち、コンパクトなボールのような形に折りたたまれている。しかし、それぞれのヒストンは、そのボール状の構造から突き出した柔軟なアミノ酸の鎖も持っており、この部分はヒストン・テール（テールは「尾」という意味）と呼ばれている。これらの４種類のヒストンは、それぞれ２個ずつが一緒になって、ヒストン・オクタマーと呼ばれる強固

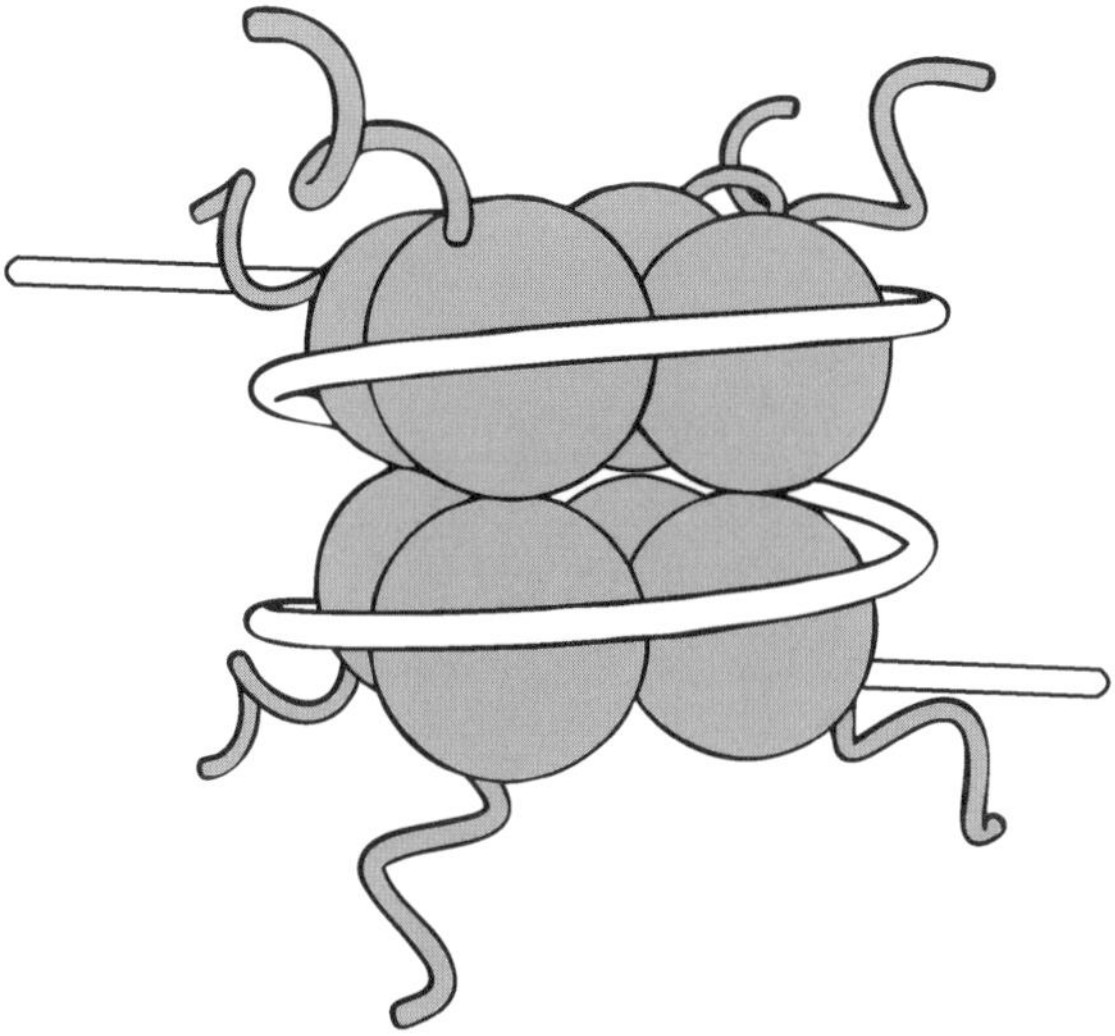

図4.3　強固に積み重ねられたヒストン8量体（2分子ずつのヒストンH2A, H2B, H3, H4）と、そのまわりに巻きついたDNAが、ヌクレオソームと呼ばれるクロマチンの基本単位を形成している。

な構造をつくっている（オクタは「8」を意味する接頭語で、最終的に8個のヒストンから構成されるのでそう呼ばれる）。

　このオクタマーは、４個ずつのピンポン球を二層に積み重ねたようなものと考えれば一番わかりやすいかもしれない。このピンポン球の周囲になわとびのロープを巻きつけるようにして、ＤＮＡがヒストンタンパク質に巻きついて、ヌクレオソームと呼ばれる構造を形成する。１個のヌクレオソームには１４７塩基対のＤＮＡが巻きついている。**図４・３**はヌクレオソームの構造を単純に模式化したものであり、この図では、白い外側の鎖がＤＮＡを表し、灰色のくねくねした部分がヒストン・テールを表している。

　もし、ヒストンについて書かれた20年前の文献を読んだとしたら、おそらくそこには、「ＤＮＡを梱包するためのタンパク質」という記述しかされていないだろう。多くの細胞の核は、直径約10ミクロン（1ミリメートルの１００分の1）しかなく、一方、細胞の中のＤＮＡをすべてゆるめたまま引き延ばすと2メートルにもなる。それゆえ、ＤＮＡがヌクレオソームにきつく巻きつき、そのヌクレオソームが密に積み重ねられることで、長いＤＮＡが核内に収納されているのだ。

　私たちの染色体のある領域は、このようなコンパクトな構造をさらに極端に折りたたんだような形状を常にとっている。そのような場所は、実際の遺伝子をコードしていない領域である場合が多い。その代わり、それらの領域は、染色体の末端であったり、細胞分裂に際して複製されたＤＮＡ（染色体）を分離させるために重要な領域であったりする。

　ＤＮＡが高度にメチル化された場所も、このような高度に凝縮した構造をとっている。ＤＮＡメチル化は、このような特徴的な構造をとらせるうえで重要な役割を果たしている。実際にこのような凝縮構造は、神経細胞のように何十年も生き続ける細胞が、特定の遺伝子のスイッチをオフのまま維持する際に使われるメカニズムのひとつである。

　しかし、そこまでガチガチに締めつけられていない領域、つまりスイッチがオンの遺伝子や、後でオンになる可能性を持った遺伝子が存在するような領域はどうなっているのか？　ヒストンが実際に関与しているのは、まさにそのような領域である。ヒストンには、単にＤＮＡを巻きつけるリールとしての働き以上に重要な役割を果たしている。もしＤＮＡメチル化を、ロミオとジュリエットの台本に書き込まれた半永久的なメモにたとえると、ヒストンの修飾はもっと一時的な書き込みである。それは、数回のコピーでは跡は残っているが、最終的には消えてしまう、鉛筆でつけた印のようなものかもしれない。あるいは、ふせんのようにもっと一過的なものかもしれない。

　この分野の数々の目覚ましい発見は、ニューヨークにあるロックフェラー大学のデヴィッド・アリス教授の研究室によってもたらされた。彼は細身で、小綺麗で、きれいにひげを剃ったアメリカ人で、60歳という年齢よりずっと若く見え、同僚たちからひときわ人気がある。多くのエピジェネティクス研究者と同じように、彼も発生生物学の分野から自身のキャリアを始めている。彼は、エイドリアン・バードやジョン・ガードンのように、エピジェネティクス分野における輝かしい評判を得ている。１９９６年に立て続けに出された論文で、彼と彼の同僚は、ヒストンが細胞内で化学的に修飾されること、またこの修飾がヒストンに付加されると、その特殊な修飾を施されたヌクレオソームの近傍の遺伝子の発現が上昇することを明らかにしたのである[8]。

　デヴィッド・アリスが発見したヒストンの修飾はアセチル化と呼ばれている。これはアセチル基と呼ばれる化学基を付加することであり、この場合では、ヒストンからフラフラと突き出たテールの上の、リシンという名前の特別なアミノ酸に付加される。**図4・4**はリシンとアセチル化リシンの構造を示しており、アセチル化も比較的小さな修飾であることがわかる。ＤＮＡメチル化と同じように、リシンのアセチル化は、遺伝子配列を変化させることなくその発現を変化させるエピジェネティックなメカニズムのひとつである。

　１９９６年の時点では話はとても単純だった。ＤＮＡメチル化は遺伝子の発現をオフにし、ヒストンのアセチル化は遺伝子をオンにする。しかし、遺伝子の発現は、オンあるいはオフというような単純なものではなく、もっと微妙なものである。遺伝子発現が機械のオン・オフのスイッチのようなも

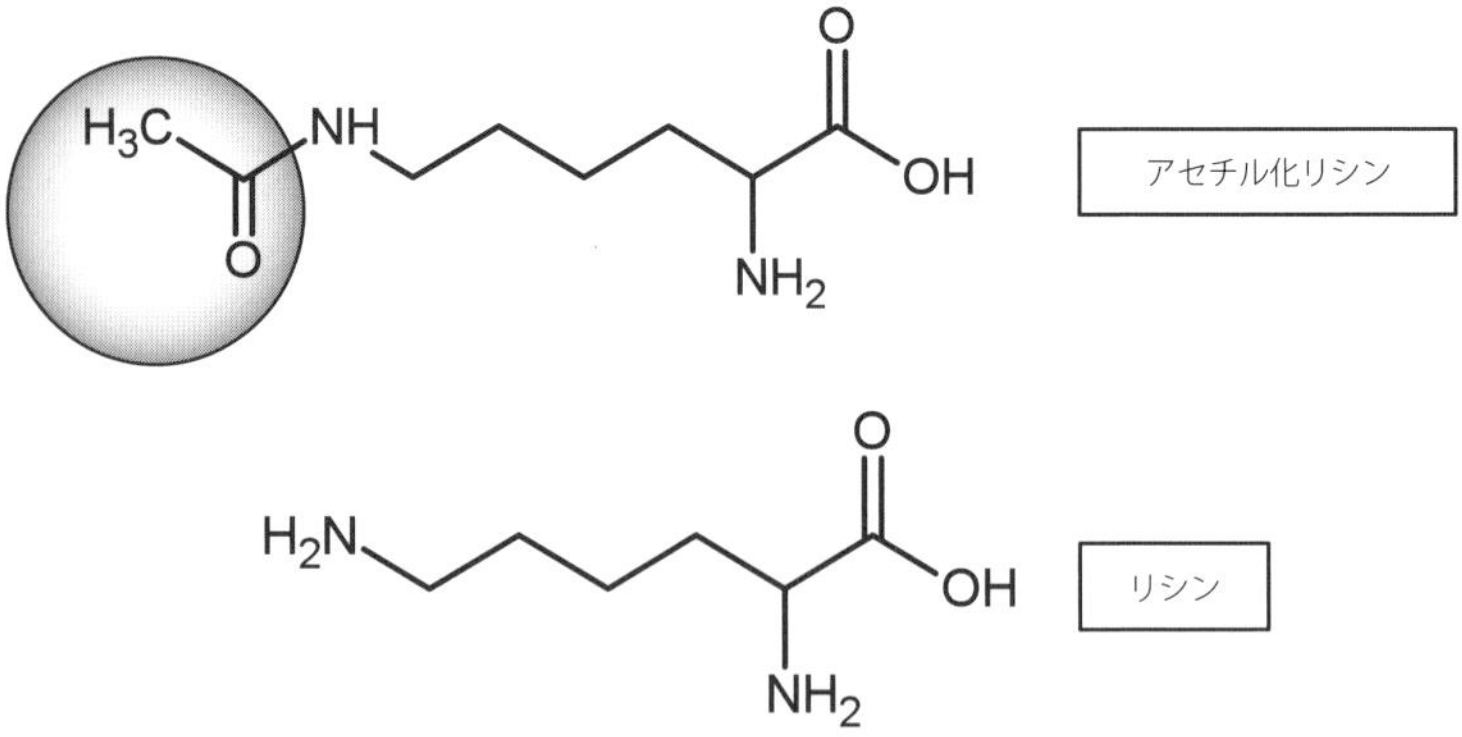

図4.4　アミノ酸であるリシンと、エピジェネティックな修飾が付加されたアセチル化リシンの化学構造。C：炭素原子、H：水素原子、N：窒素原子、O：酸素原子。単純にするため、いくつかの炭素原子と水素原子はきちんと表記していないが、2本の直線の交点として炭素原子を表している。

のである場合はほとんどなく、むしろ昔ながらのラジオの音量を調節するつまみのようなものに近い。それゆえ、ヒストンの修飾がひとつではなく、もっとたくさん存在することがわかったのはそれほど驚きではなかった。事実、デヴィッド・アリスの最初の発見から現在までに、50種類以上ものヒストンに対する修飾が、彼の研究室、また他の数多くの研究室によって見出されている[9]。これらの修飾はすべて遺伝子発現を変化させるが、必ずしも同じ方法によってではない。あるヒストン修飾は遺伝子発現を上昇させ、またある修飾は減少させる。ヒストン修飾のパターンは、ヒストン・コードと呼ばれている[10]。現在、エピジェネティクス研究者が直面している問題は、このコードを解読するのがきわめて難しいという事実である。

　染色体を大きなクリスマスツリーの幹のようなものだと想像してほしい。この木の幹から突き出た枝々がヒストン・テールであり、これらがエピジェネティック修飾で飾りつけられている。紫色のイミテーションの宝石を取り上げ、一つ、二つ、三つといくつかの枝につけていく。今度は氷のつららの形をした緑色の飾りを手に取り、同じように一つ、あるいは二つ、いくつかの枝につけていく。そのうちのある枝には、すでに紫色の宝石がつけられている。そして次に赤い星の飾りを取り上げ枝につけていく。ただし、隣の枝に紫色の宝石がついていたら、この赤い星はつけられない。また、雪の結晶の形をした金色の飾りと緑色のつららは同じ枝にあってはいけない。さらに複雑な規則とパターンに従って飾りつけを繰り返していく。最後にすべての飾りをつけ終わったら、木のまわりに電球を巻きつける。この電球が遺伝子を表している。それぞれの電球の明るさは、魔法のようなソフトウェア・プログラミングによって、電球のまわりの飾りの正確な配置によって決められる。クリスマス飾りのパターンはとても複雑なので、個々の電球の明るさを推測しようとしたらとても苦労するに違いない。

　さまざまなヒストン修飾の組み合わせが、どうやって一緒に働いて全体として遺伝子発現に影響を与えているのかを推測するという点では、研究者の現状はこのクリスマスツリーの状況と大差ないかもしれない。個々の修飾が何をしているのかについては、多くの例でかなり明らかになっているが、複雑な組み合わせから正確な予想をするのはまだ難しい。

　世界の複数の研究室が、共同研究、あるいは競争によってヒストン修飾の研究に参画し、新たに開発された最速かつ複雑な技術を使い、このコードを解読するために最大限の努力をしている。そこまでするのは、私たちはまだこのコードを正しく読むことはできていないかもしれないが、それがものすごく重要だということがわかっているからである。

●マウス・トラップを組み立てる

ここまで紹介してきた話の中で、いくつかの重要な鍵となる実験的証拠は発生生物学からもたらされており、実際に何人もの偉大なエピジェネティクス研究者が発生生物学の分野から現れている。すでに述べたように、１細胞の受精卵が分裂すると、娘細胞はすぐに別々の機能を担当し始めるようになる。最初の注目すべき出来事は、初期胚の細胞が内部細胞塊（ＩＣＭ：inner cell mass）と栄養外胚葉に分かれるところである。ＩＣＭはさらに分化し始め、たくさんの異なる種類の細胞を形成する。細胞がエピジェネティック・ランドスケープを転がり落ちるほとんどの過程は、外から手を加えなくても進み続ける自己永続的なシステムである。

この段階で理解しておくべき重要な概念は、遺伝子発現とエピジェネティック修飾の波が、お互いに次から次へと起きている仕組みについてである。これを理解するには、マウス・トラップ（Mousetrap：ネズミ捕り）という**図４・５**のようなゲームを例に考えるとよいだろう。このゲームは最初１９６０年初頭に生産され、いまでも販売されている。プレーヤーはゲームに際して、まずきわめて複雑なマウス・トラップをつくる必要がある。このトラップは、ボールを手放すという単純な動作によって一方の端から作動する。このボールは、滑り台、ボールをキックするブーツ、急勾配の階段、ゲームボード上をジャンプする人形などを組み合わせた複雑な仕掛けの中を通過する。それぞれの仕掛けをきちんと配置しさえすれば、全体の流れ（カスケード）は完璧に実行され、おもちゃのマウスがネットの中に捕らえられる。もし一部の仕組みの位置が少しずれていたりすると、一連の流れ

図4.5　マウス・トラップの模式図。このゲームの動作の順番を番号で示している。

は止まってしまい、トラップは機能しない。

　発生中の胚は、このマウス・トラップ・ゲームのようなものである。受精卵には、おもに卵の細胞質を通じてあらかじめ特定のタンパク質が組み込まれている。卵に由来するタンパク質は核の中に移動し、標的の遺伝子（マウス・トラップにちなんで、この遺伝子をブーツ遺伝子と呼ぶことにしよう）に結合し、その発現を調節する。このタンパク質は、少数のエピジェネティック酵素もブーツ遺伝子に連れてくる。もちろん、これらのエピジェネティック酵素も卵の細胞質から供与されたものかもしれない。そしてこれらの酵素は、クロマチン上のDNAやヒストンタンパク質に、長期間維持される修飾を付加し、どのようにブーツ遺伝子のスイッチがオンになったりオフになったりするのかに影響を与える。ブーツタンパク質はダイバー（*diver*：ゲームの中の人形のこと）遺伝子に結合し、そのスイッチをオンにする。これらのダイバー遺伝子のいくつかは、それ自身エピジェネティック酵素をコードしており、それはスライド・ファミリー遺伝子（横に動く装置）のメンバーと複合体を形成するかもしれない。直接遺伝子に作用するタンパク質とエピジェネティックな制御を行うタンパク質は、いったんボールを手放した後のマウス・トラップ・ゲームのように、一体となって途切れのない秩序立てられた仕組みで機能する。ときどき細胞は、発現量が厳密に制御された重要な因子を、ちょっとだけ多く、あるいはちょっとだけ少なく発現するかもしれない。このような変化は、マウス・トラップ・ゲームを20個も連結させたくらい複雑な細胞の発生経路を変える可能性がある。各部品のつなげ方や、ボールを転がすタイミングのほんのわずかな違いが、ひとつのトラップを作動させ、別のトラップは作動させない。

今回使った遺伝子の名前は架空のものだが、この話を実際の例にあてはめることができる。胚発生のきわめて初期の段階で重要なタンパク質のひとつがOct4である。Oct4タンパク質はある特別な鍵となる遺伝子に結合して、そこへ特異的なエピジェネティック酵素を呼び寄せる。この酵素はクロマチンを修飾して遺伝子発現を変化させる。Oct4と一緒に働くエピジェネティック酵素は、初期胚の発生に不可欠である。いずれか一方がないと、受精卵は内部細胞塊をつくり出すところまでも発生できない。

初期胚の遺伝子発現パターンは、最終的にはフィードバックによって最初の*Oct4*遺伝子に戻ってくる。ある特定のタンパク質が発現されると、それは*Oct4*遺伝子のプロモーターに結合し、*Oct4*遺伝子の発現スイッチをオフにする。通常体細胞ではOct4は発現されていない。分化した細胞でOct4を発現させることは、通常の遺伝子発現パターンを混乱させ、幹細胞様の細胞に変化させる可能性があるため、体細胞にとってはとても危険なことである。

これはまさに山中伸弥が、Oct4をリプログラミング因子として使って行ったことである。分化した細胞の中で、高レベルのOct4を人工的に生み出すことで、彼は細胞をだまして、初期段階の細胞のようにふるまわせることができた。エピジェネティック修飾がきれいにリセットされてしまったことを考えると、この遺伝子がどれだけ強い力を持っているかがわかる。

通常の発生を見れば、エピジェネティック修飾が細胞運命の決定にとってどれだけ重要かがわかる。逆に発生がうまく行かなかった場合も、発生におけるエピジェネティクスの重要性を示している。たとえば、２０１０年に「ネイチャー・ジェネティクス」誌で報告された論文において、歌舞伎症候群と呼ばれるまれな病気の原因となる変異が明らかにされた。歌舞伎症候群は、精神遅滞、低身長、顔の異常、口蓋裂《こうがいれつ》などの幅広い症状を呈する複雑な発達障害である。その論文では、歌舞伎症候群が*MLL2*と呼ばれる遺伝子の変異が原因で起こることが示されている。[11] MLL2タンパク質は、ヒストンＨ３の４番目のリシンに特異的にメチル基を付加する、エピジェネティック修飾の「書き手」のひとつである。この遺伝子に変異を持つ患者は、エピジェネティック・コードをきちんと書くことができず、それがこれらの症状につながっている。

ヒトの病気は、エピジェネティックな修飾を取り去る酵素、いわゆるエピジェネティック・コードの「消し屋」の変異によっても起こり得る。ヒストンＨ３の20番目のリシンのメチル化を取り去る、*PHF8*と呼ばれる遺伝子の変異は、精神遅滞や口蓋裂などの症状を呈する症候群の原因となる。[12] この場合、患者の細胞は何の問題もなくエピジェネティックな修飾を付加できるが、それを適切に取り去ることができないのである。

MLL2とPHF8は異なる役割を持っているのにもかかわらず、これらの遺伝子の変異による臨床的所見がよく似ているというのは興味深い。どちらも口蓋裂と精神遅滞を引き起こす。これらの症状は、発生段階に起こった何らかの不具合を反映していると考えられている。エピジェネティックな経路は一生を通じて重要であるが、発生段階において特に重要なように見える。

これらヒストンの「書き手」と「消し屋」に加えて、エピジェネティック・マークに結合することでヒストン・コードの「読み手」として働く１００以上のタンパク質が存在する。これらの読み手は、他のタンパク質を呼び寄せて複合体を形成し、遺伝子発現のスイッチをオンにしたりオフにしたりする。これは、ＤＮＡメチル化を施された遺伝子の発現をMeCP2がオフにする仕組みと似ている。

ヒストンの修飾はＤＮＡメチル化とは大きく異なる。ＤＮＡメチル化はとても安定なエピジェネティック変化である。いったんある領域のＤＮＡがメチル化されると、多くの場合そのメチル化は維持される傾向がある。神経細胞がずっと神経細胞のままであり、目玉の中から歯が出てくるようなことがないのは、ＤＮＡメチル化が安定なエピジェネティック修飾として重要な役割を果たしているからに他ならない。細胞内でＤＮＡメチル化を取り除くことは可能だが、これは特殊な状況下のみで起こり、それが起こるのはきわめてまれなことである。

ほとんどのヒストンの修飾は、ＤＮＡメチル化よりもはるかに可塑性がある。ある遺伝子のヒストンに特定の修飾が付加され、取り去られ、後でふたたび付加されたりする。細胞の核の外から来るさまざまな刺激に応答して、このようなヒストン修飾の変化が起きる。刺激の種類は多岐にわたる。ある細胞種では、ホルモンに応答してヒストン・コードが変えられるかもしれない。その例として、筋肉細胞に対するインスリンシグナル、あるいは月経周期の間乳腺細胞に作用するエストロゲンなどがある。脳では、コカインのような中毒性の薬品に反応してヒストン・コードが変化するだろうし、あるいは腸の内壁細胞では、小腸内の細菌によってつくり出された脂肪酸の量によってエピジェネティック修飾のパターンが変化するだろう。これらのヒストン・コードの変化は、育ち（環境）と氏（遺伝子）を相互に作用させて、地球上のすべての高等生物の複雑性を生み出すための重要な仕組みのひとつである。

　細胞はヒストン修飾を変化させることで、発生段階にある特定の遺伝子発現パターンを試してみることができるかもしれない。たとえば、抑制的な（遺伝子発現を下げるような）ヒストン修飾をある遺伝子の近傍のヒストンに導入し、その遺伝子を一時的に不活性化する。もしこの遺伝子のスイッチをオフにすることで細胞に有利に働くようであれば、そのヒストン修飾は長期間維持されて、最終的にＤＮＡメチル化につながるかもしれない。ヒストン修飾は、その修飾を読み取るタンパク質を呼び寄せ、ヌクレオソーム上に他のタンパク質も含む複合体を形成させる。そのような複合体には、ＣｐＧモチーフにメチル基を導入する酵素であるDNMT3AあるいはDNMT3Bが含まれているかもしれない。このような状況では、DNMT3A, DNMT3Bは、ヒストン上に形成された複合体から手を伸ばすようにして近傍のＤＮＡをメチル化するだろう。もし十分な量のＤＮＡメチル化が起きれば、その遺伝子のスイッチは完全にオフになる。極端な状況では、染色体全体が高度に凝縮されて、細胞分裂を通じて、あるいは神経細胞のような分裂しない細胞では何十年も不活性化されたままになることもある。

遺伝子発現を調節するために、なぜ生物はこのようなヒストン修飾のような複雑なパターンを進化させてきたのか？　ＤＮＡメチル化による、１か０か、という効果と対比すると、ヒストン修飾によるシステムはとりわけ複雑に見える。おそらくひとつの理由は、複雑にすることによって遺伝子発現の精巧な微調整ができるようになったということが考えられる。細胞や個体は、この精密な機構によって遺伝子発現を調節することで、環境の変化、たとえば栄養状態の変化、ウイルスに侵入されるというような変化に適切に応答することができる。しかし、次章で見ていくように、この微調整によって、実に奇妙な結果がもたらされることもある。

THE EPIGENETICS REVOLUTION

第5章

なぜ一卵性双生児は完全に同じではないのだろうか？

第5章●●

なぜ一卵性双生児は完全に同じではないのだろうか?

人生において私たちが心の準備をしていない二つのもの、それは双子である。

ジョシュ・ビリングス

一卵性双生児の存在は、何千年にもわたる人類史の中で私たちを魅了してきた。西欧文学だけを見ても、紀元前２００年頃のプラウトゥスの演劇の中に一卵性双生児、メネクムスとソシクルスが登場し、１５９０年頃には同じ話がシェイクスピアによって『間違いの喜劇』としてリメイクされている。また、ルイス・キャロルによって１８７１年に書かれた『鏡の国のアリス』の中のトゥイードルダムとトゥイードルディー、そしてＪ・Ｋ・ローリングの小説『ハリー・ポッター』の中のウィーズリー家の双子に至るまで、さまざまなところで一卵性双生児の記述を見つけることができる。まったく同じように見える二人の人間というのは、本質的に人々を惹きつける何かがあるのだろう。

しかし、一卵性双生児がとてもよく似ているということより、もっと興味深いのは、彼らの間に違いがあるということである。双子の間に見られる違いは、ジャン・アヌイ原作の映画「リング・ラウンド・ザ・ムーン」に出てくるフレデリックとユーゴから、デヴィッド・クローネンバーグ監督の映画「戦慄の絆」に出てくるビヴァリーとエリオットのマントル兄弟に至るまで、芸術作品の中で繰り返し使われてきた仕掛けのひとつでもある。極端な例を挙げれば、ジキル博士と彼の悪の人格であるハイド氏は、究極の「邪悪な双子」と見ることができるかもしれない。しかし、一卵性双生児に見られる違いは、芸術分野のみならず科学の世界においても人々を魅了してきた。

一卵性双生児（identical twins）を表す科学用語はmonozygotic twins（ＭＺ）である［日本語ではどちらも一卵性双生児と訳す］。彼らはどちらも、ひとつの卵とひとつの精子が融合することで形成された同じ１細胞の受精卵に由来する。一卵性双生児の場合、胚盤胞《はいばんほう》の内部細胞塊《かい》が、分裂の早い段階にドーナツを半分にするように二つに分けられて、二つの胚《はい》が生じる。これらの胚は遺伝的に同一である。

内部細胞塊が二つの胚に分かれるのは、一般に偶然の出来事と考えられている。これは、一卵性双生児が生まれる頻度がすべての人の集団でほとんど同じであり、一卵性双生児が生まれる傾向が遺伝しないという事実に基づいている。一卵性双生児が生まれるのは非常にまれなことだと考えがちだが、実際にはそんなことはない。２５０例の満期妊娠あたりひと組の一卵性双生児が生まれ、世界で約１０００万組の一卵性双生児がいる。

双子の中でも特に一卵性双生児は魅力的である。なぜなら、ある特定の疾患に対して、遺伝的要因がどの程度その発症に寄与しているかを判断するのに役立つからである。一卵性双生児を調べることによって、私たちの遺伝子の配列（遺伝型）と、目に見える特質（表現型）の関係を具体的な数値で出すことができる。たとえば、身長、健康、そばかすの数など、何でも調べられる。この調査では、どのくらいの頻度で双子のペアの両方が同じ病気の症状を呈するかを計算する。この頻度のことを専門用語では「一致率」と呼ぶ。

四肢短縮型の低身長症の中でも、比較的一般的な軟骨形成不全症は、一卵性双生児の間でほとんどといってよいほど同じ症状を呈する病気のひとつである。双子のひとりが軟骨形成不全症であれば、もう一方も同じ症状を示す。この病気の場合、１００％の一致率を示すということができる。これは、軟骨形成不全症がある特定の遺伝子の変異で起きるので、それほど不思議なことではない。受精卵を生み出した卵か精子のどちらかがその遺伝子の変異を持っていれば、内部細胞塊を形成するすべての娘細胞、最終的には二つになった胚の細胞すべてが同じようにその変異を持つことになるだろう。

しかしながらほとんどの病気は、重要な遺伝子のひとつの変異で起きることはなく、比較的まれな症例しか１００％という一致率を示すことはない。すると、その病気に遺伝的要因が何らかの役割を果たしているのか、もしそうであればどの程度関与しているのか、について判断するのが難しくなる。この点こそが、双子の研究が重要と考えられている理由である。たくさんの一卵性双生児を調べることで、ある特定の症状に関して、どれだけの割合の双子で一致するかを決めることができる。そもそも、双子のひとりがある病気であれば、もうひとりの双子も同じように病気を発症する傾向はあるのだろうか？

図5・1は統合失調症の一致率を表したグラフである。このグラフは、この病気を発症した人と血縁的な関係が近いほど自分自身も発症する傾向が高い、ということを示している。このグラフで注目してほしい最も重要な部分は、双子を扱った下の二つの棒グラフである。ここから一卵性双生児と二卵性双生児の一致率が比較できる。二卵性双生児は、発生の段階で子宮という同じ環境を共有しては

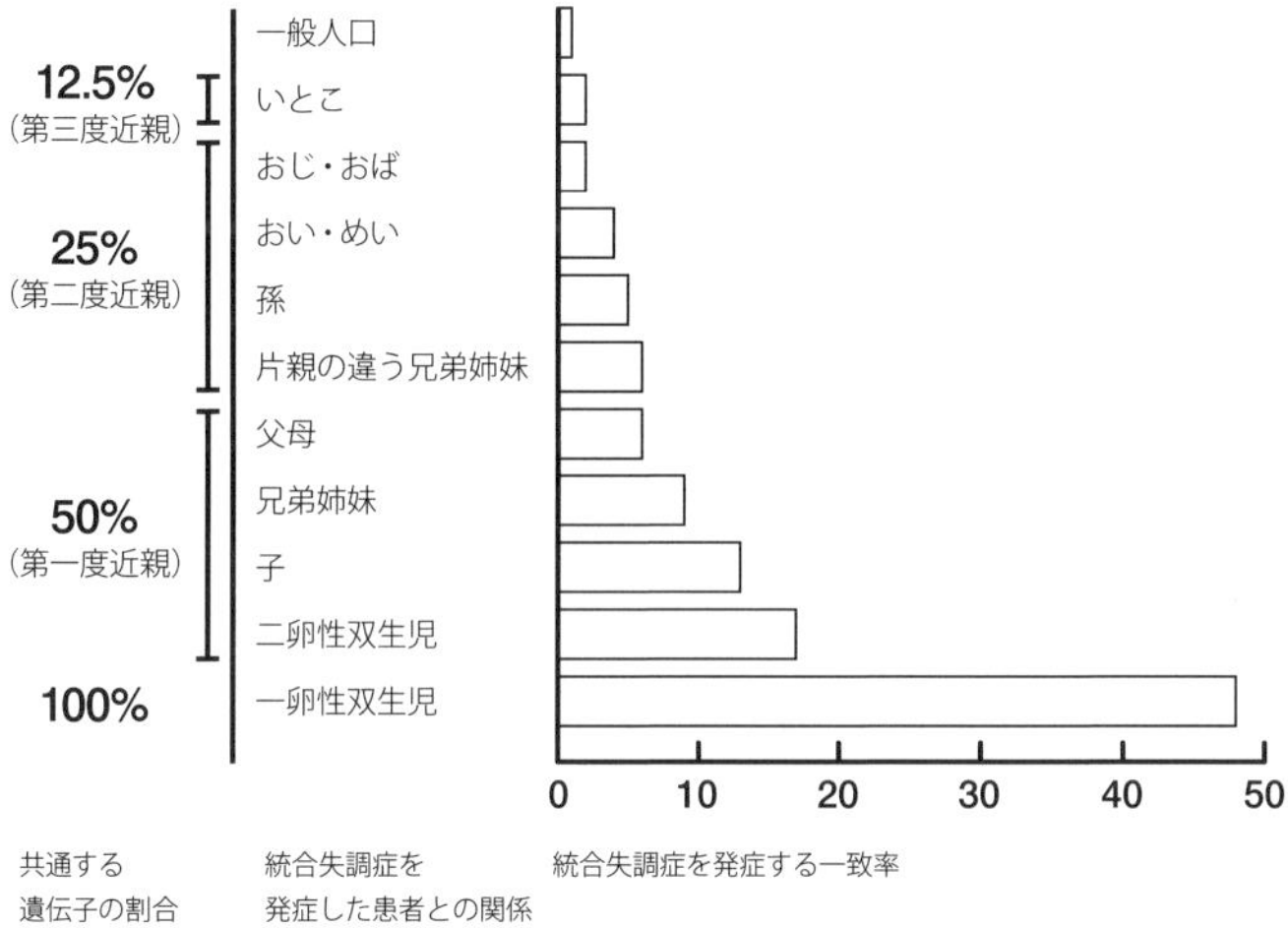

図5.1 統合失調症に見られる双子間の一致率。ひとりがこの病気を発症したとき、血縁関係にあるもうひとりもこの病気を発症する可能性は、二人が遺伝的に近いほど高くなる。しかし、遺伝的に同一な一卵性双生児でさえ、統合失調症の一致率は100%には達しない。
データの出典：The Surgeon General's Report on Mental Health http://www.surgeongeneral.gov/library/mentalhealth/chapter4/sec4_1.html#etiology

いるものの、受精した二つの卵に由来する別々の二つの胚から生まれるので、他の兄弟、姉妹と比べてより遺伝的に近いということはない。ここで2種類の双子を比べることはとても重要である。なぜならば、一般論として、双子のペア（一卵性、二卵性にかかわらず）は非常によく似た環境を共有している可能性が高いからだ。もし統合失調症が、おもに環境的な要因が原因で起きるのであれば、その一致率は一卵性と二卵性の双生児の間でほとんど同じになることが期待される。ところが、二卵性双生児の場合、ひとりが統合失調症を発症すると、双子のもう一方が発症する割合は17％である。しかし、これが一卵性双生児になるとほとんど50％近くまで跳ね上がる。二卵性に比べて一卵性双生児でほぼ3倍近いリスクがあるということは、統合失調症には遺伝的要因が大きく関わっていることを示している。

同じように双子の一致率を調べることで、多発性硬化症、双極性障害、全身性エリテマトーデス、ぜんそくなどを含む、他の数々のヒトの病気においても、遺伝的要因が大きく関与していることが示されている。このような研究は、複雑な疾患に遺伝的要因がどれだけ重要な役目を果たしているのかを知るうえでとても役立つ。

しかし、さまざまな意味でより興味深いのはその正反対の疑問である。一番興味深いのは、ある特別な病気を同じように発症した一卵性双生児の二人ではない。むしろ異なる結果をもたらした一卵性双生児の方である。たとえば、片方が妄想型統合失調症で、もう一方が精神的にまったく健康であるとか。このような例の方が、科学的な意味で最も興味を惹かれる。遺伝学的にはまったく同じで、しかもたいていの場合とても似通った環境で成長してきた二人が、なぜそのような異なる表現型を示すのだろうか？　同様に、なぜ一卵性双生児が、二人とも1型糖尿病を発症するのがきわめてまれなのか？　遺伝コードに加えて、何がこの健康上の結果をもたらしているのか？

●エピジェネティクスはどのように双子の仲を裂くのか

ひとつ考えられるのは、統合失調症を発症した双子の一方で、ある細胞、たとえば脳細胞の中の遺伝子に、自然発生的な突然変異が起こったという説明である。このようなことは、脳が発生する段階で、ＤＮＡ複製装置が異常に働いたりすれば起きる可能性があり、実際そのような変化は、その人の病気になるリスクを高めるかもしれない。この説明は理論的にはあり得るが、この説を裏づける確かなデータはまだ得られていない。

もちろん、双子間で見られる不一致は環境の違いに起因するというのが一般的な答えである。ときには、これが明白なケースもある。もし寿命に関して調べていて、たとえば双子のひとりが車にはねられて亡くなったとしたら、それは紛れもなく環境の違いによる不一致に他ならない。でも、これは極端なケースだ。多くの双子は、とてもよく似た環境を共有しており、初期発生においては特にそうである。ただし、たとえよく似た環境を共有していたとしても、きちんと把握できていない微妙な環境の違いがあるという可能性も十分考えられる。

しかし、もし病気の発症に関わる重要な要因として、環境を引き合いに出した場合、今度は別の問題が生じてしまう。それは、環境はどうやって病気を引き起こしているのか、という疑問である。食事の中の化合物や、たばこの煙の中の化学物質、日光の紫外線、車の排ガス汚染、あるいは日常的にさらされている何千種類という物質や放射線源などの環境刺激が、遺伝子に何らかの影響を与え、遺伝子発現を変化させる原因となっていなければならない。

人々を苦しめる非感染性の病気の多くは、発症するまでに時間がかかり、適切な治療法がなければその後長期間その患者を苦しめる。環境からもたらされる刺激が体内の細胞に作用して、異常な細胞を生み出し病気を引き起こすということも、理論的にはあり得る。しかし、実際には考えにくい。慢性の病気のほとんどは、複数の刺激と複数の遺伝子が相互に作用することによって引き起こされるからである。遺伝子に影響を与えるようなすべての刺激が、何十年にもわたって同時に存在しているというのは想像しにくい。もうひとつ別の考えは、病気に関連した細胞を異常な状態、たとえば遺伝子を不適切に発現するような状態にとどめておく、何らかの仕組みが存在するというものである。

双子で見られる違いに、体細胞の変異が重要な役割を果たしているという明らかな証拠がない限り、エピジェネティクスはそれを説明する有力な候補のように思える。エピジェネティクスであれば、双子の片方の遺伝子だけを異常な制御状態に保ち、結果として病気を発症させることができる。私たちはまだそのような研究に着手したばかりであるが、実際にエピジェネティクスが関与していることを示唆する、いくつかの証拠が得られつつある。

最も直接的な実験は、一卵性双生児が年をとるにつれて、クロマチンの修飾パターン（いわゆるエピゲノム）が変化するかどうかを調べることである。そもそも、最初から病気と関連したエピゲノムの変化を調べなくてよいかもしれない。「遺伝的に同一な個体は、年をとるにつれてエピジェネティックには同一ではなくなる」という、単純な仮説を検証するところから調べ始めればよい。もしこの仮説が正しければ、一卵性双生児はエピジェネティックなレベルではお互い異なった個体になり得る、という考えが支持されるだろう。このような結論が得られれば、病気におけるエピジェネティックな変化の役割についても、かなり確信を持って調べることができるはずである。

２００５年、当時マドリードのスペイン国立がんセンターにいたマネル・エステラー教授率いる大きな共同研究チームが、この問題について調査した論文を発表した[1]。この研究の中で彼らは、いくつかの興味深い発見をした。幼児期の一卵性双生児のペアについてクロマチンを調べたところ、二人の間でＤＮＡメチル化やヒストンのアセチル化の状態に、大きな違いを見出すことはできなかった。ところが、もっと年をとった、たとえば50代の一卵性双生児のペアを調べたところ、二人の間のＤＮＡ

メチル化、あるいはヒストンアセチル化の程度にかなり大きな差が見られたのだ。特に、長い間離れて暮らした双子の方がより顕著な違いが見られた。

この結果は、遺伝的に同一な双子は、エピジェネティックな状態においても非常によく似た状態で出発するが、年をとるにつれて異なってくる、というモデルと合う。年老いた一卵性双生児で、長い間離れて別々に暮らしてきた二人は、経験した環境が最も異なっていたペアに違いない。離れた環境で育った双子が、エピジェネティックにより異なっているという発見は、エピゲノム（ゲノム上のエピジェネティック修飾パターンの総体）が環境の変化を反映しているという考えと一致している。

朝食をきちんと食べる子どもは、朝食を食べない子どもに比べて学校での成績がよいという統計結果がある。これは、朝食で食べる一杯のコーンフレークが、子どもの学習効果を高めているということではないだろう。おそらく、朝食をきちんと取るのは、毎日遅刻しないように子どもを学校に行かせ、勉強の手伝いもするような両親の子どもである可能性が高いということなのだろう。同じように、エステラー教授のデータも相関関係でしかない。彼らは、双子の年齢とエピジェネティックな差異の程度との間に関連性があることを示しているが、加齢がエピゲノムに変化をもたらしたということを証明したわけではない。しかし、少なくともまだ仮説は生きている。

２０１０年、メルボルンのロイヤル・チルドレンズ病院のジェフリー・クレイグ博士が率いる研究チームも、一卵性、二卵性双生児のペアのＤＮＡメチル化を調べた[2]。彼らは、先に行われたマネル・エステラーたちの論文に比べて、ゲノムの比較的狭い領域に焦点を絞って詳細な解析をした。そして、新生児の双子のサンプルを使って、まず二卵性双生児のＤＮＡメチル化のパターンにかなり多くの違いが見られることを示した。そもそも二卵性双生児は遺伝的に同一ではなく、それぞれ異なるエピゲノムを持つと考えられるので、この結果はそれほど驚くべき結果ではない。しかし興味深いことに、彼らは一卵性双生児でもDNAメチル化のパターンに違いがあることを発見した。この結果は、一卵性双生児といえども、子宮内で成長している間にエピジェネティックなレベルで変化が始まっていることを示唆している。これら二つの論文と他の関連する研究を考え合わせると、遺伝的には同一の個体であっても、生まれたときからエピジェネティックには異なっており、これらのエピジェネティックな差は、加齢や異なる環境刺激に応じてより顕著になる、と結論づけることができる。

●ハツカネズミと人間

これらの結果は、一卵性双生児における表面上の違いの少なくとも一部は、エピジェネティックな変化によって説明できる、という考えと一致する。しかし、まだ多くの推論が含まれている。そもそも、ヒトは実験の対象として望ましい系ではない。遺伝的に同一な個体がどうして表現型的に異なっているのか、という問題に対して、もしエピジェネティクスの役割をきちんと評価したいと考えるならば、次のような実験をしたいと思うに違いない。

1. 数組の双子ではなく、何百もの遺伝的に同一な個体を調べる
2. 生育環境を完全に制御する
3. 胚あるいは赤ちゃんを別の母親に移して発生初期の影響を調べる

4．異なる発生段階のありとあらゆる組織のサンプルを集める
5．交配相手を制御する
6．遺伝学的に同一な個体について4世代、5世代かけて研究を継続する

あえていうまでもなく、ヒトでこのような実験を行うのは不可能である。

エピジェネティクスの研究にとって、実験動物の有用性はこの点にある。実験動物を使うことで、研究者はできる限り環境を制御しながら、とても複雑な問題に取り組むことができる。動物を用いた実験からもたらされる結果によって、私たちはヒトで起きていることを推測することができる。

実験動物を使う研究は、もちろん完全ではないかもしれない。しかし、それによって、驚くほどたくさんの基礎生物学上の問題を解き明かすことができる。さまざまな比較研究によって、エピジェネティックに関わるシステムの多くが、途方もないほど長い間、生物種間で変化していないことが示されている。たとえば、酵母とヒトの共通の祖先は10億年前に存在したと考えられているが、両方の種が用いるエピジェネティクスの機構には、明らかに相違点よりも共通点の方が多い[3]。したがって、エピジェネティックな過程は、かなり古くから存在する生物の基本的な機構であり、モデル生物を利用することは、少なくともヒトでの事象を理解するための指針となる。

本章で私たちが考えてきた具体的な疑問、「なぜ遺伝的に同一な双子が同じように見えないことがよくあるのか」という疑問を明らかにするうえで、一番役に立っている動物は、私たち哺乳動物の親戚であるマウスである。マウスとヒトの系統が分岐したのは、わずか７５００万年くらい前である[4]。

マウスに見出される99％の遺伝子は、もちろん完全に同じというわけではないが、ヒトでも見出される。

研究者は、すべての個体が遺伝的に同一なマウスの系統をつくり出すことができる。そのようなマウスの系統は、遺伝子以外の要因が個体間の差にもたらす役割を調べるうえできわめて有用であった。ヒトの双子の場合、遺伝的に同一な個体は二人だけだが、マウスの場合、数百、あるいは数千の個体を生み出すことができる。このようなマウスの系統をつくる方法を聞いたら、血族結婚を繰り返したとされる、古代エジプトのプトレマイオス王朝の人でさえ顔を赤らめるかもしれない。研究者はマウスの兄弟姉妹を交配させる。そして、生まれてきた子どもの兄弟姉妹をまた交配させる。さらにその子どもの兄弟姉妹を交配させ、これを繰り返すのである。この兄弟姉妹の交配を20回以上繰り返すと、遺伝的な差異はすべてゲノムから排除される。その結果得られた系統の雄、あるいは雌のマウスはすべて遺伝的に同一となる。さらにこの方法を改良して、いまではこの遺伝的に同一なマウスを使って、そのＤＮＡの一部分だけに変異を導入することも可能になった。このような遺伝子操作技術を使って、研究者は調べたいと思う1か所のＤＮＡ領域だけを変化させ、あとは遺伝的に同一なマウスをつくることができる。

●色の異なるマウス

遺伝的に同一な個体において、エピジェネティックな変化はどのように表現型に違いをもたらすのか。この問題を研究するうえで、最も有用なモデルマウスはアグーチ・マウスと呼ばれている。通常のマウスの毛には、色の縞模様がある。先端が黒色、中央が黄色、根元がまた黒色になっている。中央の黄色の部分をつくるのにはアグーチ（*agouti*）と呼ばれる遺伝子が必要であり、マウスでは通常周期的な仕組みによって遺伝子のスイッチがオンになる。

アグーチ遺伝子には、スイッチがオンにならない a と呼ばれる変異型が存在する。この変異型の a 遺伝子しか持たないマウスは、毛の色が真っ黒になる。また、A^{vy} と呼ばれるマウスの系統が存在する（A^{vy} は *agouti viable yellow* の意味）。A^{vy} マウスでは、アグーチ遺伝子がずっとオンのままで、毛の色は端から端まで黄色になる。マウスは2コピーのアグーチ遺伝子を持っており、一方は母親から、一方は父親から受け継いだものである。A^{vy} 遺伝子は a 遺伝子に対して優性になる。もし1コピーの A^{vy} 遺伝子と1コピーの a 遺伝子を持つと、A^{vy} 遺伝子が a 遺伝子の機能を抑えて毛の色は黄色となる。この遺伝子の型と毛の色の関係は**図5・2**にまとめて示している。

まず、1コピーの A^{vy} 遺伝子と1コピーの a 遺伝子を持つマウスの系統がつくられた。このマウスの名称は A^{vy}/a となる。上述のように A^{vy} は a に対して優性なので、マウスはすべて黄色になることが予想される。また、すべてのマウスは遺伝的に同一なので、すべてのマウスが同じ色になるはずである。しかし、そうではない。**図5・3**に示すように、一部のマウスは黄色の体毛を持ち、一部のマウスは古典的な縞の毛色で、一部のマウスはその中間の模様になっている。

これは実に奇妙である。すべてのマウスは遺伝的に同一であり、同じDNA暗号を持っている。体毛の色の違いは、おそらく環境の影響ではないかと考えるかもしれない。しかし、研究室の環境はきちんと管理されており、環境の違いが原因というのは考えにくい。さらに、これらの違いは一緒に生

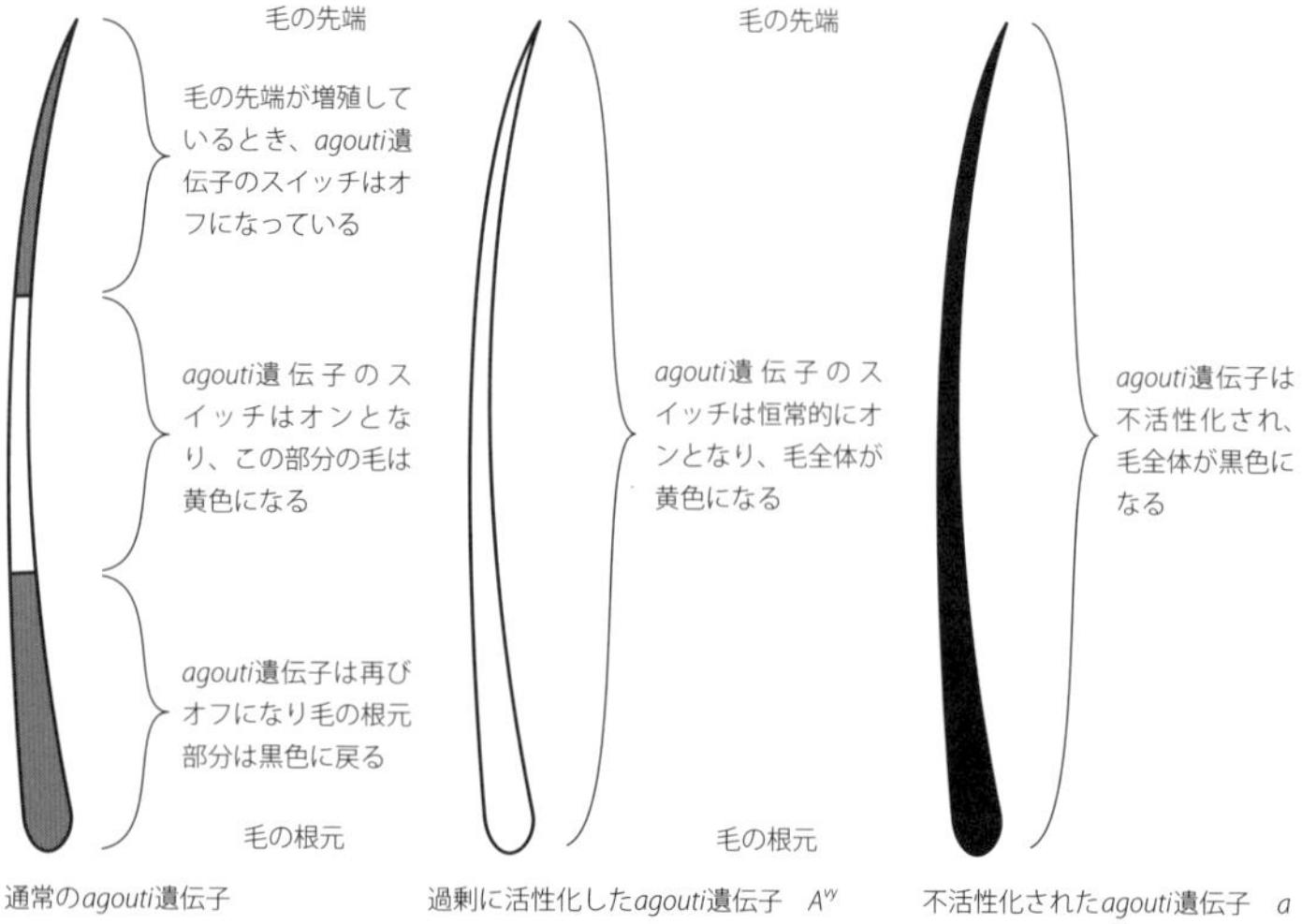
毛の先端
毛の先端が増殖しているとき、*agouti*遺伝子のスイッチはオフになっている
*agouti*遺伝子のスイッチはオンとなり、この部分の毛は黄色になる
*agouti*遺伝子は再びオフになり毛の根元部分は黒色に戻る
毛の根元
毛の先端
*agouti*遺伝子のスイッチは恒常的にオンとなり、毛全体が黄色になる
毛の根元
*agouti*遺伝子は不活性化され、毛全体が黒色になる
通常の*agouti*遺伝子
過剰に活性化した*agouti*遺伝子　A^{vy}
不活性化された*agouti*遺伝子　*a*

図5.2　マウスの体毛の色は*agouti*遺伝子の発現によって影響を受ける。通常のマウスでは、agoutiタンパク質は周期的に発現され、特徴的なまだら（ぶち）の体毛パターンが形成される。遺伝子発現の周期的なパターンを壊すと、体毛は全体が黄色、あるいは黒色になる。

まれたマウスに見られている。一緒に生まれてきたマウスは、とてもよく似た環境で成長するため、やはり環境が原因というのは考えにくい。

マウス、特に近交系（近親交配を繰り返してつくり出された系統）のマウスを使って研究する魅力は、詳細な遺伝学的研究、エピジェネティックに関する研究を容易に行えることであり、特に調べるべき場所が決まっている場合はなおさらである。この場合、調べるべき領域はアグーチ遺伝子である。

マウスの遺伝学者は、A^{vy}遺伝子を持つマウスがなぜ黄色になるのかすでに明らかにしていた。A^{vy}遺伝子を持つマウスでは、アグーチ遺伝子の直前にあるＤＮＡ断片が挿入されている。このＤＮＡ断片はレトロトランスポゾンと呼ばれ、タンパク質をコー

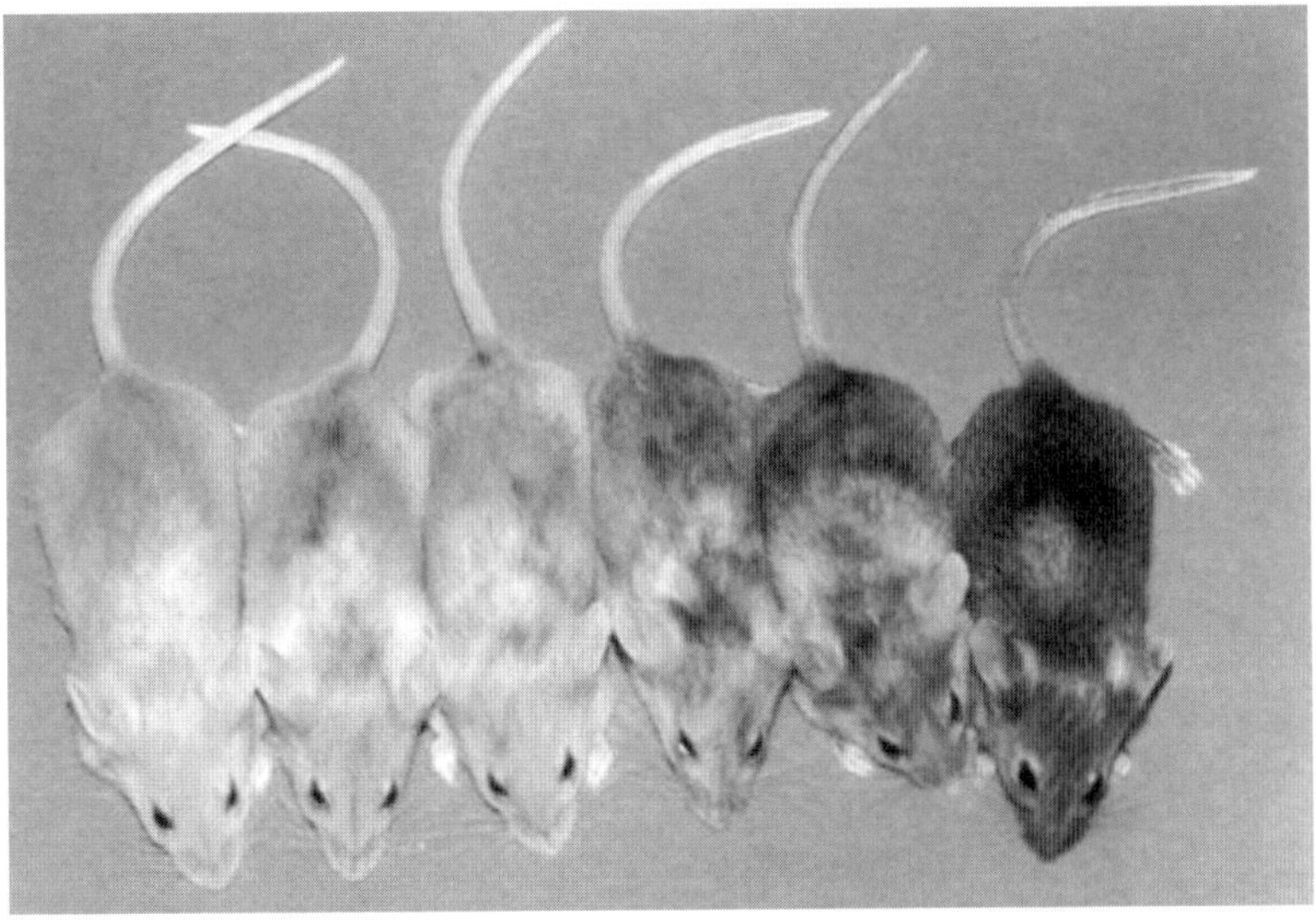

図5.3　遺伝的に同一なマウスにおいて、agoutiタンパク質の発現に依存してどの程度体毛の色が変化するかを示している。写真提供：エマ・ホワイトロウ教授。

ドしていないＤＮＡ配列のひとつである。このレトロトランスポゾンはタンパク質ではなく異常なＲＮＡ断片をコードし、発現したこのＲＮＡがすぐ後ろのアグーチ遺伝子の制御を狂わせ、遺伝子のスイッチを常にオンの状態にしてしまう。これが、A^{vy}遺伝子マウスの毛が縞ではなく黄色になる理由である。

　ただし、これでは、なぜ遺伝的に同一なA^{vy}/aマウスがさまざまな毛色を示すのかという疑問には答えてはいない。実際には、エピジェネティクスが原因で起きている、というのがその答えである。一部のA^{vy}/aマウスでは、レトロトランスポゾンのＤＮＡに含まれるＣｐＧが高度にメチル化されている。前章で見てきたように、このようなＤＮＡメチル化は遺伝子発現のスイッチをオフにする。ＤＮＡメチル化が付加されると、レトロトランスポゾンは、アグーチ遺伝子の転写を狂わせる異常なＲＮＡを発現しなくなる。これらのマウスは、正常なマウスと同じの縞の毛色のマウスになる。遺伝的に同一な他のA^{vy}/aマウスでは、レトロトランスポゾンはまったくメチル化されていない。そうすると、アグーチ遺伝子の転写を狂わせる問題のＲＮＡをつくり出して、その結果アグーチ遺伝子は常にオンとなってマウスは黄色になる。レトロトランスポゾンのＤＮＡメチル化が中程度のマウスは、中程度の黄色の毛色を示す。このモデルを**図5・4**に示している。

ＤＮＡメチル化は、光量調節ができるパソコンのモニター照明のように働いている。レトロトランスポゾンがメチル化されていないと、光量は最大になり、異常ＲＮＡをたくさんつくり出す。レトロトランスポゾンがメチル化されればされるほど、その発現は弱くなる。

アグーチ・マウスは、ＤＮＡメチル化というエピジェネティック修飾が、どのように遺伝的に同一の個体の表現型を変えているのかを示す、とてもわかりやすい例である。しかし、実はアグーチ遺伝子は特別で、とても珍しい例である可能性も十分考えられる。アグーチ遺伝子に相当するヒトの遺伝子を見つけるのが難しいということも、そのような懸念につながっている。アグーチ遺伝子は、おそらくヒトとマウスの間で保存されていない、１％の遺伝子に含まれる遺伝子のように見える。

マウスで見つかるもうひとつ面白い体の特徴に、「ねじれた尾」という表現型がある。これはアキシン融合（Axin-fused）と呼ばれ、やはり遺伝的に同一の個体間で極端なばらつきを示す。これは、アグーチ遺伝子の場合と同じように、レトロトランスポゾンの挿入によるＤＮＡメチル化の変化によって表現型に違いが生じることが明らかにされている。

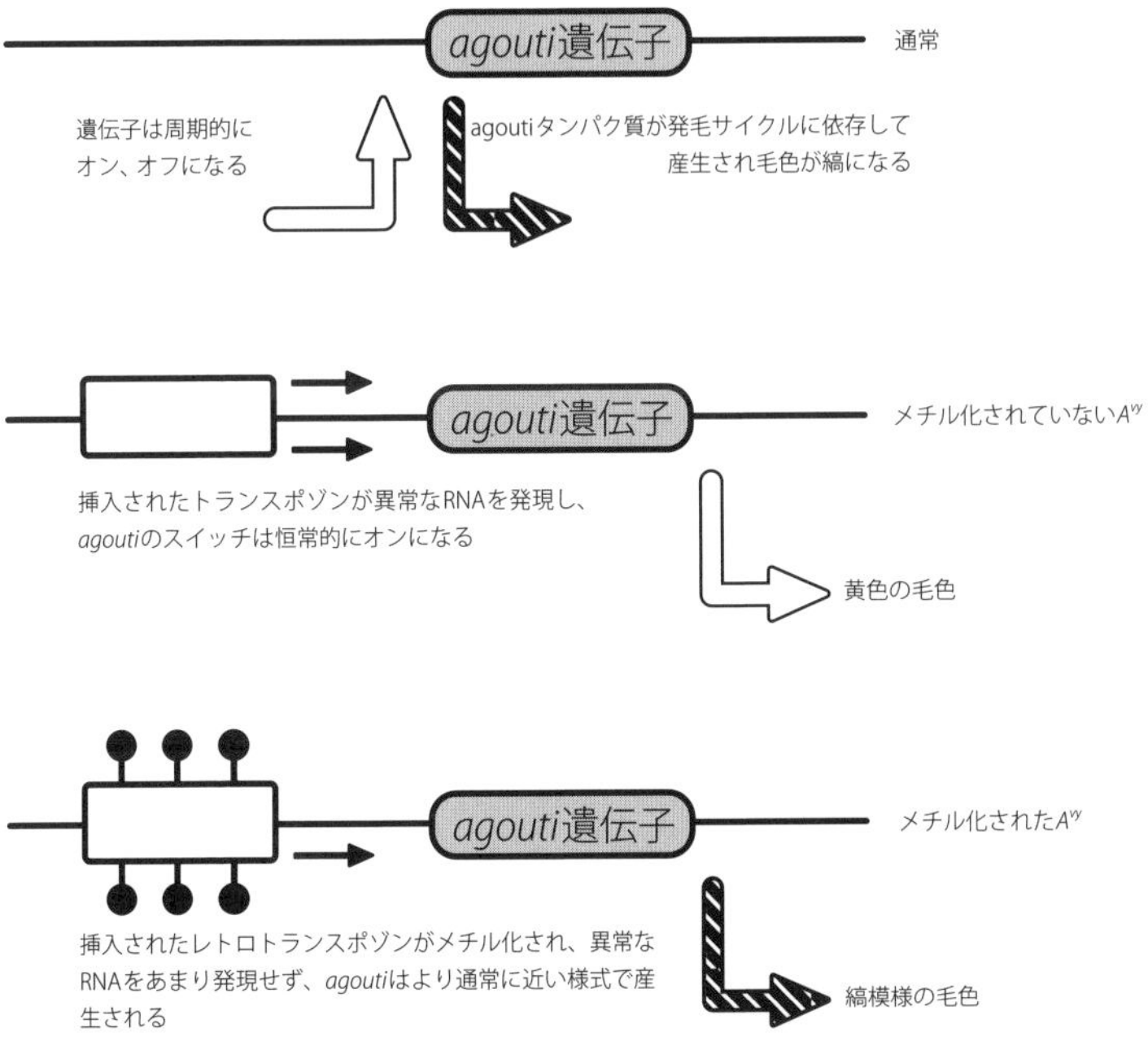

図5.4 DNAメチル化（●）の差がレトロトランスポゾン由来のRNA合成に影響を与える。レトロトランスポゾンの発現は、今度は*agouti*遺伝子の発現に影響を及ぼし、遺伝的に同じ動物間で体毛色のばらつきが生じる。

このアキシン融合という、別の例が存在しているということは、ＤＮＡメチル化の違いによって異なる表現型がもたらされるという仕組みが、アグーチ遺伝子だけではないことがいえるため心強い。ただし、このねじれた尾という表現型も、ヒトに関係する表現型ではない。しかし、私たちすべての人にも大いに関係する特徴がある。それは体重である。遺伝的に同一なマウスであっても、すべて同じ体重ではない。

どれだけ厳密にマウスの環境、特に食餌の頻度などをコントロールしても、近交系で遺伝的に同一のマウスがまったく同じ体重ということはない。長年の研究によって、体重のばらつきの20～30％については、出生後の環境によることが明らかにされている。そうすると、残りの70～80％のばらつきの原因は何かという疑問が残る[5]。このばらつきが遺伝的要因や環境によるものでないとすると、何か他の原因があるはずである。

アメリカ・クイーンズランド州医科研究所のエマ・ホワイトロウ教授は、とても熱心で厳格なマウス遺伝学者として知られている。そのホワイトロウ教授が、２０１０年に興味深い論文を発表した。彼女は近交系マウスに遺伝子操作をして、特定のエピジェネティック・タンパク質を、正常なマウスの半分の量だけ発現するマウスをつくり出した。彼女はこのような遺伝子操作を何度も行い、エピジェネティック・タンパク質をコードする、別々の遺伝子に変異を持つようなマウスをつくった。

ホワイトロウ教授が、多数の個体を使って正常なマウスと変異を持つマウスの体重を調べたところ、興味深いことが明らかになった。正常な近交系マウスの集団では、大部分の個体が似たような体重を示し、過去の研究で報告された値の範囲内だった。ところが、あるエピジェネティック・タンパク質の量を少なくしたマウスでは、集団の体重が大きくばらついていたのである。さらに同じ論文で、これらのエピジェネティック・タンパク質の減少による影響が調べられた。それらのタンパク質の減少は、代謝に関わる一部の遺伝子の発現変化と関わっており[6]、その発現量のばらつきを大きくしていたのだ。言い換えると、私たちの予想通り、エピジェネティック・タンパク質は、他の遺伝子の発現を制御する働きをしているのである。

彼女は、同じ系を使って数々のエピジェネティック・タンパク質を調べ、たった数個のタンパク質だけが体重のばらつきを大きくすることを見出した。そのようなタンパク質のひとつはDnmt3aだった。これはメチル基をＤＮＡに転移して、遺伝子のスイッチをオフにする酵素のひとつである。体重のばらつきを大きくするもうひとつのタンパク質は、Trim28と呼ばれるタンパク質だった。Trim28は多数のエピジェネティック・タンパク質と複合体を形成し、ヒストンに特別な修飾を付加する役割を果たしている。この修飾は、近傍の遺伝子発現を減らすタイプの修飾であり、抑制的なヒストン修飾として知られている。あるゲノム領域のヒストンに抑制的なマークがたくさん付加されると、その場所のＤＮＡがメチル化される傾向がある。Trim28は、ＤＮＡをメチル化するためのクロマチン環境をつくるのに重要なのかもしれない。

これらの実験は、特定のエピジェネティック・タンパク質が、いわばそのゲノムの場所をしずめるような役割を果たしている、ということを示唆している。〝裸〟のＤＮＡは、何かの加減でスイッチがランダムにオンになる傾向があり、ゲノム全体で考えると、細胞の中でいろいろな雑音が聞こえるような状態になる。これは転写ノイズと呼ばれている。エピジェネティック・タンパク質は、このランダムな雑音の音量を下げるような働きをしている。これらのタンパク質は、抑制的な修飾でヒストンを覆うことで、遺伝子発現を下げている。個々のエピジェネティック・タンパク質は、それぞれ異なる遺伝子の抑制に重要なのだと考えられる。

ただし、この抑制は完全なものではない。もしそうだとすれば、近交系マウスはすべての表現系において同一になるはずである。しかし、実際にはそのようなことはない。近交系の系統でさえ体重にばらつきがあり、エピジェネティック・タンパク質の量を減らしたマウスではもっとばらつきが大きくなる。

ある種のエピジェネティック・タンパク質は、転写のノイズを抑えはするが、遺伝子の発現を完全に抑えるわけではない。この絶妙にバランスのとれた働きは、ある意味、妥協から生まれた細胞のシステムだといえる。この仕組みは、ホルモンや栄養、汚染物質に紫外線といった外部からの新しいシグナルに対して、きちんと応答できるように遺伝子に十分な柔軟性を与え、逆に、必要もないのにすぐに遺伝子を発現するような準備をしないですむ。細胞は、機能の異なるさまざまな細胞になってその性質を維持しながら、逆に、環境の変化に対応できるように、遺伝子発現をひとつのパターンに固定しないようにする必要がある。細胞は、エピジェネティクスという仕組みによって、この二つの相反する課題を解決している。

転写ノイズの制御が最初に確立されるのに重要なのは、初期発生の時期であるということが徐々に明らかにされてきている。そもそも、近交系マウスの系統で見られた体重のばらつきのうち、出生後の環境が原因だと考えられるのはわずかな割合にすぎない（全体の20〜30％）。現在人々の関心が高まりつつあるのは、「発生時プログラミング」と呼ばれる現象の役割である。このプログラムによって、胎児が発生するときに起きた出来事が、その人のその後の一生を左右する。そして、エピジェネティックな仕組みが、この発生時プログラミングの重要な基礎になっていることがしだいにわかり始めている。

このモデルは、マウスを用いてDnmt3aあるいはTrim28のレベルを下げた影響について調べたエマ・ホワイトロウの研究とよく合う。体重への影響は、生後3週間のマウスでもう明らかである。またこのモデルは、Dnmt3aの減少によって体重のばらつきが大きくなったのに対して、Dnmt1という関連する酵素を減少させても同じような影響が見られなかった、という彼女の実験結果ともよく一致する。Dnmt3aは、もともとＤＮＡメチル化が存在していないゲノム領域をメチル化できるので、細胞の中のＤＮＡメチル化パターンを新たに形成する（確立する）役割を担っている。一方Dnmt1は、あらかじめ確立されたＤＮＡメチル化パターンを維持する酵素である。遺伝子発現のばらつきを抑えるうえで、最も重要なのは（少なくとも体重に関する限り）、はじめに正しくＤＮＡメチル化を確立する過程のように見える。

●オランダの冬の飢饉

妊娠中の母体の健康と栄養が、赤ちゃんが健康的な体重で産まれ、その後健康に成長するのに重要だということは、古くから科学者や政策立案者によって認識されている。最近になって、母親が妊娠中に栄養不良になると、その子どもが産まれてすぐの幼児期だけでなく、その後何十年も健康を損ねるリスクが高くなるということが、ますます明らかになってきている。かなり最近になって、この現象の少なくとも一部は、エピジェネティック分子の影響であることがわかってきた。それは、発生時プログラミングの異常をもたらし、その人の生涯にわたって遺伝子発現の異常や細胞機能の欠陥を引き起こす。

　すでに強調したように、倫理的な問題や実験方法の問題から、ヒトを研究対象にするのは難しい。不幸なことに、恐ろしい歴史的な出来事が、偶然にもヒトの研究対象をつくり出した。その最も有名な例のひとつが、「はじめに」でも触れたオランダの冬の飢饉である。

　それは、第二次世界大戦の最後の冬に、ナチがオランダで燃料と食糧を封鎖したために起きた、恐ろしい苦難と半飢餓状態の期間だった。２万２０００人もの人が亡くなり、生き延びるために必死の人々は、チューリップの球根から動物の血液まで、手に入るものは何でも口にした。このときの恐ろしいほどの食糧不足はまた、科学研究における驚くべき集団をつくり出したのだ。この飢饉を生き延びたオランダ人は、一時期だけ、しかも正確に同じ期間だけ栄養不良を経験したことがはっきりしている個人の集団である。

　最初に研究された対象のひとつは、飢饉のときに母親の胎内にいた子どもの出生時体重への影響だった。もし母親が妊娠初期に栄養の行き届いた食事を取っていて、妊娠の終わりの数か月間だけ栄養不良になったとしたら、彼女の赤ちゃんは低体重で生まれるだろう。一方、もし母親が妊娠の最初の３か月だけ栄養不良に苦しんで、その後栄養状態が回復したら、ふつうの体重の赤ちゃんが生まれる可能性が高い。胎児は、妊娠の最後にはふつうの状態に追いつくと考えられる。

ところが、疫学者がこの時期に産まれた赤ちゃんの追跡調査を何十年にもわたって行い、そして明らかになった事実は実に驚くべきものだった。低体重で生まれた赤ちゃんは、その後ずっと小さいままで、ふつうの人よりも低い肥満率を示した。もっと意外なことは、妊娠の初期にだけ栄養不良を経験した母親の子どもは、通常より高い肥満率を示したのだ。最近の報告では、ある種の心の健康も含めた他の健康上の問題でも、高い発症率を示すことが明らかにされている。もし母親が、妊娠の初期にひどい栄養不良を経験すると、その子どもはふつうの人よりも統合失調症を発症しやすくなる。これはオランダの冬の飢饉の集団だけで見出されたことではない。毛沢東の政策によって、１９５８年から１９６１年に中国で大飢饉が起き、数百万人もの人が餓死したが、この飢饉のときの生存者にも、同様のことが報告がされている。

　これらの人々は、生まれたときはまったくの正常に見えるにもかかわらず、子宮の中で発生する際に起きた何かが、その後何十年にもわたって彼らに影響を与えたのだ。重要なのは、このようなことが起きたという事実ではなく、それがいつ起きたかということである。発生の最初の3か月という、胎児がとても小さい時期に起きた出来事が、その人のその後の人生に影響を与えているのだ。

　これは、発生におけるプログラミングと、エピジェネティクスがその基盤として重要な役割を果たしているとするモデルとよく合う。さまざまな種類の細胞が生み出される妊娠の初期において、エピジェネティック・タンパク質は、遺伝子発現パターンを安定化するためにおそらく不可欠である。しかし、私たちの細胞が、数億塩基対の上に散らばった数千の遺伝子を持ち、数百のエピジェネティック・タンパク質を持っていることを思い出してほしい。通常の発生においても、これらのタンパク質の発現や、特定の染色体の領域に及ぼす影響は、わずかにばらついている可能性が考えられる。ある場所ではＤＮＡメチル化が少し多く、別の場所では少しだけ少ないというように。

　エピジェネティックな機構は、特定の修飾パターンを強めてそれを維持することで、遺伝子の発現レベルを生み出している。その結果、ヒストンやＤＮＡの修飾における最初の小さなゆらぎは、最終的に固定されて娘細胞に伝えられるのかもしれない。あるいは、神経細胞のように何十年という長期間生き続ける細胞で維持されるかもしれない。エピゲノムが固定されると、ある染色体領域の遺伝子発現パターンも同じように固定されるのかもしれない。短期間で見れば、その影響は小さなものかもしれない。しかし何十年も経過すれば、これらの遺伝子発現における軽度な異常は、クロマチン上の修飾の異常な組み合わせをもたらし、徐々に機能的な不具合を引き起こすだろう。臨床的には、そのような異常が目に見えない閾値《いきち》を超え、患者に症状が現れるまでその影響に気づくことはない。

　発生プログラミングの過程で起こるエピジェネティックな変動は、本質的にはその大部分が、「確率的」と称されるようなランダムな過程である。この確率的な過程は、本章の冒頭で紹介した一卵性双生児の間で生じる違いの多くを説明できるかもしれない。発生初期におけるエピジェネティック修飾のランダムなゆらぎは、遺伝子発現の異なるパターンを引き起こす。このような差異は、エピジェネティックに固定され、何年もかけて増大され、その結果、遺伝的に同一であるはずの一卵性双生児で、表面上の違いが明白になる。エピジェネティック遺伝子のわずかなゆらぎによって起こる、初期発生のランダムな過程を考えれば、遺伝的に同一なA^{vy}/aマウスが異なる色になるということも説明できるだろう。この色の違いは、A^{vy}レトロトランスポゾンのＤＮＡメチル化レベルのランダムな変化が原因で起きると考えられる。

そのようなエピゲノムにおける確率的な変化を考えれば、なぜ近交系のマウスの系統で、完全に生育環境をコントロールしても、体重にばらつきがでるのかを説明できる。しかし、この確率的な変動に加えて、もし環境から別の大きな刺激がもたらされたら、その変動はもっと顕著なものになると考えられる。

オランダの冬の飢饉の間に起きた極端な食糧不足のように、妊娠初期にひどい代謝障害に陥ると、胎児の細胞の中で起きているエピジェネティックな過程は極端に変わってしまうだろう。細胞は、栄養の供給が減少しているにもかかわらず、できる限り胎児を健康に成長させようとして、細胞内の代謝を変化させるに違いない。細胞は、栄養の不足を補うように遺伝子発現を変化させ、そしてその発現パターンは、エピジェネティック修飾によって将来のために固定されるのだろう。発生プログラミングがピークを迎える妊娠初期に、母親が栄養不良を経験した子どもが、大人になって肥満の高いリスクを背負うことになるというのは、おそらく当然のことである。細胞は、限られた食糧供給を最大限に利用できるように、エピジェネティックな仕組みでプログラムされてしまったのだ。このような現象を引き起こした、飢饉という環境要因がなくなった後でも、このプログラムはそのまま維持される。

オランダの冬の飢饉の生存者について、彼らのＤＮＡメチル化を解析した最近の研究では、代謝に関わる重要な遺伝子での変化が明らかにされている。ここで見られる相関が、原因なのか結果なのかということは示されていないが、このデータは、初期発生時の栄養不良が、代謝の鍵を握る遺伝子のエピジェネティック・パターンを変化させるというモデルとよく一致する。[7]

ひとつ大事なことは、オランダの冬の飢饉の集団でさえ、私たちが見ている効果は、白か、黒かというようにはっきりした効果ではないということである。母親が妊娠初期に栄養不良を経験したとしても、生まれてきたすべての人が肥満になるわけではない。その集団を研究することで、大人になってから肥満になる可能性が高まることがわかったのである。この結果は、エピジェネティック情報によるランダムな変動、各個人の遺伝型、発生初期の環境、さらに、環境に対する遺伝子や細胞の応答、これらすべてが組み合わさって、ひとつの巨大で複雑な方程式をつくっている、というような考えとよく一致する。

栄養不良は、胎児の一生に影響を与える唯一の要因ではない。西欧諸国では、妊娠時の過剰なアルコール摂取が、先天性異常や知的障害の原因になっているという[8]。エマ・ホワイトロウはアグーチ・マウスを使って、アルコール摂取によってエピジェネティック修飾が変化するかどうか調べた。これまで見てきたように、A^{vy}遺伝子の発現は、レトロトランスポゾンのＤＮＡメチル化によってエピジェネティックに制御されている。レトロトランスポゾンのＤＮＡメチル化を変化させるような刺激であれば、どんな刺激でもA^{vy}遺伝子の発現を変化させると考えられる。その変化は体の色に影響を及ぼす。この実験では、マウスの体の色は、エピジェネティック修飾の変化を示す目に見える指標となる。

妊娠したマウスを、自由にアルコールを摂取できるような環境に置く。そして、アルコールを摂取した母親から生まれた子どもの体毛を、アルコールを与えない母マウスから産まれた子どもの体毛と比較した。その結果、これらの二つのグループで子どもの毛の色の分布は異なっていた。予想されるように、レトロトランスポゾンのＤＮＡメチル化の程度も変わっていた。この結果は、マウスにおいて、アルコールがエピジェネティックな修飾の変化を引き起こしたことを示している。妊娠時にアルコールを過剰に摂取した母親から生まれた子どもでは、身体的障害から学習障害などさまざまな症状が見られる。その少なくとも一部の症状は、発生時のエピジェネティックなプログラミングのかく乱によって引き起こされたものかもしれない。

ビスフェノールＡは、ポリカーボネートのプラスチック製品に使われた化合物である。ビスフェノールＡをアグーチ・マウスに摂取させると、子どもの体毛色の分布が変化する。それゆえ、この化合物はエピジェネティック機構を通じて、発生時のプログラミングに影響を及ぼすことが示唆される。２０１１年、ＥＵは赤ちゃんの飲用ボトルにこのビスフェノールＡを使用することを、法律で禁止している。

ヒトの慢性疾患につながるような環境的な影響を特定するのを難しくしているのは、この発生初期のプログラミングのせいかもしれない。たとえば、多発性硬化症のような特別な表現型を片方だけが発症している一卵性双生児のペアを研究しても、環境要因を特定するのはほとんど不可能に近い。片方のエピジェネティック情報が、ランダムな変動によって例外的に不運な組み合わせになり、病気につながる遺伝子発現パターンが発生初期につくり上げられてしまっただけかもしれないからだ。いま研究者は、数々の疾患に関して、一致する一卵性双生児のペア、一致しない一卵性双生児ペアを対象にして、エピジェネティック変化の分布図を作成し、疾患の有無と相関するヒストンやＤＮＡの修飾をつきとめようとしている。

飢饉の間に生を受けた子どもたち、そして黄色のマウスはどちらも、初期発生という過程におけるエピジェネティクスの重要性について、驚くべき事実を私たちに教えてくれた。不思議なことに、これらのまったく異なる集団は、もうひとつ別のことも私たちに教えてくれている。19世紀初頭、ジャン＝バティスト・ラマルクは、彼の研究の中で最も有名な著書『動物哲学』を発表した。彼は、「獲得形質が次世代に伝えられ、それが進化の原動力になっている」とする仮説を立てたのだ。その一例として、首の短いキリンのような動物が常に首を伸びをしていることでその首が長くなり、その子孫に長い首が伝えられるという考えである。この理論は一般的には受け入れられておらず、多くの場合単純な間違いである。しかし、オランダの冬の飢饉の集団と黄色いマウスは、驚くべきことに、異端視されているラマルクの遺伝モデルが、ある場合に限っては、起こり得るということを示したのである。では、次章ではそれを見ていこう。

THE EPIGENETICS REVOLUTION

第6章

父親の罪

第6章

父親の罪

わたしは主、あなたの神。わたしは熱情の神である。わたしを否む者には、父祖の罪を子孫に三代、四代までも問う

『旧約聖書』出エジプト記より（日本聖書教会『聖書 新共同訳』より）

20世紀の初めにラドヤード・キップリングによって出版された『その通り物語（Just-So Stories）』には、さまざまなものの起源について、想像力に富んだ数々のおとぎ話が収められている。最も有名なものは動物の姿かたちに関しての話である。ヒョウはどのように体の斑点を手に入れたのか、アルマジロはどうやって生まれたのか、あるいはラクダはどうやってコブを手に入れたのか、というような話である。これらの話は純粋に空想を楽しむために書かれたものである。しかし科学的な観点から見てみると、獲得形質が遺伝するという一世紀前のラマルクによる進化論を思い出させる。キップリングのおとぎ話では、ある動物がどうやってその身体の特徴（たとえばゾウの長い鼻など）を手に入れたのかということが書かれている。すべてのゾウの子孫はその形質を受け継いで、いまではみな長い鼻を持っている。

キップリングが書いたのは娯楽としてのおとぎ話だったが、ラマルクが打ち立てようとしたのは科学的な理論だった。他の著名な科学者と同じように、彼はこの仮説を裏づけるデータを集めようとしていた。ラマルクの記述した最も有名な例のひとつとして、「鍛冶屋（かなりの力仕事）の息子は、機織り職人（それほど力を使わない仕事）の息子よりも、大きな上腕筋を持つ傾向がある」というものがある。ラマルクはこれを、鍛冶屋の息子が大きな筋肉という獲得形質を彼の父親から受け継いだと解釈した。

私たちの近代的な解釈はこれとは異なる。私たちは、大きな筋肉を発達させやすい遺伝子を持つ男が、鍛冶屋のような職に有利だったのだと考えるだろう。鍛冶屋という職は、遺伝的に適した人が就きやすい傾向もあるのだろう。私たちの解釈の中には、鍛冶屋の息子が、分厚い二頭筋を発達させやすいような遺伝的性質を受け継いだというような可能性も含まれている。さらに付け加えていえば、ラマルクがこの説を検証していた時代には、子どもは家族内での労働要員として日常的に働かされていた。鍛冶屋の息子は、機織り職人の息子に比べて幼いときから激しい肉体労働をさせられる傾向があり、それゆえ私たちがバーベルでトレーニングするように、環境応答として大きな腕の筋肉を発達させやすい傾向があったに違いない。

とはいえ、ラマルクの研究を振り返ってただ嘲笑するのは大きな間違いであろう。彼の考えのほとんどは、現在では科学的に受け入れられていないが、重要な疑問に答えようと純粋に努力していたことは認めるべきである。チャールズ・ダーウィンという、19世紀の生物学の巨人の存在によってラマルクの影が薄れてしまったのは当然の成り行きであった。「自然選択による種の進化」というダーウィンのモデルは、生物学において最も強力な概念的枠組みとしていまでも支持されている。その影響力は、遺伝に関するメンデルの仕事や、遺伝の実体がＤＮＡであるという分子的な理解と結びついてより確実なものになった。

もし19世紀以降の進化的理論をひとつの段落でまとめようとするならば、以下のようにいえるだろう。

遺伝子のランダムな変異は、個体における表現型の差を生み出す。ある個体は他の個体より生存に適していて、子孫をより多く残す可能性が高くなる。これらの子孫は同じ有利な遺伝的変異を親から受け継いで、さらに繁殖に成功するだろう。何世代にもわたってこれを繰り返すことで、最終的に独立した種が進化する。

ランダムな変異の実体は、個体のゲノムＤＮＡ配列における変異である。変異が起こる頻度は一般的にとても低いため、有利な変異が生み出されそれが集団に広がるには長い時間がかかる。さらに、その変異がある種の環境下でほんのわずかしか有利に働かない場合は特にそうである。

この点こそが、ラマルクの獲得形質というモデルが、ダーウィンのモデルと大きく異なる点である。獲得された表現型上の変化は、ＤＮＡという台本の上に何らかの方法でフィードバックされその情報を大きく変える必要があり、そうして初めて獲得形質が世代という時間を超えて親から子どもへ伝えられる。しかし、化学物質（変異源）や放射線によってＤＮＡが損傷し、塩基配列がまれに変化するという場合を除いて、ＤＮＡ配列に何らかの変化がもたらされるという証拠はほとんど存在しない。さらに、これらの変異は比較的わずかな割合の塩基対をランダムに変えるだけなので、何らかの意味ある形で獲得形質の遺伝を推し進めることはできない。

ラマルクの遺伝とは相容れない研究データが圧倒的に多かったため、個々の研究者がラマルクのモデルについて実験的に確かめようとすることはほとんどなかった。これは驚くには値しない。もしあなたが太陽系に興味を持つ科学者だったら、「月の一部がチーズでできている」という仮説を検証する研究だって選択できたはずである。もちろんそのような研究をするにあたっては、この仮説とは相容れない既存の膨大な証拠をあえて無視することを意味しており、決して理にかなった研究アプローチとはいえない。

獲得形質の遺伝について、研究者たちが実験的に検証することを避けてきたのには、文化的な理由もあるのかもしれない。20世紀前半にオーストラリアで研究していたパウル・カンメラーの事件は、数ある研究不正の中で最もよく知られた例のひとつである。彼はサンバガエル（midwife toad）と呼ばれる種を使って獲得形質の遺伝を証明したと主張した。

カンメラーは、繁殖の条件を変えることで、カエルが繁殖に有利な適応を示したと報告したのだ。この適応とは、黒い母指隆起（婚姻隆起）と呼ばれる前足の形の変化についてである。残念なことに、彼の標本はきちんと維持・保存されておらず、さらに当時ライバルであった研究者が一部の標本を調べたところ、カエルの母指に墨汁が注射されていたことを見つけたのだ。カンメラーは意図的な操作をいっさい認めず、その後すぐにみずから命を絶った。このスキャンダルは、すでに論争中だった分野の評判をさらに汚す結果になった[1]。

進化論の歴史をかんたんに振り返りながら、先に以下のような言及をした。「獲得した表現型の変化は、ＤＮＡという台本の上に何らかの方法でフィードバックされてそのＤＮＡの情報を大きく変える必要があり、そうすることで獲得した形質が世代という時間を超えて親から子どもへ伝えられる。」

ある個体において、その細胞に対する環境の影響が、どのように特定の遺伝子の塩基配列を変化させるのかを想像するのは確かに難しい。しかし、細胞にもたらされた環境の影響に応答して、ＤＮＡメチル化、あるいはヒストン修飾のようなエピジェネティック修飾の変化が、特定の遺伝子上で起こるということはきわめて容易に想像できる。前章で言及したホルモンのシグナルは、このような例のひとつである。たとえばエストロゲンのような女性ホルモンは、乳腺細胞の受容体に結合する。エストロゲンと受容体は一緒になって、細胞核の中へ移動する。これが標的遺伝子のプロモーターに存在する特定のＤＮＡモチーフ（A、C、G、Tを組み合わせた配列）に結合し、遺伝子のスイッチをオンにするのを助ける。エストロゲンと受容体がこのモチーフに結合すると、受容体はさまざまなエピジェネティック酵素を呼び寄せる。これらの酵素はヒストン修飾を変化させる。遺伝子発現を抑えるマークを取り除き、遺伝子のスイッチをオンにするマークを付加する。このように、環境はホルモンを介することで、特定の遺伝子のエピジェネティック・パターンを変えることができる。

これらのエピジェネティック修飾は、遺伝子のＤＮＡ配列自体を変えることなくその発現の仕方を変えている。結局のところ、これは発生段階におけるプログラミングの根本的な仕組みであり、後に病気の原因にもなり得る。エピジェネティック修飾は母細胞から娘細胞へ伝えることができる。あなたの目玉の中から歯が生えてくることがないのはそのためである。もし環境によって誘導されたエピジェネティック修飾を、同じような仕組みでひとつの個体からその子孫へ伝えることができたとしたら、私たちはラマルク遺伝といえるようなメカニズムを持っていることになる。ＤＮＡの変化だけではなくエピジェネティックな変化も、親から子どもへ伝えられるのであれば。

●異教信仰とオランダの冬の飢饉

ラマルク遺伝がどうやって起こるかについて考えるのはもちろん重要なことだが、私たちが本当に知るべきことは、獲得形質が実際にエピジェネティック修飾を介した方法によって遺伝されるかということである。どのように起こるかではなく、それが実際に起きているのかという、より根本的な疑問である。驚くべきことに、そのようなことが実際に起きているように見える状況が存在しているのだ。これは、ダーウィンとメンデルのモデルが間違っているということではなく、生物学の世界がこれまで想像していたものよりもっと複雑であるということを意味している。

この分野における科学的な文献には、いくつかの紛らわしい専門用語が含まれている。初期のいくつかの論文では、獲得形質のエピジェネティックな伝播について言及しているが、ＤＮＡメチル化の変化、あるいはヒストンの変化に関する証拠を示したものはないように見える。これは論文を書いた著者の問題ではない。そもそも、エピジェネティクスという単語の使われ方が現在とは異なっていたのが原因である。初期の論文において「エピジェネティック伝播」という言葉は、従来の遺伝学では説明できない遺伝現象のことを指して使っていた。これらのケースでは、エピジェネティックという単語は、分子メカニズムというよりはむしろ、現象を記述するのに使われていた。ここからは、すべての言葉の意味をもう少し明確にするため、獲得形質が伝播される現象を言い表す際には「継代遺伝(transgenerational inheritance)」という言葉を使い、「エピジェネティクス(epigenetics)」は単に分子的な事象を言い表す言葉として使うことにする。

ヒトにおいて継代遺伝が起きたとする強力な証拠は、オランダの冬の飢饉の生存者から得られている。オランダは素晴らしい医療基盤を持ち、患者に関する質の高いデータを保管しているので、疫学者は飢饉の生存者を何年にもわたって追跡することが可能であった。特に重要なことは、オランダの冬の飢饉の生存者だけでなく、彼らの子ども、そして孫まで調査することができたという点である。

この調査によって驚くべき効果が明らかにされた。すでに見てきたように、妊娠した女性が、妊娠期間の最初の3か月の間に栄養不良に陥ると、赤ちゃんは正常な体重で生まれるものの、大人になってから肥満や他の疾患のリスクが高くなる。奇妙なことに、このような女の子の赤ちゃん自身が成長して母親になった場合、その第一子は通常より体重が重くなる傾向が見られたのだ。[2・3] この結果を**図6・1**に示す。わかりやすいように、赤ちゃんの大きさは誇張して、またそれらしいオランダ人の名前をつけてある。

図左下に示した赤ちゃん、カミーラの出生時体重に対する影響は実に不思議である。カミーラが母親であるベイジャのお腹の中で成長していたとき、ベイジャはおそらくふつうの健康状態であったと思われる。ベイジャが経験した栄養不良は、20年かあるいはもっと以前の、彼女自身が母親の子宮の中で発生の初期段階にあった期間だけである。しかし、母親であるベイジャが経験した栄養不良は、

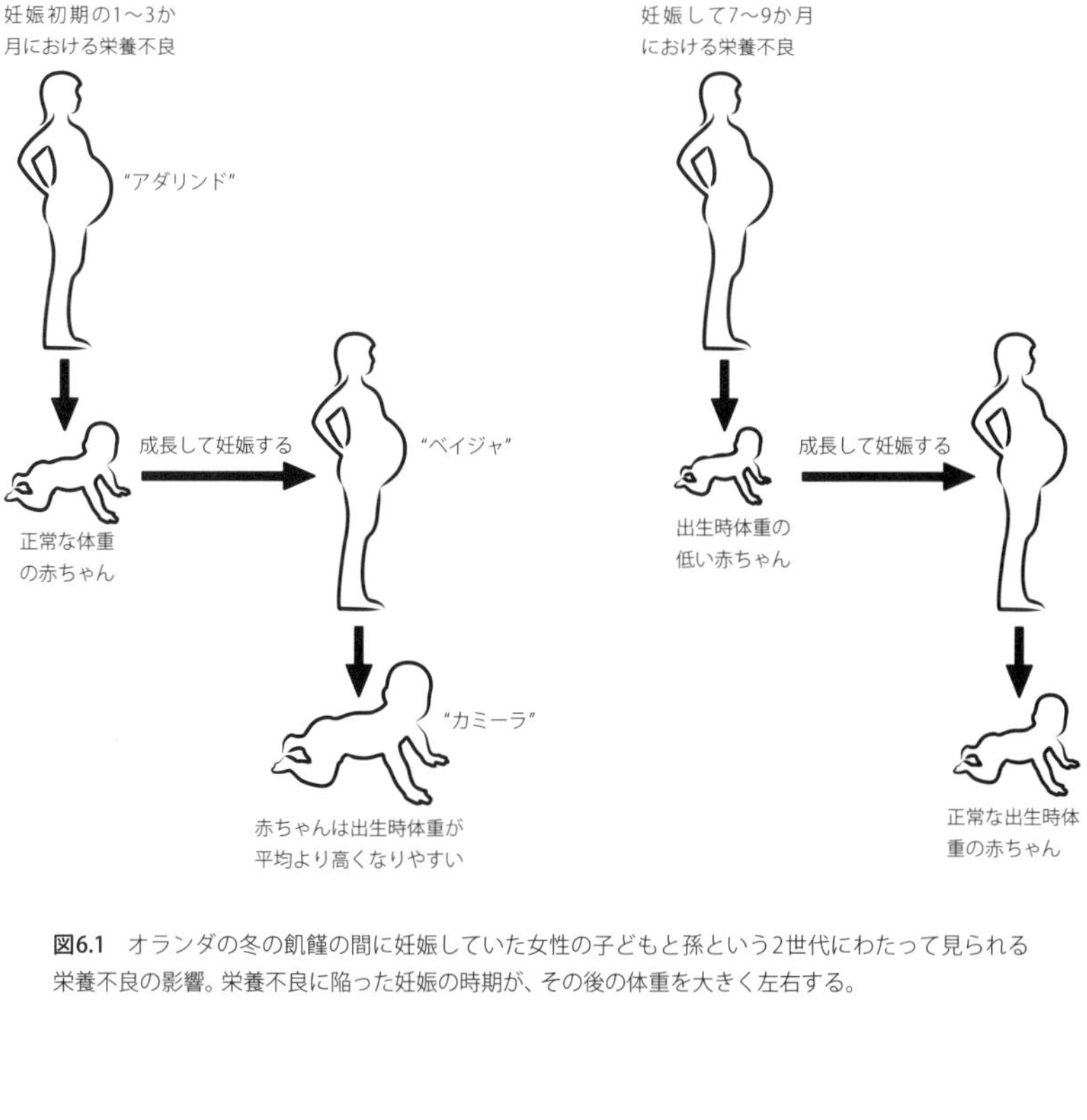

図6.1　オランダの冬の飢饉の間に妊娠していた女性の子どもと孫という2世代にわたって見られる栄養不良の影響。栄養不良に陥った妊娠の時期が、その後の体重を大きく左右する。

発生初期に栄養不良をまったく経験していないカミーラにまで影響を与えているように見える。

これは、継代遺伝（ラマルク遺伝）のよい例のように見えるが、そもそもエピジェネティックな機構によって起きたといえるのだろうか？　子宮の中での最初の12週間の栄養不良の結果としてベイジャに起きたエピジェネティックな変化（DNAメチル化やヒストン修飾の変動）が、卵の核を通じて彼女の子どもに伝えられたのだろうか？　確かにその通りかもしれない。しかし、他の可能性についても考える必要があるかもしれない。

たとえば、発生初期に経験した栄養不良によって、ベイジャに何か未知の効果があったのかもしれない。つまり、ベイジャが妊娠しているとき、胎盤を通じてふつうよりも多い栄養を胎児に送っていたということも考えられる。この方法でもカミーラの体重の増加という継代効果を生み出すことができる。しかし、その場合は、ベイジャからカミーラにエピジェネティックな修飾を受け渡したことによる効果とはいえない。カミーラが発生し成長している際の子宮の状況（子宮内環境）によってこのような効果が起きたと考えられる。

ヒトの卵の大きさもまた重要な要因である。ヒトの卵は、細胞質の容量に比べて比較的小さな核を持っている。相対的な大きさの違いをイメージするには、ミカンの中のブドウを想像してもらうとよい。細胞質は、卵が受精する際にさまざまな機能を果たしている。ベイジャの初期発生プログラミングの間に起きた何かによって、彼女の卵の細胞質に通常とは異なる何かが含まれる結果になったのかもしれない。一見すると、これはありそうにないように思えるかもしれない。しかし、哺乳類の雌においては、発生のかなり初期の段階に次の世代の卵がつくり始められる。受精卵の発生初期の段階では、その多くプロセスを卵の細胞質に依存している。細胞質に異常があれば、胎児の異常な成長を促進する可能性がある。このような機構を介したとしても継代遺伝という現象をもたらすことができるが、やはりこれも、直接エピジェネティック修飾の伝達を介して起きているわけではない。

このように、オランダの冬の飢饉の生存者に見られる母系の遺伝パターンは、さまざまなメカニズムによって説明できることがわかる。もしこの事例よりも考慮すべき要素の少ない単純な事例があれば、獲得遺伝にエピジェネティクスが関与しているかどうかを判断する材料になると期待される。子宮内環境や卵の細胞質などの影響を気にしなくてよい状況があれば理想的である。

今度は父親に目を向けてみよう。男性は妊娠しないので、胎児が成長する際の環境に貢献することはない。また男性は受精卵の細胞質への貢献もほとんどない。精子はとても小さくほとんど核だけの存在で、ピストルの銃弾に長い尾がついたような形をしている。もし父親から子どもへの継代遺伝の証拠を見つけることができたら、それは子宮内環境や細胞質の影響によってもたらされたものではないはずである。このような状況があるとすれば、エピジェネティックな機構が、獲得形質の継代遺伝を説明する有力な候補と考えられるだろう。

●スウェーデンの大食漢

別の歴史的な研究から、男性によって継代遺伝が起きたことを示唆するデータが得られている。スウェーデン北部に、エベルカーリクス（Överkalix）と呼ばれる地理的に隔離された地域がある。19世紀後半から20世紀初頭にかけて、食糧の豊富な時期と時期の間に、ひどい食糧不足（不作、軍の活動、輸送の不足による）の時期があった。研究者は、この時期を生き延びた人の子孫がその後どのように亡くなったかを調査した。特に、緩成長期（SGP：slow growth period：環境因子が体に大きな影響を及ぼす思春期を迎える前の時期）の食糧摂取と死因との関係について調べられた。食事など他のすべての要因が同じであっても、思春期までの数年の期間子どもは最もゆっくり成長する。これはほとんどの集団に見られる、いたってふつうの現象である。

このような歴史的な記録を用いて調べた結果、父親の緩成長期のときに食べ物が不足すると、その息子が循環器疾患（発作、高血圧、冠動脈疾患など）で死亡するリスクが減少するということが推定された。一方、もし緩成長期に食べ物をたくさん摂取しすぎると、彼の孫息子は糖尿病による疾患で死亡するリスクが高まる。[4] オランダの冬の飢饉のカミーラの例のように、親や祖父母の代が経験した環境変化に応答して、息子や孫息子の代において表現型としての変化（循環器疾患や糖尿病による死亡リスクの変化）がもたらされたのである。

これらの結果は、先に説明した子宮内環境や細胞質の影響による結果ではない。したがって、祖父母の代がどのような食事をしたかということによってもたらされる継代遺伝の結果が、エピジェネティクスを介して起きたと考えるのは妥当なように思える。ここで重要な点は、原因となった栄養状態の変化が、少年がまだ思春期を迎える前、つまりまだ精子形成を始めていないときに起きたということである。それにもかかわらず、彼らは息子や孫息子に何らかの影響を受け渡すことができたのだ。

しかし、男性を通じて起きたとするこの継代遺伝の研究結果については、いくつか注意すべき点がある。特に、古い死亡記録をあてにしたり、歴史的なデータをもとに過去に遡って外挿（ある既知の数値データを基にして、そのデータの範囲の外側で予想される数値を求めること）したりすることにはリスクが伴う。さらに、この研究の中で見られた影響は、それほど大きなものではない。ここまで議論してきた他の事例と同様に、ヒトの集団で研究する際には、しばしばこのようなことが問題になる。つまり、私たちに遺伝的なばらつきがあることや、大がかりな環境制御ができないことなどである。ラマルクが鍛冶屋の家族に関する研究によって継代遺伝の結論を出したように、自分たちのデータから間違った結論を導き出すリスクは常に存在している。

●異端のマウス

継代遺伝を調べる何か別の方法があるだろうか？　もしこのような現象が他の種でも起きるのであれば、その影響は本物だと胸を張っていえるに違いない。そもそもモデル生物を使った実験の場合、自然や歴史の過程からもたらされた一連のデータを使うのではなく、特別な仮説を検証するために実験系をデザインできるからである。

ふたたびアグーチ・マウスの登場である。エマ・ホワイトロウの研究は、アグーチ・マウスで見られる体の毛色のばらつきは、エピジェネティックな機構、特にアグーチ遺伝子中に存在するレトロトランスポゾンのＤＮＡメチル化によって起こることを明らかにした。異なる色のマウスはすべて同じＤＮＡ配列を持っているが、挿入されたレトロトランスポゾン近傍のエピジェネティック修飾の程度が異なっている。

ホワイトロウ教授は、体の毛色が遺伝するかどうかを調べることにした。もし遺伝すれば、ＤＮＡ

だけでなくゲノム上のエピジェネティック修飾も親から子孫へ伝えられているはずである。このような修飾は、獲得形質が継代遺伝するためのメカニズムの候補になり得る。

エマ・ホワイトロウがアグーチ・マウスの雌を交配させたとき、その結果は**図6・2**のようになった。簡略化のため、この図では母親からA^{vy}遺伝子座のレトロトランスポゾンを受け継いだ子だけを示している。

もし母親がメチル化されていないA^{vy}遺伝子を持ち、それによって黄色の毛色であった場合、そのマウスの子は黄色の毛色かわずかにまだらの毛色になる。この母親から高度にメチル化されたレトロトランスポゾンと相関する真っ黒なマウスが生まれてくることはない。

反対に、母親のA^{vy}遺伝子が高度にメチル化されていて毛色が黒いと、その子どもの一部も黒い毛色を持って生まれる。もし祖母と母親と両方が黒い体毛色であれば、その効果はより顕著になる。図6・2では5分の1だったのに対して、3分の1の子が黒い毛色になる。

エマ・ホワイトロウは近交系のマウスを使って実験をしているので、同じ実験を何度も繰り返して行って、遺伝的に同一なマウスの子を何百匹もつくり出すことができた。これは重要なことであり、データの数が多ければ多いほどその発見の信頼度は増すからである。統計的な解析によれば、遺伝学的に同一の集団で見られる表現型の違いには、高い有意性があった。言い換えれば、この効果が偶然に起きたということはまず考えられない[5]。

これらの実験結果によって、エピジェネティクスを介して起きる効果（DNAメチル化に依存した体毛のパターン）が、子孫に伝えられるということが示された。しかし、マウスは実際にエピジェネティッ

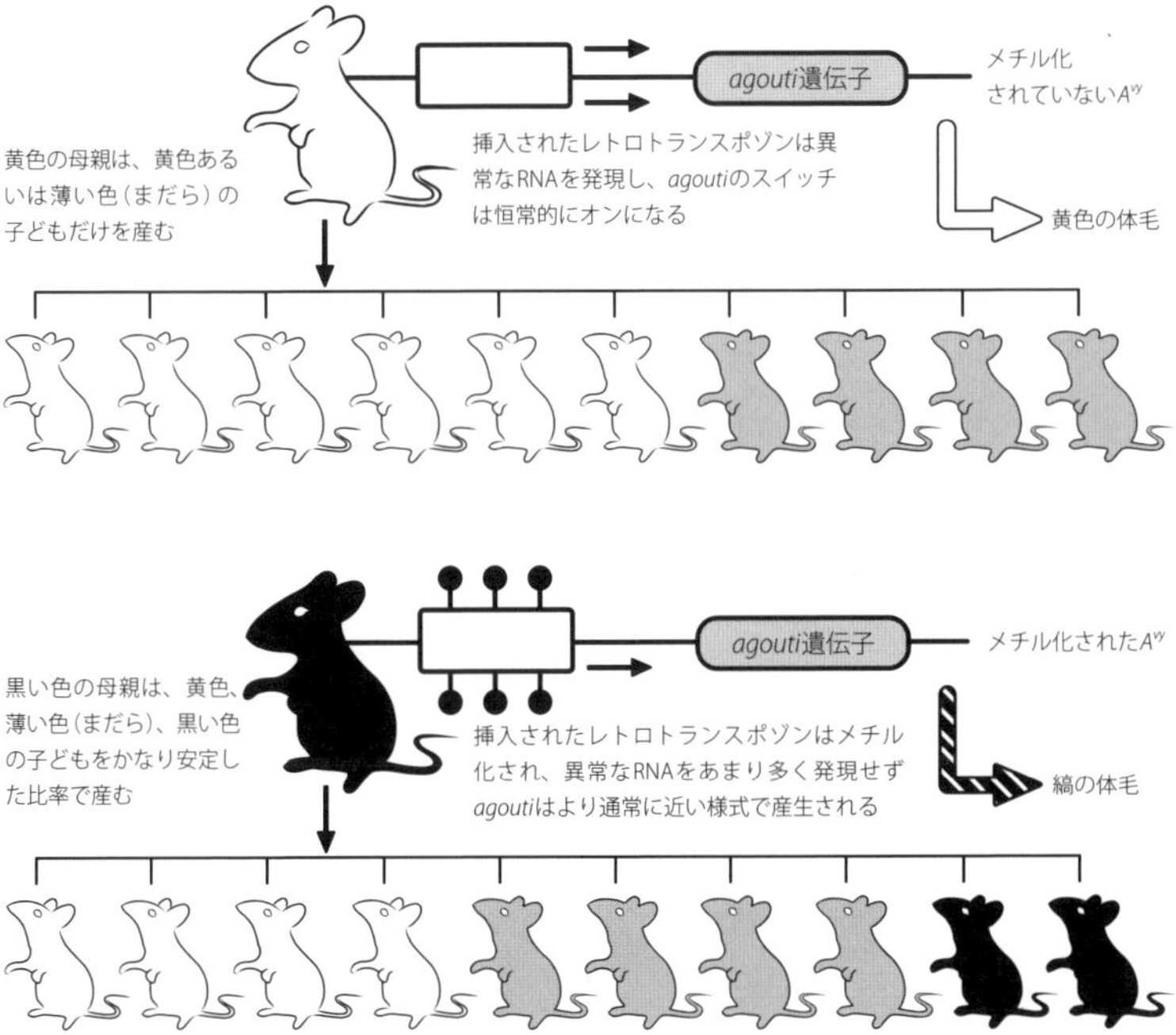

図6.2　遺伝的に同一な雌マウスの体毛色は、その子どもの体毛色に影響を与える。制御的に働くレトロトランスポゾンのDNAメチル化が低いために、*agouti*遺伝子が恒常的に発現している黄色の雌マウスは、けっして黒い子どもを産むことはない。遺伝的ではなくエピジェネティックに決定された母親マウスの特徴が子どもに影響を与えている。

クな修飾を直接母親から受け継いだのだろうか？

ここで見られた効果は、A^{vy}レトロトランスポゾン上のエピジェネティックな修飾が伝えられたことが直接の原因ではなく、別のメカニズムを通じて起きた可能性も考えられる。アグーチ遺伝子が強く発現されると、黄色い毛色をもたらすだけではなく、同時に他の遺伝子の発現異常も引き起こし、最終的に黄色のマウスに体重増加や糖尿病をもたらす。それゆえ、黄色の雌と黒の雌の子宮内環境は異なっており、胚の栄養条件が異なっていた可能性が考えられる。子宮内で受け取る栄養の程度は、それ自身が子のA^{vy}レトロトランスポゾンに施される特異的なエピジェネティック・マークを変化させるだろう。この影響はエピジェネティックな遺伝のように見えるが、実際にはマウスの子は、ＤＮＡメチル化パターンを母親から直接受け継いでいるわけではない。その代わり、子宮内で受け取る栄養の程度に応じて、単に似たような発生プログラミングを受けただけかもしれない。

エマ・ホワイトロウが実験を行っていた当時、アグーチ・マウスの体毛色が食餌の影響を受けることがすでに知られていた。妊娠したアグーチ・マウスに、メチル基の供給源となる化合物（メチル基供与体）を与えると、生まれるマウスの毛色の割合が変化する。[6]おそらくこれは、細胞がより多くのメチル基を利用できるようになり、その結果ＤＮＡがよりメチル化され、アグーチ遺伝子の発現を抑制したのだと考えられる。このような観察結果があるということは、実際にホワイトロウの実験においても、子宮内の環境を注意深く制御する必要があることを意味している。

彼女たちは、黄色の母マウスから得られた受精卵を黒い母マウスの子宮に移植する、あるいはその逆をするというような、もちろんヒトではできないような実験を行った。その結果、異なる毛色の子の割合は、その卵のもともとの母親、つまり、代理母ではなく生物学的な母親から予想される割合と同じであった。この結果は、毛色のパターンを制御しているのは子宮内環境ではないということを明確に示している。彼女たちは複雑な交配実験を繰り返し行うことで、毛色のパターンの遺伝は、卵の細胞質によるものではないということを証明した。つまり、これらの結果を最も素直に解釈すれば、エピジェネティックな遺伝が実際に起きたということである。言い換えれば、エピジェネティックな修飾（おそらくDNAメチル化）は、遺伝暗号と一緒に子孫に伝えられたのだ。

　次の世代への表現型の伝播は完全ではない。すべての子が母親とまったく同じにはなることはない。これは、アグーチ遺伝子の発現を制御しているDNAメチル化は、世代間を伝わるときに完全に安定ではないことを示唆している。これは、オランダの冬の飢饉のように、ヒトでの継代遺伝が疑われる事例とよく似ている。研究集団の中の十分な数のヒトを見れば、別々の集団の間で出生時体重の違いを見つけることはできるが、一個人についての絶対的な予測をすることはできない。

　アグーチ系統では、性差特異的な奇妙な現象も見られた。体毛色のパターンは、母親から子どもへ伝えられるときにははっきりとした継代効果が見られるが、A^{vy}レトロトランスポゾンが雄のマウスから子に伝えられると、そのような効果は見られなかったのである。この結果に関して、雄のマウスの毛色、つまり黄色か、まだらか、黒色かについては関係なかった。あるマウスが父親となって生まれた同腹の（同じ母親から一緒に産まれた）マウスの子は、すべて異なる色のパターンになる可能性が高い。

　しかし、エピジェネティックな遺伝が、雄と雌の両方から伝えられて起きる例も存在する。$Axin^{Fu}$（Axin fused）と呼ばれる遺伝子の中にレトロトランスポゾンが存在し、このレトロトランスポゾン上のメチル化が原因で生じる「ねじれた尾」というマウスの表現型は、母と父のどちらからも伝播され得る。[7] 父親は子宮内環境や細胞質にほとんど寄与しないので、子宮内環境や細胞質がこの形質の継代遺伝の原因になっている可能性は考えにくい。$Axin^{Fu}$ 遺伝子上のエピジェネティックな修飾が、どちらの親を通しても子に伝播されたという方が、はるかに可能性が高い。

これらのモデル系は、遺伝子では説明できない表現型の継代遺伝が実際に起きていること、さらにそれがエピジェネティックな修飾を介して起きていることを実証するにはとても有用な系である。これは実に革命的な研究である。これらの実験系を用いることで、ある特別な状況ではラマルク遺伝が起きていることが確認され、私たちはその背景となる分子メカニズムを理解することができた。しかし、アグーチ遺伝子の表現型も、ねじれた尾の表現型も、どちらもゲノムの中のレトロトランスポゾンの存在に依存している。これらは特殊なケースなのか？　それともより一般的な影響が実際に継代遺伝に作用しているのか？　ここでもう一度、私たちにもう少し直接関係があるものに戻ろう。そう、食べ物の話だ。

●肥満のエピジェネティクス

あえてここでいうまでもなく、肥満は社会問題になっている。肥満は世界中に広がっているが、その進行の速さは特に先進社会において顕著である。**図6・3**の正直ぞっとするようなグラフは、イギリスの2007年における数値を表している。[8] このグラフによると、三人に二人の大人が、太りすぎ（BMI値が25を超えている）か、明らかな肥満（BMI値が30以上）となる。アメリカでの状況はもっと

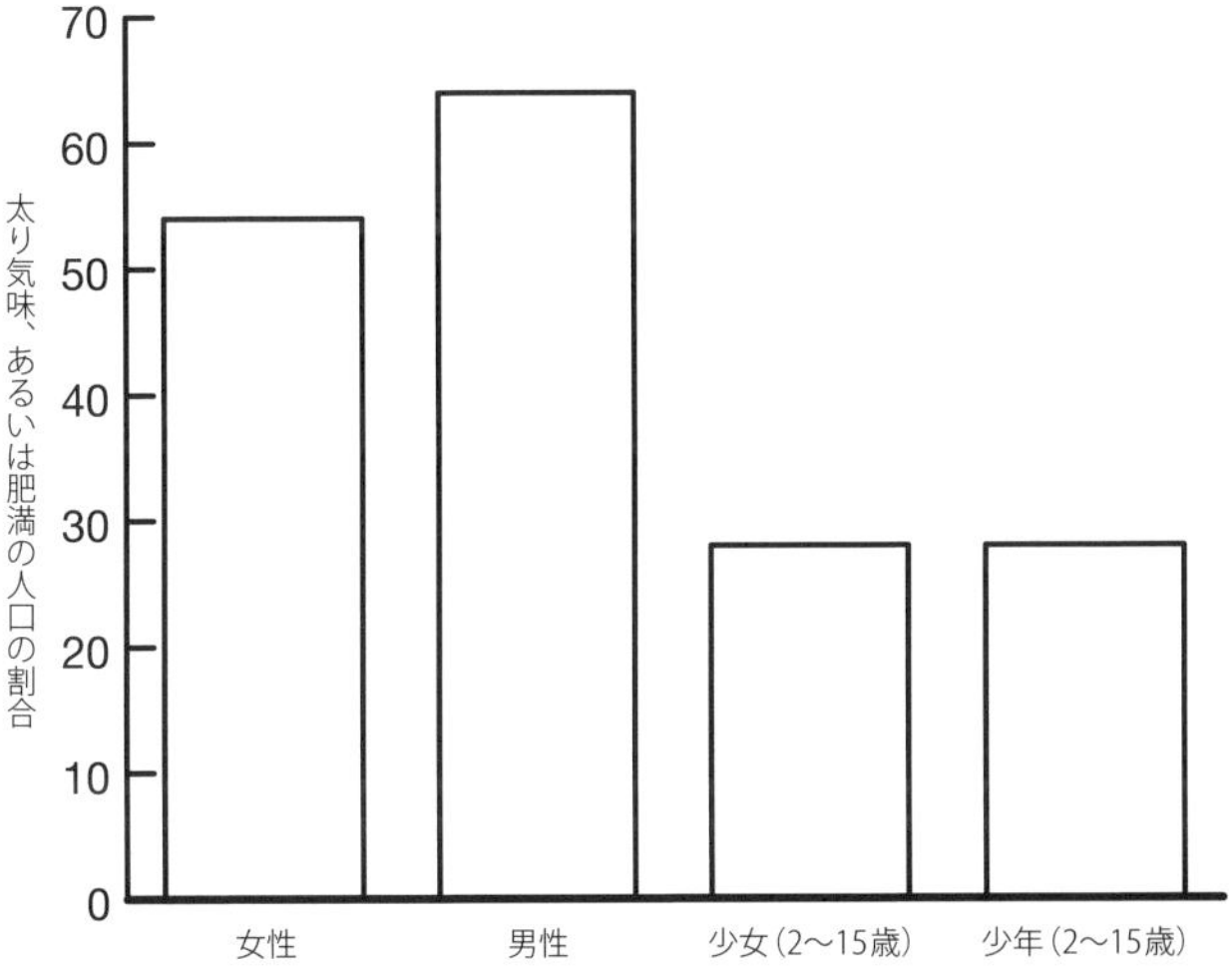

図6.3　2007年の統計で太り気味、あるいは肥満に分類されたイギリス人の割合。

深刻だ。肥満は、循環器疾患や2型糖尿病を含むさまざまな健康的問題と関係している。40歳以上で肥満の人は、肥満ではない人に比べて平均して6〜7歳早く亡くなると推測されている。[9]

オランダの冬の飢饉や他の食糧不足に関わる過去のデータは、妊娠時の栄養不足は子どもに影響を及ぼすこと、またその影響は次の世代にも伝わり得るという考えを支持している。言い換えると、栄養不足は後の世代にエピジェネティックな影響をもたらすのである。エベルカーリクスにおける集団データの解釈は難しいが、少年が成長する過程のある特別な時期に食べ物を過剰摂取すると、後の世代に不利な結果をもたらす可能性が示唆される。人における肥満のまん延は、子どもや孫へ連鎖的な影響をもたらすのだろうか？　この可能性をヒトで確かめるためには40年以上も待たねばならず現実的ではない。ふたたび動物モデルを用いることで、もっと短い期間でこの疑問に対する有益な見解を得る研究が行われた。

　動物を使った最初の実験データは、栄養摂取が大きな継代的影響を及ぼすことはないということを示唆した。妊娠したアグーチ・マウスに、メチル基供与体を多く含む食餌を与えると体毛色のパターンの変化が起きるが、この変化は次の世代には伝わらない。[10] しかし、おそらくこれは少し特殊なケースだと考えられる。2010年に、世界で最も影響力のある学術雑誌である「ネイチャー」誌と「セル」誌に二つの論文が報告され、この考えを再考する必要があることが示唆された。いずれの論文も、雄の動物に過剰な栄養を与え、その子どもに対する影響を調べた。実験を雄に限ったので、雌を使った場合に懸念される、子宮内環境や細胞質による複雑な要因を考慮する必要はない。

　最初の研究ではSD（Sprague-Dawley）と呼ばれる系統のラットを使って研究が行われた。SDラットはアルビノ（先天的にメラニン色素を欠乏した）のラットで、温和な性格で扱いやすい。実験では雄のSDラットに高脂肪食を与え、通常の食餌をしている雌のラットと交配させた。高脂肪食を与えられたラットは過度の肥満状態で（驚くことではないが）、体脂肪率が高く、2型糖尿病のヒトに見出される多くの症状を示していた。生まれた子どもの体重はふつうだったが、糖尿病型の異常が見られたのである。[11] この子どもでは、代謝や脂肪の燃焼を制御する多くの遺伝子が異常な調節をされていた。原因はよくわからないが、生まれた子どもでも特に雌のラットがこのような異常を示した。

　この研究とはまったく独立に、別のグループが近交系マウスを使って同じように食餌による影響を調べた。この実験では、異常なくらい低タンパク質の食餌を雄のマウスに与えた。この低タンパク質状態を補うために、食餌の糖分の割合を高くした。このような食餌をさせた雄のマウスを、通常の食餌をさせた雌のマウスと交配させた。そして、この交配によって生まれた生後3週間の子どもの肝臓（代謝に関する主要な臓器）における遺伝子発現を解析した。実際に多数のマウス個体を解析することで、生まれた子どものマウスにおいて、代謝に関わる多くの遺伝子の調節が異常になっていることが明らかになった。[12] さらに、これらの子どもの肝臓では、実際にエピジェネティック修飾の変化が起きていることが示されたのだ。

これらの研究は、少なくとも齧歯《げっし》類において、父親の食餌が子どものエピジェネティック修飾や遺伝子発現、そして健康に直接影響を与え得ることを示している。この影響は、たとえば、父親が子どもに超特大サイズのハンバーガーやチップスばかり食べさせて、その子どもが肥満になるというような、環境による影響ではない。これは直接の影響であり、ラットやマウスで頻繁に起きている。突然変異はそんなに高い頻度で起きるものではないので、太ったのは食餌が原因の突然変異ということはあり得ない。したがって、父親の食餌が子どもに伝播し得るエピジェネティックな効果をもたらしたというのが最も可能性の高い解釈である。もちろんエピジェネティック修飾の伝播に関するデータはまだ予備的なものではあるが、マウスの研究によって得られた結果は特にこの考えを支持している。

ヒトからマウスまで、さらに歴史的な飢饉からぜいたくな食事まで、ここまで議論したすべてのデータの全体を眺めたとき、きわめて憂慮すべき事実が浮かび上がってくる。おそらく、「私たちは食べた物からできている（we are what we eat）」という古い格言は言葉が足りていない。私たちは、両親が食べた物、さらにそれ以前に祖父母が食べた物の影響を受けている、といえそうだ。

そうであれば、そもそも健康な暮らしに関する種々のアドバイスに従う意味があるのかどうか考えさせられる。私たちのエピジェネティック情報がすでに決められてしまっているのだとしたら、私たちの運命のサイコロはすでに振られていて、単に先祖のメチル化パターンに翻弄されているにすぎないかもしれない。ただし、これはあくまでも単純化したモデルである。膨大な量のデータによって、政府機関や慈善団体が公表する健康のアドバイス、たとえば果物や野菜を多く含む健康な食事をとること、ソファから離れて運動する、喫煙をしないといったアドバイスが、健康の維持にとても有効であることが示されている。私たちは複雑な生き物であり、私たちの健康や寿命は、私たちのゲノム、エピゲノム、そして環境に影響される。しかし、標準化された環境下で維持されている近交系のアグーチ・マウスでさえ、研究者は新しく生まれた子どもがどのくらい黄色でどのくらい太るかを完全に予測することはできない。健康や長寿の可能性を高めるために私たちができることなら、何でもしてみるといい。もし将来子どもをつくる予定がある人であれば、子どもたちの健康状態を少しでもよくすることができるならば、どんなことでもしたいと思うのではないだろうか?

もちろん、いつの時代でも私たち自身ではコントロールできないこともある。最もよく知られた環境因子のひとつは環境汚染物質であり、その中には少なくとも4世代にわたってエピジェネティックな影響をもたらすことが確認されているものがある。ビンクロゾリン(Vinclozolin)は、ワイン工場でよく使われる防カビ剤である。もしこれが哺乳動物の体内に取り込まれると、アンドロゲン受容体に結合する化合物に変換される。本来この受容体は、男性の性成熟、精子の産生、他の多くの影響を男性に及ぼす男性ホルモンであるテストステロンと結合する。ビンクロゾリンがアンドロゲン受容体に結合すると、テストステロンがそのシグナルを細胞に伝えるのを阻害し、男性ホルモンの正常な効果を妨げることになる。

もしビンクロゾリンを、妊娠中でちょうど胎児の精巣が発達している時期のラットに与えると、雄の子どもは精巣の異常を持って産まれ、その受精能力は大きく低下する。さらに、同様な異常がその3世代後まで続くことが確認されている。[13] 生まれたラットの雄の約90%が影響を受け、これは自然界でＤＮＡ変異が起きる割合に比べてはるかに高い割合である。ゲノム中で特に感受性が高いと考えられている領域の変異率でも、この10分の1以下である。最初の1世代のラットがビンクロゾリンに曝されたにもかかわらず、その効果は少なくとも4世代も続いたのである。これはラマルク遺伝を示す別の一例である。雄の遺伝様式から考えて、これはエピジェネティックな遺伝機構の一例とも考えられる。実際、同じ研究グループが続いて報告した論文では、ビンクロゾリンの処理によって異常なＤＮＡメチル化パターンが引き起こされるゲノム領域が同定されている。[14]

先述した研究で用いられたラットは、比較的高用量のビンクロゾリンを与えられた。この量は、ヒトが環境のなかで摂取すると考えられる量に比べてはるかに多い。しかしながら、このような影響が確認されていることから、一部の行政機関は、環境中の人工ホルモンやホルモンかく乱物質（経口避妊薬の中に含まれている化合物の排出から、農薬まで）が、ヒトの集団で、わずかでも継代的な影響を及ぼすかどうかについて研究を始めている。

THE EPIGENETICS
REVOLUTION

第7章

世代間のゲーム

第7章●●
世代間のゲーム

♪ 動物たちが2頭ずつ入って行く、フレー！　フレー！
（ノアの方舟につがいの動物が入って行く様子）

伝統的な子どもの歌より

ときとして、最も素晴らしい科学が最も単純な疑問から拓けるときがある。その疑問はあまりにも当然に見えるからだろうか、ほとんどの人はそれに答えるどころか、それを問うことすらしない。わかりきっているように思えることに対して、私たちは疑ってみようとも思わない。しかし、あるとき誰かが立ち上がって「それはなぜ？」と質問したとき、あまりにも明らかに見えるその事象が、実は誰も知らないままだったことに全員が気づいたりする。これは、ヒトの生物学の最も根本的なひとつの事象にもあてはまる。そう、私たちがふだんほとんど疑ってみることがないようなことである。

そもそもヒトを含む哺乳動物が生殖する際、なぜ雄と雌の親が必要なのか？

有性生殖では、小さく活動的な精子が死にものぐるいで泳いで、大きくてほとんど動かない卵に到達する。勝ち抜いた精子が卵の中に入り込んだら、二つの細胞の核が融合して受精卵を形成し、その後分裂して体のすべての細胞をつくり出す。精子と卵は配偶子と呼ばれる。哺乳動物の体の中で配偶子がつくり出されるとき、それぞれの配偶子は、細胞が持つ通常の染色体数の半分だけを受け取る。ヒトの場合、配偶子は各染色体ペアの片方ずつ、つまり23本の染色体だけを持つ。これがいわゆる半数体ゲノムである。精子が卵に入り込んで二つの核が融合したとき、染色体の数はふつうの細胞と同じ数（ヒトの場合46本）に戻り、その際のゲノムは二倍体と呼ばれる。卵と精子の両方が半数体というのは重要であり、もし半数体でなければ、各世代の染色体数は常に親の倍になってしまう。

なぜ哺乳動物はすべて母と父を持つのか、その理由として「完全なセットの染色体を持つ新しい細胞を生み出すために、二つの半数体のゲノムをお互いに提供し合う必要があるから」という仮説を立てることができるかもしれない。確かに、この仮説は通常起きていることを正しく言い表したものであるが、このモデルに従うと、「生物学的に両性の親が必要な理由は、ゲノムの運搬システムが単にそうなっているから」という結論にもなってしまう。

●コンラッド・ワディントンの孫弟子

２０１０年、ロバート・エドワーズ教授が、人工授精の分野における彼の先駆的研究においてノーベル生理学・医学賞を受賞した。彼の技術は、いわゆる「試験管ベビー」を世に送り出すことにつながった。この方法では、女性の体内から卵を取り出し、研究室で授精した後ふたたび子宮に戻す。当時人工授精はきわめて困難であり、ヒトの生殖におけるエドワーズ教授の成功は、何年にも及ぶマウスを使った骨の折れる研究によってもたらされたものであった。

このマウスの研究は、哺乳動物の生殖は単なるゲノム運搬システムではなく、もっと多くの理由が存在していることを証明することにつながる、一連の驚くべき実験の基礎となった。この分野における第一人者はアジム・スラーニ教授であり、彼の科学者としての道は、ロバート・エドワーズ教授の指導の下で博士号を取得してから始まった。エドワーズ教授は、彼の初期の研究トレーニングをコンラッド・ワディントン研究室で受けたので、アジム・スラーニはコンラッド・ワディントンの孫弟子ともいえる。

アジム・スラーニは、高い地位にあるのに自分の名声を鼻にかけないイギリスの学者のひとりである。王立学会のフェローであり英国女王から大英勲章を授与され、名誉あるガボール・メダルや王立学会のメダルを授けられた。ジョン・ガードンやエイドリアン・バードのように、四半世紀以上も前に彼自身が切り拓いた新しい研究分野において現在も研究を続けている。

１９８０年代の中頃から、アジム・スラーニはある実験に着手した。哺乳動物の生殖が、単なるゲノム運搬システム以上のものであることをはっきりと示す実験であった。二つの半数体ゲノムが融合してひとつの二倍体の核を形成するだけなら、私たちは生物学的な母親と生物学的な父親は必要としない。私たちのＤＮＡの半分を母親から、半分を父親から受け取るということがきわめて重要なのである。

図7・1は、受精した直後に二つのゲノムが融合する前の卵の様子を示している。だいぶ単純化した図だが、今回の話の説明には都合がいい。卵と精子由来の半数体の核は前核（pro-nuclei）と呼ばれる。

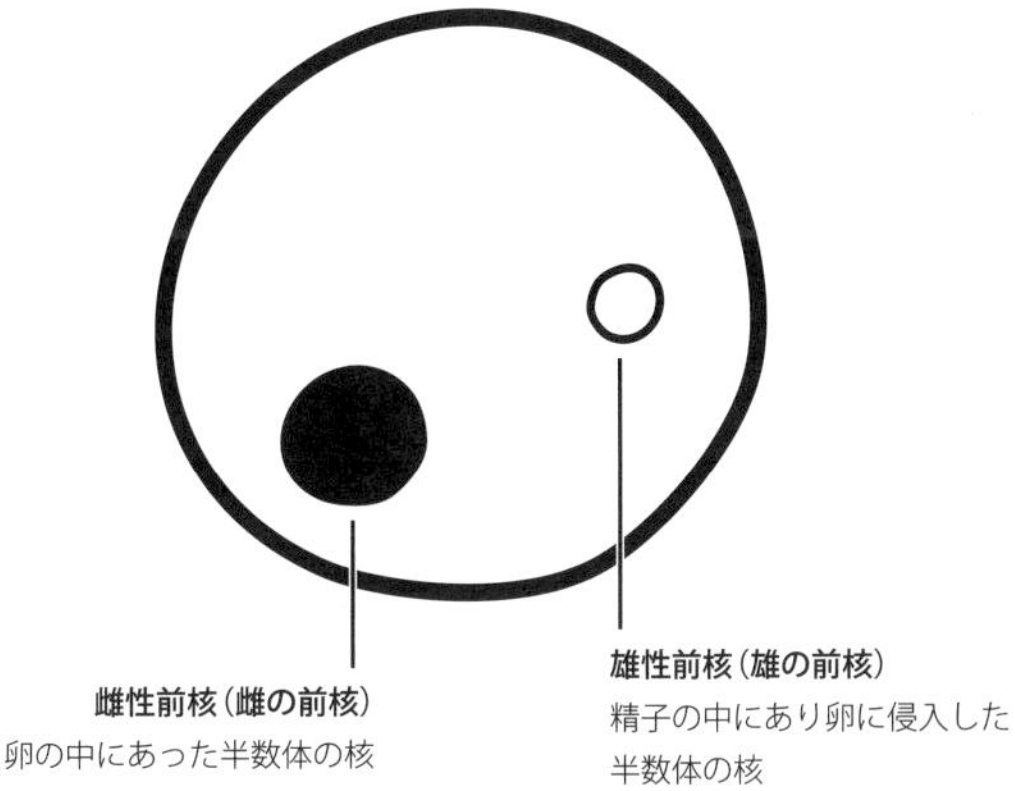

図7.1　哺乳動物の卵に精子が進入し、まだ二つの半数対（通常の半分の染色体数）前核が融合する前の状態。卵に由来する前核と精子に由来する前核の大きさに違いがあることに注意してほしい。

雌由来の前核（雌性前核）は雄由来の前核（雄性前核）に比べてとても大きいことが見てわかる。これは実験的にはとても重要であり、その大きさによってそれぞれの前核を見分けることができる。この大きさの違いを利用することで、前核をひとつの細胞から別の細胞へ移した際、どちらが移した前核かを確認することができる。また移された前核が、父親の精子に由来する前核か、母親の卵由来の前核かもきちんと区別できる。

ジョン・ガードンはこれよりも何年も前に、先の細いマイクロピペットを使って、カエルの体細胞の核をカエルの卵に移植した。アジム・スラーニはこの技術をさらに改良し、マウスの受精卵の前核を移植する実験に用いた。操作された卵は雌のマウスの子宮に移され、通常の受精卵と同じように発生させた。前核を受精した後の卵に入れるのはとても重要なことである。なぜなら、二つの前核が融合した後、胚がきちんと発生するための環境を提供できるのは受精卵だけだからである。これは、ジョン・ガードンがリプログラミン

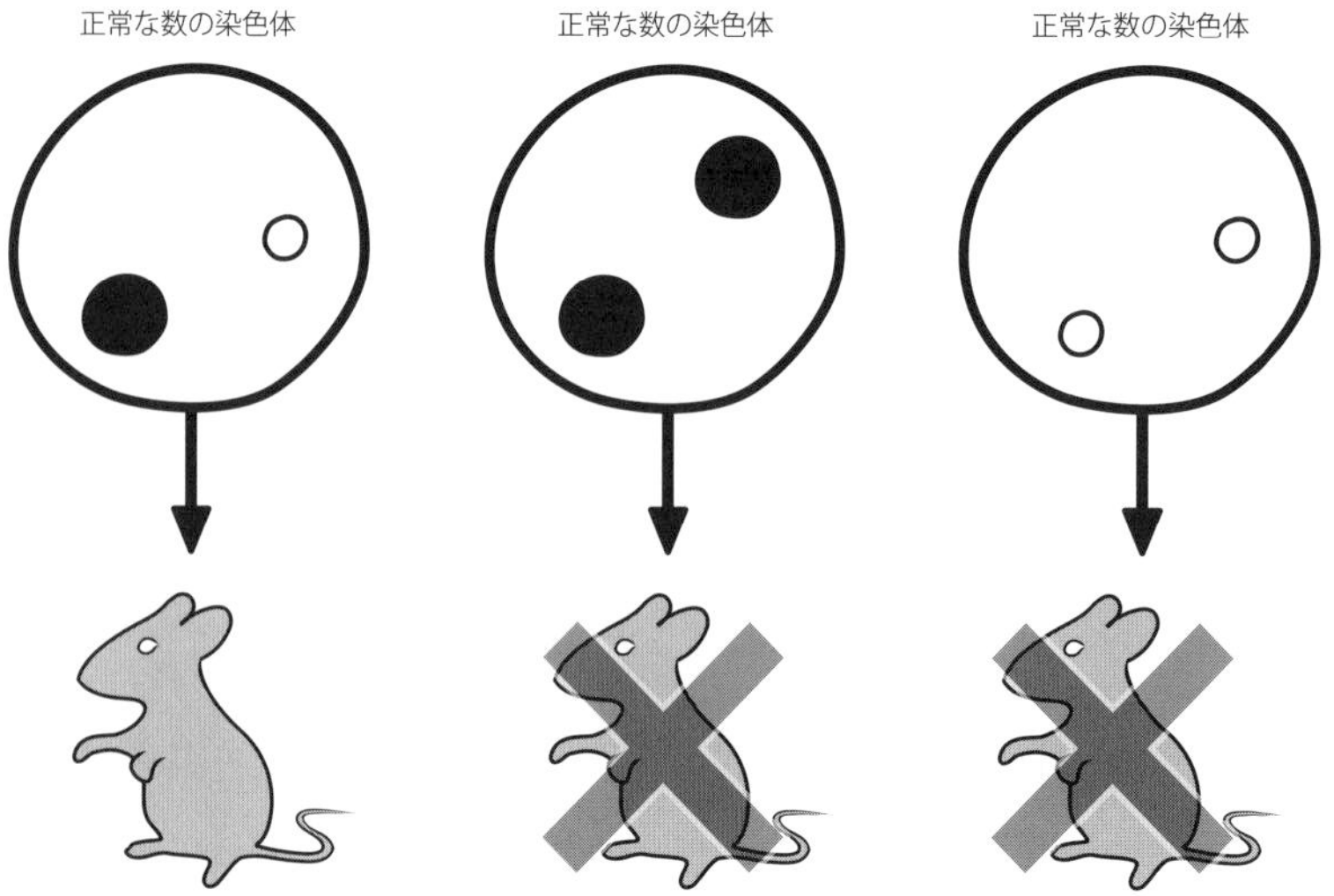

図7.2　アジム・スラーニによる初期の研究結果のまとめ。まずマウスの卵から前核を取り除く。このドナーとなる卵に二つの半数体前核を導入し、得られた二倍体の卵をマウスの代理母に移植した。雄の前核と雌の前核を一つずつ使って再構成された卵からのみ、生きたマウスが得られた。二つとも雄の前核、あるいは二つとも雌の前核を使って再構成した卵から生じた胚は、正常に発生せず、発生の途中で死んでしまった。

グの実験の際にカエルの受精卵を使い、また、キース・キャンベルとイアン・ウィルムットが、クローン羊のドリーをつくる際のレシピエント細胞に受精卵を使ったのと同じ理由である。

１９８４年から１９８７年にかけて発表された数々の論文の中で、スラーニ教授は、新しい個体をつくるためには、雄性前核と雌性前核の両方が必要であることを明らかにした。この結果については、**図7・2**に示している。

異なるゲノムＤＮＡを使ったことによる影響を最小限にするため、この研究では近交系マウスが使われた。近交系マウスを使った場合、図に示した3種類の受精卵は遺伝的に同一のはずである。遺伝的には同一であるにもかかわらず、アジム・スラーニらによる一連の実験[1・2・3]、また、デイヴァー・ソルター研究室やブルース・カタナック研究室において行われた実験[4・5]でも、その結果は疑う余地のないものだった。受精卵が雌性前核を二つ、あるいは雄性前核を二つ持つ場合、マウスは生まれてこない。それぞれの性に由来する前核が必要であることが示されたのだ。

これは実に驚くべき発見である。図に示した三つの受精卵は、どれも結果的にはまったく同じ量の遺伝物質を含んでいるはずである。それぞれの受精卵は二倍体ゲノム（2コピーずつの染色体セット）を保持している。もし新しい個体を生み出すために必要な要因が単にＤＮＡの量であるならば、三つの受精卵はすべて正常に発生して新しい個体をつくり出せるはずである。

●量がすべてではない

この実験結果によって、革新的な概念がもたらされた。それは、母方と父方のゲノムは同じＤＮＡ

を運搬しているにもかかわらず、それらは機能的に同一ではない、というものである。正しい配列のＤＮＡを正しい量持つだけでは十分ではないのだ。私たちは、母親と父親から別々の物を受け継がなくてはならない。私たちの遺伝子は、何らかの方法でどちらの親に由来するのかを記憶している。それらの遺伝子は、正しい親から来たときにだけきちんと機能するに違いない。それぞれの遺伝子を単に正しい数だけ持つだけでは、正常に発生し健全に成長するための必要条件は満たされていないのである。

これはマウスだけにあてはまる奇妙な現象ではなく、実はヒトでも自然に起きている現象である。たとえば、ヒトの妊娠１５００例に約1例の割合で、子宮内に胎盤ができるのに胎児が確認できないことがある。胎盤は異常な形をしていて、液体で満たされたブドウ様の粒で覆われている。この状態は胞状《ほうじょう》奇胎《きたい》と呼ばれ、あるアジアの集団では２００例の妊娠に1例という、高い頻度で生じることが知られている。このような妊婦は通常の妊娠よりも明らかに体重の増加が早く、ときに、ひどいつわりに悩まされる。急速に成長する胎盤が、異常に高いレベルのホルモンを産生し、これが妊婦のつわりの原因になっていると考えられている。

医療体制の整った国では、胞状奇胎は通常最初の超音波スキャンで見つかり、中絶と同じ処置が施される。もし初期に見つけられなかった場合、たいていその奇胎は受胎してから約4、5か月後に自然に流産される。このような奇胎を早期に発見することは重要であり、もしきちんと取り除かれなかった場合、危険な腫瘍に変化してしまう恐れがある。

このような奇胎は、何らかの理由で核を失った卵が精子と受精することで形成される。胞状奇胎妊娠の約80%のケースでは、核を失った卵が1個の精子と受精し、半数体の精子のゲノムがコピーされて二倍体ゲノムが形成される。残りの約20%のケースでは、核を失った卵が同時に二つの精子と受精することで形成される。どちらの場合も受精卵は正しい数（46本）の染色体を持っているが、すべて父親由来のDNAとなる。そのため胚は正常に発生しない。マウスでの実験のように、ヒトの発生においても、母親と父親から受け継いだ染色体が必要なのだ。

ヒトにおける奇胎という状況とマウスの実験で得られた結果は、DNAが単にA、C、G、Tという塩基を運ぶ裸の分子であるとする、DNA暗号に基づくモデルでは説明できない。DNA自身は、新しい生命を生み出すのに必要なすべての情報を運んではいないのである。DNAという遺伝情報に加えて、何か他のものが必要なのだ。そう、エピジェネティックな何かが。

卵と精子は高度に特殊化した細胞である。ワディントンの谷底（第1章参照）のひとつにいると考えてもらえばよい。卵と精子は、それぞれが融合しない限り決して卵と精子以外の細胞になることはない。しかしいったん融合すると、二つの高度に特殊化した細胞はひとつの未分化な細胞を生み出す。その細胞は分化全能性を持ち、ヒトの体のすべての細胞や胎盤を形成できる。これが受精卵であり、ワディントンのエピジェネティック・ランドスケープの頂上に位置する。この受精卵が分裂するたびに、細胞はどんどん特殊化し、私たちの体のさまざまな組織を形成していく。これらの組織の一部が最終的に私たちの性に応じて卵あるいは精子を生み出し、すべてのサイクルをふたたび開始する用意ができる。これは真に、永遠に続く発生生物学のサイクルである。

精子と卵の前核の染色体は、多くのエピジェネティックな修飾を保持している。これらの修飾によって、配偶子は配偶子としてふるまい、その他の細胞に変化することはない。しかし、配偶子はそれ自身の持つエピジェネティックな修飾をそのまま受け渡すことはできない。なぜならば、もしそのまま受け渡したとすると、受精卵は半分卵で、半分精子のハイブリッドのようなものになってしまうに違いない。しかし、実際には受精卵はそのようなものではない。受精卵はそれぞれの配偶子とはまったく異なる分化全能性細胞であり、完全な新しい個体を生み出すことができる。卵と精子が持っていた修飾は、何らかの方法で異なる修飾に変えられ、受精卵は異なる細胞状態に変えられる。ワディントンのエピジェネティック・ランドスケープにたとえると、受精卵はその頂上まで押し上げられることになる。これは正常な発生の過程で起きる現象である。

●基本ソフトの再インストール

精子が卵の中へ進入した直後、とても劇的な現象が起きる。雄性前核のＤＮＡ上に存在するほとんどすべてのメチル化が驚くべき速さで取り去られるのだ。同じ現象が雌性前核のＤＮＡ上でも起きるが、それはもっとゆっくりとしている。これらの事実は、エピジェネティックな記憶の多くがゲノムから消し去られることを意味している。これは、ワディントンのエピジェネティック・ランドスケープの頂上に受精卵を押し上げるのに必須な過程である。受精卵は分裂を始め、すぐに胚盤胞を形成する。胚盤胞は、第2章で説明したように、テニスボールの中にゴルフボールが入っているようなものである。内側のゴルフボールは内部細胞塊（inner cell mass）あるいはＩＣＭと呼ばれ、このＩＣＭを形成する細胞は多能性細胞であり、研究室で胚性幹細胞（ＥＳ細胞）をつくり出す際に使われる細胞である。

ＩＣＭの細胞はすぐに分化して、私たちの体のさまざまな細胞を形成し始める。この過程は、いくつかの重要な遺伝子のかなり厳密な発現制御を介して進行する。特別なタンパク質のひとつ、たとえばOCT4は、他の一連の遺伝子のスイッチをオンにして、その結果、さらに別の遺伝子発現の連鎖が次々と引き起こされる。すでに本書で説明したように、OCT4は山中教授が体細胞を初期化するために使った遺伝子にコードされた因子の中で、最も重要な因子である。この遺伝子発現の連鎖は、ゲノム上のエピジェネティック修飾の変化を伴って起きる。ＤＮＡやヒストンのマークを変化させることで、ある遺伝子のスイッチはオンのままにしながら、別の遺伝子のスイッチをオフに切り換えたりする。発生のかなり初期に起きるエピジェネティック修飾の変化についての流れをまとめると、以下のようになる。

1. **精子と卵に由来する雄性前核、雌性前核は、それぞれエピジェネティック修飾を持っている**
2. **それらのエピジェネティック修飾は、受精直後に受精卵の中で取り去られる**
3. **細胞が分化し始めるにつれて、新しいエピジェネティック修飾が付加される**

これは少々単純化した流れである。実際、このリストの2段階目にあたる時期において、広範なＤＮＡ脱メチル化の証拠を見つけ出すことができるが、ヒストンの修飾についてはＤＮＡメチル化よりはるかに複雑である。一部のヒストン修飾が取り除かれている間に、新たに他のヒストン修飾が付加されたりする。抑制的な働きをするＤＮＡメチル化が取り除かれるのと同時に、抑制的に働くヒストン修飾も消去される。この抑制的なヒストン修飾に代わって、今度は遺伝子発現を上昇させるような別のヒストン修飾が付加されるかもしれない。したがって、単にエピジェネティック修飾の付加、あるいは消去といって説明できるほどエピジェネティック修飾の変化は単純ではない。実際のところ、「エピゲノムがリプログラムされている」と表現する方が相応しい。

　リプログラミングとは、ジョン・ガードンが、大人のカエルの核をカエルの卵に移植するという革新的な実験で実証したことである。キース・キャンベルとイアン・ウィルムットが、乳腺細胞の核を卵の中に挿入して、羊のドリーをクローン化したときに起きたことである。山中は、このリプログラミングの時期に自然に高発現している四つの因子をコードする遺伝子を体細胞に導入することで、同じリプログラミングという過程を実現させた。

　卵は、何億年という進化を経て洗練された素晴らしい存在であり、何十億塩基対にも渡るゲノム上の膨大な量のエピジェネティック修飾を、驚異的な速さと効率で変化させる。卵の中で自然に起きる過程と同じような速さと効率で、細胞をリプログラムする人工的な方法は存在しない。しかし、卵はすべての過程をまったく他の手助けなしに行っているのではないだろう。少なくとも、あらかじめ精子のゲノムに付加されたエピジェネティック修飾は、雄性前核が比較的容易にリプログラムされるようにしている要因のひとつであろう。精子のエピゲノムは、リプログラムされる寸前の状態になっている。[6]

　もし成熟した個体の体細胞核を受精卵に移植してリプログラムしようとしても、精子ゲノムに存在しているような、あらかじめ準備されたクロマチン修飾（そして他の多く精子核の特徴）は失われている。ｉＰＳ細胞をつくり出すために、四つの山中因子を導入して体細胞の核をリプログラムするときも同様である。いずれの場合も、成熟した個体の体細胞核のエピゲノムを完全にリセットするのはとても困難であり大変な作業である。

　多くのクローン動物が異常を持ち、短命である理由はこの点にあると考えられる。クローン動物に見られる異常は、初期のエピジェネティック修飾が間違って付加されると、その後一生異常な状態が続くということを示す実例のひとつでもある。異常なエピジェネティック修飾は、不適切な遺伝子発現につながり、そして長期間の健康障害がもたらされる。

　正常な初期発生の際に起きるゲノムのリプログラミングでは、配偶子のエピゲノムが変化し、受精卵としての新しいエピゲノムがつくり出される。この過程は、卵と精子の遺伝子発現パターンが、受精卵やその後の発生段階の遺伝子発現パターンに置き換えられることを保証している。しかし、このリプログラミングにはもうひとつ別の側面がある。通常細胞では、不適切、あるいは異常なエピジェネティック修飾がさまざまな遺伝子に蓄積される場合がある。本書の後の章で見ていくように、エピジェネティック修飾の変化は正常な遺伝子発現を混乱させて、病気の一因とさえなり得る。卵と精子で起きるリプログラミングは、蓄積された不適切なエピジェネティック修飾が親から子へ伝播されるのを防いでいる。黒板を拭いてきれいにするというより、基本ソフトを再インストールしているようなものである。

●スイッチをつくる

しかし、ここでひとつ矛盾が生じる。アジム・スラーニの実験は、雄と雌の前核は機能的に等価ではなく、新しい動物を生み出すためにはそれぞれひとつずつ必要であることを示していた。このような由来する親の違いによって見られる効果は「片親起源効果（parent-of-origin effect）」と呼ばれ、受精卵やその娘細胞には、母由来の染色体と父由来の染色体を見分ける仕組みがあることを示している。これはゲノムＤＮＡそのものによる効果ではなく、本来消去されるはずのエピジェネティックな効果であり、ひとつの世代から次の世代に受け渡される何らかのエピジェネティックな修飾が存在しているはずである。

１９８７年、スラーニ研究室はこの仕組みについての洞察を与える最初の論文を報告した。彼らは、この片親起源効果はＤＮＡメチル化によって起きているのではないかと考えた。その当時、ＤＮＡメチル化は唯一明らかにされていたクロマチン修飾であったため、手始めに取り組むのに相応しい修飾であった。まず彼らは、遺伝子操作を施したマウスをつくり出した。このマウスは、ゲノムのどこにでもランダムに挿入される余分なＤＮＡ断片を持っている。この実験では、挿入されたＤＮＡの配列はあまり重要ではない。重要なのは、この配列上にどれだけＤＮＡメチル化が存在しているか、またそのメチル化が親から子へ忠実に伝えられるかを簡単に調べることができる点である。

アジム・スラーニらは、ゲノムにランダムにＤＮＡが挿入された7系統のマウスを調べた。このうち6系統のマウスでは、挿入されたＤＮＡのメチル化レベルは世代を経ても同じであった。しかし、

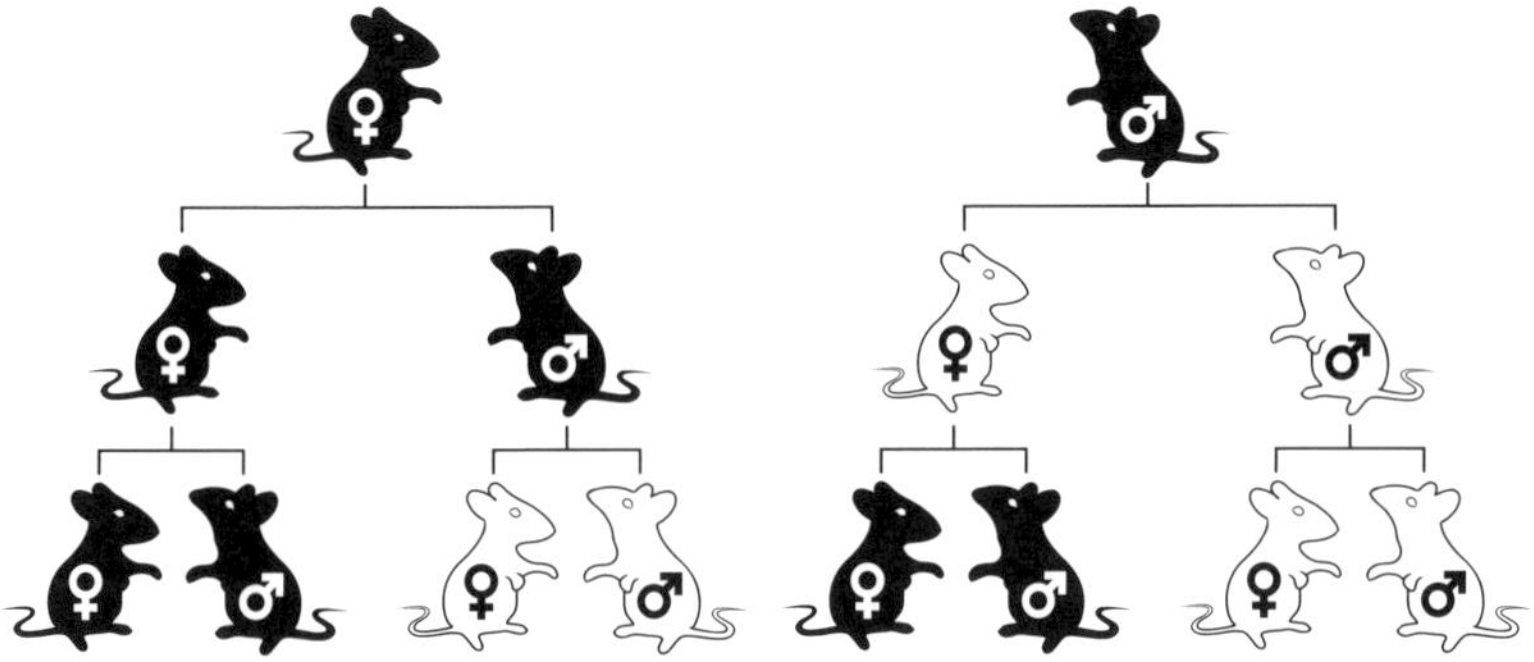

図7.3　ある外来DNA断片におけるメチル化の有無と生まれたマウス。黒はメチル化されたDNAを表し、白はメチル化されていないDNAを表している。母親がこのDNAを受け渡すと、その母親自身の状態が“黒”か“白”かにかかわらず、子どもにおいてそのDNAは常に高度にメチル化されている。雄の場合その逆であり、雄を通じて受け渡された場合、子どもでは常にメチル化されていない“白”のDNAとなる。これは、ゲノムのある領域が母親から受け継がれたのか父親から受け継がれたのかを示すような印をつけられていることを実証した最初の実験である。

７つ目の系統では何かとても奇妙なことが起こった。母マウスがこの挿入ＤＮＡを子に受け渡すと、子どもでは常に高いレベルのメチル化を受けていた。しかし、父マウスがこの挿入ＤＮＡを子に受け渡すと、その子どもでは、この外来ＤＮＡのメチル化は常に低いままであった。**図7・3**にこの実験の結果を示している。

黒で示したマウスは、挿入されたＤＮＡがメチル化されていることを示し、白で示したマウスは、このＤＮＡがメチル化されていないことを示している。父親は、常にその子どもにメチル化されていないＤＮＡを受け渡し、一方母親では、常にメチル化されたＤＮＡを受け渡す。言い換えれば、子どもにおける挿入ＤＮＡのメチル化は、このＤＮＡを受け渡す親の性に依存している。一方、親におけるＤＮＡメチル化の状態には依存していない。たとえば、「黒」の雄の子どもは、常に「白」のＤＮＡを持つことになる。

アジム・スラーニらによるこの論文[7]と、同じ時期に発表された他の論文[8]によって明らかにされたことは、哺乳動物が卵と精子をつくるとき、これらの細胞のＤＮＡに何かバーコードのようなものがつけられることを示している。染色体が小さな旗を運んでいるようなものである。精子の染色体は「ぼくはパパから来た」と書かれた小さな旗を持ち、卵の染色体は「私はママから来た」と書かれた小さな旗を持っている。ＤＮＡメチル化はこれらの旗をつくる布地である。

この現象を指して使われる言葉が「インプリンティング（刷り込み）」である。染色体は、どちらの親に由来するかについての情報をインプリントされている。インプリンティングと片親起源効果については、次章でもう少し詳しく検証していく。

この実験において、親から子へ伝えられるたびにメチル化の状態がコロコロ変わった外来ＤＮＡには、いったい何が起きたのか？　この外来ＤＮＡは、これらの旗のひとつを運んでいるマウスのＤＮＡ領域に偶然挿入されたと考えられる。その結果、次の世代へゲノムが受け渡されるときに、この外来ＤＮＡにもＤＮＡメチル化の旗がつけられたのだ。

調べた７つのマウスの系統の中で、１系統だけでこの効果が見られたということは、ゲノムのすべての領域にこの旗がつけられているのではないことを示唆している。ゲノムすべての領域が同じようにマークされているとしたら、調べたすべての系統が同じような効果を示すはずである。実際のところ、７分の１という頻度は、このような旗がつけられているゲノムの領域の方が、通常のゲノム領域とは異なる特別な領域であるということを示唆している。

第６章において、ときとして動物が親から獲得形質を受け継ぐということを示した。エマ・ホワイトロウや他の研究者による研究成果は、何らかのエピジェネティック修飾が、精子や卵を通して親から子へ伝えられることを私たちに示している。このような獲得形質の遺伝はかなり珍しいことではあるが、何らかの特別なエピジェネティック修飾が存在しているに違いない、という私たちの見方を強くするものである。そのような修飾は、卵と精子が融合して受精卵をつくる際にも置き換えられることはない。哺乳動物のゲノムの大部分は、卵と精子が融合したときにリセットされるが、ゲノムのごく一部の領域は、このリプログラミングを免れているのだ。

●エピジェネティクスの軍拡競争

私たちのゲノムのうち、タンパク質をコードしているのはわずか2%だけである。そして、42%もの膨大なゲノム領域を、レトロトランスポゾンが占めている。レトロトランスポゾンは不思議なＤＮＡ配列であり、過去の進化の過程でウイルスから派生したと考えられている。いくつかのレトロトランスポゾンは実際に転写されてそのＲＮＡを生み出し、この転写は近隣の遺伝子の発現に影響を及ぼす。これは細胞にとって深刻な結果をもたらす可能性がある。たとえば、もし細胞を積極的に増殖させるような遺伝子の発現が上昇したら、細胞のがん化を引き起こすことになる。

進化の過程では軍拡競争が絶え間なく続けられてきていて、私たちの細胞は、このようなレトロトランスポゾンの活動を制御する仕組みを進化させてきた。細胞が使っている主要な仕組みのひとつがエピジェネティクスである。レトロトランスポゾンのＤＮＡは細胞内でメチル化され、そのＲＮＡの発現は抑えられる。細胞はこの仕組みによって、レトロトランスポゾンのＲＮＡが近隣の遺伝子発現を混乱させるのを防いでいる。ＩＡＰと呼ばれるレトロトランスポゾンは、特にこの制御メカニズムの標的となっているように見える。

初期の受精卵におけるリプログラミングの過程では、私たちのＤＮＡのほとんどの領域からメチル化が取り除かれる。しかし、ＩＡＰレトロトランスポゾンはＤＮＡ脱メチル化を受けない例外のひとつである。リプログラミングを実行している装置は、ＩＡＰのような危険な因子をスキップして、ＤＮＡメチル化をその上に残すように進化してきたのだ。この仕組みによって、レトロトランスポゾンはエピジェネティックな仕組みによって抑制されたまま維持される。潜在的な危険性を持つＩＡＰレトロトランスポゾンが、リプログラミングの過程で偶然に再活性化するリスクを減らすための機構として進化してきたのだろう。

継代遺伝を示すことが実験的に確かめられている二つの例が、第5、6章で見てきたアグーチ・マウスと*Axin*^{Fu}マウスであることは、この仕組みの話とよく合う。これらのモデルマウスの表現型は、それぞれの遺伝子の上流に挿入されたＩＡＰレトロトランスポゾンのメチル化レベルによってもたらされている。親のＤＮＡメチル化レベルが子に伝えられ、レトロトランスポゾンの発現レベルによって左右される表現型も同様に伝えられる[9]。

第6章では、栄養が次の世代へ与える影響や、ビンクロゾリンのような環境汚染物質による影響など、獲得形質の継代遺伝に関するさまざまな例を紹介した。これらの環境刺激によって、配偶子のクロマチン上にエピジェネティックな変化がもたらされているという仮説が現在検証されている。おそらく、これらの変化は、卵と精子が融合した後の初期発生の際に起こるリプログラミングから保護されているゲノム領域の中にあるのだろう。

アジム・スラーニは、ジョン・ガードンのように自身が開拓した分野で研究を続け、数多くの研究成果を出してきた。これまでの彼の研究は、卵や精子がどのようにＤＮＡに印をつけて、分子の記憶を次世代に伝えているのかに重点を置いてきた。アジム・スラーニの初期の先駆的な研究の多くは、小さなピペットを使って、哺乳動物の核を細胞から細胞へ移すといった作業によって進められた。ジョン・ガードンが15年も前に使ったものを技術的に改良した方法である。スラーニ教授は現在、ガードン教授にちなんでつけられたケンブリッジ大学の研究所に研究の拠点を置いており、二人が廊下やコーヒー・ルームでお互い頻繁に出会っていることを思うと不思議な気がする。

THE EPIGENETICS REVOLUTION

第8章

性の戦い

第8章

性の戦い

男と女の戦いに勝者はいない。なぜならば敵と親しくなってしまう仲間が大勢いるから。

ヘンリー・キッシンジャー

ナナフシ（*Carausius morosus*）と呼ばれる昆虫は、とてもポピュラーなペットである。エサとしてイボタノキの葉っぱを数枚一緒に置いておけば、それで満足し、数か月後には卵を産む。やがて卵がかえって、まるで大人のナナフシのミニチュア版のような小さい赤ちゃんナナフシが生まれる。1匹の赤ちゃんナナフシを生まれてすぐに他のナナフシから引き離して、別の容器に入れて飼育していると、また卵を産んで小さなナナフシが生まれる。別のナナフシとまったく交尾することなく。

ナナフシは頻繁にこのような繁殖をする。彼らは単為《たんい》生殖(parthenogenesis：ギリシャ語の「処女懐胎」に由来する言葉）として知られるメカニズムを使っている。雌は雄と交尾することなく卵を産み、これらの卵からまったく健康な赤ちゃんナナフシが現れる。このような昆虫では、子どもが正しい数の染色体を持てるようにする特別な仕組みを進化させてきた。しかし、これらの染色体はすべて母親に由来している。

この仕組みは、前章で見たマウスやヒトのものとはずいぶん異なっている。私たちヒトやマウスでは、母親と父親の両方のＤＮＡを持つことが唯一正常な子どもを生み出す方法である。ナナフシの方が非常に珍しいと考えがちだが、実はそうではない。私たち哺乳動物の方が例外なのだ。昆虫、魚、両生類、爬《は》虫類、そして鳥に至るまで、これらの動物にはすべて単為生殖によって増殖することが可能な種が含まれている。ところが、私たち哺乳動物は単為生殖で増殖することができない。動物界で仲間はずれなのはむしろ私たち哺乳動物の方であり、その理由を知りたいと思うのは当然のことかもしれない。まず、哺乳動物にだけ見られる特徴から見ていくことにしよう。私たちには毛が生えていて、中耳の中に三つの骨がある。これらの特徴は確かに、他の動物には見られない特徴であるかもしれない。しかし、いずれの特徴も私たち哺乳動物が単為生殖をあきらめた理由と関係するものではなさそうである。実はもっと重要な特徴がある。

最も原始的な哺乳動物は、卵を産むカモノハシやハリモグラなどの少数の生き物である。生殖の複雑性という観点において、これらの動物に続くのは、とても未熟な状態で子どもを生む、カンガルーやタスマニアデビルのような有袋類である。有袋類の子どもは、母親の体内ではなく腹袋の中で発生のほとんどの段階を経る。腹袋とは体の外にあるポケットである。

私たちヒトが属する生物分類群の中で、圧倒的に大多数を占めているのは胎盤性（真獣類）哺乳動物である。ヒト、トラ、マウス、シロナガスクジラなどは、みな同じ方法で子どもを育てる。私たちヒトの子どもは、母親の子宮の中で長い時間をかけて発生する。この発生段階では、子どもは胎盤を通じて栄養を摂取する。胎盤は大きなパンケーキのような形をしており、胎児の血液系と母親の血液系の橋渡しをする。実際に血液が一方から他方へ流れるわけではない。その代わり、二つの血管系はお互い接近して流れているので、糖分、ビタミン、ミネラル、アミノ酸などの栄養を母親から胎児へ受け渡すことができる。酸素も母親の血液から胎児の血液へ受け渡される。これらと引き換えに、胎児は老廃ガスや他の有害な毒素などを母親の循環系に戻すことで取り除く。

この素晴らしいシステムによって、哺乳動物は発生初期の長い期間その子どもを養育できるようになっている。新しい胎盤は妊娠のたびにつくり出されるが、胎盤をつくり出すための情報は母親が持っているのではなく、すべて胎児の方にコードされている。ここでもう一度、第2章で見た発生初期の胚盤胞を思い出してほしい。胚盤胞を形成するすべての細胞は、1細胞の受精卵に由来する子孫細胞である。最終的に胎盤になる細胞は、胚盤胞の外側のテニスボールに相当する細胞である。実際、細胞がワディントンのランドスケープを下り始めて最初にするのは、将来胎盤になるか、体細胞になるかという選択である。

●私たちは（進化的な）過去から逃れられない

胎盤は胎児を養育する素晴らしい方法だが、このシステムには問題がある。ビジネスや政治的な言い方をすれば、利害の対立が存在しているといえる。そもそも進化的な観点から考えて、私たちの体はあるジレンマに陥っているのだ。

雄の哺乳動物にとって、自分の子を宿した雌の進化的な立場を擬人的に表現するとこうなる。

この妊娠した雌は胎児という形で私の遺伝子を持っている。私は二度とこの雌との間に子をもうける機会はないかもしれない。私の遺伝子を次世代に伝える可能性が最大になるように、この胎児にはできる限り大きくなってもらいたい。

これに対して、雌の哺乳動物にとっての進化的な立場はかなり異なっている。

この胎児には生き延びて私の遺伝子を次に伝えてもらいたい。しかし、この胎児に栄養をあまりにもたくさん吸い取られてしまい、次の生殖ができなくなるようなことはしたくない。私は自分の遺伝子を伝えるために、この一度きりの機会だけではなくもっと数多くの機会がほしい。

哺乳動物の両性の戦いは、進化的な膠着状態（メキシカン・スタンドオフ）に陥っている。一連の抑制と均衡のシステムが、母方のゲノムも父方のゲノムも優位にならないように保証している。アジム・スラーニ、デイヴィッド・ソーベル、ブルース・カタナックらの研究をもう一度見返すと、このシステムがどのように働いているかよく理解することができる。彼らは、父方のＤＮＡだけ、あるいは母方のＤＮＡだけを持つマウスの受精卵をつくり出した研究者である。

彼らは試験管の中で受精卵をつくり出し、それをマウスの子宮に移植した。どの研究室も、そのような受精卵から生きたマウスをつくり出すことには成功しなかった。これらの受精卵は子宮の中でしばらくの間は発生できるが、かなり異常な発生をしたのだ。この異常な発生の様子は、すべての染色体が母親由来か、すべての染色体が父親由来かによって大きく異なる。
どちらの場合も、形成されたマウスの胚は小さく、発育の遅延が見られた。すべての染色体が母親に由来する場合、胎盤組織の発達が非常に遅れた[1]。一方、すべての染色体が父親由来の場合、胚の発生は母親由来の場合と比べてより遅れているが、胎盤組織は逆に非常によく発達した[2]。また、母親由来の染色体のみを持つ細胞と、父親由来の染色体のみを持つ細胞を混合して胚の作製を試みたところ、これらの胚もきちんと生まれるまでは発生しなかった。この実験の際、胚のすべての組織は母親の染色体のみを持つ細胞から形成され、一方胎盤組織の細胞は父親の染色体のみを持つ細胞から形成されていることがわかった[3]。

これらのすべての結果が示唆することは、雄の染色体の何かが胎盤に向かって発生プログラムを推し進めるのに対して、雌由来のゲノムは、胎盤へ向かう力は弱く、より胚の方向へ発生プログラムを進めようとするということにほかならない。この事実は、本章の最初に説明した両性の対立、あるいは進化的な立場とどのようにつながるのだろうか？　胎盤は、母親から栄養を取り出し、胎児にその栄養を移す門のような組織である。父親に由来する染色体は胎盤の発生を促進し、母親の血中からできる限り多くの栄養を胎児の方へ分流させるための仕組みをつくり出している。母親の染色体は逆に作用し、それゆえ、通常の妊娠において精巧に釣り合った均衡状態が生み出されるのである。

ところで、すべての染色体がこの効果に重要なのだろうか。ブルース・カタナックは、マウスを使った複雑な遺伝学的実験によってこの問題を調べた。この実験で用いられたマウスの染色体には、ある特別な細工が施されていた。簡単に説明すると、それぞれのマウスは正しい数の染色体を持っている

11番染色体の由来
両コピーとも母親から。マウスは通常より小さい
両親から1コピーずつ。正常なマウス
両コピーとも父親から。マウスは通常より大きい

図8.1 ブルース・カタナックは、染色体11番のある領域を受け継ぐ様式を制御できるように遺伝的改変を施したマウスをつくり出した。中央のマウスはそれぞれの親から1コピーずつ受け継いだ。両方のコピーを母親から受け継いだマウスは通常のマウスより小さかった。反対に、両方のコピーを父親から受け継いだマウスは通常より大きくなった。

が、それぞれの染色体のペアはくっついた状態になっている。彼は、染色体が通常とは異なる様式で子どもに受け渡されるような工夫をして、たとえば、ある特定の染色体の両コピーを、一方の親から受け継いだマウスをつくったのだ。

彼の最初の報告では、マウスの11番染色体が調べられた。このマウスは、他のすべての染色体ペアについては、一方を母親から、もう一方を父親から受け継いでいる。しかし11番染色体については、2コピーとも母親から、あるいは2コピーとも父親から受け継いでいる。**図8・1**にその結果を示している[4]。

その結果はやはり、子どもを大きく成長させるような因子が、父方の染色体に存在するという考えと一致した。母親の染色体の因子は、反対の方向に働くか、あるいは中立的な働きをしている。

前章で見てきたように、これらの因子はエピジェネティックなものであり、ゲノムDNAの違いによるものではない。この例において、マウスの両親が近交系のマウスで、遺伝的に同じだと仮定しよう。3種類のマウスの子どもについて、11番染色体2コピーの配列を調べたら、それらはまったく同一のはずである。つまり、それらの染色体には、同じ何百万ものA、C、G、Tの塩基対が、同じ順序で並んでいるだろう。しかし、3種類のマウスの大きさが異なるように、2コピーの11番染色体は、機能的なレベルで明らかに異なるふるまいをしている。それゆえ、母親由来の11番染色体と父親由来の11番染色体の間には、エピジェネティックな違いが存在しているはずである。

●性の区別

2コピーの染色体が、由来する親によって異なる挙動をすることから、11番染色体は「インプリント（刷り込みを）された」染色体と説明できる。この染色体には、由来する親についての情報がインプリントされている。遺伝学について研究が大きく進展し、現在では11番染色体のある一部分だけがインプリントされていることが明らかにされている。染色体の大部分は、どちらの親に由来するかまったく関係なく、機能的に等価である。また、全体にわたってまったくインプリントされていない染色体も存在する。

私たちはここまで、「インプリンティング」という言葉をおもに現象を指す言葉として使ってきた。インプリントされた領域とは、子において片親起源効果が見られるひと続きのゲノム領域のことである。しかし、これらの領域はどのようにこの効果を伝えることができるのか？　インプリントされた領域では、遺伝子がどう受け継がれたかによって、そのスイッチがオンになったりオフになったりする。先述した11番染色体の例では、胎盤の発生に関わる遺伝子のスイッチはオンで、父親由来の染色体のコピーではその遺伝子は高度に活性化されている。これは胎児をお腹に抱えている母親から栄養を必要以上に奪うリスクがあるので、これを相補するメカニズムが進化してきた。つまり、母親由来の染色体上にある同じ遺伝子のスイッチはオフにされていることが多く、これが胎盤の成長を抑制する。あるいは、父親由来の遺伝子の効果に拮抗するような他の遺伝子が存在し、このような拮抗遺伝子が、母親由来の染色体から主として発現しているということもある。

近年、この効果に関する分子生物学的理解が大きく進展してきた。たとえば、先述の研究に続いてマウス7番染色体のある領域が調べられた。この領域には、インスリン様成長因子2（*insulin-like growth factor 2: Igf2*）と呼ばれる遺伝子が存在している。Igf2タンパク質は胎児の成長を促進し、通常父親由来の7番染色体上のコピーから発現している。ある実験ではこの遺伝子に変異を導入し、機能的なIgf2タンパク質がつくり出されないようにしてその影響が調べられた。その結果、この変異が母親から受け継がれると、生まれたマウスは正常なマウスと見分けがつかなかった。通常、母親に由来する染色体上の*Igf2*遺伝子はオフになっているため、母親由来の遺伝子に変異が入っていても何も問題はなかったからだ。しかし、変異*Igf2*遺伝子が父親から子に伝わると、生まれた子どもはふつうのマウスよりずっと小さくなった。これは、胎児が大きく成長するために働いている1コピーの*Igf2*遺伝子が、変異によってスイッチ・オフにされたためである[5]。

染色体17番には*Igf2r*と呼ばれる遺伝子がある。この遺伝子にコードされたタンパク質はIgf2に結合し、Igf2の成長促進因子としての働きをストップさせる働きをしている。この*Igf2r*遺伝子もインプリントされている。胎児の成長に関して、Igf2rタンパク質はIgf2とは反対の影響を持っており、通常母親に由来する17番染色体上のコピーから*Igf2r* 遺伝子が発現しているということを聞いても、もはや驚かないだろう[6]。

マウスでは約１００個のインプリント遺伝子が、またヒトではその約半分の数のインプリント遺伝子が見出されている。インプリント遺伝子の数が、本当にヒトでマウスより少ないのか、あるいは実験的に見つけ出すのが難しいだけなのかははっきりしていない。インプリンティングは約１億５０００万年前に進化し[7]、胎盤性の哺乳動物だけで広く見られる現象である。単為生殖が可能な生物では、インプリンティング現象は見出されていない。

インプリンティングは複雑なシステムであり、すべての複雑な機構と同じように、正常に機能しないこともある。実際に、インプリンティング機構の問題が原因で起きるヒトの疾患が知られている。

●インプリンティングに失敗すると？

プラダー・ウィリー症候群（ＰＷＳ）は、最初にその症状を記述した二人の研究者にちなんで名づけられた[8]。ＰＷＳは新生児2万人あたり約１人という割合で発症する。ＰＷＳを発症した赤ちゃんは出生時体重が小さく、筋肉がとても柔らかい。早期乳児期には食事を与えるのが難しく、成長障害を引き起こす。このような状態は、早期小児期までに劇的に改善する。その時期のＰＷＳの子どもは常に空腹を感じ、信じられないくらい食べるようになり、危険なほどにまで肥満する可能性がある。小さい手足や、言語発達の遅れ、不妊症といった特徴に加えて、ＰＷＳの患者はしばしば、軽度あるいは中程度の知的障害を示す。また彼らは、不適切な感情の爆発といった行動障害を起こす場合がある。[9]

ＰＷＳと同程度の頻度で発症するもうひとつ別のヒトの疾患がある。これはアンジェルマン症候群（ＡＳ）と呼ばれ、ＰＷＳと同じようにこの症状を最初に記述した研究者の名前にちなんで名づけられた。[10] ＡＳの子どもは、重度の知的障害や小さい脳のサイズ、言語発達障害などの症状を呈する。ＡＳの患者は特に理由もなく無意識に笑うことがあるので、これらの子どもの症状を指して「幸福な人形」というような、とても心ない臨床的な記述がされたこともあった。[11]

ＰＷＳとＡＳのどちらも、発症した子どもの両親は通常まったくの健常である。その後の研究によって、これらの症状の根本的な原因が染色体の異常にあるらしいということが示唆された。両親がこれらの病気の症状を示していないことから、卵、あるいは精子をつくり出す間に異常が起きたと考えられる。

１９８０年代、ＰＷＳを研究する研究者たちは、さまざまな技術を使ってこの症状の原因を見つけようとした。彼らは、健常な子どもとＰＷＳを発症した子どもの間で異なるゲノム領域を探した。ＡＳを研究する研究者たちも、同様の方法で原因となる領域を探していた。そして１９８０年代半ば頃までに、双方のグループが同じ染色体領域、15番染色体の一部の領域に注目していることが明らかになってきた。ＰＷＳとＡＳのどちらの患者も、15番染色体のまったく同じ小さな領域を失っていたのである。

しかし、これらの二つの疾患はその臨床所見において大きな違いがある。これまでに誰もＰＷＳの患者とＡＳの患者を混同したことはない。なぜ、15番染色体のある重要な領域を失うという同じ遺伝的な異常で、このように異なる症状をもたらすのか？

１９８９年、ボストン小児病院の研究グループが、重要なのは単に欠失があることではなく、その欠失がどのように受け継がれたかであるということを明らかにした。この説明については、**図8・2**に示してある。異常な染色体を父親から受け継ぐと、その子どもはＰＷＳを発症する。逆に同じ異常染色体を母親から受け継ぐと、その子どもはＡＳを発症するのだ。[12]

これは明らかにエピジェネティックな遺伝疾患の一例である。ＰＷＳとＡＳの子どもは、どちらも15番染色体の一部分を失うという、まったく同じ遺伝的な問題を抱えている。唯一の違いは、その異常な染色体をどのように受け継いだかということだけである。これは片親起源効果に関するもうひとつの例である。

さらに別の方法によって、患者がＰＷＳあるいはＡＳを受け継ぐこともある。これらの疾患の患者の中には、まったく正常な2コピーの15番染色体を持つ人がいる。染色体に欠失は見られず、変異も見出されない。にもかかわらず、子どもは特徴的な症状を示す。このようなことがなぜ起こるのかを理解するには、11番染色体の両方のコピーを片親から受け継いだマウスを思い出すとよい。ＰＷＳにおける染色体欠失を明らかにした一部の研究者は、正常な2コピーの15番染色体を持つＰＷＳの子どもたちがいることを明らかにした。問題は、両方の染色体を母親から受け継ぎ、父親からは受け継いでいないことだったのである。これは、「片親性ダイソミー」と呼ばれ、2本の染色体の両方を片方の親が提供したことで起きる現象である。[13] １９９１年、ロンドン小児健康研究所の研究チームは、一部のＡＳが、ＰＷＳの場合とは正反対の片親性ダイソミーが原因となっていることを明らかにした。

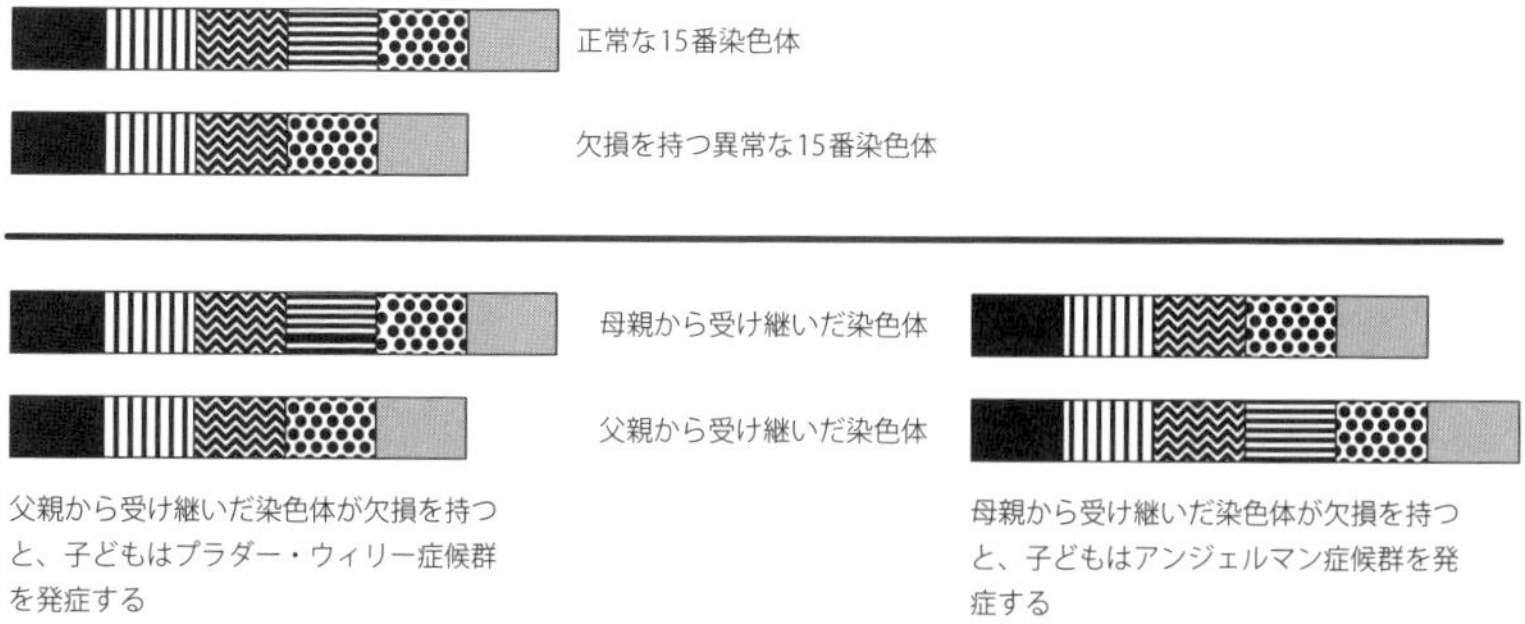
正常な15番染色体
欠損を持つ異常な15番染色体
母親から受け継いだ染色体
父親から受け継いだ染色体
父親から受け継いだ染色体が欠損を持つと、子どもはプラダー・ウィリー症候群を発症する
母親から受け継いだ染色体が欠損を持つと、子どもはアンジェルマン症候群を発症する

図8.2 二人の子どもが同じ15番染色体上の欠損を持つ場合について、欠損部分を横縞模様の四角で表した。この異常な染色体をどのように受け継ぐかによって二人の子どもの表現型は異なる。もし異常な染色体を父親から受け継いだ場合、子どもはプラダー・ウィリー症候群を発症する。もし異常な染色体を母親から受け継いだ場合、その子どもはアンジェルマン症候群を発症し、これはプラダー・ウィリー症候群の症状とは大きく異なる病気である。

そのASの子どもは、正常な2コピーの15番染色体を持っているが、両方とも父親から受け継いでいたのである。[14]

これらの結果は、PWSとASがいずれもエピジェネティック疾患のひとつであるという考えを強く支持している。15番染色体における片親性ダイソミーの子どもは、まったく適正な量のDNAを受け継いでおり、ただそれぞれの染色体を両親から受け継いでいないだけなのである。患者の細胞は、すべての遺伝子を正しい数だけ持っているにもかかわらず、患者は重篤な疾患を引き起こす。

15番染色体のきわめて小さな領域を、両親からきちんと受け継ぐことが重要なのは、この領域が通常インプリントされているからである。この領域には、母親に由来する染色体、あるいは父親に由来する染色体のいずれか一方だけから発現している遺伝子が複数存在している。このような遺伝子のひとつは*UBE3A*と呼ばれる。この遺伝子は正常な脳の機能に重要であり、母親から受け継いだ遺伝子のみから発現する。しかし、もし子どもが母親からこの*UBE3A*遺伝子を受け継がなかったらどうなるだろうか？　実際、15番染色体の片親性ダイソミーによって、*UBE3A*遺伝子の両方を父親から受け継いだ場合そのようなことが起きるに違いない。あるいは、染色体の一部の欠失によって、*UBE3A*遺伝子を失った15番染色体を母親から受け継いだという場合も考えられる。このような場合、その子どもはUBE3Aタンパク質を脳で発現することができず、アンジェルマン症候群の症状を引き起こす。

反対に、通常父親から受け継いだ15番染色体の同じ領域からのみ発現する遺伝子が存在する。これらの遺伝子のひとつに*SNORD116*という遺伝子があるが、もちろん他の遺伝子も重要だと考えられる。単に母親と父親という言葉を入れ換えるだけで、*UBE3A*とまったく同じシナリオをあてはめることができる。もし子どもが15番染色体のこの領域を父親から受け継がなかったら、プラダー・ウィリー症候群の症状が引き起こされる。

ヒトのインプリンティング疾患には他にも例があり、最も有名な疾患は、ベックウィズ・ウィーデマン症候群と呼ばれ、同じように最初にこの症状を医学雑誌に記述した研究者の名前にちなんで名づけられている。[15・16] この疾患では、組織が過剰に成長するという特徴があり、生まれた赤ちゃんの舌を含む筋肉が異常に発達しているといったさまざまな症状が現れる。[17] この症状は、先述したＰＷＳやＡＳとは少々異なるメカニズムによって引き起こされる。ベックウィズ・ウィーデマン症候群では、通常父親由来の11番染色体のみから発現するある遺伝子が、父親由来と母親由来の両方のコピーから発現することによって引き起こされる。この鍵となる遺伝子は、成長促進因子をコードする*IGF2*遺伝子と考えられており、マウスの7番染色体上にある遺伝子として前項でも紹介した。この遺伝子が１コピーではなく2コピーから発現すると、通常の2倍量のIGF2が産生され、胎児が過剰に成長することになる。

ベックウィズ・ウィーデマン症候群の反対が、シルバー・ラッセル症候群と呼ばれる症状である。[18・19] この疾患の子どもは、出生前後の成長遅延や、発達遅延に関連した他の症状を呈する特徴がある。[20] この症状の多くは、11番染色体にあるベックウィズ・ウィーデマン症候群と同じ領域の異常が原因で起きるが、シルバー・ラッセル症候群ではIGF2タンパク質の発現が抑制され、胎児の成長が抑えられている。

●エピジェネティック・インプリント

このように、インプリンティングとは、あるひと組の遺伝子について、一方の親に由来するコピーだけが発現している状況のことを指している。では、そもそも何が遺伝子のスイッチをコントロールしているのか？　この現象に、ＤＮＡメチル化が重要な役割を果たしていると聞いてもそれほど驚かないかもしれない。染色体上のＤＮＡメチル化は、多くの場合その領域に存在する遺伝子のスイッチをオフにする。言い換えると、父親から受け継いだある染色体領域がメチル化されていれば、父親由来の遺伝子は抑制されるということを意味する。

プラダー・ウィリー症候群とアンジェルマン症候群の説明で紹介した*UBE3*遺伝子を例に考えてみよう。通常父親から受け継いだ方のコピーがＤＮＡメチル化を受けており、遺伝子のスイッチはオフになっている。母親から受け継いだコピーはこのメチル化のマークを持たず、遺伝子のスイッチはオンになっている。同様のことがマウスの*Igf2*遺伝子でも起きている。通常父親由来の遺伝子コピーがメチル化されていて、*Igf2*遺伝子は不活性な状態にある。母親由来の方はメチル化を持たず、*Igf2*遺伝子は発現している。

ＤＮＡメチル化の役割については、それほど意外には思わないかもしれないが、メチル化されている領域がその遺伝子本体（ｍＲＮＡに転写される領域）ではないことがよくあると聞いたら驚くかもしれない。タンパク質をコードする遺伝子部分について、父親由来の染色体コピーと母親由来の染色体コピーで比べたとしても、エピジェネティックな情報はほとんど違いがない。二つのゲノムで実際に異なるメチル化を受けているのは、遺伝子の発現を制御する染色体領域である。

ここで、夏の夜に友人宅の庭でパーティーをしていると想像してほしい。その庭は、植木の間に点在するキャンドルライトによって美しく照らされている。残念なことに、新しい客が来ると防犯システムが作動して、その度に投光照明が点灯するため、せっかくの素晴らしい雰囲気が台無しになっている。その投光照明は壁の高い場所にあって、何かで覆い隠すのは難しい。しかし、そのうち客は照明を覆う必要はないことに気がつく。そう、照明のスイッチを入れるセンサーの方を何かで覆えばすむのである。インプリンティングでは、まさにこのようなことが起きている。

メチル化が付加されたり失われたりしている領域は、「インプリンティング制御領域（imprinting control region：ICR）」として知られている。いくつかのゲノム領域では、インプリンティングの制御は直接的で理解しやすい。父親から受け継いだ方の遺伝子のプロモーター領域がメチル化され、母親から受け継いだもう一方はメチル化されていない。このメチル化は遺伝子のスイッチをオフにする。

これは、インプリントされている染色体領域に遺伝子がひとつあるような場合は正しく機能する。しかし、インプリントされる遺伝子の多くは、染色体のひと続きの領域に密に集まって存在している。この集団の中のいくつかの遺伝子は母親から受け継いだ染色体から発現し、他のいくつかの遺伝子は父親から受け継いだ染色体から発現する。このような場合でもＤＮＡメチル化が制御の鍵を握っているが、この場合、他の因子が手助けすることでＤＮＡメチル化がその機能を果たしている。

　インプリンティング制御領域が長い距離を隔てて働いていることもあれば、その一部の領域に巨大なタンパク質複合体が結合することもある。これらのタンパク質はバリケードのような働きをすることで、染色体上のひと続きの領域を別の領域から遮断することができる。このようなタンパク質の働きによって、異なる遺伝子の間にＤＮＡメチル化による作用の転換点を挿入することが可能となり、インプリンティングという過程をより高度なものにしている。このような仕組みがあるため、ひとつのインプリンティング制御領域が、数千塩基対にわたる染色体領域を制御しているとしても、必ずしもその領域に存在するすべての遺伝子が同じ様式で影響を受けるということではない。あるインプリントされた領域に存在する異なる遺伝子が、染色体からループ・アウトするように飛び出して物理的に相互作用し、クロマチンの結び目をつくるようにして遺伝子が抑制されているケースもあれば、同じインプリント領域に存在する活性化された複数の遺伝子が、別の空間的な領域の中でお互い相互作用している場合も考えられる[21]。

　インプリンティングの影響は組織ごとで異なっている。胎盤では、特に多くのインプリント遺伝子が発現している。この事実は、「インプリンティングとは、胎児が母親から受け取る栄養のバランスをとるための仕組みである」とする、私たちのモデルから予想されることである。また、脳もインプリンティングの影響を受けやすい組織のように見える。この理由はまだよくわかっていない。脳における片親起源的な遺伝子発現制御を、これまで考えてきたような栄養をめぐる争いで説明するのは難しい。ひとつ魅力的な考えが、ユニバーシティー・カレッジ・ロンドンのグードルーン・ムーア教授によって提案されている。彼女は、脳で見られる高いレベルのインプリンティングは、両性の戦いが出生後も続いていることを意味すると考えている。いくつかの脳のインプリントは小さな子どもに何らかの行動を促そうとする父親ゲノムによる試みなのではないかと彼女は推測した。たとえば授乳を長く続けるなど、栄養を子どもに分け与えるよう母親に働きかける行動が考えられる。[22]

インプリントを受けている遺伝子の数はとても少なく、タンパク質をコードする全遺伝子の1%にも満たない。この少数の遺伝子も、すべての組織でインプリントされているわけではない。多くの細胞では、母親由来の遺伝子のコピーと父親由来の遺伝子のコピーの発現は同じである。これは組織によってメチル化のパターンが異なっているということではなく、細胞がこのメチル化の読み出しの方法を変えているためである。

インプリンティング制御領域のDNAメチル化のパターンは、体のすべての細胞で維持されており、どちらの親がどちらの染色体コピーを受け渡したかを示している。これは、インプリントされた領域に関するある事実をはっきりと示している。これらの領域は、精子と卵が融合して受精卵を形成した後で起きるリプログラミングの過程を回避しているはずである。そうでなければ、メチル化修飾は取り除かれ、どちらの親がどちらの染色体を受け渡したのか知るすべがない。受精卵によるリプログラミングの間、ずっとメチル化されたままのＩＡＰレトロトランスポゾンのように、インプリントされた領域を大規模なメチル化の除去から保護するようなメカニズムが進化したのだ。これがどのように起こるのか、実際にはよくわかっていない。しかし、正常な発生や個体の健康には必要不可欠な機構である。

●あなたの印をつける、あなたの印を取り除く

しかし、まだ問題が残されている。もしインプリントとしてつけられたＤＮＡメチル化のマークが安定であるとしたら、それが親から子へ伝えられる際にどのように変化するのだろうか？　前章でアジム・スラーニのマウスを使った実験で見たように、ＤＮＡメチル化が変化することはわかっている。この実験では、実験的に挿入した配列のＤＮＡメチル化が、世代を経る際に変化することを示した。これは、前章で黒と白のマウスを使って説明した実験である。

実際、片親起源効果の存在が明らかになった時点で、エピジェネティック・マークの実体が何であるかを知るよりも前に、そのマークをリセットする機構があることが予想された。15番染色体を例にとって考えてみよう。私は1コピーを母親から、1コピーを父親から受け継いでいる。母親から受け継いだ染色体上の、*UBE3A*インプリンティング制御領域はメチル化されておらず、父親から受け取った染色体上の同じ領域はメチル化されている。これで、私の脳でのUBE3Aタンパク質の適切な発現パターンが保証されている。

私の卵巣で卵がつくられるとき、卵はそれぞれ1コピーずつ15番染色体を受け継ぎ、それを子ども

に受け渡す。私は女性なので、15番染色体のそれぞれのコピーは*UBE3A*（制御領域）上に母親としてのマークをつける必要がある。しかし、2コピーある15番染色体のうちの1コピーは、父親から受け継いだコピーであるため、父親由来というマークをずっと保持している。正しい母親由来というマークを持った15番染色体を子どもに渡す唯一の方法は、私の細胞が、父親由来というマークを取り除き、それを母親由来のマークに置き換えることである。

　これと同じような過程が、男性が精子をつくり出すときにも起きているはずである。インプリント遺伝子の上の母親由来という修飾はすべて取り除かれ、父親由来という修飾がその場所につけられる。これは実際に起きていることなのだ。生殖細胞を生み出す細胞の中だけで起きる、とても制限された過程である。

　一般的な原理を**図8・3**に図示する。

　卵と精子の融合に続いて胚盤胞が形成され、ゲノムのほとんどの領域はリプログラムされる。細胞は分化を始め、胎盤の前駆体や体を形づくるさまざまな細胞を形成する。この時点では、内部細胞塊（ICM）の一部を形成するすべての細胞は、発生というリズムに乗って、ワディントンのランドスケープの各谷底を目指して行進している。しかし、ごく少数（100個以下）の細胞は途中で異なるリズムに乗って行進し始める。これらの細胞では、*BLIMP1*と呼ばれる遺伝子のスイッチがオンになる。BLIMP1タンパク質は新しいシグナル・カスケードを作動させ、細胞が体細胞という袋小路に向かうのを止める。そしてこれらの細胞はワディントンの谷を後戻りし始める。[23] また、これらの細胞では、どちらの親がどちらの染色体を受け渡したかを細胞に伝える、インプリントのマークが失われる。

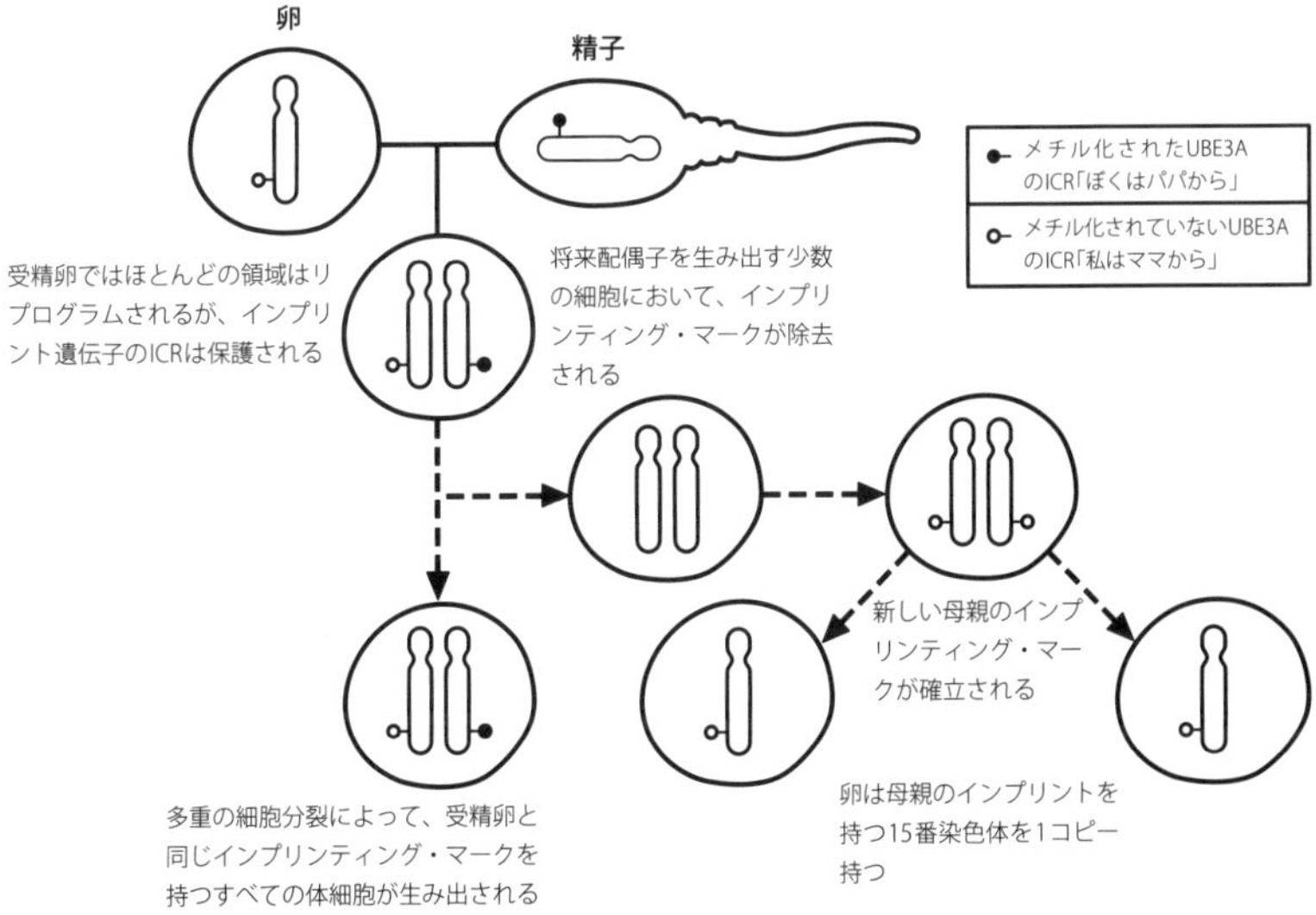

卵
精子
メチル化されたUBE3AのICR「ぼくはパパから」
メチル化されていないUBE3AのICR「私はママから」
受精卵ではほとんどの領域はリプログラムされるが、インプリント遺伝子のICRは保護される
将来配偶子を生み出す少数の細胞において、インプリンティング・マークが除去される
新しい母親のインプリンティング・マークが確立される
多重の細胞分裂によって、受精卵と同じインプリンティング・マークを持つすべての体細胞が生み出される
卵は母親のインプリントを持つ15番染色体を1コピー持つ

図8.3　受精卵から生じた体細胞は、すべて同じDNAメチル化パターンをインプリント遺伝子上に持つが、生殖細胞系列ではインプリンティングのメチル化は消去され、新たに確立される仕組みを示した模式図。この仕組みによって、雌は母親のマークだけを子どもに受け渡し、雄は父親のマークだけを受け渡すことが保証される。[＊ICR：インプリンティング制御領域]

このような過程を経た少数の細胞は「始原生殖細胞」と呼ばれる。この始原生殖細胞は、最終的に発生途中の生殖腺（将来精巣あるいは卵巣を形成する場所）に落ち着いて、すべての配偶子（精子あるいは卵）を生み出す幹細胞の働きをするようになる。前の段落で記述した後戻りの過程において、始原生殖細胞はＩＣＭの細胞に近い状態まで戻る。本質的に、これらの細胞は多能性となり、体のほとんどの組織を生み出すような潜在性を持つ。しかし、そのような多能性を持つ期間はほんの一瞬で終わる。始原生殖細胞はすぐに新しい発生経路へ方向転換し、卵、あるいは精子をつくり出すための幹細胞へと分化するからだ。この過程で、始原生殖細胞は新しいエピジェネティック修飾のセットを手に入れる。これらの修飾の一部は、細胞のアイデンティティを決める。たとえば、卵としてふるまうために必要な遺伝子のスイッチをオンにしたりする。しかし、そのうちの少数の修飾は由来する親を示すためのマークとして働き、次の世代においてインプリント領域がどちらの親に由来するかを識別するために使われる。

これはひどく複雑なシステムに見える。もし卵と受精する精子の立場になって、新しい雄の子の中でまた精子をつくり出す場合を考えたとき、その流れは以下のようになる。

1. **卵に進入した精子はエピジェネティックな修飾を持っている**
2. **そのエピジェネティックな修飾は、インプリント領域を除いてすべて取り払われる**（受精直後の受精卵の中で）
3. **エピジェネティックな修飾が付加される**（ＩＣＭの細胞が特殊化し始めるにつれて）

4. インプリント領域を含むエピジェネティックな修飾が取り払われる（始原生殖細胞が体細胞への分化経路から離脱するにつれて）

5. エピジェネティック修飾が付加される（精子として発生するにつれて）

これは、単にスタート地点に戻るための過程にしては、必要以上に複雑な過程に思えるかもしれない。しかし、実際には不可欠な過程なのだ。

精子を精子らしくふるまわせる、あるいは卵を卵らしくふるまわせるエピジェネティック修飾は、ステージ2のタイミングで取り除かれなくてはならない。さもないと受精卵のゲノムは半分は卵、半分は精子になるようプログラムされたものになってしまい、分化全能性を持てなくなる。精子や卵を通じて受け継いだ修飾を残したままでは、発生できないのかもしれない。しかし、始原生殖細胞を生み出すためには、分化しつつあるＩＣＭの中の一部の細胞が、新しく付加されたエピジェネティック修飾を失う必要がある。そうすることで始原生殖細胞は一時的に多能性になり、インプリンティング・マークを失い、そして生殖細胞系列へと進んでいく。

いったん始原生殖細胞が方向転換したら、再度エピジェネティックな修飾が付加される。この理由のひとつとして、分化多能性を持つ細胞は、多細胞生物が発生する際、潜在的にきわめて危険ということが挙げられる。私たちの体の中に、何度も繰り返し分裂でき、他のさまざまな細胞を生み出せるような細胞が存在するのは、素晴らしいことに思えるかもしれないが、実際にはそうではない。このような性質を持つ細胞は、いわゆるがんの中に見出される。進化の過程は、始原生殖細胞が一時期だけ多能性を獲得し、その後エピジェネティックな修飾でこの多能性が抑えられるという仕組みを支持したのだろう。このような多能性に対する効果に加えて、インプリントが消去されるということは、由来する親のマークをふたたび染色体に付加できるということを意味している。

ときどき、卵や精子をつくるための前駆細胞で、新しいインプリントを付加するこの過程がうまくいかないことがある。始原生殖細胞の段階でインプリントが適切に消去されていないことが原因で起きるアンジェルマン症候群やプラダー・ウィリー症候群の症例がある[24]。たとえば、ある女性が、母親由来という正しいマークではなく、父親由来というマークが残ったままの15番染色体を持った卵を生み出したとする。この卵が精子と受精すると、15番染色体の両方のコピーが父親由来の染色体としてふるまい、片親性ダイソミーと同じような表現型をもたらす。

これらの過程がどのように制御されているかに関して研究が続けられている。卵と精子が融合した後、インプリントがどのように保護されているのか、また、始原生殖細胞の形成に際してこの保護がどのように失われるのか。私たちはまだ十分に理解していない。また、インプリントがどのように正しい場所に再構築されるのかについても完全には理解していない。ようやく詳細が明らかになりつつあるが、その全体像は未だおぼろげなままである。

精子のゲノムに存在している数%のヒストンが、このインプリントの消去と再構築に関係しているかもしれない。これらのヒストンの多くは、インプリンティング制御領域に存在し、精子と卵が融合した際のリプログラミングからこれらの領域を保護しているかもしれない[25]。ヒストン修飾はまた、配偶子形成に際して新規にインプリントを確立するうえでも役に立っている。インプリンティング制御領域が、遺伝子のスイッチをオンにするようなヒストン修飾を失っているということが重要なように思える。そのような場合にのみ、恒久的なＤＮＡメチル化が付加され得る。[26] この恒久的なＤＮＡメチル化こそ、遺伝子における抑制的なインプリントになるのだろう。

●ドリーとその娘たち

受精卵や始原生殖細胞で起きるリプログラミングという過程は、驚くほどたくさんのエピジェネティック現象に影響を与える。山中因子を使って実験室で細胞をリプログラミングすると、ｉＰＳ細胞になるのはごくわずかな細胞だけだ。胚盤胞の内部細胞塊から取り出した本物の多能性幹細胞であるＥＳ細胞とまったく同じものだとは、思えない。ボストンのマサチューセッツ総合病院とハーバード大学のグループは、遺伝的に同一であるはずのマウスのｉＰＳ細胞とＥＳ細胞の比較を行い、この2種類の細胞で発現パターンの異なる遺伝子を探した。その結果、発現に関して大きな違いが見られたのは、*Dlk-Doi3*として知られる染色体領域だけだった。[27] 数個のｉＰＳ細胞だけが、この領域の遺伝子をＥＳ細胞とよく似た様式で発現していた。これらのｉＰＳ細胞は、体を構成する多様な組織を生み出すのにベストなｉＰＳ細胞であった。

*Dlk-Doi3*はマウス12番染色体上のインプリント領域である。インプリント領域がｉＰＳ細胞の質に関わる重要な場所だと判明したのは、それほど驚きではないかもしれない。山中の技術は、精子が卵と融合したときに起こるリプログラミングの過程を人為的に促進している。通常の発生においては、インプリント領域はリプログラミングに対して抵抗を示す。それらのインプリント領域は、山中の方

法に基づく人為的な環境では、リプログラミングに対する高い障壁になっていると考えられる。

研究者たちは、*Dlk-Doi3*領域に対してかなり長いこと興味を示していた。ヒトにおいて、この領域の片親性ダイソミーは、いくつかある症状の中でも特に生育や発達の異常と関係している。[28] この領域はまた、マウスにおける単為発生を抑制するために重要な領域であることが示されている。日本と韓国の研究者は、マウスゲノムのこの領域に対してのみ遺伝的な操作を施し、二つの雌性前核を使って受精卵を再構築した。一方の前核の*Dlk-Doi3*領域は、母由来ではなく父由来に相当するインプリントを持つように改変されている。この方法で生まれたマウスは、母親由来のゲノムを二つ持つ、初めての胎盤性哺乳動物の例となった。[29]

始原生殖細胞で起きるリプログラミングは、ゲノム全体にわたって完全に行われるわけではない。一部のＩＡＰレトロトランスポゾンのメチル化は、程度の差はあるもののそのまま残されている。精子における$Axin^{Fu}$レトロトランスポゾンのＤＮＡメチル化の程度は、おなじマウス系統の体細胞のレベルと同じである。これは、始原生殖細胞がリプログラミングされる際、他のほとんどのゲノム領域のＤＮＡメチル化は失われているのに、一部のゲノム領域のＤＮＡメチル化は取り除かれていないことを示している。$Axin^{Fu}$レトロトランスポゾンは、2段階のエピジェネティック・リプログラミング（受精卵と始原生殖細胞）に対して抵抗性を示し、これは、前章で触れたねじれた尾という形質が継代遺伝される仕組みを説明している。

すべての継代遺伝が同じように起きているわけではない。アグーチ・マウスでは、その表現型は母親を通じて伝えられ、父親を通じては伝わらない。この場合、ＩＡＰレトロトランスポゾン上のＤＮ

Ａメチル化は、雄と雌の両方で、通常の始原生殖細胞で起きるリプログラミングの段階で取り除かれる。しかし、もともとレトロトランスポゾン上にＤＮＡメチル化を持っていた母親は、その子どもにある特別なヒストン・マークを受け渡す。これは抑制的なヒストン修飾であり、ＤＮＡメチル化装置へのシグナルとして働く。このシグナルは、染色体の特別な領域に抑制的なＤＮＡメチル化を付加する酵素を呼び寄せる。結果は同じで、母親のＤＮＡメチル化は子どもでもとに戻る。雄のアグーチ・マウスは、レトロトランスポゾン上のＤＮＡメチル化も抑制的なヒストン修飾のどちらも受け渡さない。これが、表現型が母親を通じて伝わる理由である[30]。

　これは、エピジェネティックな情報を伝達する方法としては、少々間接的な方法である。ＤＮＡメチル化を直接受け渡す代わりに、中間の代理人（抑制的なヒストン修飾）が使われている。母親を介したアグーチ表現型の伝播が、やや曖昧なのはこのためと考えられる。ＤＮＡメチル化が子どもで再構築される段階にわずかに変化の余地があるため、すべての子が母親とまったく同じにはならない。

　２０１０年の夏に、イギリスの新聞に家畜のクローンについての記事が紹介された。クローン牛の子の肉が人間の食物連鎖に組み込まれたという記事であった[31]。クローン牛自身ではなく、クローン牛から通常の繁殖で生まれた子にすぎない。人が無意識のうちに「フランケン・フード」を食してしまう、というような人騒がせな話もあったが、主要なメディアは大概バランスのとれた論調だった。

　メディアがあまり大騒ぎし過ぎなかった原因の一部は、おそらく、当初科学者たちがクローン動物に対して抱いていたある種の不安が、あるとても興味深い現象によって軽減されたためだと考えられる。クローン動物を繁殖させると、その子はもとのクローン動物と比べて健康になる。これは、まず間違いなく始原生殖細胞のリプログラミングのためだと考えられる。最初のクローン動物は、体細胞を卵に導入してつくられる。この核は最初のリプログラミング、通常精子が卵と融合したときに起こるリプログラミングしか受けていない。このエピジェネティック情報のリプログラミングは完全に効果を発揮するものではなく、いわば、卵に不良品の核のリプログラミングをさせているようなものである。クローン動物が概して健康に異常をきたすのは、このためだと考えられる。

　クローン動物を使って繁殖させる際、彼らは卵、あるいは精子を受け渡す。クローン動物が配偶子をつくり出す前に、その始原生殖細胞は、通常の始原生殖細胞の発生経路における過程として2段階目のリプログラミングを受ける。この2段階目のリプログラミングの過程が、エピゲノムを正しくリセットするのだろう。そのとき配偶子は、クローン動物が持っていた異常なエピジェネティック修飾を失う。エピジェネティクスは、クローン動物で健康に問題がある理由だけでなく、なぜその子どもは健康なのかも説明する。事実、このように生まれたクローン動物の子どもは、自然繁殖の動物と本質的に見分けがつかない。

　ヒトの生殖補助医療（体外授精など）は、クローン動物を生み出す過程で用いる方法と、技術的な面で共通する部分がある。具体的には、多能性の核を細胞から細胞へ移し、その細胞を子宮へ移植する前に研究室で培養することだ。これらの手法によって生じ得る異常の割合に関して、科学雑誌で大きく議論が分かれている。[32] 一部の著者は、生殖補助医療による妊娠では、インプリンティングの異常の頻度が上昇していると主張している。これは、受精卵を体外で培養するような手順が、インプリント領域のリプログラミングを制御する、微妙にバランスのとれた過程を邪魔しているのかもしれない。しかしながら、これが臨床的に関連のある問題かどうかについて、共通の見解は得られていないということに注意すべきである。

初期発生におけるゲノムのリプログラミングのすべての過程は、多重の影響を持つ。二つの高度に分化した細胞が融合して、多分化能を持つひとつの細胞が形成される。母方のゲノムと父方のゲノムの相反する要求を両立させ、世代ごとにこのバランスを取る作業が繰り返される。リプログラミングはまた、不適切なエピジェネティック修飾が親から子へ伝えられるのを防いでいる。この仕組みによって、たとえ細胞が潜在的に危険なエピジェネティック変化を蓄積していたとしても、そのような変化は次の世代に伝えられる前に取り除かれるのだろう。

通常私たちが獲得形質を継承しないのは、このためである。しかしIAPレトロトランスポゾンのように、リプログラミングに対して比較的抵抗性のあるゲノム領域もある。たとえばビンクロゾリンに対する反応性、あるいは親世代の栄養に対する反応性というような獲得形質が、どのように親から子へ伝わるのかを理解したいのであれば、これらのIAPレトロトランスポゾンは、最初に調べてみるべき領域かもしれない。

THE EPIGENETICS REVOLUTION

第9章

Xの創成

第9章 ●●

Xの創成

口づけの音は大砲の音ほど大きくない。しかし、その余韻ははるかに長い。

オリバー・ウェンデル・ホームズ『朝食テーブルの教授』より

純粋に生物学的な面から見ても、また身体的な特徴を見ても、男性と女性は異なっている。攻撃性から空間認識能力に至るまで、いわゆる私たちの行動に性のバイアスがあるのかどうかについてはいまでも議論が続けられている。しかし、ある特定の身体的特徴は明らかに性と直接結びついている。最も根本的な違いは生殖器官に見られる。女性は卵巣を、男性は精巣を持っている。女性は膣《ちつ》と子宮を、男性は陰茎《いんけい》を持っている。

このような違いにはもちろん生物学的な根拠があり、当然のことのように思えるかもしれないが、すべて遺伝子と染色体の違いに起因している。ヒトは細胞の中に23対の染色体を持ち、対の片方ずつを両親から受け継いでいる。これらのうちの22対（便宜的に1番から22番染色体と命名されている）は常《じょう》染色体と呼ばれ、同じ番号の常染色体同士は見た目がとてもよく似ている。ここでいう「見た目」とはまさに文字通りの意味である。細胞分裂のある段階で、染色体中のＤＮＡは非常にきつく巻き上げられるので、適切な方法で標本をつくれば顕微鏡下で実際に染色体を見ることができる。また、その染色体を写真に撮ることもできる。現在のようにデジタル画像が普及する前は、臨床遺伝学者ははさみを使って個々の染色体の写真を文字通り切り分け、同じ番号の染色体をペアとして並べ直して画像をつくっていた。最近では画像処理はすべてコンピュータ上で行えるが、いずれにせよ最終的にはひとつの細胞のすべての染色体を並べた画像ができ上がる。これは「核型」と呼ばれる。

このような核型解析を行うことで、ダウン症候群の患者の細胞において21番染色体が3コピーあることが発見されたのである。これは21番トリソミーとして知られている。

女性の細胞を使ってヒトの核型をつくる場合、23対の相同な染色体を並べることができる。一方、男性の細胞を使って核型をつくると、**図9・1**を見てわかるようにその像は異なる。22対の明らかなペア（常染色体）に加えて、お互い似ても似つかない2本の染色体が残される。1本はとても大きく1本は他の染色体に比べてもかなり小さい。これらの染色体は性染色体と呼ばれる。大きい方はX染色体と呼ばれ、小さい方はY染色体と呼ばれる。男性のヒトの正常な染色体構成の表記は「46、XY」となる。女性の場合はY染色体を持たず、代わりに2本のX染色体を持っているので「46、XX」と表記される。

Y染色体はごく少数の遺伝子しか持っていない。Y染色体上には、タンパク質をコードする遺伝子はたった40～50個しか存在せず、約半分は男性特有の遺伝子である。男性特有の遺伝子はY染色体上にしか存在しないので、女性は同じ遺伝子のコピーを持っていない。これらの遺伝子の多くは男性の生殖に必要であり、その中で性の決定に関して最も重要な遺伝子はSRYと呼ばれる。SRYタンパク

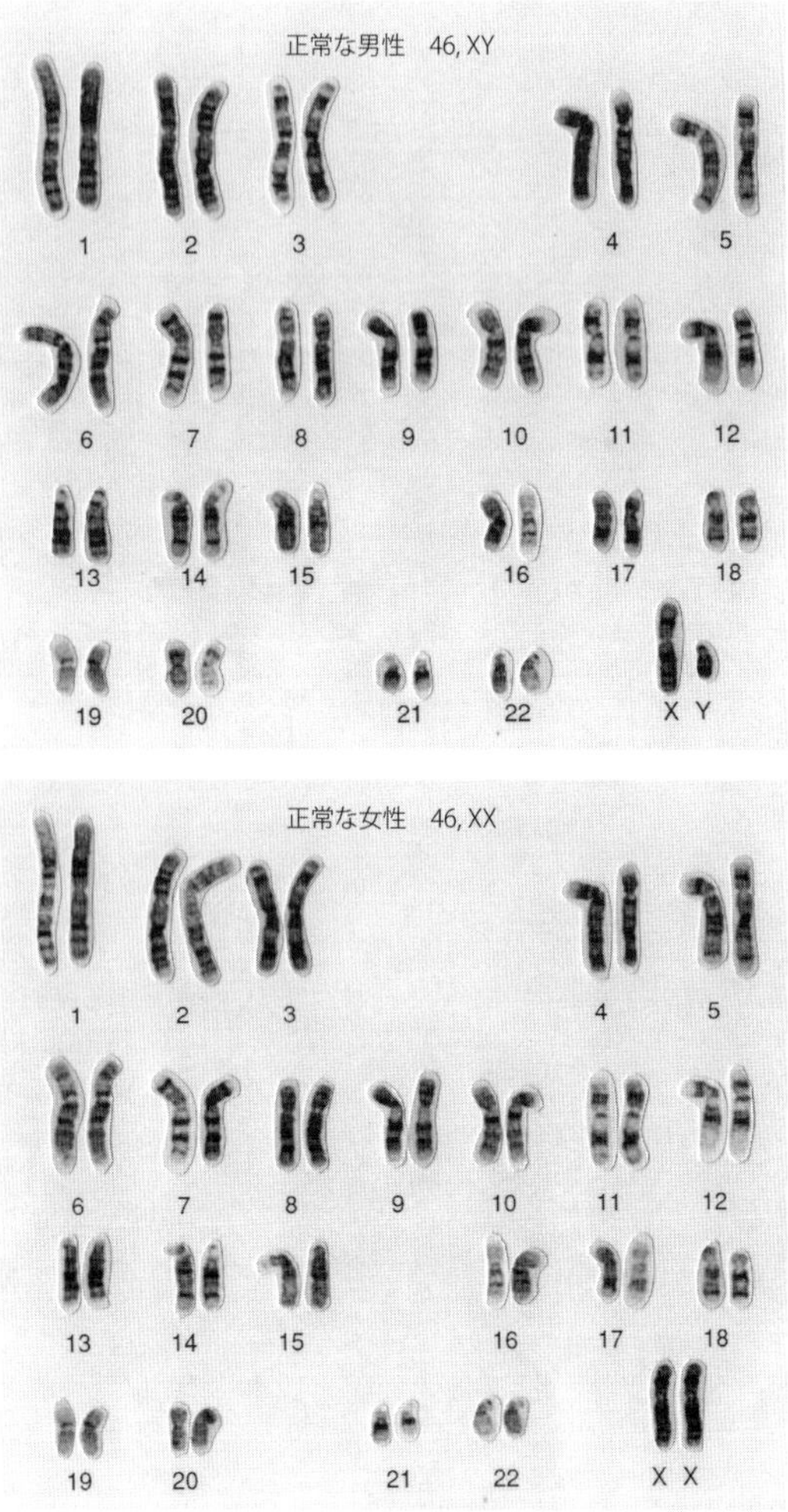

図9.1　ヒトの男性（上段）と女性の全染色体を並べた核型。女性の細胞はX染色体を2本持ち、Y染色体を持たないのに対して、男性の細胞はX染色体とY染色体を1本ずつ持つ。またX染色体とY染色体の大きさには、かなり違いが見られる。

写真提供：Wessex Reg Genetics Centre/Wellcome Images

質は、胚において生殖腺の精巣化を決定づける経路を活性化する。典型的な男性ホルモンであるテストステロンの産生を促して胚の雄性化を導く。

ときどき、外見は女の子に見えるのに、男性の46、XYという核型を持つ人がいる。多くの場合、SRY遺伝子が活性を失っているか欠損しており、結果として胎児はデフォルト（初期設定）である女性の経路をたどって成長する。[1] また、ときには逆のケースも起こり得る。表面的には男性に見えるのに、典型的な女性の核型46、XXを持つ人がいる。この場合、しばしばSRY遺伝子を含むY染色体上の小さな領域が、父親における精子形成の過程で他の染色体に移動していたりする。このような小さな領域だけでも胎児の雄性化を進めるのに十分なのである。[2] 移動したY染色体の領域はとても小さいことが多く、通常の核型解析で見出されることはほとんどない。

X染色体はY染色体とは大きく異なる。X染色体は非常に大きく、約1300個の遺伝子を持っており、これらの遺伝子には脳の機能と関係している遺伝子の数が不思議なほど多く見られる。また、多くの遺伝子が卵巣や精巣形成のさまざまな段階の制御に関わり、男性、女性両方の生殖に関する他の側面にも必要である。[3]

●量をそろえる

先に述べたように、X染色体上には約1300個の遺伝子が存在している。ここでひとつ興味深い問題が生まれる。女性は2本の染色体を持っているのに対して、男性は1本の染色体しか持っていない。つまり、X染色体上の1300個の遺伝子について、女性はそれぞれの遺伝子を2コピーずつ持っており、男性は1コピーずつしか持たないということを意味している。単純に、女性の細胞ではX染色体上の遺伝子（X連鎖遺伝子と呼ばれる）がコードするタンパク質を、男性の細胞に比べて2倍量生み出していると思うかもしれない。

しかし、ダウン症のような疾患があることを考えると、そのようなことは考えにくい。通常は2本の21番染色体を3本持つと、主要な先天性の疾患として知られるダウン症をもたらす。21番染色体以外の染色体がトリソミーになった場合、その影響はとても深刻で、胚が正常に発生できないため、きちんと出生することはほとんどない。たとえば、すべての細胞が1番染色体を3コピー持つような子どもが生まれたという報告はない。常染色体からの遺伝子発現が50％上昇しただけでトリソミーの症状の原因になるのであれば、X染色体の場合はどう説明したらよいのだろうか？　X染色体の遺伝子を男性の2倍持ちながら、どうやって女性は生きているのだろうか？　逆に、どうして男性は女性の半分しかX染色体の遺伝子を持たないのに生きていられるのだろうか？

その答えは、X染色体の数が異なっていても、実際のX連鎖遺伝子の発現は男性と女性でまったく同じということであり、この現象は「遺伝子量補正」と呼ばれている。ＸＹ型という性決定の仕組みは、他の多くの動物に普遍的に見られるものではなく、ここで述べるX染色体の遺伝子量補正は胎盤性哺乳動物に限って見られる現象である。

１９６０年代の初め頃、イギリスの遺伝学者であるメアリー・ライアンは、X染色体の量的補正が起こる仕組みに関するひとつの仮説を提唱した。以下が彼女の仮説である。

1. 通常の女性の細胞は、活発なX染色体を１本だけ持つ
2. X染色体の不活性化（X不活性化）は発生の初期に起こる
3. 不活性化されるX染色体は、母由来、父親由来いずれの場合もあり、個々の細胞でランダムに起こる
4. X不活性化は、体細胞やその子孫細胞において不可逆的な過程である

これらの仮説はすべて正しいことがのちに証明された。[4・5] 実際、彼女には素晴らしい先見の明があったということで、多くの教科書ではX不活性化のことを彼女の名前をとってライオニゼイション（Lyonization）と呼んでいる。ここで彼女の仮説をひとつずつ見ていくことにしよう。

1. 正常な女性の細胞では、１コピーのX染色体からのみ遺伝子が発現し、もう一方のX染色体コピーの遺伝子は効率よくシャットダウンされている
2. X不活性化は発生初期、内部細胞塊の多分化能を持つ細胞が分化し始める段階で起きる（ワディントンのランドスケープの頂上に近いところ）
3. 平均して、50％の女性の細胞では母親由来のX染色体がシャットダウンされ、50％の細胞では父親由来のX染色体が不活性化されている
4. 細胞がいったん一方のX染色体のスイッチをオフにしたら、そのX染色体は、たとえ女性が１００歳以上生きたとしても、生きている間ずっと娘細胞では不活性化されたまま維持される

X染色体は変異によって不活性化されているのではない。DNA配列はもとのままである。その意味でX不活性化は、卓越したエピジェネティック現象といえる。

X不活性化はきわめて実り豊かな研究分野であり、この現象の研究によってさまざまな事実が解明された。この現象に関連するいくつかの仕組みは、他の数多くのエピジェネティックな細胞内現象における過程とよく似ていることがわかった。また、X不活性化は多くのヒトの疾患やクローン治療に重要な影響を与える。メアリー・ライアンが画期的な仮説を打ち立ててから50年経った現在でも、X不活性化が実際どのように起きるかについては、数多くの謎が残されている。

X不活性化を考えれば考えるほど、実に驚くべき仕組みに思えてくる。まず、不活性化はX染色体だけに起こり、他の常染色体では起こらない。つまり細胞は、常染色体とX染色体を見分ける方法を持っているはずである。さらに、X染色体の不活性化はインプリンティングのように数個の遺伝子の発現を変化させるだけではない。X不活性化では、１０００個を超える遺伝子のスイッチが何十年にもわたってオフにされているのだ。

日本やドイツの自動車メーカーの工場を考えてみてほしい。ドイツの工場ではハンドルにヒーターを組み込む機械のスイッチをオンにし、自動空気清浄機を導入するロボットのスイッチをオフにしている。日本の工場ではそれぞれ逆のスイッチを入れているかもしれない。X不活性化は、このような機械ごとのスイッチではなくひとつの工場の操業を完全に停止して、会社が他のメーカーに買収されるようなことがない限り決して再稼働しないようなことに等しい。

●ランダムな不活性化

X不活性化とインプリンティングの間のもうひとつの大きな違いは、X不活性化には片親起源効果が存在しないということである。体細胞では、X染色体が母親に由来するのか、父親に由来するのかは区別されず、どちらも50％の確率で不活性化される。なぜこのようなシステムになっているのだろうか。そこには明確な進化的な意味がある。

インプリンティングの目的は、発生段階において、母方ゲノムと父方ゲノムの両方からもたらされる拮抗的な要求のバランスを取ることである。これまでに進化してきたインプリンティングの機構は、特に胎児の成長に影響を与える個々の遺伝子、あるいは小さな遺伝子クラスターを標的としている。そもそも、哺乳動物のゲノムには50〜１００個のインプリント遺伝子しか存在しない。

ところが、X不活性化はもっと大規模に行われる。これは、１０００を超える遺伝子のスイッチを、一斉にしかも半永久的にオフにするメカニズムである。遺伝子１０００個というのは膨大な数であり、これはタンパク質をコードする全遺伝子の約５％にあたる。それゆえ、X染色体上のどの遺伝子においても、その遺伝子内に突然変異が生じる可能性がある。**図9・2**では、インプリントされたX不活性化の結果を左に、ランダムなX不活性化による結果を右に示している。わかりやすくするため、この図では父親から受け継いだ遺伝子における変異を例にして、母親由来のX染色体がインプリントの結果として不活性化される例も一緒に示した。

ランダムにX染色体を不活性化することによって、細胞はX染色体上の遺伝子変異の影響を最小限

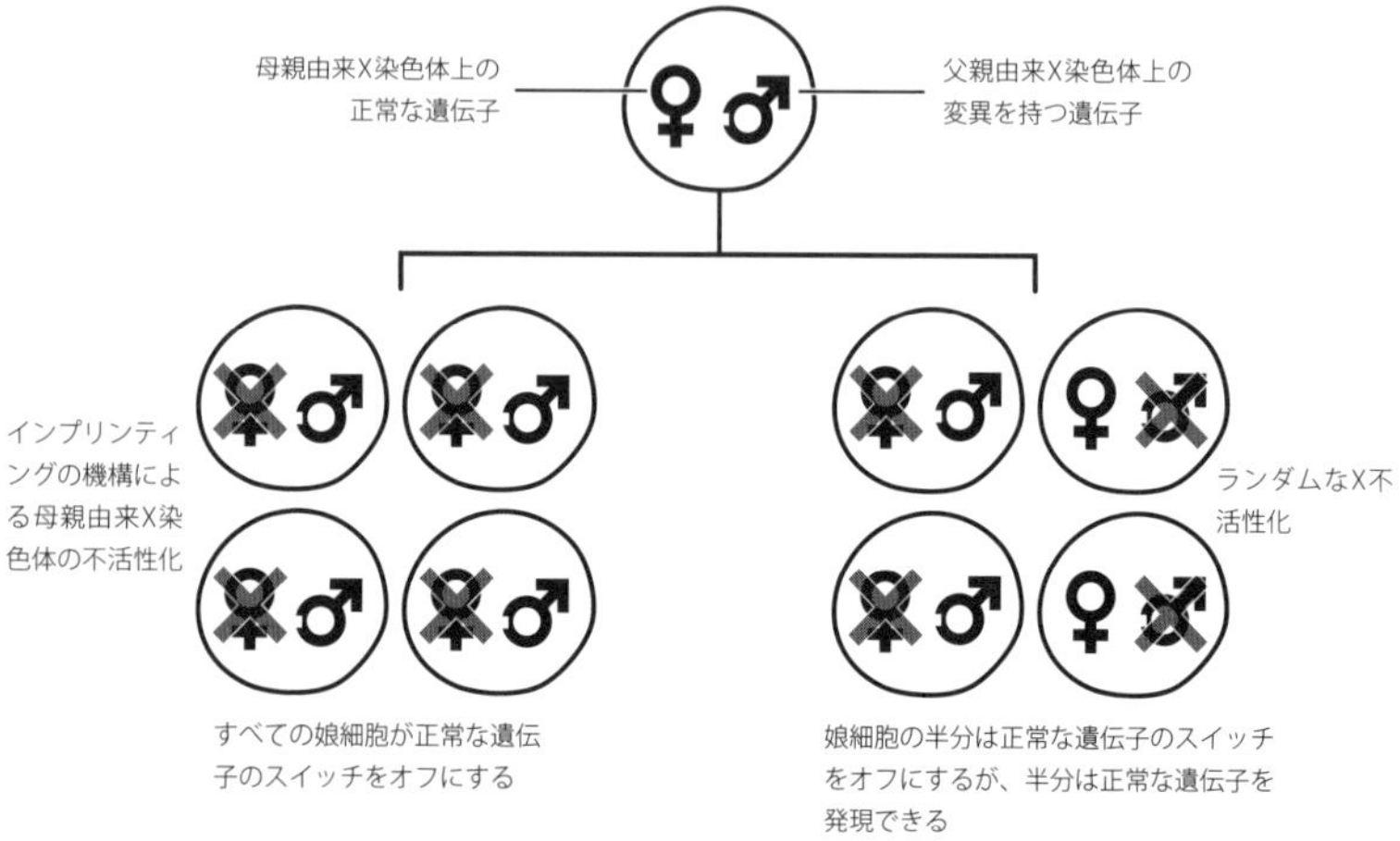

図9.2　個々の円は、X染色体を2本持つ雌の細胞を示している。母親から受け継いだX染色体は女性のシンボルで表している。父親から受け継いだX染色体は男性のシンボルで表し、ある変異を白い四角の切れ込みで示している。模式図の左では、母親から受け継いだX染色体がインプリンティングの機構によって不活性化されると、体の中のすべての細胞が、変異を持った父親由来のX染色体のみを発現する結果となる。一方模式図の右では、親の由来に依存せずX染色体がランダムに不活性化される。その結果、平均して半分の体細胞が正常な方のX染色体を発現することになる。このように、ランダムなX不活性化は、インプリンティングの機構による不活性化よりもリスクの低い進化的戦略となる。

にすることができるのである。

不活性化されたX染色体というものが、その言葉の通り不活性であることを心に留めておくのは重要である。ほとんどすべての遺伝子が半永久的にシャットダウンされ、この不活性化は通常は覆されることはない。私たちが不活性化されていない方の染色体を「活性化X染色体」と呼ぶのは少し誤解を与える表現かもしれない。これは、X染色体上のすべての遺伝子がすべての細胞で常に活性化されているという意味ではない。むしろ、遺伝子は活性化され得るという意味である。これらの遺伝子は通常のエピジェネティック修飾や遺伝子発現制御を受けており、選ばれた遺伝子のスイッチが、発生段階の合図や環境のシグナルに応じてきちんとした統制下でオンあるいはオフにされている。

●女の方が男より複雑

X不活性化によってもたらされる興味深い結果のひとつに、女性が男性に比べて（エピジェネティックな意味で）複雑ということがある。男性は細胞の中に1本のX染色体しか持たず、X不活性化は行わない。しかし、女性はすべての細胞で1本のX染色体をランダムに不活性化している。その結果、女性の体をつくるすべての細胞は、どちらのX染色体を不活性化しているかで二つの集団に分けることができる。このような様子を指して、女性はエピジェネティックな意味で「モザイク状態」にあると表現される。

女性におけるこの洗練されたエピジェネティック機構は、複雑で高度に制御された過程であり、メアリー・ライアンが提唱した仮説に照らして以下の四つの段階に言い換えることができる。

1．計数：正常な女性の細胞は活性化X染色体を1本だけ持つ

2．選択：X不活性化は発生の初期に起こる

3．開始：不活性化は母親由来あるいは父親由来のどちらのX染色体でも起こり、どの細胞でもランダムに起こる

4．維持：X不活性化は体細胞とその子孫細胞では不可逆的である

この四つの過程の背後にあるメカニズムを解明するために、研究者はこれまで50年近くもの年月を費やし、その努力はいまでも続いている。この過程は信じられないほど複雑で、ときにこれまで誰も想像したことがないようなメカニズムが関わっていたりする。そもそもライオニゼーションというX不活性化の過程では、細胞が二つの同一な染色体を正反対に、しかも相互排他的な様式で扱っているという点で驚異的であり、この現象の研究から新しい機構が発見されるのは逆に驚くべきことではないのかもしれない。

実験上の側面を考えても、X不活性化を対象とした研究は難しい。X不活性化は細胞の中で精緻にバランスのとれたシステムであり、わずかな技術の違いが実験結果に大きな影響をもたらすかもしれないからだ。さらに、この現象の研究に最も適した生物種に関しても議論がある。慣例に従って、マウスの細胞が実験系として選ばれてきたが、X不活性化に関してヒトとマウスでまったく同じではないということが明らかになり始めている[6]。とはいえ、このような曖昧な点はまだあるものの、とても

魅力的な全体像が現れつつある。

●染色体を計数する

哺乳動物の細胞には、Ｘ染色体をいくつ持っているかを数える仕組みがあるはずである。この仕組みによって、雄の細胞でＸ染色体のスイッチがオフになるのを防ぐことができるのだ。この仕組みの重要性は、１９８０年代にデイヴァー・ソルターによって示された。彼はマウスを使って、受精卵に雄の前核を導入してマウス胚をつくり出した。雄はＸＹという核型を持ち、配偶子をつくる際、個々の精子はＸかＹを持つことになる。つまり、異なる精子から前核を取り出してそれを「空の」卵に挿入すると、ＸＸ、ＸＹ、ＹＹの受精卵をつくり出すことができる。すでに見てきたように、受精卵は母親由来と父親由来の情報を取り入れる必要があるため、この実験でつくられた受精卵がマウスとして生まれることはない。しかし、この実験から得られた結果はとても興味深いものであり、その結果について**図９・３**にまとめた。

まず、Ｙ染色体を唯一の性染色体として持つ二つの雄性前核からつくった胚が最も早い段階で消失した[7]。これらの胚にはＸ染色体は存在せず、それがきわめて早い段階で胚が発生を止めた原因と考えられる。この結果は、Ｘ染色体が胚の生育に必須であることを示している。これは、雄の細胞（ＸＹを持つ）がＸ染色体の数をきちんと数えなくてはいけない理由であろう。Ｘ染色体を１本しか持っていないことを認識することで、その不活性化を回避している。唯一のＸ染色体を不活性化すれば、細胞にとって悲惨な結果になるからだ。

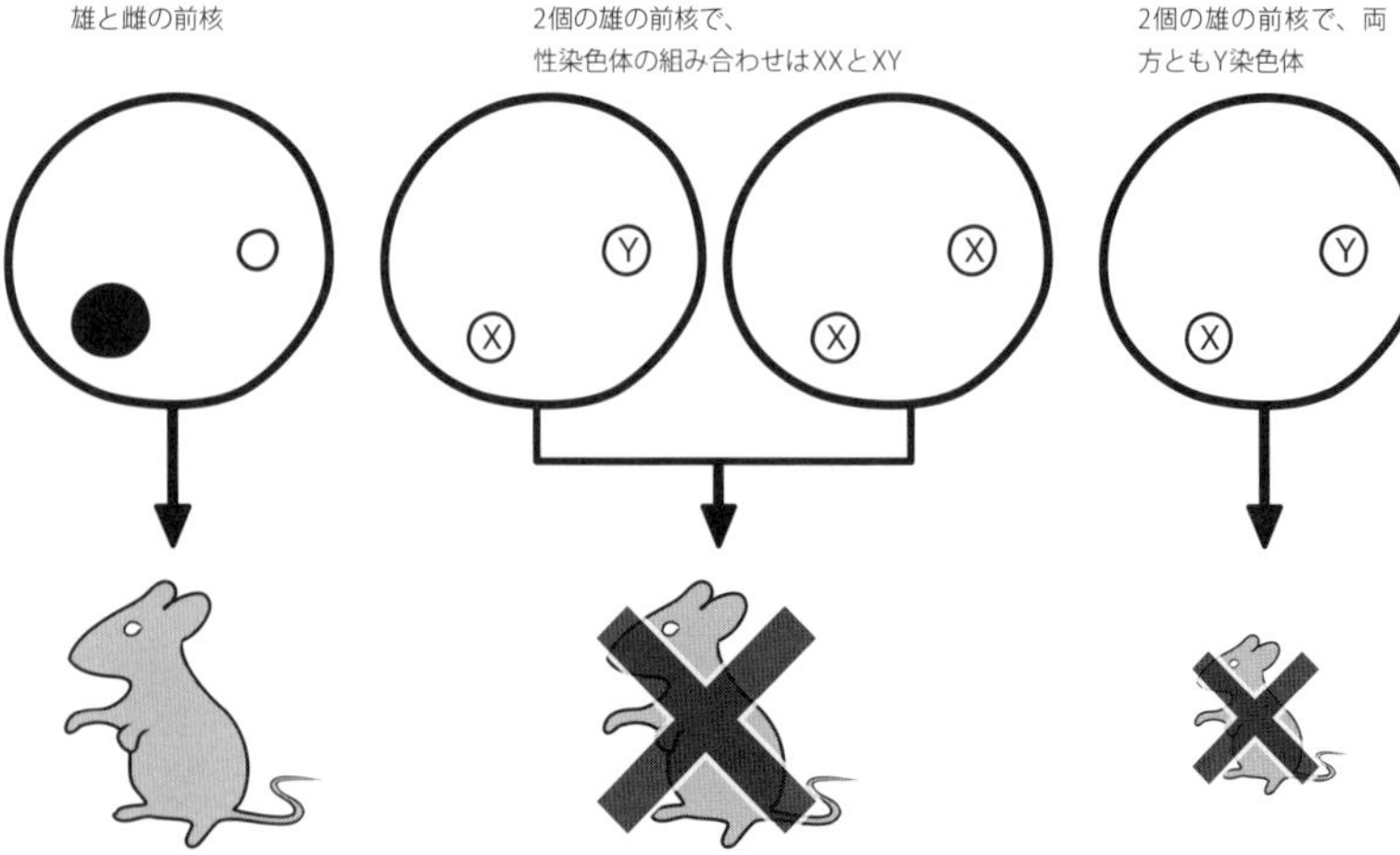

図9.3　ドナーとなる卵が雄の前核と雌の前核を受け取る、あるいは雄の二つの前核を受け取るというような卵の再構成実験が行われた。図7.2と同じように、雄の前核二つから得られた胚は出産まで発生しなかった。どちらもY染色体を含む前核を用い、X染色体がまったくない場合、胚はとても早い段階で発生しなくなった。雄の前核を二つ持つ場合、最終的に死んでしまうとしても、少なくとも一方がX染色体を持つ場合、胚はより発生を進めることができる。

Ｘ染色体の数を数えたら、雌の細胞には不活性化する１本のＸ染色体をランダムに選ぶメカニズムが存在しているはずである。染色体を選択したら、細胞は不活性化の手順を進める。

Ｘ不活性化は、雌の胚発生の初期において、内部細胞塊（ＩＣＭ）の細胞が体をつくるさまざまな細胞に分化を始めるときに起こる。個々の胚盤胞から得られる少量の細胞を使って実験するのは技術的に難しいので、通常は雌のＥＳ細胞が研究に使われる。ＥＳ細胞では、未分化なＩＣＭの細胞のように両方のＸ染色体が活性な状態にある。ワディントンのランドスケープを転がり落ちるようにＥＳ細胞を分化させるのは簡単で、培養条件をわずかに変えるだけでよい。いったん雌のＥＳ細胞に分化するような条件下に置くと、ＥＳ細胞はＸ染色体の不活性化を開始する。ＥＳ細胞は、研究室においてほぼ無限に増殖させることができるので、Ｘ不活性化を研究するうえでとても優れたモデル系となっている。

●成人向け（X-rated）の絵を描く

Ｘ不活性化に関する最初の知見は、染色体の構造異常を持つマウスやその細胞からもたらされた。ある研究では、Ｘ染色体のさまざまな部分が構造変化によって失われているものが使われた。どの部分が失われているかによって、Ｘ染色体は不活性化したりしなかったりした。また別の研究では、Ｘ染色体の一部の断片がＸ染色体から離れて他の常染色体に付着していた。あるＸ染色体の部分断片は、移動先である常染色体の構造をいびつに変化させて、まるでその常染色体を不活性化に導くような現象が起こる。[8・9]

これらの実験は、Ｘ不活性化にきわめて重要な領域がＸ染色体上に存在していることを示している。この領域はＸ不活性化中心（X inactivation center）と呼ばれた。１９９１年にカリフォルニアのスタンフォード大学にあるハント・ウィラード研究室のグループが、Ｘ不活性化中心には、*Xist*（*X-inactivation specific transcript*）と名づけられた遺伝子が存在していることを明らかにした。[10] この遺伝子は不活性化されたＸ染色体からのみ発現し、活性なＸ染色体からは発現していなかった。そもそもＸ不活性化は、二つの同一の染色体が異なるふるまいをするような現象である。この遺伝子は２本のＸ染色体の一方だけから発現していることから、このＸ不活性化という現象をつかさどる有力な候補因子と考えられた。

*Xist*遺伝子にコードされたタンパク質を同定する試みがなされたが[11]、１９９２年までに実に不思議なことが起きていることがわかってきた。*Xist*遺伝子は転写されてＲＮＡコピーがつくられる。このＲＮＡは他のＲＮＡと同じような細工を施される。つまり、スプライシングされ、ＲＮＡとしての安定性を高めるようなさまざまな構造がＲＮＡの両端に付加される。ここまでは通常のＲＮＡと何も変わらない。しかし、タンパク質のコードとして使われる前に、ＲＮＡ分子は核から細胞質へと移動しなくてはいけない。これは、アミノ酸をつなげて長いタンパク質の鎖をつくる細胞内工場としてのリボソームが、細胞質にのみ存在しているからである。しかし、*Xist* RNAは決して核から移動しないのだ。これは、*Xist* RNAからタンパク質は生み出されないということを意味する。[12・13]

この結果は、*Xist*遺伝子が最初に発見されてから研究者を悩ませてきたひとつの問題を解決した。できあがった*Xist* RNAは、約1万７０００塩基の長さを持つ長大な分子である。第3章で説明したように、１アミノ酸は3塩基対のコドンによってコードされている。したがって、理論的には1万７０００塩基の*Xist*遺伝子は、約５７００個のアミノ酸からなるタンパク質をコードし得るはずである。しかし、研究者がタンパク質を予想するプログラムで*Xist*の配列を調べても、この配列にそのような長さのタンパク質がコードされている証拠を見つけ出すことはできなかった。*Xist*の配列には至るところに終始コドン（タンパク質合成時に「終了」を指示するコドン）が存在し、終始コドンを含まない最も長いタンパク質の配列はたった２９８アミノ酸（８９４塩基対[14]）にしかならなかった。いったい進化という過程は、どんな理由があって17kbという長い転写産物を生み出し、その約５%しかタンパク質をコードしないような遺伝子をつくり出したというのか？　これが事実なら、細胞はエネルギーや資源を非効率的に浪費していることになる。

しかし、*Xist*が核の中から出ていかないとすると、タンパク質をコードしているかどうかはあまり重要ではない。*Xist*はタンパク質のコードを伝えるメッセンジャーＲＮＡ（ｍＲＮＡ）としては働いていないのだから。これは「非コードＲＮＡ（ｎｃＲＮＡ）」と呼ばれる種類の分子になる。*Xist*は確かにタンパク質をコードしていないが、これは*Xist*が活性を持たないということではない。その代わり、*Xist* ncRNA自身がX不活性化に重要な機能分子として働いている。

１９９２年当時、ｎｃＲＮＡという存在は実に珍しく、この*Xist*の他にはたったひとつしか知られていなかった。現在ではさまざまなｎｃＲＮＡが知られるようになったが、それらのｎｃＲＮＡと比較しても*Xist*にはかなり変わった特徴がある。単に核から出ていかないというだけではない。*Xist*は、それを生み出した染色体からも離れていかないのだ。ＥＳ細胞が分化し始めると、１本のX染色体だけが*Xist* RNAをつくり出す。このX染色体が、将来不活性化される方のX染色体である。*Xist*は自身を生み出した染色体から離れることはなく、代わりにその染色体に結合して染色体に沿って広がっていく。

*Xist*はしばしば不活性化Xを「ペイント（彩色）する」と表現されるが、これは実に的を射た素晴らしい表現である。ここでもう一度、ＤＮＡコードを台本に見立てたたとえに戻ってみよう。今回は台本、たとえば感動的な詩あるいはスピーチ原稿のようなものが教室の壁に書かれているとしよう。夏学期の終わりに学校の建物が閉鎖され、アパートにするために売りに出される。建物を改装する業者がやってきて、壁の台本の上にペンキを塗る。壁に書かれていた「しっかりしろ、ゲームを続ける

んだ」（play up and play the game：ヘンリー・ニューボルトの詩『Vitaï Lampada』）とか、あるいは「勝利と敗北を等しく受け止める」（meet with Triumph and Disaster：ラドヤード・キップリングの詩『If—』）、といった詩をアパートの住人が目にすることはない。しかし、壁の詩は実際そこにあり、単に見えないように隠されているだけなのだ。

　*Xist*が自身を生み出したＸ染色体上に結合すると、じわじわと染色体上を広がり、エピジェネティックな状態を麻痺させるように機能する。次から次へと遺伝子を覆い、それらのスイッチをオフにする。最初の段階では、*Xist*は単に遺伝子からｍＲＮＡをつくり出す酵素の接近を阻害しているらしい。しかし、Ｘ不活性化がさらに進むと、*Xist*はＸ染色体上のエピジェネティック修飾を変化させる。遺伝子のスイッチをオンにするようなヒストン修飾は取り除かれ、オフにするような抑制的なヒストン修飾に置き換えられるのである。

　一般的に使われているヒストンは完全に取り除かれ、たとえばヒストンＨ２ＡはマクロＨ２Ａと呼ばれるＨ２Ａのバリアント（変種）に置き換えられる。マクロＨ２Ａは通常のＨ２Ａとは形が少し異なっており、遺伝子の抑制と強く相関している。遺伝子のプロモーターには、より強力に遺伝子のスイッチをオフにするＤＮＡメチル化が付加される。これらの変化によって、さらに数多くの遺伝子抑制因子が結合して不活性化ＸのＤＮＡが覆われるため、遺伝子を転写する酵素がどんどん接近しにくくなる。その結果、Ｘ染色体上のＤＮＡは両手で絞った雑巾のように信じられないほどきつく巻き上げられ、染色体全体が核の周縁領域へ移動する。この段階までに、砂漠の中の小さな水たまりのような*Xist*遺伝子を除いて、Ｘ染色体のほとんどの領域はほぼ完全に不活性化される。[15]

細胞が分裂する際、不活性化Xの修飾は常に母細胞から娘細胞にコピーされるため、同じX染色体が不活性化されたまま子孫細胞へ受け継がれる。

*Xist*の影響は驚くべきものだが、上述した説明にはまだたくさんの疑問が残されている。*Xist*の発現はどうやって制御されているのか？　どうしてES細胞が分化し始めると*Xist*のスイッチがオンになるのか？　*Xist*は雌の細胞の中でだけ機能を持っているのか、あるいは雄の細胞でも機能するのか？

●キスの力

ここで挙げた疑問の中で、特に最後の疑問については、第2章のiPS細胞や山中伸弥教授の仕事の際に紹介したルドルフ・イェニッシュの研究室がその解明に取り組んでいる。1996年、イェニッシュ教授らの研究グループは、X不活性化中心を含むゲノム断片を使って、遺伝的な操作を加えたマウスをつくり出した。これは450kbの長さを持つ断片で、*Xist*とその上流、下流の配列を含むものだった。彼らはこのゲノム断片を常染色体（性染色体ではない）に挿入した雄のマウスを作成し、そしてこのマウスからES細胞をつくり出した。この雄のマウスはXYの核型を持っているので、通常のX染色体を1本しか持たない。しかし、X不活性化中心は二つ持っている。ひとつは正常なX染色体上にあり、ひとつは常染色体に挿入されたものである。彼らがこの雄のマウスから得られたES細胞を分化させたところ、*Xist*がどちらか一方のX不活性化中心から発現されることを見出した。*Xist*が発現されると、それが外からX不活性化中心を挿入した常染色体であったとしても、その染色体は不活性化される。[16]

これらの実験は、雄（XY）の細胞であってもX染色体の数をカウントできることを示している。より正確には、細胞はX不活性化中心の数をかぞえることができるのだといえる。またこれらの実験結果は、X染色体の数をカウントし、選択して不活性化をするために必要な要素は、すべて*Xist*遺伝子周囲の450kbのX不活性化中心に存在していることも明らかにしたのだ。

現在では、染色体の数を数えるメカニズムについてはもう少し詳しいところまで明らかになっている。通常、細胞は常染色体の数はかぞえない。たとえば、1番染色体の両方のコピーは独立して行動している。しかし、雌のES細胞中の2コピーのX染色体は、何らかの方法でお互いにコミュニケーションを取り合っている。X不活性化の過程が始まる際、2本のX染色体は細胞の中で奇妙なふるまいをする。

彼らは「キス」をするのだ。

この表現は、細胞内での出来事を説明する言葉としてとても擬人的ではあるが、実にぴったりの表現である。キスはほんの2~3時間くらいしか続かない。しかし、このキスの際に決められたパターンが、もしその女性が長生きすれば、その後100年以上も維持されるということを考えると、実に驚くべきことである。この染色体同士のキスは、1996年にルドルフ・イェニッシュ研究室の博士研究員だったジェニー・リーによって初めて示された。彼女自身、現在はハーバード大学医学大学院の教授であり、最も若くして教授になったひとりである。彼女は実際に、2コピーのX染色体がお互いを見つけ出し、物理的に接触するということを明らかにした。この物理的な接触は、染色体全体か

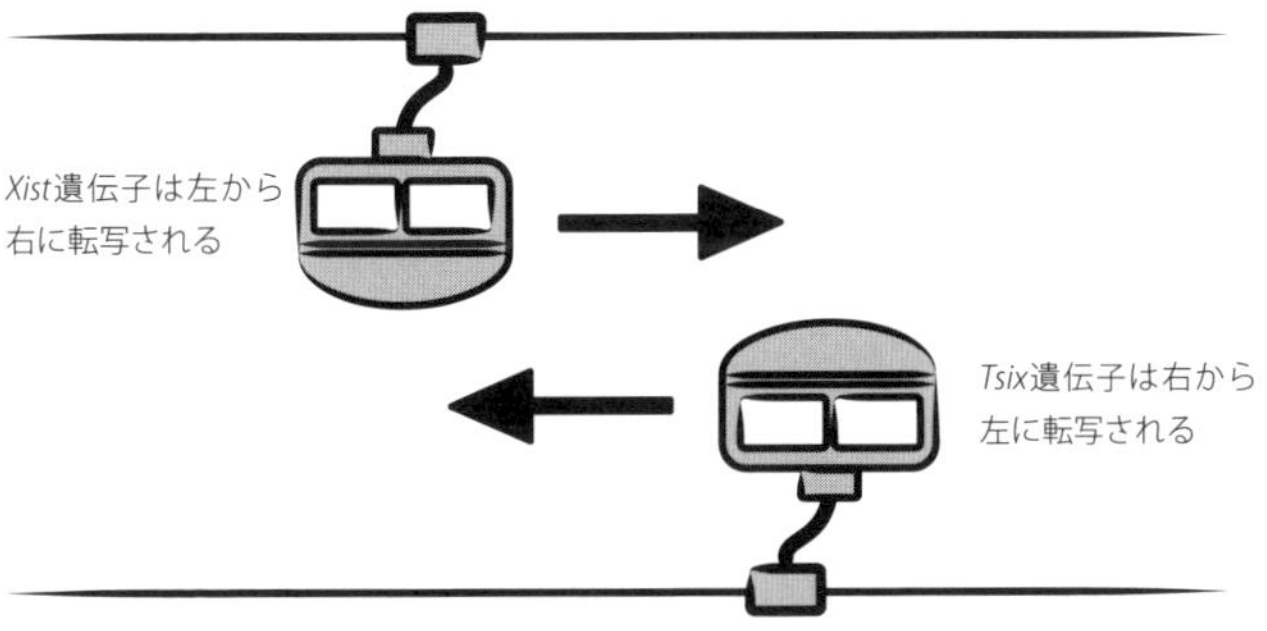
*Xist*遺伝子は左から
右に転写される
*Tsix*遺伝子は右から
左に転写される

図9.4　X染色体の特定の場所では、DNAの両方の鎖がコピーされてmRNAがつくられる。二つの主鎖はお互い逆方向にコピーされ、その結果X染色体の同じ領域から*Xist* RNAと*Tsix* RNAを生み出すことができる。

らみると本当に小さな部分だけで起きるが、その後の不活性化を引き起こすには必須である。[17] もしこれが起こらなければ、X染色体は細胞の中に存在しているX染色体は自身だけと思い込み、*Xist*のスイッチは入らずX不活性化は起こらない。これは染色体の数をかぞえる際に鍵となる過程である。

*Xist*の発現を制御する重要な遺伝子を見つけ出したのも同じジェニー・リーの研究室であった。[18] DNAは二本鎖であり、塩基がそのあいだで2本の鎖をつないでいる。私たちはしばしばDNAを線路のようなものと考えるが、逆向きに進行している二つのケーブルカーと考える方が適切かもしれない。もしこの比喩を使うと、X不活性化中心は**図9・4**のように見ることができる。

*Xist*と同じDNA上に、約40kbの長さのもうひとつ別の非コードRNA（ncRNA）が存在する。このRNAは*Xist*とオーバーラップしているが、DNAの反対側の鎖にある。このRNAは*Xist*とは反対の方向に転写されて合成されるため、アンチセンス転写産物と呼ばれる。このRNAの名前は*Tsix*である。鋭い読者ならもうお気づきかもしれ

ないが、*Tsix*は*Xist*を逆さまに表記したものであり、理にかなった見事なネーミングである。
*Tsix*と*Xist*の間のオーバーラップした場所は、これらのＲＮＡが相互作用するうえで重要だが、それを実証するための実験をするにはきわめて扱いにくい領域である。なぜならば、両者の一方の遺伝子に変異を導入すると、逆の鎖に存在するパートナーの遺伝子にも巻き添え被害のような影響を与えてしまうため、実験がとても難しいのである。このような実験上の困難にもかかわらず、どのように*Tsix*が*Xist*に影響を与えるのかについての理解は大きく進んだ。

もし1本のX染色体が*Tsix*を発現すると、同じ染色体からの*Xist*の発現が妨げられる。不思議なことに、*Xist*の発現を抑えているのは*Tsix* ncRNA自身ではなく、単に*Tsix*の転写のようである。これはドアのロックに例えるとわかりやすいかもしれない。もし家の鍵を中に残したまま内側から家のドアをロックしたら、私のパートナーは外からそのロックをはずしてドアを開けることはできない。私はドアをずっと内側から閉め続けている必要はなく、単に鍵を中に置いておくだけで外から誰かがドアを開けようとするのを止めることができる。同じように、*Tsix*のスイッチがオンになったら*Xist*のスイッチはオフのままで、そのX染色体は活性化X染色体となる。

これは、両方のX染色体が活性化状態にあるＥＳ細胞の状況である。ＥＳ細胞が分化し始めると、2本のX染色体ペアのうち一方が*Tsix*の発現を止める。そうするとそのX染色体から*Xist*が発現できるようになり、発現された*Xist*がX不活性化を引き起こす。

おそらく*Tsix*だけでは*Xist*を抑制するには十分ではないのだろう。ＥＳ細胞ではOct4, Sox2, Nanogと呼ばれるタンパク質が*Xist*の最初のイントロンに結合して、その発現を抑制する。[19] Oct4と

Sox2は、山中伸弥が細胞をリプログラミングして多能性のｉＰＳ細胞をつくり出す際に使った四つの因子のうちの二つである。後の研究によってNanog（ケルト語で常若の国を意味する）もリプログラミング因子として寄与していることが示されている。ＥＳ細胞のような未分化な細胞では*Oct4*, *Sox2*, *Nanog*は高度に発現されており、細胞が分化するにつれてその発現レベルは低下する。分化しているメスのＥＳ細胞でこれらの遺伝子の発現低下が起きると、Oct4, Sox2, Nanogは*Xist*のイントロンに結合しなくなる。これが*Xist*の発現を抑えているいくつかのバリアを取り除くと考えられている。反対に、雌の体細胞が山中の方法によってリプログラムされると、不活性化されたX染色体は再活性化される。[20] X染色体の再活性化が起きることが知られている他の唯一の例は、発生段階で始原生殖細胞が形成されるときであり、この再活性化によって受精卵は二つの活性化X染色体を持って発生を始めるのである。

なぜX不活性化がペアとなる染色体間で相互排他的になるのか、その理由について私たちはまだ漠然としか理解していない。ひとつの仮説は、X染色体同士がキスした際にこの相互排他的な過程のすべてが起きる、という仮説である。この現象は、*Tsix*のレベルが低下し始め、山中因子のレベルも下がっている発生段階で起きる。この説では、染色体のペアはこのときにある種の妥協に至るというものである。それぞれの染色体ペアで、ｎｃＲＮＡや他の因子が中途半端な量のまま終わるのではなく、それらがすべて一方のペアに押しやられるのだろう。これがどのように起きているか、明らかな証拠が存在しているわけではない。ペアとなる染色体の一方が、鍵となる因子を偶然にもう一方よりわずかに多く持っているのかもしれない。このわずかな差が、あるタンパク質を引きつけやすくしているのかもしれない。複合体が自律的な仕組みで形成されることで、始めに少しだけ多く存在した染色体の方に、より多くのパートナーが連れていかれるのかもしれない。富める者はますます富み、貧する者はますます貧するように……。

メアリー・ライアンの初期の研究から50年も経つのに、まだ私たちのX不活性化の理解に数多くの謎が残されているというのは驚くべきことである。*Xist* RNAは、どうやって最初に発現された領域から広がって最終的に染色体を覆うことができるのか？　また、どうやって抑制的なエピジェネティック修飾を付加する酵素をリクルートしているのか？　これらの疑問について、私たちは本当の意味ではまだ理解していない。この辺で、最先端の話題から少し離れて、より現実的な話に戻るのが良さそうだ。

本章の早い段階で出てきた以下の文章に戻ろう。「細胞がいったん一方のX染色体コピーのスイッチをオフにしたら、そのX染色体は、たとえ女性が１００歳以上生きたとしても、生きている間ずっと娘細胞では不活性化されたまま維持される。」そもそも、どうやって私たちはこの事実を知ったのか？　X不活性化が体細胞で安定だということを確認できるのか？　マウスのようなモデル生物を使って、実際にこの事実を確かめることはもちろん可能である。しかし、マウスの遺伝子操作ができるようになるよりもだいぶ前から、実際にそのようなことが起きていることは研究者の間ではよく知られていた。この話題についての主役は、マウスではなく猫であった。

●エピジェネティック・キャットから学ぶ

一生の話をするからといって、何も年老いた猫に注目する必要はない。ここで話題となる特別な猫とは三毛猫である。典型的な三毛猫は、見たらすぐにわかるだろう。黒と褐色のブチが混ざった猫で、ときどき全体が白地のこともある。猫の毛のそれぞれの色は、色素をつくり出すメラニン細胞と呼ばれる細胞によって生じる。メラニン細胞は皮膚の中に存在し、特殊な幹細胞から発生する。メラニン幹細胞が分裂すると、娘細胞はお互いくっついたままで、同じ幹細胞から生み出されたクローン細胞の集団によって小さなまだらが形成される。

驚くべきことは、もし猫が三毛であればその猫はまず間違いなく雌ということである。黒い色素、あるいはオレンジの色素をコードしている毛色の遺伝子があり、この遺伝子はX染色体に乗っている。ある猫は、黒い方の遺伝子が乗ったX染色体を母親から、オレンジの方の遺伝子が乗ったX染色体を父親から受け継ぐかもしれない（あるいは逆でもかまわない）。この後何が起きるかについて**図9・5**に示している。

メラニン細胞を生み出す幹細胞において、X染色体がランダムに不活性化されることで、三毛猫はオレンジ色の部分と黒色の部分を持つことになる。このまだらのパターンは猫が年をとっても変わることはなく、一生の間同じ模様のままである。この事実は、毛色のパターンを生み出す細胞の中で、X不活性化がずっと変わらないということを示している。

毛色の遺伝子がY染色体ではなくX染色体にあるので、三毛猫は常に雌であることがわかる。雄の

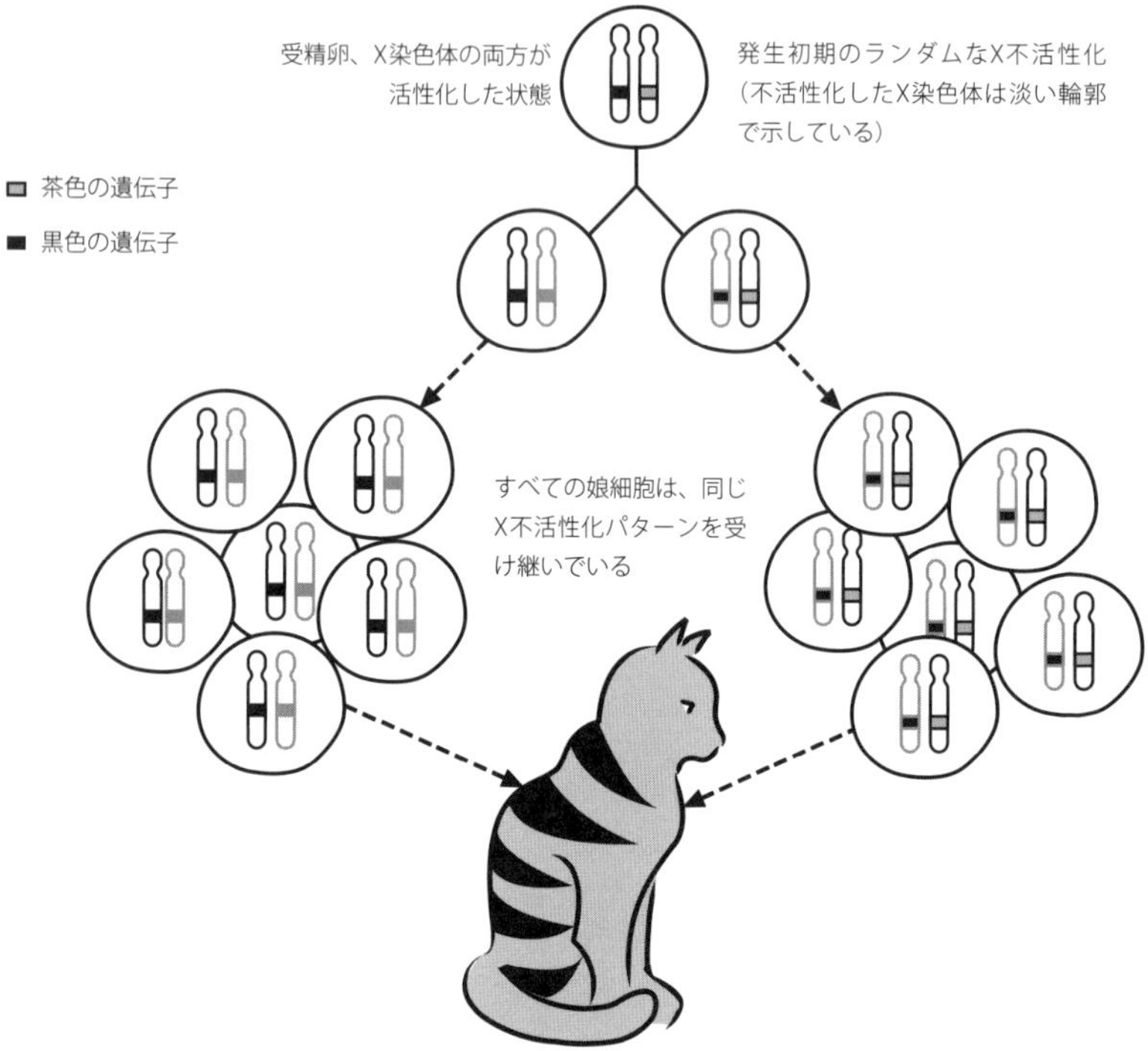

図9.5 雌の三毛猫では、X染色体上に茶と黒の毛色を決める遺伝子が乗っている。皮膚におけるX染色体不活性化のパターンによって、細胞のクローンに由来するまだらが、茶と黒の毛色のパターンを生み出す。

猫はX染色体を1本しか持たないので、黒か茶のどちらかの毛色にはなっても両方の色を持つことはない。

X連鎖型（X染色体上の遺伝子の変異が原因で起きる）発汗減少性外胚葉異形成症（hypohidrotic ectodermal dysplasia）と呼ばれるまれなヒトの疾患では、とてもよく似た現象が起きている。この症状は、エクトジスプラシンAと呼ばれる遺伝子の変異によって引き起こされる。[21] 1本しかないX染色体上の唯一のコピーであるエクトジスプラシンAに変異を持つ男性では、汗腺をまったく持っていないなど、さまざまな症状を示す。これは汗をかかなくてすむから都合が良いと思うかもしれないが、実際にはきわめて危険である。発汗は体内の余分な熱を逃がすための主要な手段のひとつであり、この症状を持つ男性は、熱中症による内臓の傷害や死亡といった重いリスクを負うことになる。[22]

女性はエクトジスプラシンA遺伝子をX染色体に1コピーずつ、合計2個持っている。同じX連鎖型発汗減少性外胚葉異形成症の女性では、1本のX染色体が正常な遺伝子のコピーを持ち、もう一方の染色体が変異の入った遺伝子を持つ。異なる細胞において、X染色体がランダムに不活性化を受ける。これは、一部の細胞では正常なコピーのエクトジスプラシンA遺伝子を発現することを意味している。別の細胞では正常なコピーの遺伝子を持つX染色体をランダムに不活性化し、その細胞では正常なエクトジスプラシンAタンパク質が発現されない。三毛猫のまだらのように、皮膚の組織は幹細胞がクローンを生み出すようにして発生するため、このような女性では、皮膚の一部分ではエクトジスプラシンAを発現し、別の部分では発現しないようなことが起きる。エクトジスプラシンAが発現していない細胞では汗腺を形成することができない。その結果、この女性は汗をかいて体温を下げられる部分と、それができない部分がまだらになった皮膚を持つことになる。

X染色体のランダムな不活性化は、X染色体上の遺伝子の変異によって女性がどのような影響を受けるかを大きく左右する。変異による影響は、単にどのような種類の遺伝子かというだけではなく、どのような組織がその遺伝子にコードされたタンパク質を発現し、必要としているかにも関係している。ムコ多糖症II型（MPSII）は、X染色体上のリソソーム・イズロン酸-2-スルファターゼ遺伝子の変異によって引き起こされる。X染色体上のこの遺伝子に変異を持つ男児は、ムコ多糖と呼ばれる大きな分子を分解することができず、その分子が細胞の中で悪影響をもたらすレベルまで増える。おもな症状には、気道感染、低身長、脾《ひ》臓《ぞう》や肝臓の肥大化などが含まれる。重篤な場合には知的障害を患い、10代のうちに亡くなることもある。

同じ遺伝子に変異を持つ女性は多くの場合まったく異常は見られない。通常リソソーム・イズロン酸-2-スルファターゼはそれを産生する細胞から分泌され、周囲の細胞に取り込まれる。この場合、細胞でどちらのX染色体が変異を持っていたとしても問題にはならない。ある細胞で正常な遺伝子が乗ったX染色体が不活性化されていたとしても、その細胞の周囲にはもう一方のX染色体を不活性化した細胞が存在し、正常なタンパク質を分泌しているからである。このため、細胞が自分自身でこの酵素を産生するかしないにかかわらず、すべての細胞が十分な量のリソソーム・イズロン酸-2-スルファターゼを持つことになる。[23]

デュシェンヌ型筋ジストロフィーは、X連鎖ジストロフィン遺伝子の変異によって引き起こされる重篤な筋萎縮性の疾患である。これは、筋線維中で緩衝装置の役割を果たす巨大なタンパク質をコードする長大な遺伝子である。このジストロフィン遺伝子に変異を持つ男児は、主要な筋肉をなくしてしまい、たいていの場合10代のうちに死に至る。一方、同じ変異を持つ女性では、ふつうこのような症状は見られない。これは、筋肉の持つとても変わった構造による。筋肉は合胞体（syncytial）組織と呼ばれ、多くの細胞が融合してたくさんの核を持つひとつの巨大細胞のようにして機能している。これがジストロフィンの変異を持つほとんどの女性で、特に異常な症状が見られない理由である。十分な量の正常なジストロフィンタンパク質が、変異ジストロフィン遺伝子のスイッチをオフにした核からつくり出され、この合胞体組織を正常に機能させている。[24]

たまにこのシステムが破綻する場合がある。女性の一卵性双生児において、ひとりが重篤なデュシェンヌ型筋ジストロフィーを発症し、もうひとりはまったく正常な場合がある。[25] 症状を呈した方の双子では、X不活性化が偏っていたのだ。組織が分化する発生の初期において、筋肉を生み出すはずの大部分の細胞が、正常なジストロフィン遺伝子のコピーを持つX染色体を運悪く不活性化してしまったのだ。その結果、この女性のほとんどの筋肉組織は変異の入ったジストロフィンだけを発現し、彼女は重篤な筋萎縮を発症した。これは、ランダムなエピジェネティック事象による影響力を示す、究極的な例のひとつと考えられる。まったく同じ2本のX染色体を持つ一卵性双生児が、エピジェネティックなバランスの変化によって明らかに異なる表現型を示したのだ。

しかし、個々の細胞が正確な量のタンパク質を発現することが不可欠な例がある。第4章において、女児だけがレット症候群を患うということに気づいた読者がいるかもしれない。*MeCP2* の変異による影響に対して、男児は何か抵抗性を示すのではないかと考えたかもしれない。しかし、実際にはまったく逆である。*MeCP2*遺伝子はX染色体上にあり、レット症候群の変異を受け継いだ男性の胎児は正常な*MeCP2*をまったく発現できない。正常なMeCP2の発現がまったくないと、発生の早い段階で致命的となり、これがレット症候群の男児がほとんど生まれない理由である。女児は2コピーの*MeCP2*遺伝子をそれぞれのX染色体上に持っている。どの細胞においても、変異を持たない*MeCP2*遺伝子を持つX染色体を不活性化して、正常なMeCP2を発現しないという確率は50%である。女性の胎児は発生できるが、相当な数の神経でMeCP2タンパク質を失うこととなり、結果として出生後の脳の正常な発生と機能に大きな影響がある。

●一つ、二つ、たくさん

X染色体に関してはまた別の問題がある。X不活性化に関して私たちが答えなくてはならない疑問のひとつは、哺乳動物の細胞がどれだけ正確に数をカウントしているのかというものである。2004年、ニューヨークのコロンビア大学のピーター・ゴードンは、ブラジルの僻地に住むピラハ(Piraha)族に関する研究を報告した。この部族は1、2に相当する数字を持っているが、3以上のものはすべて「たくさん」という意味の言葉で表現しているそうだ。[26] 私たちの細胞はこのようなケースと同じなのか、あるいは3つ以上を数えることができるのか？　もし核が2本より多くのX染色体を持っている場合、X不活性化装置はこれを認識して対処することができるのか？　さまざまな研究結果はそれが可能なことを示している。どれだけ多くのX染色体が核に存在していても、細胞はそれらをカウントし、活性なX染色体が1本になるまで複数のX染色体を不活性化するのだ。

症候群の名称	核型 （染色体セット）	性	出生頻度 （既知の症例、 おそらく過小に 見積もられた値）	一般的な症状
ターナー	45,X	女性	2,500人に1人	低身長 不妊 翼状頸 腎臓の異常
Xのトリソミー	47,XXX	女性	1,000人に1人	高身長 不妊 独特の顔つき 筋緊張低下
クラインフェルター	47,XXY	男性	1,000人に1人	やせ形あるいは丸型の体型 不妊 独特の顔つき 言語機能の遅れ

表9.1　ヒトで一般に見られる性染色体数の異常とその特徴

これは、常染色体の数の異常に比べて、X染色体の数の異常がヒトで比較的高頻度で見つかる理由である。最もよく見られる例を**表9・1**に示している。

これらの疾患すべてに共通する特徴に不妊症がある。この原因の一部は卵、あるいは精子をつくり出すときの問題であり、その過程では染色体がペアをつくって並ぶことが重要となる。性染色体の総数が等しくないと、この過程が正しく進行せず、配偶子形成能が著しく低下する。

不妊症については別にして、この表から二つの明らかな結論を導き出すことができる。まずひとつ目は、たとえば21番染色体のトリソミー（ダウン症）と比較して、すべて表現型が穏やかということである。これは、常染色体を余分に持つことに比べると、X染色体のコピーを多く、あるいは2本より少なく持つことについては、細胞はある程度の耐性を持っていることを示している。しかし、もうひとつの明らかな結論は、異常な数のX染色体は、確実に何かしらの表現型上の影響を与えるということである。

　なぜこのようなことが起こるのか。Ｘ不活性化の機構は、Ｘ染色体が何本存在していたとしても、発生の早い段階でひとつのＸ染色体を除いた残りすべてのＸ染色体を確実に不活性化する。しかし、もしそうだとしたら、45、Ｘの女性や47、ＸＸＸの女性は、正常な46、ＸＸの女性と比べて表現型に違いは見られないはずである。同じように、正常な46、ＸＹの核型を持つ男性は、47、ＸＸＹの核型を持つ男性と表現型は同じになるはずである。これらすべてのケースで、細胞の中にある活性Ｘ染色体の数はひとつになるはずだからだ。

　これらの核型を持つ人において臨床的に違いが見られるのは、細胞の中でのＸ不活性化の効率が少々悪いためではないかと考えるかもしれない。しかし、そうではないようだ。Ｘ不活性化は発生のとても早い段階に確立され、すべてのエピジェネティックな過程の中で最も安定な過程である。したがって別の説明が必要である。

　その答えは、約1億５０００万年前、ＸＹという性決定のシステムが胎盤性の哺乳動物で最初に発達したときにまでさかのぼる。Ｘ染色体とＹ染色体はもともと常染色体であったと考えられている。Ｙ染色体は劇的に変化しＸ染色体の方はそれほど変化しなかった。[27] しかしながら、どちらも過去に常染色体であったという痕跡を残している。ＸとＹの両方に「偽常染色体領域」と呼ばれる領域があるのだ。常染色体のペアが同じ場所に同じ遺伝子を持っているように、この領域の遺伝子はＸ染色体とＹ染色体の両方に存在し、それぞれ両方の親から1コピーずつ受け継いでいる。

　Ｘ染色体が不活性化する際、この偽常染色体領域は不活性化を免れる。つまり、ほとんどのＸ染色体上の遺伝子とは異なり、偽常染色体領域に存在している遺伝子のスイッチはオフにならない。その結果、通常の細胞はこれらの遺伝子を2コピー分発現している。正常な女性の細胞では2本のX染色体それぞれから、正常な男性ではX染色体とY染色体から、合計2コピー分の遺伝子が発現している。しかし、ターナー症候群の場合、患者の女性はX染色体を1本だけしか持っておらず、偽常染色体領域の遺伝子については通常の半分量の1コピー分しか発現していない。一方X染色体トリソミーでは偽常染色体領域の遺伝子は3コピー存在している。その結果、患者の細胞では、これらの遺伝子から正常なレベルと比べて50％多くタンパク質がつくり出されていると考えられる。

X染色体の偽常染色体領域にある遺伝子のひとつに*SHOX*と呼ばれる遺伝子がある。この遺伝子に変異を持つ患者は低身長になる。ターナー症候群の患者が低身長になりやすいのはこの遺伝子が原因であり、患者の細胞ではSHOXタンパク質が十分に産生されていないためだと考えられる。反対に、X染色体トリソミーでは、正常なレベルに比べて50％多くSHOXタンパク質をつくり出していると考えられ、おそらくこのことが患者が高身長になりやすい原因であろう。[28]

性染色体のトリソミーを持っているのはヒトだけではない。あなたが友達に、君の飼っている三毛猫は雌だと思うよ、と自信たっぷりに宣言して友達をびっくりさせた後、実際に獣医に調べてもらったら雄だったと友達にいわれて、ガッカリすることがあるかもしれない。そのときはフフンと笑って「その猫の核型は正常なXYではなくXXYだと思うよ」といえばよい。もし友達の逆襲で不愉快な思いをしていたら、その雄の三毛猫は不妊だとつけ加えることもできる。そうすれば友達を黙らせることができるに違いないから。

THE EPIGENETICS REVOLUTION

第10章 ただの使い走りではない

第10章 ただの使い走りではない

もし科学が宗教上の信条を取り入れたとしたら、それは自殺行為に等しい

トーマス・ヘンリー・ハクスリー

1962年に発刊されたトーマス・クーンの『科学革命の構造』(中山茂 訳、みすず書房、1971年)は、科学哲学の分野に最も大きな影響力を与えた本のひとつである。クーンの著書の主張のひとつは「科学とは、新しい発見をまったく偏見なしに受け止めて穏やかに順序立てて進むものではない」というものである。ひとつの分野にはたいてい既存の支配的理論が存在している。この理論と合わない新しいデータが生み出されたときに、その理論が直ちにひっくり返されるかというとそうではない。微調整はされるかもしれないが、その理論が信用できないという十分な証拠がそろったとしても、研究者はしばらくの間その支配的な理論を信じ続けることが多い。

理論を小屋のようなものとして考えると、その理論と矛盾する新しいデータは、へんてこな形をした建築用レンガをその小屋の屋根の上に積んでいくことにたとえることができる。おそらく、かなり長い間レンガを屋根の上に積み上げ続けることができるが、最終的にはレンガの重みで小屋がつぶれ

てしまうときがくるだろう。科学では、これが新しい理論が生まれるときであり、屋根に積まれていたレンガは新しく別の小屋をつくる際の基礎として使われる。

クーンはこの破壊と再構築のことを、現在では高尚な用語としてメディアでもよく使われている「パラダイム・シフト」という言葉で説明した。パラダイム・シフトは純粋な合理性に基づいているだけではない。それは、支配的な理論を支持する人たちによってもたらされる、感情的、社会的な信条にも関係している。トーマス・クーンの著書が出るよりも何年も前に、偉大なドイツの科学者であり、１９１８年のノーベル物理学賞の受賞者でもあるマックス・プランクは、このことをもっと簡潔に次のように述べている。「科学的な理論は変わらない。なぜなら古い科学者が心を変えないからだ。理論が変わるのは、古い科学者たちが皆この世を去るからだ[1]。」

私たちはいま、ちょうど生物学のパラダイム・シフトの真っただ中にいる。

１９６５年、ノーベル生理学・医学賞は、フランソワ・ジャコブ、アンドレ・ルヴォフ、ジャック・モノーの３人の「酵素およびウイルス合成の遺伝的制御に関する発見」という研究成果に対して授与された。この研究には、第３章で紹介したメッセンジャーＲＮＡ（ｍＲＮＡ）の発見が含まれている。ｍＲＮＡは、私たちの染色体ＤＮＡから情報を運び、タンパク質を合成するための中間的な鋳型としての役割を果たす比較的寿命の短い分子である。

私たちの細胞には、このｍＲＮＡとは別の種類のＲＮＡが存在していることが古くから知られている。具体的にいうと、トランスファーＲＮＡ（ｔＲＮＡ）とリボソームＲＮＡ（ｒＲＮＡ）と呼ばれる分子である。ｔＲＮＡは小さなＲＮＡで、特定のアミノ酸をその端につけることができる。タンパク質をつくるためにｍＲＮＡ分子の配列が読まれる際、ｔＲＮＡは自身の端にくっつけているアミノ酸を成長中のタンパク質鎖の正しい場所に運ぶ。この過程は、リボソームと呼ばれる細胞質の中の巨大な構造体で起こる。リボソームＲＮＡはリボソームの中心的要素であり、他のＲＮＡやタンパク質をそれぞれ決まった場所にとどめておくための足場のような役割を果たしている。こうして見てみるとＲＮＡの世界はとてもわかりやすい。構造的なＲＮＡ（ｒＲＮＡとｔＲＮＡ）とメッセンジャーＲＮＡ（ｍＲＮＡ）とが存在している。

何十年もの間、分子生物学の主役はＤＮＡ（遺伝暗号の根本）とタンパク質（機能的で実行力のある分子）であり、ＲＮＡは設計図の情報を工場の工員に運ぶだけの、あまり面白みのない使い走りのような立場に甘んじていた。

分子生物学に関わる人は誰でも、タンパク質がきわめて重要であるということは納得するだろう。タンパク質は生命活動を可能にする広範な機能を担っているからだ。それゆえ、タンパク質をコードしているＤＮＡもきわめて重要である。これらのタンパク質をコードする遺伝子が少しでも変化すると、血友病や嚢胞《のうほう》性線維症などの疾病のように重篤な影響がもたらされる。

しかし、このような価値観は科学者コミュニティの視野を狭くしていた可能性がある。タンパク質とそのタンパク質をコードする遺伝子がきわめて重要であるという事実は、ゲノムのそれ以外の部分が重要ではないということを示唆するものではない。しかし実際、これは何十年もの間適用されてきた理論的概念である。これは実に奇妙なことである。なぜなら、今日までの何年もの間、多くの研究者が、タンパク質がすべてではないことを示すデータを目にする機会があったに違いないからである。

●なぜ私たちはジャンクDNAを捨てないのか?

研究者は、設計図が工員に届けられる前に細胞によって編集されていることをずっと前から知っていた。これは、第3章で触れたようにイントロンが存在するためである。イントロンは、ＤＮＡからｍＲＮＡにいったんコピーされるが、そのメッセージがリボソームでタンパク質の配列に翻訳される前に、スプライシングによって取り除かれる。イントロンは１９７５年に発見され[2]、１９９３年この発見の業績において、リチャード・ロバートとフィリップ・シャープにノーベル賞が授与された。

１９７０年代になると、研究者は単純な単細胞生物とヒトのような複雑な生物を比較することができるようになった。両者の細胞のＤＮＡの量は、生物としての違いを考えると驚くほどよく似た値だった。これは、ゲノムには何にも使われないＤＮＡがたくさん含まれているということを意味し、そこから「ジャンクＤＮＡ」という概念が生み出された[3]。「ジャンクＤＮＡ」とは、タンパク質をコードしていないため、何の役にも立たない染色体の配列という意味である。ほぼ時を同じくして、多くの研究室の研究によって、哺乳動物ゲノムの中にはタンパク質をコードしていないように見えるＤＮＡが何度も繰り返して現れ、そのような反復配列によってゲノムの大部分が占められていることが明らかにされた。タンパク質をコードしていないため、これらの配列は細胞の機能には何も貢献しておらず、とりあえずゲノムと一緒についてきているだけような存在だと考えられた[4・5]。フランシス・クリックや他の研究者は、これらの領域を指して「利己的なＤＮＡ」という言い回しを考え出した。利己的ＤＮＡとジャンクＤＮＡという二つのモデルは、以下のような記述で説明されている。「最近わかってきたゲノムというものの見方は、遺伝的な渡り鳥労働者と進化的なガラクタの密集地帯である。[6]」

私たちヒトは、何兆もの細胞、数百の細胞種、そして多数の組織や器官を持つ驚くべき存在である。ここで（少々得意げに）私たち自身と、進化的に離れた、顕微鏡下でミミズのように見える線虫*Caenorhabditis elegans*を比較してみよう。通常*C. elegans*（線虫）と呼んでいるこの生物は、１ミリメートルほどの長さを持ち、土の中にすんでいる。腸や口、生殖腺など、高等動物と同じ器官を数多く持っている。しかしながら、約１０００個の細胞しか持っていない。驚くことに、線虫の発生に関しては、個々の細胞がどのように生じるかという正確な細胞系譜まで明らかにされている。

この小さなミミズは、細胞や組織の発生におけるいわゆる工程表を私たちにもたらしてくれるため、とても強力な実験材料となっている。たとえば、ある遺伝子の発現を変化させることで、正常な発生におけるその遺伝子変異の影響を正確に記述することができる。事実、線虫は発生生物学における数多くの発見をもたらし、その基礎を築いた。そして、２００２年ノーベル委員会は、シドニー・ブレナー、ロバート・ホロビッツ、ジョン・サルストンの線虫を使った研究に対してノーベル生理学・医学賞を授与した。

生物として、線虫に何かしら欠点があるわけではないが、少なくとも線虫は私たちヒトに比べて明らかに単純な生物である。なぜ私たちヒトはこんなにも洗練されているのか？ 細胞の機能におけるタンパク質の重要性から考えて、かつての仮説は、ヒトのように複雑な生物は線虫のような単純な生物に比べてタンパク質をコードする遺伝子をより多く持っている、というものだった。これは実に理にかなった仮説であったが、トーマス・ヘンリー・ハクスリーの主張とは相容れない［ハクスリーは脳の解剖学的所見から、人間は他の生物と比べて特別な存在ではないということを主張した」。彼は19世紀におけるダーウィンの支持者のひとりであり、「みにくい事実がひとつでもあれば、美しい仮説の息の根を止める」ということを最初に言ったのは、このハクスリーである。

ＤＮＡシーケンシングの技術がコストや効率の面で進歩し、世界中の数多くの研究室が多種多様な生物のゲノムを解読するようになった。彼らは、さまざまなソフトウェアを使って、これらのゲノム中でタンパク質をコードしていると考えられる遺伝子を見つけ出した。その結果明らかにされた事実は驚きだった。ヒトのゲノムには、予想よりはるかに少ない数の遺伝子しか存在していなかったのだ。ヒトゲノムが解読される以前には、科学者たちは10万個以上のタンパク質コード遺伝子の存在を予想していた。私たちは現在、実際のヒトの遺伝子の数は2万から2万5000の間であることを知っている。[7] もっと不思議なことは、線虫が持っている遺伝子は約2万200個で、[8] その数は私たちと大きく変わらないことである。

私たちヒトと線虫はだいたい同じ数の遺伝子を持っているというだけでなく、これらの遺伝子はほとんど同じタンパク質をコードしている場合が多い。これは、ヒトの細胞においてある遺伝子の配列を解析すれば、配列のよく似た遺伝子を線虫で見つけることができるということである。線虫とヒトの表現型に違いがあるのは、*Homo sapiens*という種が、ヒトならではの特別な遺伝子、あるいは優れた遺伝子を持っているからではないのだ。

確実にいえることとして、単純な生物と比較して、複雑な生物ほどより複雑な遺伝子スプライシングを行っている傾向がある。第3章のCARDIGANの例をまた比喩として使うと、線虫はDIGと

DANというタンパク質をつくることができるのに対して、哺乳動物はこの二つのタンパク質に加えてCARDやRIGA, CAIN, CARDIGANというタンパク質もつくれるということである。

このスプライシングの機構によって、確かに私たち哺乳動物は1ミリのミミズに比べて、豊富なレパートリーのタンパク質をつくることができるようになる。しかし、一方で別の問題が生じる。より複雑な生物はどうやってその複雑なスプライシングのパターンを調節しているのだろうか？　理論的には、この調節はタンパク質だけで制御することができるかもしれないが、そうするとまた次の問題が生じる。細胞にとって、複雑なネットワークを調節するタンパク質が必要になればなるほど、その調節により多くのタンパク質が必要になる。これを数理モデルで考えると、必要とするタンパク質の数が実際に持っているタンパク質の数をすぐに上回ってしまうという状況に陥る。この仮説には明らかに矛盾がある。

私たちはこれに代わる何らかの解決策を持っているのだろうか？　実際にはその通りであり、その答えを**図10・1**に示している。

私たちヒトの対極に細菌がいる。細菌はとても小さくコンパクトなゲノムを持っており、タンパク質コード遺伝子に相当する領域は400万塩基対を超え、これはゲノムの約90％に及ぶ。細菌はきわめて単純な生物で、厳密に遺伝子発現を制御している。しかし、進化系統樹をずっと上の方に移動するとその状況は変化する。

たとえば、線虫のタンパク質コード遺伝子に相当する領域は約2400万塩基対を超えるが、線虫のゲノムの約25％を占めるにすぎず、残りの75％はタンパク質をコードしていない。そして、ヒトま

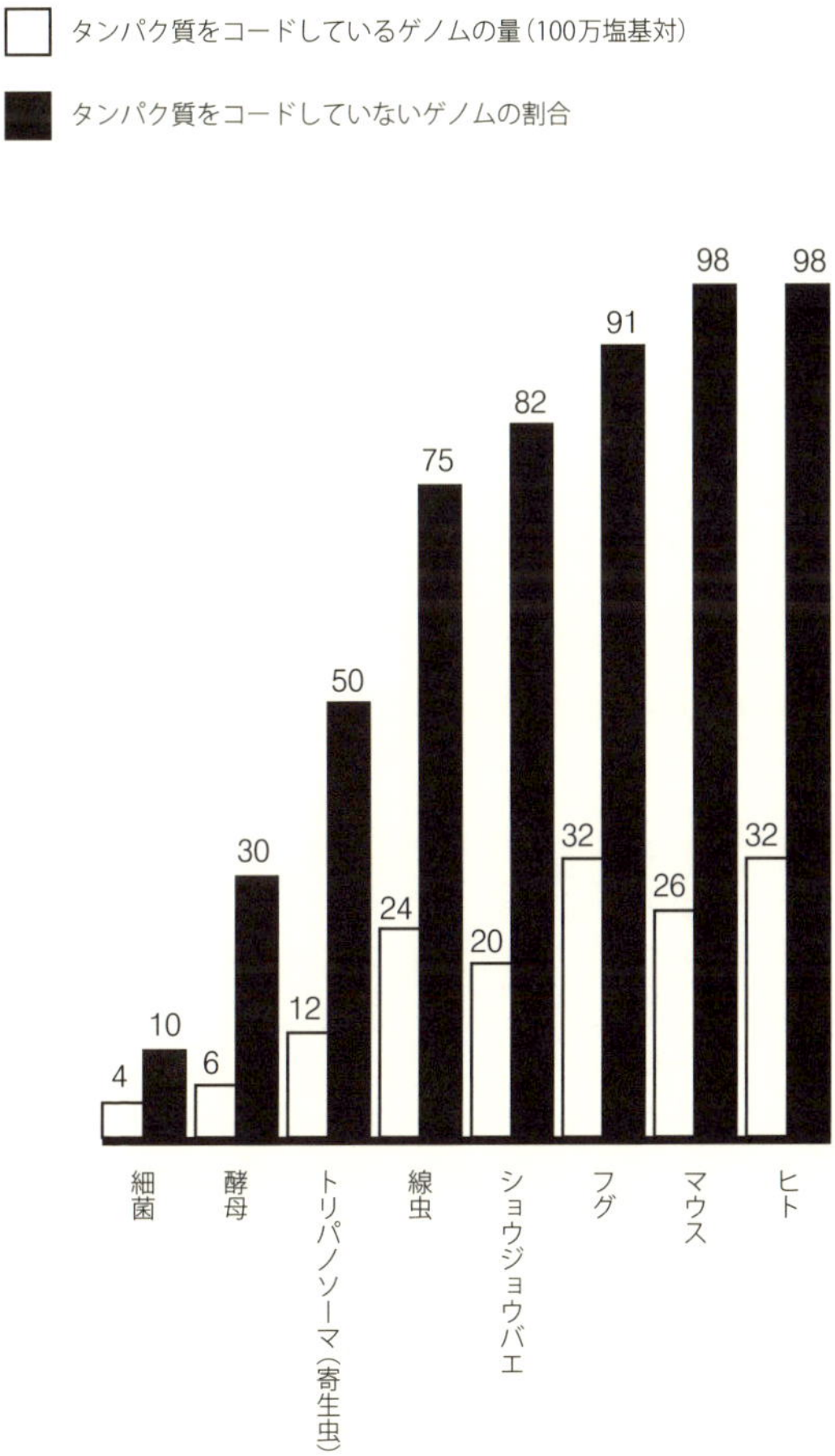

図10.1　このグラフでは、生物の複雑性が、ゲノムの中でタンパク質をコードしている塩基数（白い棒グラフ）よりも、タンパク質をコードしていないゲノムの割合（黒い棒グラフ）の方がよく相関することを示している。
出典：Mattick, J. (2007), Exp Biol. 210: 1526–1547

で来ると、タンパク質コード遺伝子に相当する領域は約３２００万塩基対に及ぶが、これは全ゲノムの約２％にしか相当しない。タンパク質をコードしている領域を算出するにはさまざまな方法があるが、どの方法でも驚くべき結論であるということは変わらない。ヒトゲノムの98％以上はタンパク質をコードしていない。つまり、私たちのゲノムの２％以外は「ジャンク（がらくた）」なのだ。

別の言い方をすると、遺伝子の数やその大きさと生物の複雑さは比例していない。生物がより複雑になるにつれて、実際に大きくなっているように見えるゲノムの特徴はタンパク質をコードしていない部分なのである。

●言葉の暴挙

それでは、これらのゲノムのジャンク（非コード領域）は何をしていて、なぜそこまで重要なのか？この非コード領域の役割について深く考えるとき、言葉の曖昧な使い方が人の思考プロセスにいかに強い影響を与えているかということに気がつくだろう。これらの領域は「非コード」と呼ばれてはいるが、これはタンパク質をコードしていないという意味にすぎない。まったく何もコードしてないということと同義ではないのだ。

よく知られた科学のことわざに「証拠がないということは、存在しないということの証拠ではない」というものがある。たとえば、天文学において科学者が赤外線放射を検出できる望遠鏡を開発し、それまで決して見えなかった数千の星を発見したとする。星は常に存在していたが、それを見るための道具を手に入れるまでそれらを発見することはできなかっただけである。もっと日常の例では、携帯電話の電波が挙げられるかもしれない。電波は常に身のまわりを飛んでいるが、携帯電話を持たない限り電波が飛んでいることを知覚することはできない。言い換えると、私たちが見つけるものはどうやってそれを探したかということにかなり依存している。

研究者は、ＲＮＡ分子を調べることで特定の細胞種で発現している遺伝子を同定する。まず細胞からＲＮＡを抽出し、その後でさまざまなテクニックを使って解析し、細胞に存在するすべてのＲＮＡ分子に関するデータベースを構築することによって行われる。１９８０年代、研究者がある細胞種にどの遺伝子が発現しているかを調べ始めたとき、利用できる技術は比較的感度の低いものだった。また、これらの技術は重要と考えられるｍＲＮＡ分子のみを検出するように設計されていた。高いレベルで発現しているｍＲＮＡは容易に検出できたが、低いレベルでしか発現していないｍＲＮＡを検出するには不十分な技術だった。状況を複雑にしたもうひとつの要因は、ｍＲＮＡを解析するために使われていたソフトが、反復配列、いわゆる「ジャンクＤＮＡ」に由来する配列情報を無視するように設計されていたことだ。

これらの技術は、私たちがこれまで関心を示してきた、タンパク質をコードするｍＲＮＡの発現を解析するにはとても有効だった。しかし、すでに説明したように、タンパク質をコードする領域は全ゲノムのたった2%にすぎない。新しい検出技術の開発と、コンピューターの計算速度の飛躍とが組み合わさることで、初めて残りの98%、つまり私たちのゲノムの非コード領域で起きているとても興味深い事実が明らかにされ始めたのである。

このような技術の進歩によって、タンパク質をコードしていないゲノム領域において、膨大な量の転写が起きていることが明らかになってきた。最初のうちはただの「転写のノイズ」として片づけられていた。これらの領域のDNAがたまに検出限界を超えるレベルのRNA分子を生み出し、ゲノム全体からささやき声のような低いレベルの転写が存在すると認識されただけだった。確かに新しくより高感度の装置でこれらの分子を検出できるようになったが、生物学的に意味があるとは当時誰も考えていなかったのである。

「転写のノイズ」という言葉は、このRNAの転写がランダムに起きていることを示唆している。しかし、これらのタンパク質をコードしていない非コードRNAの発現パターンは、違う細胞種では異なっており、それらの転写は決してランダムとはいえない[9]。たとえば、脳ではこの非コードRNAの発現が大量に見られる。いまでは、脳の異なる領域では発現パターンも異なっていることが明らかになっている[10]。異なる個体を用いてさまざまな領域を比較したとき、その発現パターンの違いには再現性が見られる。これは、低いレベルのRNAの転写が純粋にランダムな過程だとした場合に期待される結果ではない。

タンパク質をコードしていない遺伝子から生じるこのような転写が、実際に細胞機能にきわめて重要なことが明らかになってきている。しかし、奇妙なことに、私たちはまだ自分たちでつくり出した言葉のトリックにとらわれている。以前は見過ごされてきた、これらの領域から生み出されるRNAは、未だに非コードRNA（non-coding RNA：ncRNA）と呼ばれている。本当の意味では、タンパク質非コードRNAであり、非コードRNAというのは中途半端な省略表記でしかない。事実ncRNAは何かをコードしている。つまり、機能的なRNA分子というそれ自身をコードしている。最終的にタンパク質に翻訳される成熟ｍＲＮＡとは異なり、ｎｃＲＮＡはそれ自身が最終産物なのだ。

●がらくたの再定義

これがいわゆるパラダイム・シフトである。少なくとも40年間、分子生物学者と遺伝学者は、もっぱらタンパク質をコードする遺伝子とタンパク質自身に注目してきた。もちろん例外はあったが、私たちはそのような例外を単に小屋の上のレンガのようにしか扱ってこなかった。しかし、非コードＲＮＡは十分に機能的な分子として、タンパク質と並ぶ確固とした存在になり始めたのだ。異なるものだが、機能性分子としては同等である。

このような非コードＲＮＡがゲノムの至るところで見つかっている。一部はイントロンから生じる。もともと、イントロンとして切り出されたｍＲＮＡの一部は細胞の中で分解されると考えられていた。現在、その少なくとも一部は（すべてや大部分とは言えなくても）、実際にそれ自身が機能性の非コードＲＮＡとして働くように加工されている可能性が高いと考えられている。また、別の非コードＲＮＡは、通常のタンパク質コード遺伝子とオーバーラップして存在し、タンパク質コード遺伝子とは逆の鎖から転写される。一方、タンパク質コード遺伝子がまったく見られないような領域に見出される非コードＲＮＡもある。

前章で私たちは二つのｎｃＲＮＡに出会った。それらは*Xist*と*Tsix*であり、Ｘ不活性化に必要なｎｃＲＮＡである。どちらも数千塩基の長さを持つ非常に長い非コードＲＮＡである。*Xist*が最初に発見されたとき、それはまだ2番目に見つかったｎｃＲＮＡであった。最近の推測では、高等哺乳動物の細胞では数え切れないほどのｎｃＲＮＡが存在し、マウスでは3万を超える長鎖（２００塩基以上の長さを持つ）ｎｃＲＮＡが報告されている。[11] 長鎖ｎｃＲＮＡは、実際に細胞内に存在する数ではタンパク質コードＲＮＡに勝っているかもしれない。

長鎖ｎｃＲＮＡは、Ｘ不活性化に加えてインプリンティングでも重要な役割を果たしているように見える。多くのインプリンティング領域は、周囲の遺伝子の発現を抑制する長鎖ｎｃＲＮＡをコードする部分を含んでいる。これは*Xist*の効果と似ている。タンパク質をコードするｍＲＮＡは、その長鎖ｎｃＲＮＡを発現している染色体コピーの上では発現抑制される。たとえば、*Air*と呼ばれるｎｃＲＮＡがある。このｎｃＲＮＡは、胎盤において父親から受け継いだマウスの11番染色体からのみ発現している。*Air* ncRNAはすぐ近くの*Igf2r*遺伝子を抑制するが、これは同じ染色体上の*Igf2r*遺伝子だけに作用する。[12] このメカニズムによって、*Igf2r*遺伝子が母親由来の染色体だけから発現することが保証されている。

Air ncRNAの研究によって、長鎖ｎｃＲＮＡがどうやって遺伝子発現を抑制しているのかについての重要なヒントがもたらされた。ｎｃＲＮＡはインプリント遺伝子クラスターの特定の領域に局在したままで、Ｇ９ａと呼ばれるエピジェネティック酵素を引き寄せる働きをする。Ｇ９ａはこの染色体領域に配置されたヌクレオソームのヒストンＨ３に抑制的なマークを付加する。このヒストン修飾は抑制的なクロマチン環境をつくり出し、遺伝子のスイッチをオフにする。

この発見は、エピジェネティクスを研究する研究者を悩ませてきたひとつの疑問を解決する糸口をもたらしたという意味で特に重要である。そもそも、エピジェネティック修飾をつけたり取り除いたりするヒストン修飾酵素は、どうやって特定のゲノム領域に局在するのか？　多くのヒストン修飾酵素は特定のＤＮＡ配列を直接認識することはできない。では、どうやってそれらの酵素は正しいゲノムの領域に行き着くのか？

　細胞の種類や遺伝子の種類に応じて、ある特定のヒストン修飾のパターンが存在し、この修飾が遺伝子の発現を適切に制御している。たとえば、ＥＺＨ２と呼ばれる酵素はヒストンＨ３の27番目のリシンというアミノ酸をメチル化するが、異なる細胞種では異なるヒストンＨ３分子を標的としている。話をわかりやすくすると、この酵素は白血球のＡ遺伝子上に配置されたヒストンＨ３をメチル化するが、神経細胞のＡ遺伝子ではメチル化しない。その代わり、この酵素は神経細胞のＢ遺伝子上のヒストンＨ３はメチル化するが、白血球細胞の同じＢ遺伝子ではメチル化しない。両方の細胞の中の酵素は同じだが、異なる遺伝子が標的となっている。

　少なくとも一部のエピジェネティック修飾の標的について、長鎖ｎｃＲＮＡとの相互作用で説明できるという証拠が得られつつある。最近ジェニー・リーらは、タンパク質複合体と結合している長鎖ｎｃＲＮＡについて研究している。その複合体はＰＲＣ２と呼ばれ、ヒストンの抑制的な修飾をつくり出している。ＰＲＣ２は数多くのタンパク質を含み、その中で長鎖ｎｃＲＮＡと相互作用しているのはおそらくＥＺＨ２だと考えられている。彼女たちは、ＥＺＨ２複合体がマウスの胚性幹細胞の中で文字通り数千種類もの長鎖ｎｃＲＮＡと結合していることを見出した。[13]　これらのｎｃＲＮＡは、獲物をおびき寄せるおとりのような役割を果たしているのかもしれない。ｎｃＲＮＡは、それが産生された特定のゲノムの領域につなぎ止められ、遺伝子のスイッチをオフにする抑制的酵素を引きつける。

抑制的な酵素複合体がＥＺＨ２のようなＲＮＡと結合できるタンパク質を含んでいるため、このようなことが起こるのだと考えられる。

研究者は理論を構築するのが好きであり、長鎖ｎｃＲＮＡについても優れた理論を立てられるのではないかと考えがちである。それは、「長鎖ｎｃＲＮＡはそれが転写された領域に結合し、同じ染色体上の遺伝子発現を抑制する」というものである。しかし、本章のはじめに紹介した比喩に戻って考えると、私たちはとても小さな小屋を建てているだけで、すでに多くのレンガがその屋根に乗せられている様子がいま明らかになってきているといわざるを得ない。

たとえば、*HOX*遺伝子と呼ばれる驚くべき遺伝子ファミリーがある。もしショウジョウバエで*HOX*遺伝子に変異が入ると、足が頭から生えてきたりするような信じられないような表現型が引き起こされる。[14]ハエでは*HOTAIR*と呼ばれる長鎖ｎｃＲＮＡが存在し、*HOX-D*クラスターと呼ばれる遺伝子領域を制御している。ジェニー・リーたちが研究していた長鎖ｎｃＲＮＡのように、*HOTAIR*はＰＲＣ２複合体に結合し、抑制的なヒストン修飾によってマークされたクロマチン領域をつくり出す。しかし、*HOTAIR*は12番染色体上の*HOX-D*がある場所から転写されているのではない。その代わり、２番染色体上の*HOX-C*と呼ばれる別のクラスターにコードされている。[15]*HOTAIR*がどうやって*HOX-D*の場所に結合するのかはまだ誰も知らない。

すべての長鎖ｎｃＲＮＡの中で、最もよく研究されている*Xist*についても同様に不可解なことがある。*Xist* ncRNAは不活性化されたＸ染色体上のほぼすべてを覆うように広がっている。しかし、実際にどうやってそれが起きているのか誰も知らない。染色体は通常ＲＮＡ分子によって覆い尽くされることはない。*Xist* RNAがなぜこのように染色体に結合できるのかについて、はっきりとした理由は明らかにされていないが、染色体自体の配列とは無関係であることは明白である。前章で紹介したように、X不活性化中心を持ってさえいれば、*Xist*は常染色体でも不活性化できるということが示されている。この実験結果は、いったん*Xist*が染色体上に乗れば、その染色体上を移動し続けられるということを示している。この最もよく研究されたｎｃＲＮＡのこのような根本的特徴についても、研究者はまだ困惑させられている。

もうひとつ驚くことがある。つい最近まで、すべての長鎖ｎｃＲＮＡは遺伝子の抑制に関与していると考えられていた。２０１０年、フィラデルフィアにあるウィスター研究所のラミン・シークハッター教授は、数々のヒトの細胞の中にある３０００以上もの長鎖ｎｃＲＮＡを同定した。これらの長鎖ｎｃＲＮＡは異なるヒトの細胞種で異なる発現パターンを示すので、特別な役割を持っていると考えられた。そこで、シークハッター教授たちは少数のｎｃＲＮＡについてその機能を明らかにしようと試みた。彼らは、選んだｎｃＲＮＡについて、その発現をノックダウンさせるという他の研究でもよく使われる方法を用いて、それらの周囲の遺伝子発現を解析した。予想された結果と実際の結果を**図10・2**に示した。

12個のｎｃＲＮＡがテストされ、そのうち7個については右側に示した結果になることがわかった。これは予想に反する結果であった。約50%の長鎖ｎｃＲＮＡが、周囲の遺伝子の発現を抑制するのではなく実際には上昇させていることが示唆されたのだ[16]。

彼らはこの実験結果を報告した論文ではっきりと、「私たちが調べたｎｃＲＮＡがどのように遺伝

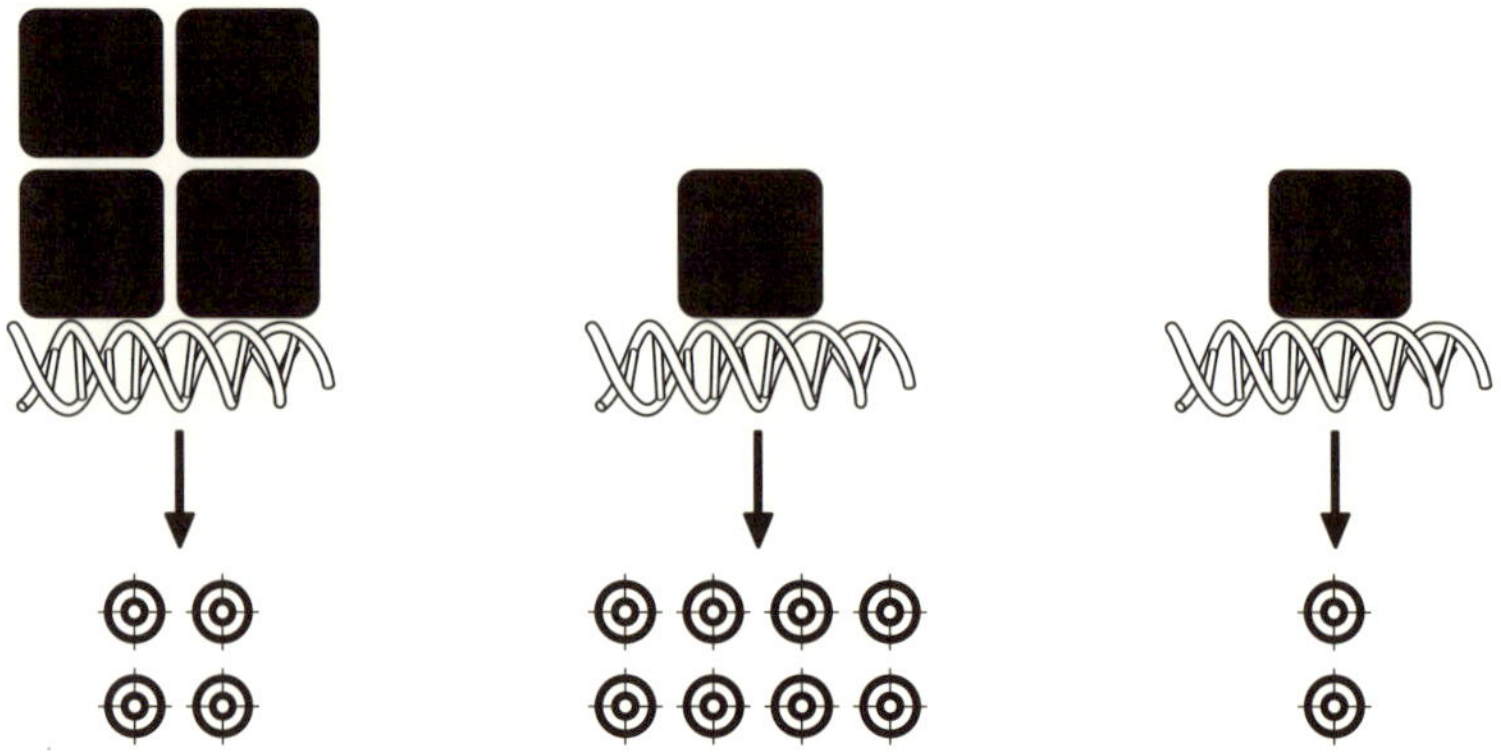
仮説：ncRNAは標的遺伝子の発現を抑制する
予想：ncRNAのレベルが減少すると、標的遺伝子の発現が上昇する
実際の結果：ncRNAのレベルが減少すると、標的遺伝子の発現が減少する

図10.2 ncRNAは標的遺伝子の発現を抑制すると考えられている。もしこの仮説が正しければ、特異的なncRNAの発現が減少すると抑制は軽減され、標的遺伝子はより多く発現するはずである。これは模式図中央に示されている。しかしながら、数多くのncRNAが実際には標的遺伝子の発現を上昇させることが明らかになってきている。これは、ncRNAの発現を実験的に減少させると、図の右側に示すように、標的遺伝子の発現を減少させる効果を持つという結果から明らかにされている。

子発現を強めているのか、正確なメカニズムは不明である」と述べている。彼らの言及について、ここでさらに突っ込んだ議論をするのは難しい。ただし、どうしてこのようなことが起きるのか、現在まったくわかっていないということをはっきり伝えておくのは意味があるだろう。ラミン・シークハッターの研究は、長鎖ｎｃＲＮＡについて私たちが理解していないことがたくさんあるということをはっきりと示しており、先走って新しいドグマをつくろうとするのは時期尚早に違いない。

●小さいことは美しい

サイズがすべて、大きいことは素晴らしい、というような思い込みについても注意する必要がある。長鎖ｎｃＲＮＡは明らかに細胞の機能において重要だが、もうひとつ細胞に大きな影響を与える重要なｎｃＲＮＡのグループがある。このグループのｎｃＲＮＡは短く（通常20～24塩基）、それらはＤＮＡではなくｍＲＮＡ分子を標的とする。このようなＲＮＡの存在は、実験動物としておなじみの線虫*C. elegans*において初めて明らかにされた。

すでに議論してきたように、通常の発生過程におけるすべての細胞の系譜がすでに明らかにされているため、線虫はとても有用なモデル生物となっている。発生における各段階は、そのタイミングや順序がとても厳密に制御されている。主要な調節因子のひとつはLIN-14と呼ばれるタンパク質だ。*LIN-14*遺伝子は初期胚の早い段階で高度に発現され、大量のLIN-14タンパク質が産生されており、1齢幼虫期から2齢幼虫期に移行するに従ってその発現が下がる。*LIN-14*遺伝子に変異が入ると種々の発生段階に異常が起きる。LIN-14タンパク質が通常よりも長い期間発現したままだと、線虫は初期発生の段階を繰り返すことになる。逆にLIN-14が通常よりも早いタイミングで失われてしまうと、線虫は未成熟なまま後期幼虫期に移行してしまう。いずれの場合でも、線虫の発生は異常になり通常の成虫の構造は形成されない。

１９９３年、二つの研究室がそれぞれ独立に*LIN-14*の発現がどうやって制御されているのかを明らかにした。[17・18] まったく予想していなかったことに、小分子のｎｃＲＮＡが*LIN-14*のｍＲＮＡに結合することが重要だったのである。この結果は**図10・3**に示してある。これは転写後の遺伝子発現抑制の一例である。ｍＲＮＡは産生されるが、タンパク質の産生が抑制される。これは、長鎖ｎｃＲＮＡが遺伝子発現を調節している仕組みとは大きく異なっている。

この研究成果の重要な点は、遺伝子発現調節について、既存の概念を刷新するまったく新しいモデ

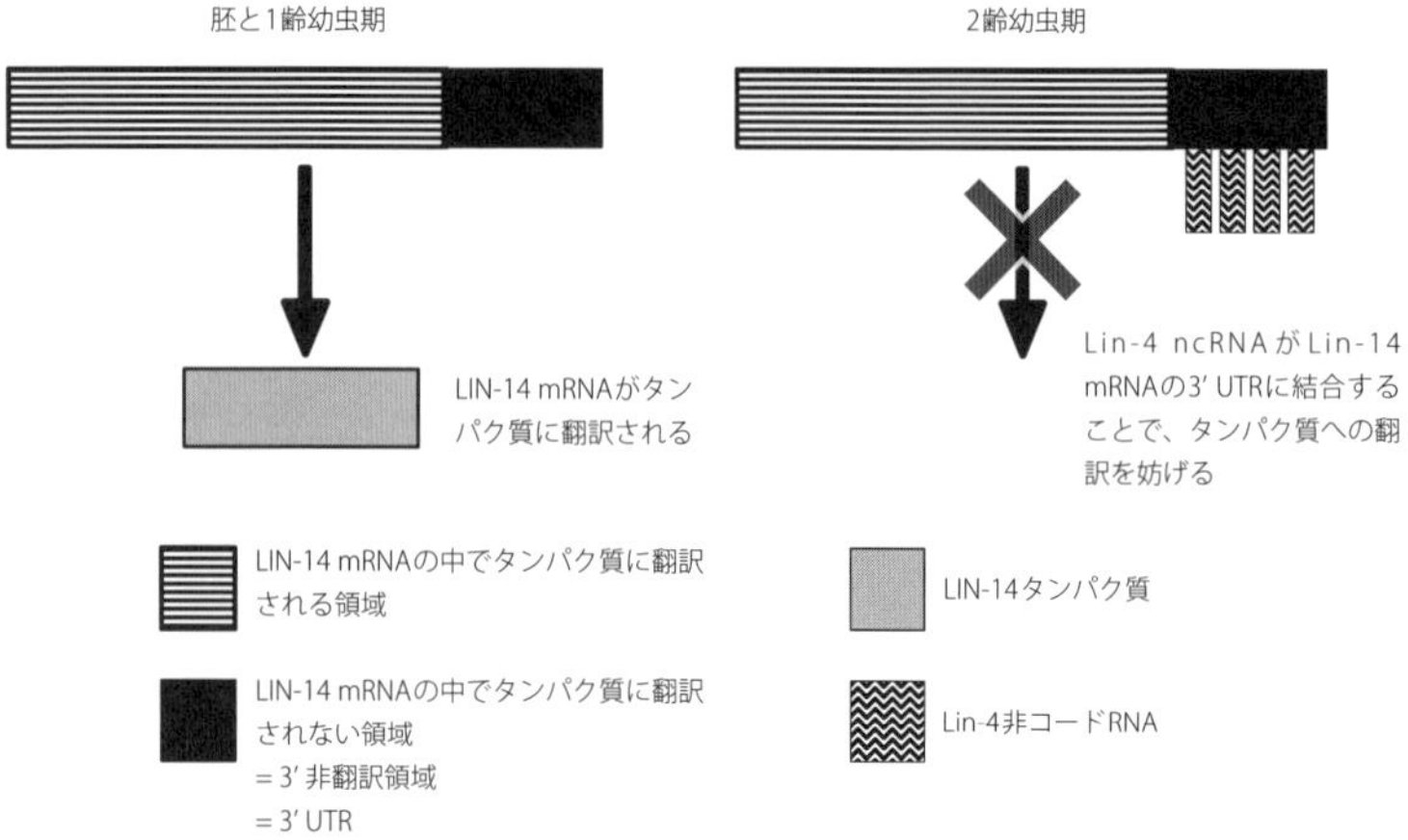

図10.3　発生の特異的な段階で発現したマイクロRNAが、標的遺伝子の発現を根本的に変化させ得る仕組みを示した模式図。

ルの基盤を築いたという点である。現在では、植物界、動物界を通じた多くの生物が、遺伝子発現調節のためにこの小分子ncRNAを使ったメカニズムを使っていることが知られている。さまざまな種類の小分子ncRNAが存在しているが、ここではおもにマイクロRNA（miRNA）に着目することにしよう。

　現在までに、少なくとも1000種類のmiRNAが哺乳動物細胞で発見されている。miRNAは約21ヌクレオチド（塩基）の長さを持ち（ときどきこれよりわずかに長かったり短かったりする）、そのほとんどは遺伝子発現の転写後調節因子として働いているように見える。miRNAは、mRNAの産生を止めるのではなくmRNAの使われ方を調節しているのだ。通常は、mRNA分子の3′側の非翻訳領域（3′UTR）に結合してこの調節を行っている。この領域は図10・3に示してある。この領域は成熟mRNA上に存在しているが、何のアミノ酸もコードしていない領域である。

ゲノムＤＮＡがコピーされてｍＲＮＡがつくられる際、もともとの転写産物はエキソン（アミノ酸をコードしている部分）とイントロン（アミノ酸をコードしていない部分）の両方を含んでいるためとても長くなる傾向がある。第3章で見てきたように、タンパク質をコードするｍＲＮＡをつくる際にイントロンはスプライシングによって取り除かれる。しかし、第3章の説明ではあることを見逃している。始まり（5′ＵＴＲとして知られている）と終わり（3′ＵＴＲ）にアミノ酸をコードしていないひと続きのＲＮＡ領域が存在しているが、どちらもイントロンのようにスプライシングによって取り除かれることはなく、これらの非コード領域は成熟ｍＲＮＡ上に残されて調節配列としての役割を果たすのだ。3′ＵＴＲが果たす特別な機能のひとつは、ｍｉＲＮＡを含む調節分子と結合することである。

では、どうやってｍｉＲＮＡはｍＲＮＡに結合し、結合すると何が起きるのか？　ｍｉＲＮＡとｍＲＮＡの3′ＵＴＲは、お互いをきちんと認識したときだけ結合する。この認識には塩基対が使われており、二本鎖ＤＮＡの場合とまったく同じようにＧはＣと結合してＡはＵと結合する（ＲＮＡではＴはＵに置き換えられている）。通常ｍｉＲＮＡは21塩基の長さを持っているが、21塩基全体にわたってｍＲＮＡ上の配列が完全に塩基対を形成する必要はない。重要な領域はｍｉＲＮＡの2番目から8番目までの塩基である。

ときには2番目から8番目までの塩基が完全に塩基対を形成しない場合もあるが、それでも一部の塩基対を介して二つの分子がペアをつくれる場合がある。このように、完全に塩基対を形成できないｍｉＲＮＡがｍＲＮＡに結合すると、ｍＲＮＡのタンパク質への翻訳が妨げられる（これは図10・3で示されている場合に起きていることである）。一方、ｍｉＲＮＡが完全に塩基対を形成してｍＲＮＡに結合すると、ｍｉＲＮＡに結合した酵素によってｍＲＮＡの分解が引き起こされる。[19] ｍｉＲＮＡ上の9番目から21番目までの塩基は、標的の選択や標的に結合した後の結果に、もっと間接的なかたちで影響しているのかどうか、まだ明らかにされていない。しかし、ひとつ確実にいえることは、単一のｍｉＲＮＡは二つ以上のｍＲＮＡを調節することができるということである。私たちは第3章で、メッセンジャーＲＮＡのスプライシングの仕方を変えることで、ひとつの遺伝子がたくさんの異なる種類のタンパク質をコードできることを見てきた。ひとつのｍｉＲＮＡは、これらの異なるスプライシングを受けた数多くのｍＲＮＡ分子に対して同時に影響を及ぼすことができるのだ。あるいは、まったく異なる遺伝子が似たような3′ＵＴＲの配列を持っているような場合、ひとつのｍｉＲＮＡがこれらの遺伝子にコードされた、まったく無関係のタンパク質の産生を同時に制御することもできるのである。

ｍｉＲＮＡのもたらす影響は、細胞の種類や細胞がその時々で発現している他の遺伝子によっても変化する可能性があり、ひとつのｍｉＲＮＡが細胞の中で遂行していることを正確に解明するのは実に難しいことだと考えられる。それはもちろん実験的にも重要だが、日常生活における健康や疾患にとっても重要である。たとえば、異数体の染色体が存在している場合、数が変化しているのはタンパク質コード遺伝子だけではない。長鎖ｎｃＲＮＡや小分子ｎｃＲＮＡの量も異常になっているはずである。特にｍｉＲＮＡは他の遺伝子を数多く制御できるので、ｍｉＲＮＡのコピー数の影響は甚大なものになるかもしれない。

●工作の余地

ヒトゲノムの98%がタンパク質をコードしていないという事実は、ｎｃＲＮＡが仲介する複雑な調節機構を発達させるために、生物が大きな進化的投資をしてきたことを示唆している。高度な思考過程という、ホモ・サピエンスの最も際だった特徴の発達を支えてきた遺伝的特徴は、ｎｃＲＮＡの存在ではないかと推測している研究者さえいる。[20]

チンパンジーは私たちに最も近い親戚であり、そのゲノムは２００５年に報告された。[21]ヒトとチンパンジーのゲノムがどれだけ似ているかについて、簡単に説明できるような数字を出すのはとても難しい。統計による解析はとても複雑なのだ。なぜなら、異なるゲノムの領域（たとえば、反復配列の領域と、1コピーのタンパク質コード領域というような）が、統計に異なる影響を与えるということを考慮しなくてはならない。しかし、確実にいえることが二つある。ひとつ目は、ヒトとチンパンジーのタンパク質は信じられないほど似ているということである。約3分の1のタンパク質は完全に同一であり、残りのタンパク質は全体のアミノ酸のうちたった1個か2個のアミノ酸しか違わない。ヒトとチンパンジーのゲノムの間で共通するもうひとつの特徴は、ゲノムの98%以上がタンパク質をコードしていないということである。これは、どちらの種においても、ｎｃＲＮＡを使って遺伝子やタンパク質の発現を統御する複雑な制御ネットワークをつくり出していることを示唆している。しかし、ヒトとチンパンジーの間には重要な違いがある。その違いとは、二つの種でｎｃＲＮＡがどのように手を加えられているかという点である。

両者の重要な違いは編集と呼ばれる過程にある。ヒトの細胞ではｎｃＲＮＡをそのまま手を加えないで置いておくことはほとんどないように見える。[22] いったんｎｃＲＮＡが生み出されると、ヒト細胞はさらにそれを修飾するためのさまざまなメカニズムを駆使する。特に、ヒト細胞では頻繁にＡという塩基をＩ（イノシン）と呼ばれる塩基に変える。塩基ＡはＤＮＡ中のＴ、あるいはＲＮＡ中のＵと結合できる。一方、Ｉという塩基はＡ、Ｃ、あるいはＧとペアをつくることができる。これでｎｃＲＮＡが結合できる配列が変化し、そのために制御の仕方も変わる。

　私たちヒトは、他のどんな種よりも広範にｎｃＲＮＡ分子を編集しており、他の霊長類を見ても私たちヒトと同じ程度にこの編集をしているような例はない。[23] 私たちヒトでは、特に脳の中で大規模な編集を行っている。そもそも、なぜ私たちヒトは、ゲノムＤＮＡの大部分を他の霊長類と共有しているにもかかわらず、彼らに比べて知的により洗練されているのか。ｎｃＲＮＡの編集は、そのわけを説明する有力候補とされている。

　ある意味、これがｎｃＲＮＡの長所である。ｎｃＲＮＡは、生物がさまざまな細胞内機能を変えるために使える比較的安全な手法となる。タンパク質の機能を直接改良しようとするのは高いリスクを伴うため、進化の過程はこのｎｃＲＮＡによる制御という仕組みを選択したのだろう。タンパク質は、たとえていうと細胞にとってメアリー・ポピンズのような存在である。あらゆる点において非の打ちどころのないものなのだ。

　ハンマーはたいていどれも似たような形をしている。大きさに違いはあるものの、基本的な形という点に関してハンマーをより優れたものに変えようとしてもできることはほとんどない。タンパク質も同様である。私たちの体の中のタンパク質は何十億年という時間をかけて進化してきた。ひとつ例を挙げてみよう。ヘモグロビンは、赤血球の中にある色素で体中に酸素を運搬する。ヘモグロビンは、実に巧みに肺の中で酸素を拾い上げ、必要とされる組織でそれを放出する。これまで、この自然のタンパク質よりも優れた働きをする改良版ヘモグロビンの作成に成功した人はいない。

残念なことに、自然のものに比べて働きの悪いヘモグロビン分子は驚くほど簡単につくることができる。事実、鎌状赤血球症のような病気は、変異によって働きの悪いヘモグロビンがつくられることによって起こる。同様なことがほとんどのタンパク質にあてはまる。それゆえ、環境が劇的に変化するというようなことがない限り、タンパク質に対するほとんどの変化は悪い影響をもたらすことになる。ほとんどのタンパク質は、自然の状態のままの方が最高の能力を発揮できるのだ。

それでは、より複雑でより洗練された生物をつくり上げるという難題を進化はどのように解決したのか？　実際にはタンパク質自身を変えるのではなく、タンパク質の制御の仕方を変えたのだと考えられる。タンパク質を、いつ、どのように、どのくらい発現させるか。これはまさにｎｃＲＮＡ分子を介した複雑なネットワークによって成し遂げられることである。そして、実際にこのようなｎｃＲＮＡによる制御が行われていることを示す証拠があるのだ。

ｍｉＲＮＡは、多能性の制御や細胞分化の制御に重要な役割を果たしている。ＥＳ細胞は、培養条件の変化によって他の細胞種への分化が促進される。ＥＳ細胞が分化を始めるときには、それまで新たなＥＳ細胞を生み出すこと（自己増殖能）を可能にしていた遺伝子発現経路のスイッチをオフにする必要がある。このスイッチ・オフの過程に必須な役割を果たす因子に、*let-7*と呼ばれるｍｉＲＮ

Ａファミリーがある。[24]

*let-7*ファミリーが果たしている役割のひとつは、Lin28と呼ばれるタンパク質の下方制御である。このことから、Lin28がＥＳ細胞の多能性を支えるタンパク質であることが示唆される。それゆえ、Lin28が山中因子のひとつとして働き得るという発見はそれほど意外なことではない。体細胞でLin28を過剰発現させると、ｉＰＳ細胞へリプログラムされる可能性が高くなる。[25]

逆に、ＥＳ細胞が多能性と自己増殖能を維持するのを助けている別のｍｉＲＮＡファミリーがある。これらのｍｉＲＮＡは、*let-7*とは異なりＥＳ細胞の多能性の維持に寄与している。ＥＳ細胞において、Oct4やSox2などの主要な多能性因子はこれらｍｉＲＮＡ遺伝子のプロモーターに結合し、その発現を活性化している。ＥＳ細胞が分化を始めると、これらの因子はｍｉＲＮＡ遺伝子のプロモーターから離れ、そしてその発現誘導を止める。[26] Lin28タンパク質のように、これらのｍｉＲＮＡも体細胞のｉＰＳ細胞へのリプログラミング効率を高める。[27]

幹細胞と分化した子孫細胞を比較すると、とても異なる種類のｍＲＮＡを発現していることがわかる。これは、幹細胞と分化した細胞が異なるタンパク質を発現していることを考えれば当然に思えるかもしれない。しかし、ある種のｍＲＮＡは細胞の中で分解されるまでに長い時間がかかる場合がある。これは、幹細胞が分化し始めても、それまで細胞内にあった多くの幹細胞特異的なｍＲＮＡが、細胞に残されたままの時期が存在することを意味する。幸いにも、幹細胞が分化を始めると細胞は新しいセットのｍｉＲＮＡのスイッチをオンにする。これらの新しいｍｉＲＮＡは、残された幹細胞特異的なｍＲＮＡを標的としてその分解を促進する。このように、既存のｍＲＮＡの急速な分解によって、細胞ができるだけ素早く、そして不可逆的に分化状態へ移れるようになる。[28]

　これはとても重要な安全策である。幹細胞の性質を細胞が不適切に保持するのは、細胞ががん化する確率を高めるので望ましくない。この機構は、ショウジョウバエやゼブラフィッシュのように胚発生がとても速く進行する種ではもっと大規模に使われている。これらの種では、受精卵が多能性の接合子に変化する際、卵によってもたらされた母親由来のｍＲＮＡが急速に分解される必要があり、この過程をｍｉＲＮＡによる機構が保証している。[29]

　ｍｉＲＮＡは、始原生殖細胞形成というインプリンティング制御のきわめて重要な段階においても不可欠な役割を果たしている。すでに第8章で見てきたように、始原生殖細胞形成の鍵となる段階は、Blimp1タンパク質の活性化である。Blimp1の発現はLin28と*let-7*の複雑な相互作用によって制御されている。[30] またBlimp1自身も、ヒストンをメチル化する酵素やPIWIタンパク質として知られる一群のタンパク質を制御している。さらに、今度はPIWIタンパク質が、PIWI RNAとして知られる別の種類の小分子ｎｃＲＮＡに結合する。[31] PIWI ncRNAとPIWIタンパク質は、体細胞ではあまり重要な役割を果たしていないように見えるが、雄の生殖細胞系列の産生に必要である。[32] 実際にPIWIは、P element-induced wimpy testis（P因子によって誘導される弱々しい精巣）を意味してこの名前がつけられている。PIWI ncRNAとPIWIタンパク質が正しく相互作用しないと、雄の胎児の精巣は正常に形成されない。

　私たちは、ｎｃＲＮＡとエピジェネティックな現象が、さまざまな段階で結びつき相互作用している例を次々と発見している。ゲノムへの侵入者であるレトロトランスポゾンは、通常生殖細胞系列においてメチル化されその活性化が妨げられていることを思い出してほしい。PIWIの経路は、このＤＮＡメチル化を標的に付加する過程に関与している。[33・34] 膨大な数のエピジェネティック・タンパク質がＲＮＡと相互作用できる。非コードＲＮＡがゲノムに結合することは、決まった細胞の適切なクロマチン領域に特定のエピジェネティック修飾を導入するための、普遍的な機構として働いているのかもしれない。[35]

最近、遺伝形質のラマルク遺伝とｎｃＲＮＡとの関連が示唆されている。ひとつの例として、心臓組織の成長に関わる重要な遺伝子を標的とするｍｉＲＮＡを受精卵に導入した実験がある。この受精卵から発生したマウスは肥大化した心臓を持つことから、初期に導入したｍｉＲＮＡが正常な発生過程を阻害したことが示唆される。驚くべきことに、これらのマウスの子孫においても、心臓の肥大が高い頻度で見られたのである。この結果は、ｍｉＲＮＡの異常な発現が、これらのマウスの精子形成の際に再現されたことを示している。このときマウスのＤＮＡ情報に変化はないので、この実験結果は、ｍｉＲＮＡがエピジェネティックな遺伝を推進したことを示す明らかな例のひとつと考えられる。[36]

●マーフィーの法則（失敗する可能性があるものは、失敗する）

しかし、もしｎｃＲＮＡが細胞機能にとってそれほど重要なものだとしたら、それらの問題が原因となって起きるような病気を見つけ出すことができるはずである。インプリンティングやX不活性化は別にして、ｎｃＲＮＡの産生、あるいはその発現の異常が臨床的な疾患を引き起こす例が数多く存在しなくていいのだろうか。これは、イエスともいえるしノーともいえる。ｎｃＲＮＡの大部分は、多くの代替機構に支えられたネットワークに作用する調節分子であるため、その欠陥は比較的わずかな影響を及ぼすだけかもしれない。そもそも従来行われてきた遺伝的スクリーニングは、タンパク質の変異によって引き起こされる大きな表現型の変化を検出するには適しているが、もっと微妙なｎｃＲＮＡによる影響を検出するには不向きだという問題も考えられる。

マウスの特定の神経細胞に発現する、*BC1*と呼ばれる小分子ｎｃＲＮＡがある。ドイツのマンスター大学の研究者がこのｎｃＲＮＡを欠失させたところ、マウスは一見どこも異常はないように見えた。しかし、その後この変異マウスを環境の整った研究室からより自然に近い環境に移したところ、正常なマウスとは異なることが明らかになった。変異マウスはあまり周囲を積極的に探索しようとせず、不安を感じている様子だった。[37] もしマウスをケージの中に入れたままだったら、*BC1* ncRNAの欠失がマウスの行動にはっきりとした影響を与えることに気づかなかったに違いない。見方によって見える物が変わるというよい例である。

少なくともいくつかのケースにおいて、臨床症状におけるｎｃＲＮＡの影響が明らかになってきている。例として、テセルと呼ばれる種の羊がいる。好意的な表現をすれば、ずんぐりむっくりの羊といえるかもしれない。このテセル種は大きな筋肉を持つことが知られており、これは食肉用の家畜としては優れた特徴のひとつである。このテセル種がたくましい筋肉を持つようになった少なくともひとつの理由は、ある特別な遺伝子の3′ＵＴＲに存在するあるｍｉＲＮＡの結合部位の変化であることが明らかにされた。この遺伝子がコードするタンパク質はミオスタチンと呼ばれ、通常筋肉の成長を遅らせる。[38] 1塩基の違いによる影響について**図10・4**にまとめている（わかりやすいように最終的な羊のサイズは強調してある)。
　トゥレット症候群は神経発達障害のひとつであり、患者は無意識で突発的に体の一部が動く症状(チック症)に頻繁に悩まされ、罵りや卑猥な言葉を無意識に発する汚言症を伴う場合がある。この病気を患う血縁関係のない二人が、*SLITRK1*と呼ばれる遺伝子の３′ＵＴＲに同じ１塩基置換を持つことが明らかにされた。[39] *SLITRK1*は神経発達に必要な遺伝子だと考えられており、トゥレット症候群の患者に見られた塩基置換が起きると、miR-189と呼ばれる小分子ｎｃＲＮＡがこの領域に結合できるようになる。これは、*SLITRK1*の発現が、小分子ｎｃＲＮＡの結合によって発生の重要な時期に異常に下方制御されてしまう可能性を示唆している。このような*SLITRK1*の塩基置換は少数のトゥレット症候群の患者にしか見出されないが、他の患者では、別の神経関連遺伝子のｍｉＲＮＡ結合部位の異常制御が関与しているのかもしれない。

　本章のはじめの方で、ヒトにおいて脳の複雑性や精巧さを増大させるのに、ｎｃＲＮＡが重要な役割を果たしてきたのではないかという考えを紹介した。もしこれが事実だとしたら、脳がｎｃＲＮＡの活性や機能の異常による影響を特に受けやすい器官であるということが予測できる。先ほどのトゥレット症候群は、まさにそのような予測にぴったり合う症例に違いない。

　また、ディ・ジョージ症候群と呼ばれるヒトの疾患がある。この患者では、２コピーの22番染色体の一方から約３００万塩基の領域が欠失しており、[40] この領域は25個以上の遺伝子を含んでいる。この疾患の患者では、泌尿生殖器、心臓血管、骨格を含むさまざまな器官が影響を受ける。欠損の大きさを考えれば、このような影響はそれほど意外なことではないかもしれない。ディ・ジョージ症候群の

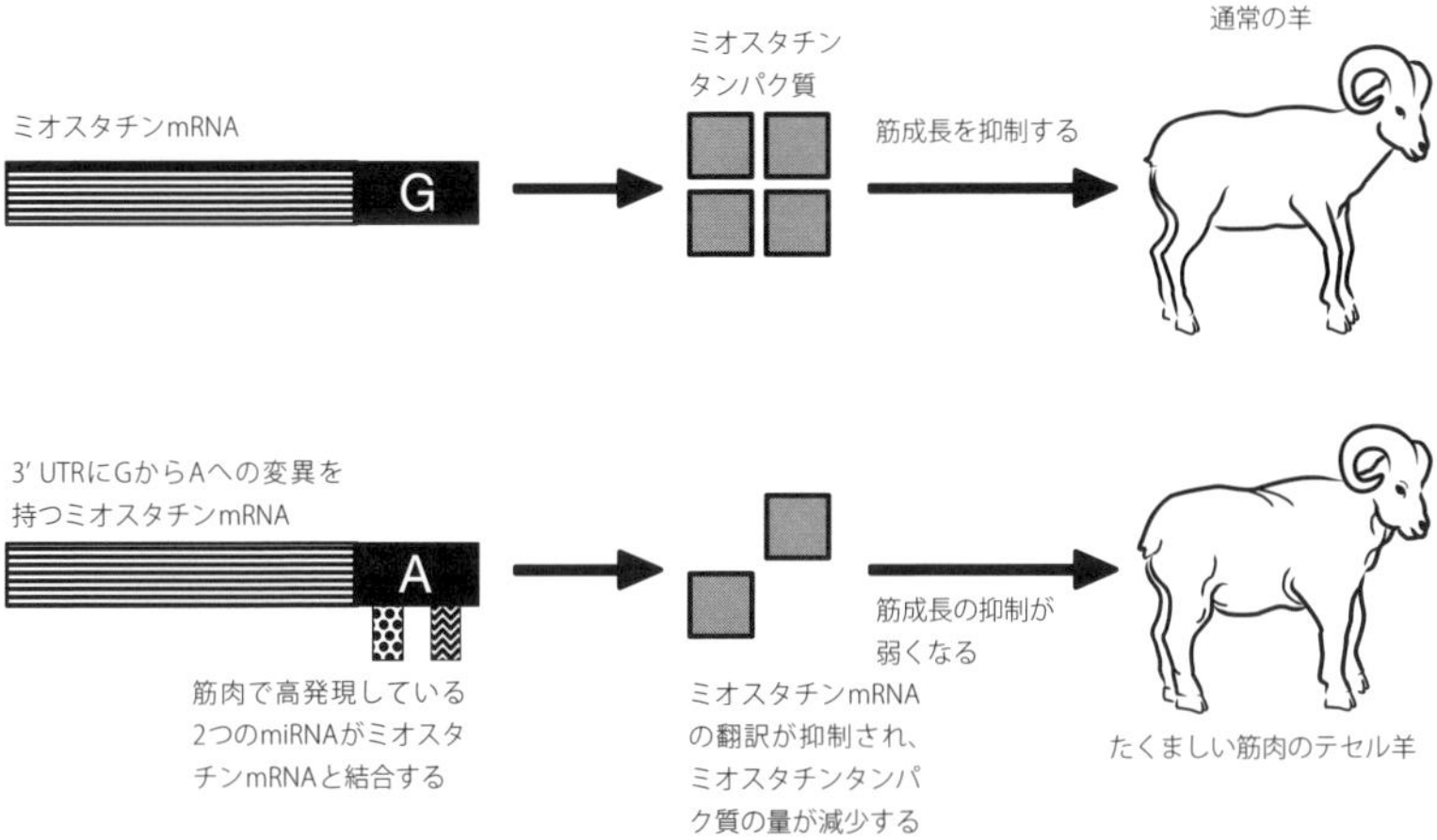

図10.4　ミオスタチン遺伝子中のタンパク質をコードしていない部分の点突然変異が、羊のテセル種に劇的な影響を与える。ミオスタチンmRNA中でGの代わりにAが存在すると、2種類の特定のマイクロRNAの結合を引き起こす。これはミオスタチンの発現を変化させ、顕著な筋肉の成長につながる。

患者の40%はけいれんを起こし、成人患者の25%は統合失調症を発症する。３００万塩基対の領域の中の異なる遺伝子が、この疾患の異なる病態に寄与していると考えられる。この領域の中に存在する遺伝子のひとつは*DGCR8*と呼ばれ、DGCR8タンパク質はｍｉＲＮＡの産生に欠かせない役割を果たしている。遺伝的な操作によって、機能的な*Dgcr8*を1コピーだけしか持たないマウスがつくられた。このマウスは認識的な問題、特に記憶と空間処理に異常が見られることが示された[41]。この結果は、ｍｉＲＮＡの産生が神経機能において重要であるという考えをさらに支持する結果である。

ここまで、ｎｃＲＮＡが細胞の多能性制御や細胞分化に重要であることを見てきた。がん化の過程においても、ｍｉＲＮＡが重要な役割を果たしていると考えるのはそれほど意外なことではないだろう。古くからがんは、細胞が分裂し続ける病気と考えられていた。これは幹細胞の特徴と似ている。さらに顕微鏡下でがん組織を見ると、比較的未分化で無秩序に見えることが多い。これは、完全に分化して秩序だった正常組織とは対照的である。ｎｃＲＮＡが、がんを引き起こす一因になっていること示す強い証拠が得られている。**図10・5**に示すように、その役割には、一部のｍｉＲＮＡの欠失、あるいは他のｍｉＲＮＡの過剰発現が関わっていると考えられている。

慢性リンパ性白血病は最もよく知られたヒトの白血病である。この白血病の約70％の症例では、*miR-15a*, *miR-16-1*と呼ばれる小分子ＲＮＡが失われている。[42] がんはいくつもの段階を経て起きる疾患であり、単一の細胞ががん細胞になるまでに数多くの異常が重なって起きる必要がある。この典型的な白血病の多くの症例において、特定のｍｉＲＮＡが失われているということは、これらの配列の欠失が病気発症の早い段階に起きたことを示唆している。

これとはまた別の機構として、がんにおいて過剰発現が認められるｎｃＲＮＡに*miR-17-92*クラスターがある。このｍｉＲＮＡクラスターの過剰発現がさまざまながんで見つかっている。[43] 現在までに、がんにおけるｍｉＲＮＡの発現異常についての論文がかなりたくさん報告されている。[44] さらに、いくつかの遺伝性のがんの症例では*TARBP2*と呼ばれる遺伝子の変異が見出されており、[45] TARBP2タンパク質はｍｉＲＮＡを加工する過程に関与している。これは、ある種のヒトのがんの発生と増殖におけるｍｉＲＮＡの役割を裏づける結果と考えられる。

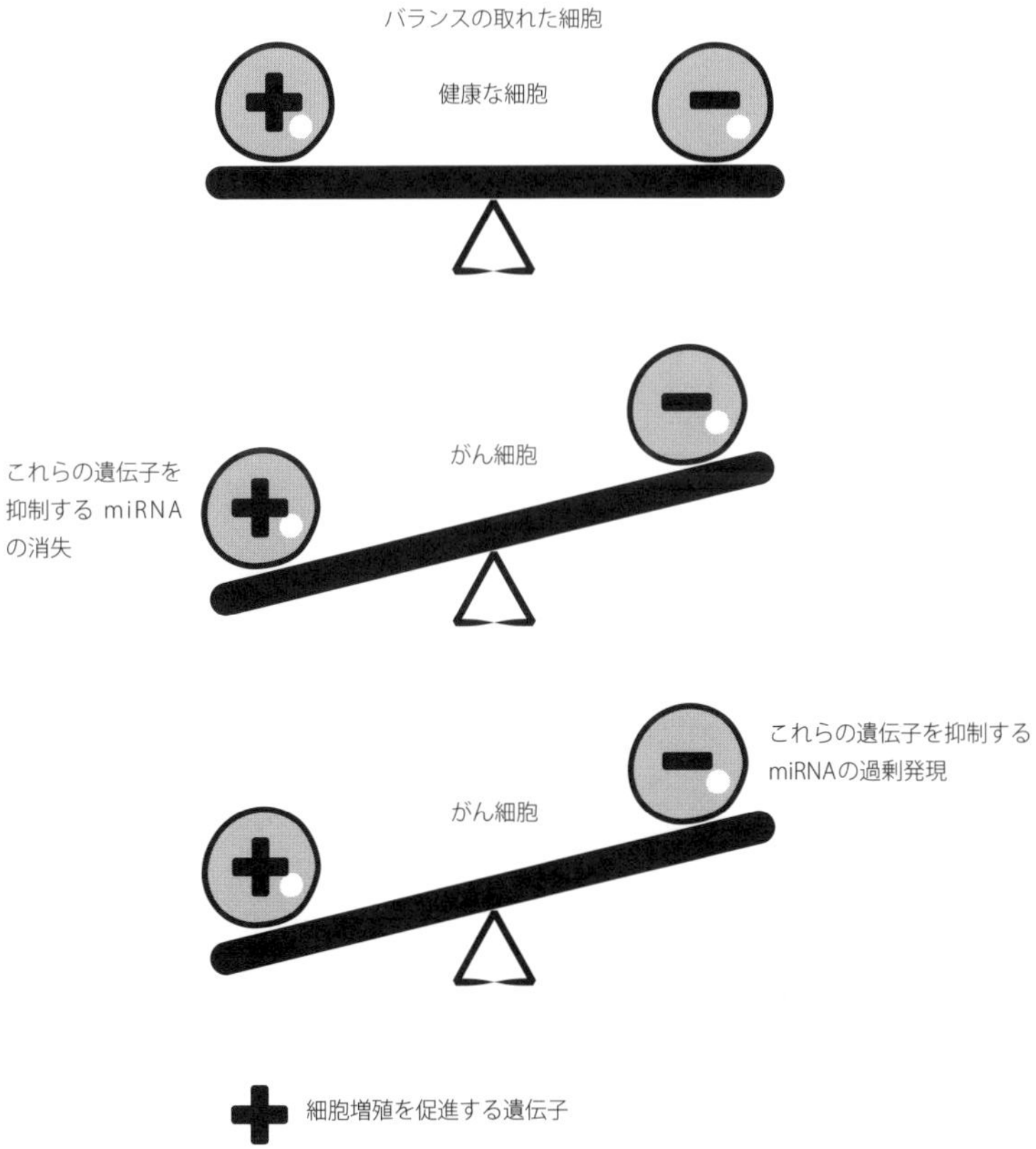

図10.5　ある種のマイクロRNAの減少、あるいは他のマイクロRNAの増加は、結果として遺伝子発現に同じ破壊的な影響をもたらすかもしれない。その結果、細胞の増殖を促進させる遺伝子の発現が上昇し、がんが発生する可能性を高めるかもしれない。

●希望か誇大広告か？

ｍｉＲＮＡががん化において主要な役割を果たすことを示唆するデータが増えるにつれて、これらの分子をがんの治療に用いることができないかと、多くの科学者が大きな期待を寄せたのは当然なことかもしれない。そのアイディアとは、失われたｍｉＲＮＡをもとに戻す、あるいは過剰発現されたｍｉＲＮＡを抑制するというものである。これは、特定のｍｉＲＮＡ、あるいは人工的な変異型ｍｉＲＮＡをがん患者に投与することで達成できるに違いない。この方法は、ｍｉＲＮＡの発現が異常になっているような他の疾患にも応用することが可能であろう。

大手製薬会社は間違いなくこの分野に巨費を投じている。サノフィ-アベンティス社とグラクソ・スミスクライン社は、それぞれサンディエゴのレグルス・セラピューティクスと呼ばれる会社と数百万ドル規模の共同研究を進めている。彼らは、がんから自己免疫疾患に及ぶさまざまな疾患の治療に向けたｍｉＲＮＡの代替分子や阻害薬の開発を手掛けている。

ｓｉＲＮＡ（small interfering RNA）と呼ばれる、ｍｉＲＮＡとよく似た分子が存在する。ｓｉＲＮＡ分子は、ｍｉＲＮＡ分子と同じ経路を使って標的遺伝子の抑制、特にｍＲＮＡの分解に関与している。ｓｉＲＮＡは、培養細胞に導入して実験的に遺伝子のスイッチをオフにすることができるので、研究のツールとしてこれまで幅広く使われてきた。２００６年、この技術を最初の発見した二人の科学者、アンドリュー・ファイアーとクレイグ・メローがノーベル生理学・医学賞を受賞した。

製薬会社は、ｓｉＲＮＡを新しい薬として使うことにとても大きな関心を示した。理論的には、

ｓｉＲＮＡ分子は、疾患で悪さをしていると考えられるどんなタンパク質でも、その発現をノックダウンするために利用できるはずである。ファイアーとメローがノーベル賞を受賞したのと同じ年に、巨大製薬会社であるメルク社は、サーナ・セラピューティクスと呼ばれるカリフォルニアのｓｉＲＮＡの会社に10億ドルを超える資金を提供した。他の大手製薬会社も巨額の投資をした。

しかし２０１０年、製薬業界に寒風が吹き始めた。スイスの巨大な会社であるロシュが、３年以上かけて5億ドル以上もの資金を投じてきたのにもかかわらず、ｓｉＲＮＡを使った薬の開発計画を中止すると発表したのだ。また、同じスイスの製薬会社であるノバルティスは、マサチューセッツのアルナイラムと呼ばれるｓｉＲＮＡ会社との提携から手を引いた。ｓｉＲＮＡに関わる投機的商売を続けている会社はまだ他にも数多く存在しているが、この技術に関しては過去に考えられていたより少々難しい問題があるといっても差し支えないだろう。

この種の技術を治療に用いる際の大きな問題として、そもそもＤＮＡやＲＮＡといった核酸を優れた薬にするのは難しいのである。現在広く使われている優れた薬、たとえばイブプロフェン、バイアグラ、抗ヒスタミン薬などには共通の特徴がある。まずあなたがこれらの薬を飲み込むと、これらの薬は小腸上皮の壁を通過して体中に行きわたり、肝臓で素早く分解されることなく、細胞に取り込まれ、細胞内、あるいは細胞表面の標的分子に対してその効果を発揮する。これらはすべてとても単純なことのように聞こえるかもしれない。しかし、新薬の開発においては、これらの過程がしばしば最も大きな障壁となる。製薬会社は、この障壁を乗り越えるために少なくとも数千万ドルの資金を投じる必要があり、それゆえ新薬の開発は未だに先の見えない運任せの過程となっている。

核酸に関連した薬の開発はさらに分が悪い。その理由のひとつは大きさにある。平均的なｓｉＲＮＡ分子のサイズは、イブプロフェンのような薬と比べて50倍以上もある。創薬、特に皮下注射ではなく経口投与の薬を創る際の原則は、小さければ小さいほど優れている、というものである。薬が大きくなればなるほど患者に多量に投与しなければならないという問題や、長時間体内で維持させるための問題が出てくる。ロシュのような会社が、その資金をより効果的な別の分野に投じる決断をしたのは、このような理由によるのではないかと考えられる。これは、ｓｉＲＮＡが疾患の治療に使えないということではなく、単に事業としてのリスクがきわめて高いということである。ｍｉＲＮＡもｓｉＲＮＡと同様に核酸であるため、ｍｉＲＮＡを治療に用いようとする試みもまったく同じ問題に直面している。

　幸い、ｍｉＲＮＡやｓｉＲＮＡだけが薬の候補ではない。次章では、エピジェネティック酵素を標的とした薬がどのように重篤ながん患者の治療に使われているのかを見ていくことにしよう。

THE EPIGENETICS REVOLUTION

第11章

内なる敵と戦う

第11章 ●●
内なる敵と戦う

科学において最も刺激的な言葉、大発見の前触れとなる言葉は、「ユリーカ！（われ発見せり！）」ではなく、「何か変だぞ……」である。

アイザック・アシモフ

科学の世界では、偶然の出来事が素晴らしい発見につながったという例がたくさんある。おそらく最も有名な例は、培養皿に偶然入り込んだある種のカビが、そこで増殖している細菌を殺すことを見つけたという、アレキサンダー・フレミングの観察だろう。この偶然の出来事がペニシリンの発見につながり、抗生物質に関わるすべての分野が発展した。偶然から生じたこの発見によって何百万という人の命が救われたのだ。

アレキサンダー・フレミングは、１９４５年、エルンスト・チェーンとハワード・フローリーとともにノーベル生理学・医学賞を受賞した。後の二人はペニシリンの大量合成の研究を進め、実際に患者に使えるようにした。本章の冒頭で紹介したアイザック・アシモフの有名なメッセージは、アレキサンダー・フレミングが単に幸運な人であっただけではない、ということを私たちに教えてくれる。

彼の観察眼はまぐれではない。細菌培養の際にカビに汚染された、世界で最初の研究者がフレミングであったというのはまず考えにくい。同じようなことが過去にもあったはずである。何かいつもと違うことが起きたという認識、さらに、その重要性をきちんと評価したことによって彼の功績がもたらされたのだ。フレミングにとってみれば、それまでに得た知識と訓練によって偶然の出来事を最大限生かすための心構えができていたに違いない。おそらく、過去に多くの人が見たことを目にして、他の誰も考えなかったことを彼は考えたのだ。

奇妙な出来事は、確かに研究の発展に寄与することがある。しかし、科学は論理的かつ順序立てて進むと考える方が、あなたは安心するかもしれない。それでは、エピジェネティクスの分野でそのようにきちんと目的立てて研究を進めた場合どうなるだろうか。

エピジェネティック修飾は細胞運命を制御する。たとえば肝細胞は、エピジェネティック修飾の制御によってずっと肝細胞のままで他の細胞に変わることはない。一方がん細胞は、この正常な細胞運命制御が破綻したことによって生じる。肝細胞が肝細胞であることをやめて、がん細胞になるのだ。つまりがんでは、エピジェネティック制御が異常になっているということが示唆される。それゆえ、この誤ったエピジェネティクス制御に影響を与えるような薬の開発を目指すべきである。そのような薬はがんの治療や制御に役立つに違いない。

これは実に正しい方向で、しかも理にかなっている。事実、この目的に沿ってエピジェネティック薬を開発するために、世界規模の製薬産業が何億ドルものお金を費やしている。ところが、エピジェネティクスに関わるがんの治療薬が発見されたのは、実はこのように理路整然とした流れからではなかった。

すでに承認されたがんの治療薬で、エピジェネティック酵素を阻害する薬がある。これらの化合物は、エピジェネティック酵素に作用することが明らかになる以前から、がん細胞に対して有効なことが示されていた。事実、これらの化合物の成功があったからこそ、エピジェネティック治療について、またエピジェネティクスという分野全体への関心が巻き起こったのだ。まるでよくできたドラマのような展開である。

●偶然のエピジェネティック研究者

１９７０年代初頭、ピーター・ジョーンズという若い南アフリカの研究者が、5-アザシチジンと呼ばれる化合物を使って研究していた。この化合物は白血病細胞の増殖を止め、さらに小児白血病患者に対する予備的な試験で有益な効果を示したことから、すでに抗がん作用を持つことが知られていた[1]。

ピーター・ジョーンズは現在、がんのエピジェネティック治療の創始者として認められている。背が高く細身で、日焼けし、白髪を短く刈り込んだ容姿から、どんな会合で会ってもすぐに彼とわかる。本書で紹介してきた数多くの素晴らしい研究者のように、彼は何十年にもわたってこの進化し続けている分野で研究をしてきた。そして現在もまだ、エピゲノムが健康に与える影響の解明を目指した研究の最前線にいる。いま彼は、膨大な数の細胞や疾患のエピゲノムを解明するための研究をリードしており、最近では、最先端の装置によって読み出された何百万という情報を解析する技術を活用している。１９７０年代初め、彼は信じられない観察力と粘り強さで最初の大発見をした。これは先に触れた心構えの一例である。

40年前、5-アザシチジンがどのように作用するのか誰も知らなかった。この化合物は、ＤＮＡやＲＮＡの塩基のひとつであるＣ（シチジン）と似た化学構造を持つため、当時5-アザシチジンはＤＮＡやＲＮＡ鎖に付加されると考えられていた。一度付加されると、正常なＤＮＡの複製や転写、あるいはＲＮＡの活性を阻害するのだと推測されていた。白血病で見られるようながん細胞は、きわめて増殖活性が高い。そのようながん細胞では、タンパク質を大量に合成する必要があり、それゆえ大量のｍＲＮＡを転写する必要がある。また急速に細胞分裂することから、ＤＮＡを効率よく複製する必要もある。もし5-アザシチジンがこのような過程のひとつ、あるいは同時に複数の過程を阻害したとしたら、おそらくがん細胞の増殖と分裂を阻害するはずである。

ピーター・ジョーンズと彼の同僚は、さまざまな哺乳動物の細胞を使って5-アザシチジンの影響をテストしていた。ヒトや他の哺乳動物からさまざまな種類の細胞を取ってきて、研究室で増殖させるのは非常に手のかかる作業である。実際に細胞を増殖させることができたとしても、しばしば数回分裂しただけで増殖を止めて死んでしまったりする。ピーター・ジョーンズは、このような問題を乗り越えながら研究していた。細胞株はヒトなどの動物に由来している。何かの偶然か、あるいは実験操作のためか、ある種の細胞は、適当な栄養条件、温度、環境条件を整えればほぼ永久に増殖できるようになる。細胞株は、体内の細胞とは正確な意味で同じではないが、非常に有用な実験系である。

ピーター・ジョーンズたちがテストしていた細胞は、通常平らなプラスチックのフラスコで増殖する。この培養用のフラスコは、ウィスキーやブランデーを入れる携帯用のヒップフラスクに形が似ていて、それを透明にして横に寝かせたようなものである。哺乳動物の細胞はフラスコの内側の表面で増殖する。これらの細胞は単一な層を形成し、隣り合ってすし詰めにされているが、決して他の細胞の上に乗り出して増殖することはない。

ある朝彼らは、5-アザシチジンを添加して数週間培養した細胞の培養フラスコのひとつに不思議な塊があることに気がついた。裸眼で見たとき、この塊はカビの混入のように見えた。たいていの人は、今後培養するときは二度とこんなことが起きないように注意しようと心に誓い、フラスコを捨てて終わってしまうに違いない。しかし、ピーター・ジョーンズはそうはしなかった。彼はその塊を注意深く見て、それが迷い込んだカビではないことを発見した。それは、細胞融合によってできた、たくさんの核を内部に持つ大きな細胞の塊だったのだ。これらは小さな筋繊維であり、Ｘ不活性化の章の中でも出てきた合胞体細胞である。小さな筋繊維はときどきピクッと動いたりする[2]。

これは実に奇妙な発見だった。その細胞株はもともとマウスの胎児に由来するものだが、ふつう筋細胞に変化することはない。その細胞はむしろ、私たちの臓器や器官の表面を覆っている上皮細胞に変化する傾向があるはずだった。ピーター・ジョーンズの結果は、5-アザシチジンによってマウス胎児由来の細胞の潜在能力が変化し、上皮細胞の代わりに筋細胞へ変化できるようになったことを示している。しかし、がん細胞を死滅させることからＤＮＡやｍＲＮＡの産生を阻害すると考えられていた化合物が、なぜこのような効果を持っているのか？

ピーター・ジョーンズは、南アフリカから南カリフォルニア大学に移った後もこの研究を続けた。

2年後に、彼と博士課程の大学院生だったシャーリー・テイラーは、5-アザシチジンで処理した細胞が筋肉を形成するだけではないことを明らかにした。その細胞は別の種類の細胞にも変化したのだ。これらの細胞には、脂肪細胞や軟骨細胞と呼ばれる細胞も含まれていた。軟骨細胞は関節の表面を覆う軟骨組織のタンパク質を産生し、二つの平面関節をスムーズに動かせる役割を果たすものだ。

　これらの結果は、5-アザシチジンが筋肉への分化だけを促進する因子ではないことを示している。ジョーンズ教授は、この仕事を報告した彼の論文の中で、まるで今後の展開を予言するかのように以下の記述をしている。「5-アザシチジンは……より多能性の状態へ細胞を逆戻りさせているかのようだ[3]」。言い換えると、この化合物はワディントンのエピジェネティック・ランドスケープの小さなボールを、少しだけ谷の上の方に戻したのである。そのボールは山と山の間の谷を転がって、別の終着点へたどり着いたのだ。

　しかし、なぜ5-アザシチジンがこのような特別な効果をもたらしたのかについて、納得のいく説明はできていなかった。ピーター・ジョーンズは、5-アザシチジンに対する考え方が大きく変わったきっかけについて、少々自虐的な楽しいエピソードを紹介している。南カリフォルニア大学での彼の最初のポストは小児科だったが、彼は生化学の部門との併任を希望した。この併任のポストを承認する手続きの中に、彼がまったく無意味だと考えていた追加面接があった。ピーター・ジョーンズは5-アザシチジンを使った彼の研究を話し、なぜこの化合物が細胞の多分化能に影響を与えるのかは誰もわからないと説明した。この面接を担当していた同じ大学の教官のひとりだったロバート・シュテルヴァーゲンは、その面接でジョーンズに「ＤＮＡメチル化との関連を考えたことがあるかね？」

と質問したのだ。ジョーンズはそのとき「考えたこともなければ、そもそもＤＮＡメチル化について聞いたこともない」と素直に答えたそうだ[4]。

ピーター・ジョーンズとシャーリー・テイラーは、すぐにＤＮＡメチル化に着目し、そしてすぐにＤＮＡメチル化が5-アザシチジンの効果の鍵を握っていることを明らかにした。5-アザシチジンはＤＮＡメチル化を阻害したのだ。ピーター・ジョーンズとシャーリー・テイラーは、5-アザシチジンと似たような化合物を数多く合成して培養細胞に対する効果を調べた。ＤＮＡメチル化を阻害する物質は、5-アザシチジンで見られていたような表現型の変化も引き起こした。一方ＤＮＡメチル化を阻害しなかった物質は、表現型への効果も示さなかった[5]。

●DNAメチル化の袋小路

シチジン（塩基のＣ）と5-アザシチジンは化学的構造がよく似ている。これらの化合物の重要な部分の構造について**図11・1**に示している（それぞれシトシンと5-アザシトシンと呼ばれる）。

上半分の図は、シトシンがＤＮＡメチル化酵素（ＤＮＭＴ1、ＤＮＭＴ3Ａ、あるいはＤＮＭＴ3Ｂ）によってメチル化されて、5-メチルシトシンがつくられることを示した図4・1とよく似ている。5-アザシトシンでは、通常メチル化を受ける炭素原子（Ｃ）が窒素原子（Ｎ）に置き換えられている。ＤＮＡメチル化酵素はこの窒素原子にメチル基を付加することはできない。

第4章を振り返って、メチル化されるＤＮＡ領域を想像してほしい。細胞が分裂するとき、細胞はＤＮＡの2本の鎖をそれぞれの細胞に分離して、それぞれをコピーする。しかし、ＤＮＡを複製する

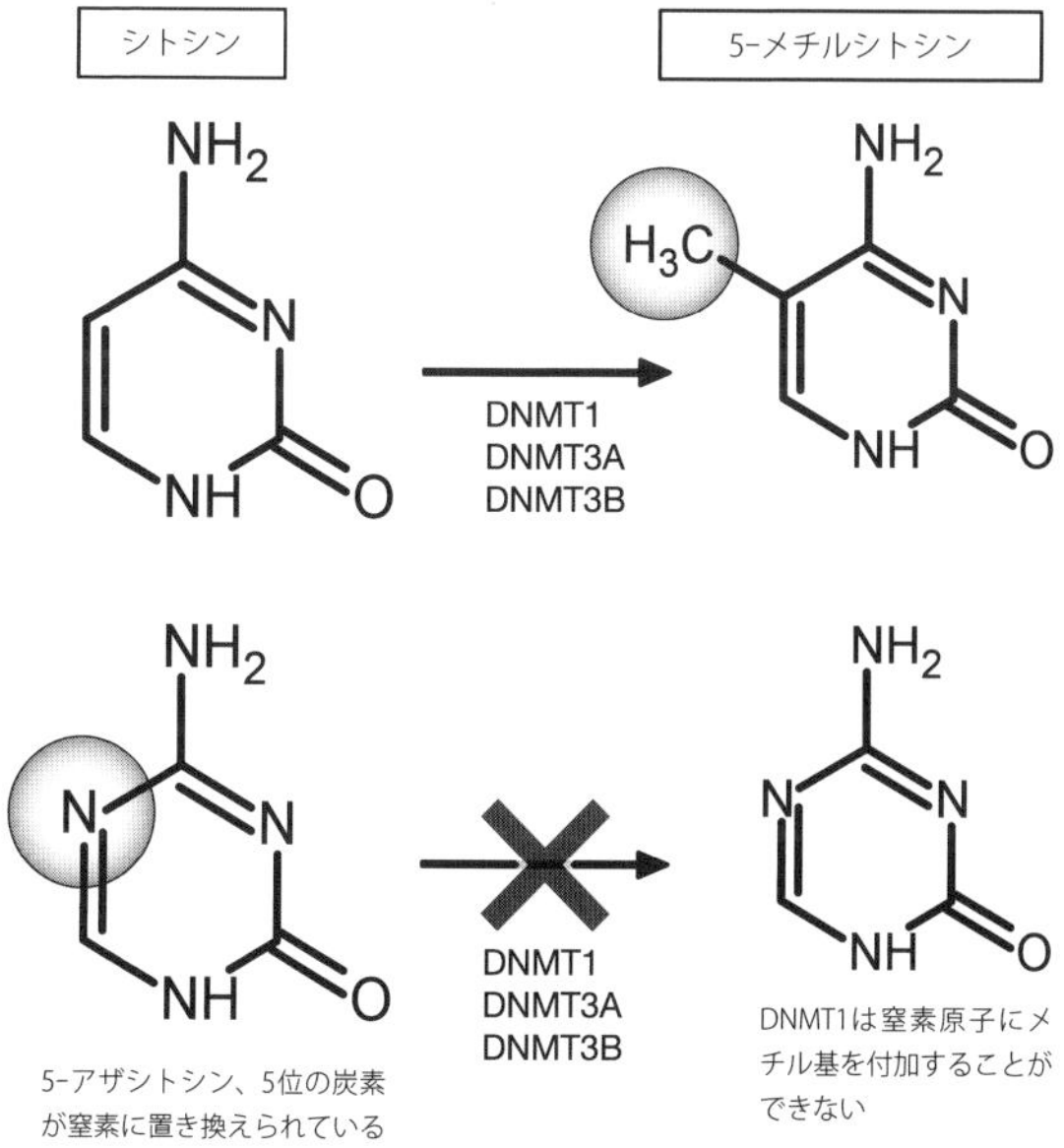

図11.1　5-アザシトシンは、細胞分裂に先立って起きるDNA複製の際にDNAに取り込まれ得る。5-アザシトシンはCの代わりに取り込まれるが、通常炭素原子がある場所に窒素原子を持っているため、この外来塩基は図4.2で示したようにDNAメチル化酵素でメチル化されない。

酵素は、それ自身ではＤＮＡメチル化をコピーすることはできない。その結果、新しくできた２本鎖は一方の鎖がメチル化され、もう一方の鎖はメチル化されていない状態になる。ＤＮＭＴ１と呼ばれるＤＮＡメチル化酵素は、一方の鎖だけがメチル化されているＤＮＡを認識して、ＤＮＡメチル化を付加してもとの状態に戻す働きをする。この仕組みによって、ＤＮＡメチル化のパターンがＤＮＡ複製の前後で維持される。

しかし、もし分裂中の細胞を5-アザシチジンで処理すると、この異常なシチジン塩基は、ゲノムがコピーされる際に新しいＤＮＡ鎖に取り込まれる。この異常な塩基は炭素原子の代わりに窒素原子を含んでいるため、ＤＮＭＴ１酵素は失われたメチル基をもとに戻すことができない。もしこれが、細胞が何度も分裂を繰り返す間ずっと続いたとしたら、ＤＮＡメチル化はしだいに減っていってしまう。

分裂中の細胞を5-アザシチジンで処理すると、さらに別のことも起きる。ＤＮＭＴ１が通常のシチジンの代わりに5-アザシチジンを含むＤＮＡに結合すると、ＤＮＭＴ１がそこで動けなくなってしまうのだ[6]。この取り残された酵素は、その後細胞の別の場所に運ばれて分解されてしまう。このため、細胞内のＤＮＭＴ１酵素の全体量が減ることになる[7・8]。ＤＮＭＴ１の量が減少することと、5-アザシチジンをメチル化できないという二重の影響によって、細胞内のＤＮＡメチル化の量は減り続けることになる。なぜＤＮＡメチル化の減少が抗がん剤作用を示すのかについては、しばらく後で話を戻すことにしよう。

以上見てきたように、5-アザシチジンは、抗がん剤が予期せずエピジェネティックに作用することが明らかにされた例である。不思議なことに、いま現在がんの治療薬として承認されている二つ目の化合物についても、とても似たようなことが起きたのである。[9]

●もうひとつの幸運なハプニング

１９７１年、シャーロット・フレンドという研究者が、ＤＭＳＯ（ジメチル・スルフォキシド）と呼ばれるとても単純な化合物が、白血病のモデルマウスから単離したがん細胞に対して奇妙な影響をもたらすことを明らかにした。細胞をＤＭＳＯで処理すると、なぜか細胞が赤くなったのだ。ＤＭＳＯ処理によって、このがん細胞が赤血球細胞の色素成分でもあるヘモグロビン遺伝子のスイッチをオンにしたのだと考えられた。[10] 通常、白血病細胞は決してこの遺伝子のスイッチをオンにすることはない。それゆえ、このＤＭＳＯの効果に隠されたメカニズムについては皆目見当がつかなかった。

コロンビア大学のロナルド・ブリスローと、スローン-ケタリング記念がんセンターのポール・マークスとリチャード・リフキンドは、このシャーロット・フレンドの研究に興味を抱いた。まず、ロナルド・ブリスローはＤＭＳＯを出発物質として、別の物質をつけてみたり少し構造を変えたりして、ちょうど新しいレゴ・ブロックの組み合わせをつくるように新しい化合物を設計し合成することにした。ポール・マークスとリチャード・リフキンドは、この合成された化合物を、さまざまなモデル細胞を使ってテストした。ところが、いくつかの化合物はＤＭＳＯとは異なる効果をもたらした。これらの化合物は細胞の増殖を止めたのだ。

新規な構造やより複雑な構造をつくって何度も繰り返すことで、最終的に彼らはＳＡＨＡ（スベロイルアニリド・ヒドロキサム酸）と呼ばれる分子をつくり出した。この化合物は非常に効率よくがん細胞の増殖を止めるか、あるいはがん細胞に細胞死を引き起こした。[11] しかし、研究チームが最終的にＳＡＨＡが細胞の中で何をしているのかを明らかにするには、さらに2年もの月日を要した。結局、シャーロット・フレンドの画期的な報告から25年以上もたった後、ポール・マークスの研究チームの一員だったビクトリア・リションが、東京大学の研究チームから報告された１９９０年の論文を読んだときに、すべてが明らかになったのだ。

日本の吉田稔（現、理化学研究所主任研究員）たちのグループは、トリコスタチンＡ（ＴＳＡ）と呼ばれる化合物について研究していた。ＴＳＡは細胞増殖を止めることが知られていた。彼らは、がん細胞をＴＳＡで処理すると、ヒストンに付加されているアセチルという化学基の量が変化することを明らかにした。ヒストンのアセチル化は、第4章で最初に紹介したエピジェネティック修飾のひとつである。細胞をＴＳＡで処理すると、ヒストンのアセチル化レベルが上昇する。これは、この化合物がヒストンにアセチル基を付加する酵素を活性化するためではなかった。実際には、ＴＳＡはヒストンからアセチル基を取り除く酵素を阻害していたのだ。このような酵素は、脱アセチル化酵素、あるいは省略してＨＤＡＣと呼ばれる。[12]

ビクトリア・リションは、**図11・2**に示すようにＴＳＡとＳＡＨＡの構造を並べて比較したのだ。化学に詳しくなくてもＴＳＡとＳＡＨＡがよく似ていること、特に、それぞれの分子の右側の構造がよく似ていることがわかるだろう。ビクトリア・リションは、ＳＡＨＡもＴＳＡと同じようにＨＤＡＣ阻害剤として働いているのではないかと考えた。そして１９９８年、彼女たちは実際に予想通り

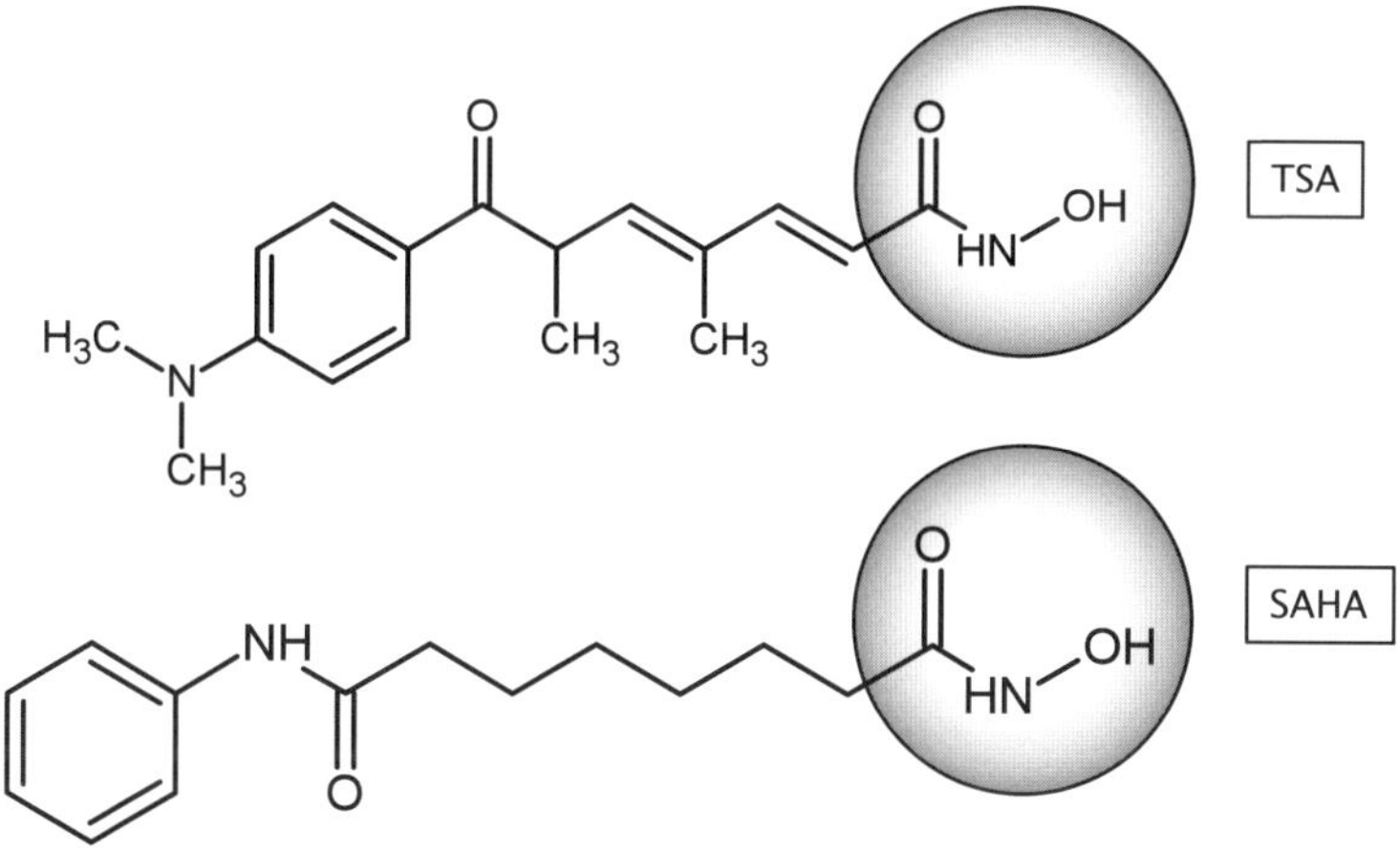

図11.2 TSAとSAHAの構造。最もよく似た場所を丸で示している。C：炭素原子、H：水素原子、N：窒素原子、O：酸素原子。単純にするため、いくつかの炭素原子と水素原子はきちんと表記していないが、2本の直線の交点として炭素原子を表している。

であることを示した。[13] ＳＡＨＡは、ヒストンタンパク質からアセチル基を取り去るＨＤＡＣ酵素を阻害し、その結果ヒストンは多量のアセチル基を付加されたままとなる。

●偶然の域を越えて

5-アザシチジンとＳＡＨＡは、どちらもがん細胞の増殖を止め、エピジェネティック酵素の活性を阻害する。この結果は、エピジェネティック・タンパク質が、がん細胞にとって重要な役割を果たしている、という考えを強く支持している。しかし、結論を急ぎすぎてはいないだろうか？　両者がエピジェネティック・タンパク質に影響を与えたというのは単なる偶然かもしれない。そもそも、二つの化合物が標的とする酵素はまったく別である。5-アザシチジンはＤＮＡにメチル基を付加するＤＮＭＴ酵素を阻害する。一方ＳＡＨＡは、ヒストンタンパク質からアセチル基を取り去るＨＤＡＣファミリーの酵素を阻害する。表面的には、これらは別々の過程のように見える。5-アザシチジンとＳＡＨＡ、どちらもエピジェネティック酵素を阻害するというのは単なる偶然なのだろうか？

エピジェネティクスの研究者は、これはただの偶然ではないと考えている。ＤＮＡメチル化酵素はシチジン塩基にメチル基を付加する。この塩基はＣＧに富む長いＤＮＡ領域に高頻度で存在し、このような領域はＣｐＧアイランドと呼ばれている。このＣｐＧアイランドは、遺伝子の上流に存在して、遺伝子発現を調節しているプロモーター領域に見られる。ＣｐＧアイランドのＤＮＡが高度にメチル化されると、そのプロモーターによって制御されている遺伝子のスイッチはオフになる。別の言い方をすると、ＤＮＡメチル化は抑制的な修飾ということができる。ＤＮＭＴの活性は、ＤＮＡメチル化のレベルを上げて遺伝子を抑制する。これらの酵素を5-アザシチジンで阻害すると、遺伝子発現を上昇させることができる。

ヒストンも遺伝子のプロモーターに存在している。第4章で見てきたように、ヒストンの修飾はとても複雑である。しかし、遺伝子発現への影響という意味では、ヒストンのアセチル化は実に単純である。遺伝子の上流のヒストンが高度にアセチル化されていたら、たいていの場合その遺伝子は高度に発現している。逆にヒストンがアセチル基を失ったら、遺伝子のスイッチはオフになる。それゆえ、ヒストンの脱アセチル化は抑制的な変化である。ヒストン脱アセチル化酵素（ＨＤＡＣｓ）はヒストンからアセチル基を取り除くので、この酵素が働くと遺伝子の発現は抑制される。これらの酵素をＳＡＨＡで阻害すれば、遺伝子発現を上昇させることができる。

これは実に一貫性のある結果である。培養下のがん細胞の増殖を制御し、現在ヒトの治療への利用が承認されている二つの無関係な化合物は、どちらもエピジェネティック酵素を阻害し、どちらも遺伝子発現を上昇させる。さて、ここで生じる疑問は、なぜ遺伝子発現の上昇させることが、がんの治療に有効なのかということである。これを理解するためには、まずがんの生物学を理解する必要がある。

●がんの生物学 入門編

がんとは、細胞の増殖が異常になり、その増殖を制御できなくなった結果引き起こされる。通常、細胞は私たちの体の中で適度な速さで分裂し増殖しており、これは遺伝子ネットワークの複雑なバランスによって制御されている。ある一群の遺伝子は細胞の増殖を促進し、これらの遺伝子はがん原遺伝子と呼ばれることがある。これらは、前章のシーソーの図（図10・5）においてプラス（＋）の印で表されている。また、細胞を制止して分裂し過ぎないようにする遺伝子もある。これらの遺伝子はがん抑制遺伝子と呼ばれ、同じ図の中でマイナス（－）の印で表されている。

がん原遺伝子とがん抑制遺伝子は、本来よい遺伝子でも悪い遺伝子でもない。健康な細胞では、これら2種類の遺伝子の活性は釣り合いが取れている。しかし、これらの遺伝子ネットワークがおかしくなると、細胞増殖は異常な制御を受けるようになる。もしがん原遺伝子が過剰に活性化すると、細胞をよりがんに近い状態に向かわせることになる。反対に、もしがん抑制遺伝子が不活性化すると、もはや細胞増殖を止めることができなくなる。どちらの場合も結果は同じで、細胞は急速過ぎる増殖を始めることになる。

しかし、がんは単に過剰な細胞増殖だけで引き起こされるものではない。もし細胞が急速に分裂するだけで、その他の性質が正常だったら、それらの細胞は良性腫瘍と呼ばれる構造を形成する。良性腫瘍は見た目は良いものではないが、生存に必須な臓器を圧迫するようなことがない限り、その存在自身が私たちの命に関わるようなことはない。一方、十分に発達したがんでは、細胞は過剰に増殖するだけでなく、異常な性質を獲得し、他の組織へ侵入することができる。

ホクロは良性腫瘍の一種である。大腸の内側のポリープと呼ばれる小さな突出物もそうである。ホクロもポリープも、それ自体危険なものではない。問題は、ホクロやポリープがたくさんあると、それらのひとつが次の段階に進んで異常な性質を発達させ、より成熟したがんへ変化する確率が高くなることである。

これはある重要な事実を示唆しており、これまでに数多くの研究によってそれが確かめられてきた。がんは1回限りの出来事で起きるものではない。がんは多段階で起こり、各段階がそれぞれ細胞をより悪性な状態へと変化させる。これは、患者ががんを引き起こしやすい性質を遺伝によって受け継いでいる場合にもあてはまる。遺伝性（家族性）の乳がんがその一例である。*BRCA1*と呼ばれる遺伝子について、変異型のコピーを受け継いだ女性は悪性で治療の難しい乳がんを発症する高いリスクを持つ。しかし、この変異遺伝子を持つ女性でも、すでに悪性化した乳がんを持って生まれるわけではない。いくつもの異常が同じ細胞に蓄積される必要があるため、がんが発達するまでには何年もかかるのがふつうである。

細胞が異常を蓄積すればするほど、ますますがん化に向かっていく。これらの異常は、親細胞から娘細胞に受け継がれなければならない。そうでなければ、それらの異常は細胞分裂の度に失われてしまう。異常はがんが発達する間も受け継がれる必要がある。当然の流れとして、世間の関心は、長い間がん化につながる遺伝子の変異を見つけ出すことに向けられていた。特に注目されていたのが、がん抑制遺伝子である。この遺伝子の変異は家族性のがんにおいて見つかる場合が多い。

ヒトは、たいてい常染色体上にがん抑制遺伝子を2コピーずつ持っている。細胞がしだいにがん化していくと、通常重要ながん抑制遺伝子の両方のコピーのスイッチがオフになる（不活性化される）。多くの場合、これはがん細胞でがん抑制遺伝子に変異があるためである。これは「体細胞突然変異」として知られ、ふつうに体内で起こる変化である。体細胞突然変異と呼ばれるのは、親から子へ伝えられる「遺伝的変異」と区別するためである。がん抑制遺伝子を不活性化する変異にはさまざまなバリエーションがある。ある場合にはアミノ酸配列が変化して、遺伝子が機能的なタンパク質をつくれなくなっているかもしれない。また別の場合では、がん化していく細胞の中で、がん抑制遺伝子を含む染色体の領域が失われてしまっているかもしれない。ある患者では、がん抑制遺伝子の片方のコピーにアミノ酸配列を変化させる変異があり、もう一方のコピーには小さな欠失が起きているかもしれない。

このような例が頻繁に見られるというのは事実である。しかし、がん抑制遺伝子に起きた変異を探すのが困難な場合も多々ある。過去15年間の研究で、がん抑制遺伝子が不活性化されるには、もうひとつ別の機構があることがわかってきた。がん抑制遺伝子は、エピジェネティックな機構を介しても抑制されることがあるのだ。プロモーターのＤＮＡが高度にＤＮＡメチル化される、あるいはヒストンが抑制的な修飾で覆われると、がん抑制遺伝子のスイッチはオフになる。遺伝子は、もとの設計図としての情報を変えることなく不活性化されてしまうのだ。

●がんにおけるエピジェネティック・フロンティア

エピジェネティックな遺伝子抑制が明らかに起きているようながんが、多くの研究室で見出されている。最初の報告のひとつは、明細胞腎がんと呼ばれる腎臓のがんの一種であった。この種のがんが発生するうえで重要なステップのひとつが、*VHL*と呼ばれる特殊ながん抑制遺伝子の不活性化である。１９９４年、ボルチモアのジョンズ・ホプキンス大学医学部のステファン・ベイリンは、*VHL*遺伝子の上流にあるＣｐＧアイランドを調べた。彼らが調べた明細胞腎がんの19％において、ＣｐＧアイランドのＤＮＡが高度にメチル化されていた。このがん抑制遺伝子の発現が、ＤＮＡメチル化によってオフになるという過程は、これらの患者でがんが進行するうえで重要なステップであったと考えられる。[14]

プロモーターのメチル化は、*VHL*がん抑制遺伝子や腎がんに限られた話ではない。ベイリンと彼の同僚は、次に乳がんの*BRCA1*がん抑制遺伝子を調べた。彼らは、この病気に関する家族歴を持たず、数段落前に説明した*BRCA1*の変異が原因ではない症例について解析した。これらの散発性乳がんの13％において、*BRCA1*のＣｐＧアイランドが高度にメチル化されていた。[15] ヒューストンのＭＤアンダーソンがんセンターのジャン＝ピエール・イッサは、ステファン・ベイリンとの共同研究によって、がんで見られる広範なＤＮＡメチル化パターンの異常について報告した。実際、20％以上の大腸がんにおいて、多くの異なる遺伝子のプロモーターが、同時に高いＤＮＡメチル化を受けていることが明らかにされた[16]。

その後の研究によって、がんで変化しているのはＤＮＡメチル化だけではないことがわかってきた。ヒストンの修飾についても、がん抑制遺伝子を抑制している直接的な証拠が得られている。たとえば乳がん細胞では、*ARHI*と呼ばれるがん抑制遺伝子においてヒストンのアセチル化レベルが低くなっている[17]。似たような関係が、非小細胞と呼ばれる肺がんの*PER1*がん抑制遺伝子でも見られる[18]。いずれの場合においても、ヒストンのアセチル化レベルとがん抑制遺伝子の発現には相関が見られ、アセチル化のレベルが低いと遺伝子の発現レベルも低くなっている。これらの遺伝子はどちらもがん抑制遺伝子であるため、その発現が低下すれば、細胞が自身の増殖にブレーキをかけるのが困難になることを意味する。

がん抑制遺伝子が、しばしばエピジェネティックな機構で抑制されているという事実が明らかになってくると、がんに関わる分野の多くの人が、がん治療の新しい方法を開発できるのではないかと興奮した。もしがん細胞で、ひとつ、あるいは複数のがん抑制遺伝子のスイッチをオンに戻すことができれば、がん細胞の狂ったような増殖を阻止できる可能性がある。そうすれば、暴走列車にブレーキをかけられるかもしれない。

がん抑制遺伝子が変異や欠失によって不活性化されている場合、これらの遺伝子の発現をもとに戻すために選べる方法は多くない。遺伝子治療という方法でもとに戻そうとする試みも進められている。

確かに、遺伝子治療が有効に働く場合はあるかもしれない。しかし、決して確実といえるような方法ではない。遺伝子治療に取り組む研究者は、遺伝子治療があらゆる種類の病気に対して効果的な治療法になり得るかもしれない、という人々の希望に応えようと四苦八苦している。遺伝子を適切な細胞に送り届け、そこでその遺伝子のスイッチをオンにすることはきわめて難しい。たとえできたとしても、私たちの体はそのような余分な遺伝子を排除してしまい、治療初期に現れたよい効果が失われてしまうということがしばしば起こる。また、比較的まれなケースだが、治療に用いた遺伝子が逆に細胞の増殖を増加させてしまうという予想外の効果をもたらして、がんを引き起こしてしまうことがある。遺伝子治療を推進する人たちは、まだこの方法を断念したわけではなく、なかには有効な治療法として確かめられたケースもある。[19] しかし、多くの人を治療しなくてはならないがんのような病気に対しては、費用がかかりすぎて難しいというのが現状である。

　これが、がんを治療するためのエピジェネティック薬の開発に、多大な関心が向けられている理由である。その定義に従えば、エピジェネティックな変化はその基礎となるＤＮＡ暗号を変えない。すでに見たように、がん抑制遺伝子の1コピーが、エピジェネティック酵素の働きによって抑制されている患者がいる。このような患者では、正常ながん抑制遺伝子の遺伝暗号は変異によって壊されているわけではないため、適切なエピジェネティック薬によって異常なパターンのＤＮＡメチル化、あるいはヒストンのアセチル化をもとに戻せる可能性がある。もしこれが実現できれば、正常ながん抑制遺伝子のスイッチがオンに戻り、がん細胞を制御可能な状態に戻せるに違いない。

　米国では、ＤＮＭＴ1を阻害する2種類の薬について、臨床的にがん患者へ利用することが食品医薬品局（FDA）によって承認されている。これらは、5-アザシチジン（商標名：Vidaza ビダーザ）と、これとよく似た2-アザ-5′-デオキシシチジン（商標名：Dacogen［Decitabine デシタビン］）である。2種類のHDAC阻害薬も承認されている。これらは、先に紹介したSAHA（商標名：Zonlinza ゾリンザ［vorinostat ボリノスタット］）とロミデプシン（商標名：Istodax）と呼ばれる分子である。ロミデプシンはSAHAと異なった化学構造を持っているが、HDAC酵素を阻害する。

ピーター・ジョーンズは、5-アザシチジンの分子的役割の解明から始まり、その後30年という年月をかけて、ステファン・ベイリン、ジャン=ピエール・イッサとともに、この化合物を研究室から臨床試験へ、そして承認薬剤にするまでにきわめて重要な役割を果たした。ビクトリア・リションは、SAHAという化合物が同じ過程を経るうえでやはり主要な役割を果たした。

2種類の異なる酵素に対するこれら四つの化合物が、がんの治療薬として承認されたという成果は、エピジェネティック治療という分野全体を強力に後押しすることとなった。しかし、どんながんにも効くような万能薬として認められたわけではない。

●奇跡探求の中止

すべてのがんに対して同じように効果を示さないという事実は、がんの研究や治療に携わる分野の人にとっては、それほど驚くようなことではない。有名な新聞でいわゆるがん治療に関する記事を書くジャーナリストは、すべてのがんに効く万能薬をつくれるはずだという脅迫観念を持っているように見えるときがある。一般に研究者は、物事を断定的に述べないように努めているが、がんの治療に唯一の方法などないということについては、ほとんどの研究者が同意するはずである。

その理由として、まずがんの型はひとつではないからだ。おそらくがんという名前を持つ病気は１００種類以上に及ぶだろう。たとえば、乳がんひとつとっても複数の異なる型が存在する。エストロゲンと呼ばれる女性ホルモンに応答して増殖するものもあれば、上皮細胞増殖因子と呼ばれるタンパク質に最も強く応答するものもある。一部の乳がんでは、*BRCA1*遺伝子が不活性化や変異を受けているが、そうでない乳がんもある。また、一部の乳がんは既知の増殖因子のどれにも応答しないが、まだわかっていない何らかのシグナルに応答する。

がんは多段階の過程によって生じるので、似たようながんを患っている二人の患者でも、異なる分子的過程を経て発症しているかもしれない。それらの患者のがんを比べると、変異、エピジェネティック修飾、腫瘍の増殖を推進する他の因子について、かなり異なる組み合わせを持っているかもしれない。つまり、異なる患者には、異なる種類や組み合わせの抗がん剤が必要になるということを意味している。

たとえこのような事情を考慮したとしても、ＤＮＭＴとＨＤＡＣの阻害薬を使った臨床試験の結果は驚くべきものだった。どちらの阻害薬も、乳がん、大腸がん、前立腺がんのような、固形腫瘍に効果的だという結果はまだ得られていない。その代わり、病原体の防御に働く白血球細胞から派生したがんに最も効果的だった。これらは造血系腫瘍と呼ばれる。現在使われているエピジェネティック薬がなぜ固形腫瘍に対して効果を示さないのか、その理由はよくわかっていない。あるいは、大部分のがん細胞は、造血系の腫瘍とは異なる分子機構が存在しているのかもしれない。

が影響を受けるような濃度まで、阻害薬が固形腫瘍の中に入って行かないという可能性も考えられる。

造血系腫瘍に限っても、ＤＮＭＴ阻害薬とＨＤＡＣ阻害薬には差が見られる。２種類のＤＮＭＴ阻害薬は、どちらも骨髄異形成症候群と呼ばれる症状への使用が承認されている。[20・21] これは骨髄の疾患である。

２種類のＨＤＡＣ阻害薬は、いずれも皮膚Ｔ細胞性リンパ腫と呼ばれる別の造血系腫瘍への使用が承認されている。[22] この疾患では、Ｔ細胞と呼ばれる免疫細胞の増殖によって皮膚が浸潤され、目に見える斑や大きな病斑が形成される。

骨髄異形成症候群、あるいは皮膚Ｔ細胞性リンパ腫を発症したすべての患者に対して、これらの阻害薬の投与が有効なわけではない。実際に有効性が確認された患者でも、これらの阻害薬が根本的に病気を寛解させたようには見えない。患者が薬の投与を止めるとがんは本来の勢いを取り戻すので、ＤＮＭＴ阻害薬とＨＤＡＣ阻害薬は、がん細胞の増殖を抑制しているように見える。治癒というよりは制御である。

しかし、これは患者にとっては、余命を延ばしたり、あるいは生活の質を改善したりするという意味で重要な進展である。たとえば、皮膚Ｔ細胞性リンパ腫の患者の多くは病斑による激しい痛みや、耐え難いほどのかゆみに悩まされる。ＨＤＡＣ阻害薬は、患者の余命を改善することはないにしても、がんによるかゆみや痛みなどの症状をとても効果的に抑える場合が多い。

一般的にいって、新しい抗がん剤がどの患者に有効なのかを知るのはとても難しい。これは、がんの治療を目的とした新しいエピジェネティック薬の開発を手掛ける製薬会社が直面している、最も大きな問題のひとつである。5-アザシチジンやＳＡＨＡがＦＤＡによって最初に承認されてから何年も経っている現在でさえ、なぜこれらの阻害薬が他のがんに比べて骨髄異形成症候群や皮膚Ｔ細胞性リンパ腫に有効に効くのかまだわかっていない。人に対する初期の臨床試験において、単に別のタイプのがん患者に比べてこれらの病気の患者に対してより有効な効果が見られたというだけなのだ。試験を行った臨床医がいったんこの傾向に気づいたら、その後の臨床試験はこれらの患者のグループを中心に行われる。

製薬会社がある薬を開発した際、その薬をさまざまながん患者に他の抗がん剤との組み合わせで試し、どのような使い方がベストかを決めるのは方向性としては正しく、それほど難しいことだとは思えないかもしれない。

問題はそのコストである。アメリカ国立がん研究所のウェブサイトをチェックすると、ある特定の薬に対して数え切れないほど多くの臨床試験が進行していることがわかる。２０１１年の2月の時点で、ＳＡＨＡの臨床試験が88もある。[23] 臨床試験にどれだけの費用がかかるかを算出することは難しいが、２００７年のデータに基づいて考えると、患者ひとりあたり2万ドル（約２４０万円）というのが控えめな見積もりである。[24] ひとつの臨床試験で20人の患者を試験すると仮定して、アメリカ国立がん研究所におけるＳＡＨＡの試験だけでかかるコストは３５００万ドル（約42億円）と推計される。全体でかかるコストを考えれば、実際にはもっとかかっていると考えられる。

ＳＡＨＡの特許は、これを最初に開発したコロンビア大学とスローン-ケタリング記念がんセンターの研究者が取得している。彼らはその後、ＳＡＨＡを薬として開発するためアトン・ファーマと呼ばれる会社を立ち上げた。２００４年、皮膚Ｔ細胞性リンパ腫に対して最初に有望な結果が得られた後、アトン・ファーマは巨大製薬会社であるメルクに1億２０００万ドル（約１４０億円）を超える金額で買収された。ＳＡＨＡをこの段階にするまでに、アトン・ファーマは数百万ドル（数億円）を費やしてきた。新薬の発見と開発はお金のかかるビジネスである。比較的最近、ＤＮＭＴ１の阻害薬を販売していた二つの製薬会社が、それぞれ総額約30億ドル（約３６００億円）という額で巨大製薬会社に買収された。[25]もしひとつの会社が、新薬の開発や買いつけのために巨費を投じたら、せっかく臨床試験までできた新薬に対して、別のがんへの応用を模索したり、他の抗がん剤との組み合わせを試したりするなどして、さらに湯水のようにお金を使い続けることは望まないだろう。

当然のことながら、行きあたりばったりではなく、どのような患者に対して有効かという見込みをふまえて臨床試験ができれば、それは大きな進展である。残念なことではあるが、実験動物を用いて特定の抗がん剤が効くがんの種類を予測するのは困難だと、多くの研究者は考えている。ただし、これはエピジェネティック酵素を標的とした抗がん剤だけにあてはまるのではなく、すべての抗がん剤にいえることである。

この問題を回避するため、製薬業界、大学を問わず、研究者はがん治療における次世代のエピジェネティック標的を探している。ＤＮＭＴ１は比較的広い活性を持つ酵素である。ＤＮＡメチル化は、ＣｐＧがメチル化されているか、されていないかだけで決まる、1か0かというような修飾であり、それを維持する酵素であるＤＮＭＴ１に標的の特異性はない。ＨＤＡＣもかなり大雑把な作用の仕方をする。もしＨＤＡＣが、ヒストン・テール領域のアセチル化リシンに接近したら、そのアセチル基を取り除いてしまう。ヒストン・テールにはいくつものリシン残基が存在し、たとえばＨ３を見ても、アセチル化され得るリシンが７つも存在している。ＳＡＨＡが阻害するＨＤＡＣは、最低でも10種類ある。これらの10種類のＨＤＡＣは、どれもＨ３テールの７つのリシンのどこにアセチル基が付加されていてもそのアセチル基を取り除いてしまうだろう。このようなＨＤＡＣをまとめて標的としてしまう阻害剤では、ターゲットの幅が広くなりすぎて、とても標的を絞ったアプローチとはいえないだろう。

●勝つのは容易ではない

このような理由から、いまこの分野は、もっと作用の幅が狭いエピジェネティック酵素に焦点を絞り、各種のがんにおいてどのエピジェネティック酵素が重要な役割を果たしているのか見極めようとしている。その根拠は、作用範囲の限られた酵素であれば、細胞内でのその酵素の役割を特定するのが容易であり、その酵素を標的とした薬剤がどの患者に最もよく効くのかを容易に判断できるようになる、と期待されるからである。

これを実行しようとすると、最初からとても困難な課題に直面する。いったいどの酵素を研究したらよいのだろうか？　ヒストンの修飾を付加したり取り去ったりする酵素（エピジェネティック暗号の書き手と消し屋）は少なくとも１００個は存在するだろう。エピジェネティック暗号を読み取るタンパク質は、おそらく同じくらいの数存在している。さらに面倒なことに、多くの書き手、消し屋、読み手は、それぞれお互いに相互作用している場合が多い。新しい新薬を開発するために、いったいどうやって有望な候補を見つけ出したらよいのだろうか？

５-アザシチジンやＳＡＨＡのように開発のきっかけになるような有望な化合物がない場合は、がんやエピジェネティクスに対する、まだ不完全な知識を頼りにせざるを得ない。ひとつ役に立ちそうなポイントは、ヒストンとＤＮＡの修飾がどのようにして一緒に働いているのかを考えてみることである。

最も強く抑制されたゲノム領域は、ＤＮＡメチル化のレベルが高く、高度に凝縮されている。ＤＮＡはきつく巻き上げられ、遺伝子を転写する酵素がほとんど接近できなくなっている。このような領域がどうしてそこまで強力に抑制されているのか、それが重要なポイントである。そのモデルを**図11・3**に示している。

このモデルでは、抑制がますます強くなっていく悪循環の存在を示している。このモデルから予想されることは、まず、抑制的なヒストン修飾はＤＮＡメチル化酵素を呼び寄せ、そのヒストンの近傍のＤＮＡをメチル化する。このＤＮＡメチル化は、今度は抑制的なヒストン修飾酵素を呼び寄せる。このような永続的なサイクルによって、遺伝子発現にとってきわめて不利な状況がもたらされるのである。

実験データは、このモデルがおおむね正しいということを示唆している。抑制的なヒストン修飾は、がん抑制遺伝子のプロモーターへＤＮＡメチル化を誘引する働きをする。この重要な例のひとつが、前章で紹介したＥＺＨ２と呼ばれるエピジェネティック酵素である。ＥＺＨ２タンパク質はヒストンＨ３の27番目のリシンにメチル基を付加する。このアミノ酸はＨ３Ｋ27と呼ばれる。Ｋはリシンの１

ヒストンの修飾はDNAメチル化酵素や
ヒストンリモデリング因子を呼び寄せる
十分に抑制された染色体
DNAメチル化の増加は、さらにヒストン修飾酵素やクロマチンリモデリング因子を呼び寄せる
クロマチンリモデリング因子は、クロマチンの巻き上げの程度を変化させ、別の修飾が起きる可能性を変化させる

図11.3　異なる種類のエピジェネティック修飾が一緒に作用して、ますます抑制的で、高度に凝縮した染色体領域をつくり出し、結果としてその領域からの遺伝子発現を難しくしているかを描いた模式図。

文字表記である（Ｌはロイシンと呼ばれる別のアミノ酸の表記になる）。

　このＨ３Ｋ27のメチル化自身、遺伝子発現のスイッチをオフにする傾向がある。しかし、少なくともいくつかの哺乳動物細胞では、このヒストンメチル化は同じクロマチン領域にＤＮＡメチル化酵素を呼び寄せる[26・27]。このＤＮＡメチル化酵素にはＤＮＭＴ３ＡとＤＮＭＴ３Ｂが含まれる。これは重要な点である。なぜならば、ＤＮＭＴ３ＡとＤＮＭＴ３Ｂは、それまでＤＮＡメチル化されていなかった場所を新規にＤＮＡメチル化することができる酵素だからである。つまり、高度に抑制されたクロマチンをまったく新しい領域につくり出すことができるのだ。その結果、細胞は比較的不安定な抑制マーク（Ｈ３Ｋ27メチル化）をより安定なＤＮＡメチル化に変換することができる。

　他の酵素も同じように重要な役割を果たしている。ＬＳＤ１と呼ばれる酵素は、ヒストンのメチル基を取り去る、いわゆるエピジェネティック修飾の消し屋のひとつである。[28] この酵素はヒストンＨ３の４番目のリシン（Ｈ３Ｋ４）に対して強力な脱メチル化活性を示す。Ｈ３Ｋ４はＨ３Ｋ27とは反対の作用を持ち、Ｈ３Ｋ４のメチル化が消されると遺伝子のスイッチはオフになる。

メチル化されていないＨ３Ｋ４には数々のタンパク質が結合し、その中のひとつにＤＮＭＴ３Ｌと呼ばれるものがある。名前から想像できるように、これはＤＮＭＴ３ＡやＤＮＭＴ３Ｂと関係している。ＤＮＭＴ３Ｌは、それ自体でＤＮＡをメチル化することはないが、メチル化されていないＨ３Ｋ４にＤＮＭＴ３ＡとＤＮＭＴ３Ｂを呼び寄せることができる。これは、非ＤＮＡメチル化領域に安定なＤＮＡメチル化をもたらすひとつの方法となる。[29]

がん抑制遺伝子のプロモーター領域に位置するヒストンは、おそらくこれら両方の抑制マーク、Ｈ３Ｋ27メチル化とメチル化されていないＨ３Ｋ４を持っており、これらの抑制マークは一緒に働いて、より強力にＤＮＡメチル化酵素を呼び寄せている。

ＥＺＨ２とＬＳＤ１は、どちらもある種のがんで高レベルに発現しており、その発現の程度は、がんの悪性度や患者の生存率と相関がある。[30・31] 基本的に、これらの酵素活性が高いほど患者の予後は悪くなる。

このように、ヒストン修飾とＤＮＡメチル化経路は相互作用している。この事実によって、エピジェネティック治療における謎のひとつが、少なくとも部分的には説明されるかもしれない。５-アザシチジンやＳＡＨＡのような化合物が、なぜがん細胞をコントロールすることはできても、完全にやっつけることができないのか、という謎についてである。

私たちのモデルに従えば、患者に5-アザシチジンを投与している間はＤＮＡメチル化を減らすことができると考えられる。しかし残念なことに、抗がん剤の多くは重い副作用があり、ＤＮＭＴ阻害剤も例外ではない。副作用によって、患者への薬の投与を中止しなくてはならなくなるかもしれない。しかし、患者のがん細胞は、がん抑制遺伝子上にまだヒストンの修飾を持っていると考えられる。いったん患者への5-アザシチジンの投与を止めると、これらのヒストン修飾はまず間違いなくＤＮＭＴ酵素をもう一度呼び寄せて、ふたたび遺伝子発現を安定に抑制し始めるだろう。

臨床試験で5-アザシチジンとＳＡＨＡを一緒に使うことで、エピジェネティックな遺伝子発現抑制をもたらしているＤＮＡとヒストンの両方の要素を同時に阻害して、この悪循環を止めようとしている研究者もいる。この試みが成功するかどうかはまだはっきりしていない。もし成功しなかったとしたら、5-アザシチジンの投与を中断した後で、ＤＮＡメチル化を復活させるのに最も重要な要素は、ヒストンの低アセチル化ではないのかもしれない。あるいは、前述したヒストンのメチル化修飾がもっと重要なのかもしれない。しかし、他にエピジェネティック酵素を阻害する薬はないので、他に選択肢はないというのが現状である。

将来的には、ＤＮＭＴ阻害薬を使う必要はまったくなくなるかもしれない。がんにおけるＤＮＡメチル化とヒストン修飾の関係は絶対的なものではない。ＣｐＧアイランドがメチル化されていれば、下流の遺伝子は抑制される。しかし、がん抑制遺伝子には、メチル化されていないＣｐＧアイランドの下流にあるものや、そもそもＣｐＧアイランドを持っていないものもある。これらの遺伝子では、ヒストン修飾だけの力で発現が抑制されているのかもしれない。[32] その可能性は、これまでエピジェネティック治療の推進に尽力してきた、ヒューストンのＭＤアンダーソンがんセンターのジャン＝ピエール・イッサによって示された。このような例では、阻害薬の標的とする適切なエピジェネティック酵素を見つけることができれば、ＤＮＡメチル化の心配をすることなくがん抑制遺伝子の再活性化を促進することができるかもしれない。

●不安な停戦

エピジェネティックな修飾によって発現が抑えられているがん抑制遺伝子には、その遺伝子が選ばれるような何か特別なことがあるのだろうか？　この点に関して二つの対照的な考えがある。ひとつは、そのような遺伝子には何も特別なことはなく、完全にランダムな過程であるとするものである。このモデルでは、ランダムに選ばれたがん抑制遺伝子がときどき異常なエピジェネティック修飾を受ける。これが遺伝子の発現を変えるとしたら、そのエピジェネティック修飾を持つ細胞は、他の隣り合う細胞よりもちょっとだけ速く増殖するかもしれない。これは細胞増殖に有利に働き、エピジェネティックな変化や遺伝的な変化を徐々に蓄積しながら周囲の細胞より大きく成長し、細胞をよりがんに近い状態にさせる。

もうひとつの考えは、エピジェネティックに抑制されるがん抑制遺伝子は、抑制される過程で何らかの方法で標的にされている、というものである。ランダムな不運などではなく、これらの遺伝子は他の遺伝子よりも高いリスクでエピジェネティックな抑制を受けるというものである。

近年、さまざまな種類の細胞のエピジェネティック修飾を、非常に高い精度で調べることができるようになってきた。その結果わかってきたことは、エピジェネティックな機構で抑制されやすい一連の遺伝子が確かに存在しているということである。

これはとても不自然だ。何十億年という進化は、なぜがんを起こしやすくするような細胞内システムを私たちに残したのか？　私たちはこの背景について考える必要があるだろう。ほとんどの進化的圧力は、できるだけ多くの子孫を残すという目的と結びついている。ヒトが生殖可能な年齢に達するには、初期の発生ができる限り効率よく起こることが重要である。そもそも、胎児という時期を経ないかぎり生殖はできない。いったん生殖可能な年齢に達して幸運にも子孫を残すことができたら、その後何十年も生き続けることは、進化的な意味で考えてもほとんどメリットはない。

進化は、初期発生を効率よく進め、異なるさまざまな組織を生み出すという細胞内メカニズムに対して有利に働いた。これらの組織の多くは、その組織特異的な予備の幹細胞を備えている。私たちの体は、成熟に応じて組織が成長し、組織が損傷した後に再生するための幹細胞を必要とする。これらの組織特異的な幹細胞の運命とアイデンティティ（独自性）は、エピジェネティック修飾の正確なパターンで制御されている。遺伝子発現の調節にエピジェネティック修飾を用いることで、細胞はある程度の柔軟性を保持しているのだ。たとえば、幹細胞はより特殊化した細胞に変化する潜在能力を備えている。がんを考えたときもっと重要なことは、エピジェネティック修飾によって、幹細胞が分裂してより多くの幹細胞を生み出すことができる点である。これが、私たちがたとえ１００年間生き続けたとしても、皮膚細胞や骨髄細胞を使い果たさずにいられる理由である。

エピジェネティックな修飾によるがん抑制遺伝子の発現抑制が、ランダムではなくある程度選択的に起きるのは、遺伝子の発現パターンを完全に固定させない細胞内の仕組みが原因だと考えられる。私たちは両方を手に入れることはできない。細胞に柔軟性を与えている制御システムは、必然的に細胞が異常な方向に進むことを許容するシステムでもある。進化的な用語を使えば、ゴルディロックス状態に対して支払うべき対価といえる〔ゴルディロックスは、「3びきのくま」という童話に出てくる女の子の名前で、童話にちなんで「両極端ではなくちょうどよい状態」のことを指す〕。エピジェネティック経路は、私たちの一部の細胞が、完全な未分化でも完全な分化でもない状態になるように保証している。それらの細胞は、ちょうどワディントンのエピジェネティック・ランドスケープの頂上近くのどこかでうろうろして、いつでも下へ転がり落ちることができる状態にある。

ピーター・ジョーンズと同じく、南カリフォルニア大学に拠点を置いているピーター・レアードは、がん細胞の中で起きる抑制システムのドミノ効果を示した。彼のチームは、がん細胞の中のＤＮＡメチル化のパターンを、特にがん抑制遺伝子のプロモーターに着目して解析した。ＥＳ細胞の中でＥＺＨ２複合体によってヒストンがメチル化されているがん抑制遺伝子は、ＥＺＨ２の標的となっていない他の遺伝子と比べると、12倍も高い頻度で高レベルのＤＮＡメチル化を持っている。この効果について、ピーター・レアードはとても上手に説明している。「もともと可逆的だった遺伝子抑制が、恒久的な抑制に変換され、細胞は永遠の自己再生状態に固定され、それゆえ、その後の悪性化を引き起こしやすくなっている」[33]。このモデルは、がんが幹細胞のような特徴を持っているという考えと一致する。もし細胞が幹細胞様の状態に固定され、エピジェネティック・ランドスケープの下方に位置する細胞へ分化できなくなったら、その細胞は分裂を続けて、自分と同じような細胞をたくさん生み出す危険な存在となる。

ジャン＝ピエール・イッサは、大腸がんでエピジェネティックに発現抑制されている遺伝子を門番（ゲート・キーパー）と表現している。そのような遺伝子は、通常は細胞を自己再生の状態から遠ざけ、十分に分化させる役割を持つ場合が多い。がんにおいてこれらの遺伝子を不活性化することは、自己再生能力を持つ幹細胞様の状態に細胞を固定することに等しい。その結果、細胞は分裂を繰り返し、エピジェネティックな変化や変異を蓄積し、少しずつがんの状態に近づいて行く細胞集団を生み出す。[34]

ワディントンのランドスケープにおいて、頂上付近にずっと居続けている細胞を思い描くのは難しい。私たちは、そこが不安定な場所だと直感的に感じているからである。一度坂を転がり始めたボールは、もとに戻そうとする何らかの力が働かない限りそのまま転がり続けるに違いない。もしボールが途中で止まったとしても、ふたたび動き出して丘を転がり落ちる可能性は十分ある。

何が細胞をこの不安定な場所にとどめているのか？　ボストンのブロード研究所のエリック・ランダーを代表とするグループが２００６年、その答えの少なくとも一部を見つけた。多能性幹細胞としておなじみのＥＳ細胞において、重要な役割を果たす一連の遺伝子が、とても奇妙なヒストン修飾パターンを持っていることが明らかにされた。これらの遺伝子は、ＥＳ細胞が多能性を保つか分化するかを制御する非常に重要な遺伝子である。これらの遺伝子ではヒストンＨ３Ｋ４がメチル化されていた。このメチル化は通常遺伝子のスイッチ・オンの状態と相関する修飾である。ところが、これらの遺伝子ではＨ３Ｋ27もメチル化されていたのである。これは通常遺伝子のスイッチ・オフと関係している修飾である。結果的にどちらの修飾が強いのか？　遺伝子はそもそもオンなのだろうか、オフなのだろうか？
　その答えはどちらでもあり、どちらでもない、ということがわかった。これらの遺伝子は「準備態勢」と呼ばれる状態にある。ほんのわずかな後押しによって、たとえば細胞を分化する方向へ進めるような培養条件の変化によって、これらのメチル化のうちのどちらかが失われる。エピジェネティックな修飾によって、遺伝子のスイッチは完全にオンになるか、あるいは完全にオフにされる。[35]
　これはがんにとってとても重要なことである。ステファン・ベイリンは、ピーター・ジョーンズとジャン＝ピエール・イッサに続いて紹介した3番目の人物であり、エピジェネティック治療を実現するのに多くの貢献をした人物である。彼は、これらの準備態勢のヒストン修飾が、初期のがん幹細胞に見られ、がん細胞のＤＮＡメチル化パターンを決定するのに重要であることを示した。[36]
　もちろん、他の出来事も起きているに違いない。何歳まで生きてもがんにならない人もいる。がんになる人では、通常の幹細胞の修飾パターンが乱されて固定され、その結果、細胞が異常に増殖する状態にロックされるような何かが起きているはずである。喫煙者で肺がんのリスクが高くなるように、がんのリスクに対して環境が大きな影響を持つことは知られているが、環境とエピジェネティクスがどのように関係しているのかについてはよくわかっていない。
　がんになった人には、単に運が悪かったという側面もあるかもしれない。おそらく、エピジェネティックな暗号を、書く因子、読み取る因子、取り除く因子の活性や局在の程度は、個人によってランダムなバラツキがあると考えられる。また非コードＲＮＡの発現についても同様である。
　*DNMT3A*と*DNMT3B*のｍＲＮＡの3′ＵＴＲには、*miR-29*と呼ばれるｍｉＲＮＡファミリーの

結合部位が存在している。通常このｍｉＲＮＡは、*DNMT3A*と*DNMT3B*のｍＲＮＡに結合して下方制御する。肺がんでは、これらのｍｉＲＮＡのレベルが減少し、その結果、*DNMT3A*と*DNMT3B*の発現が上昇する。これは、がん抑制遺伝子のプロモーターにおける、新規のメチル化を上昇させる可能性が高い[37]。

ｍｉＲＮＡとエピジェネティック酵素の間にも、フィードバック・ループが存在している可能性が高い。**図11・4**に示すように、もしこの経路の一方に異常が起きたら、細胞内の異常な制御をますます強め、結果として別の悪循環を生み出す可能性が考えられる。この例では、ｍｉＲＮＡが特定のエピジェネティック酵素を制御し、この酵素がｍｉＲＮＡのプロモーターを修飾している。この場合、エピジェネティック酵素は抑制的な修飾をつくり出している。

がん患者の治療を目的とした次世代エピジェネティック薬を開発しようとしたら、理解しなくてはならないことがまだたくさんある。どの薬がどの疾患によく効いて、どの患者の役に立つのかを知る必要がある。これを前もって知ることができれば、数多くの臨床試験をあてにしなくてもよくなる。まだ改善の必要はあるものの、5-アザシチジンとＳＡＨＡががんの治療に効果を上げているという事実は、少なくともがんのエピジェネティック治療は可能である、という安心感を私たちにもたらしている。

次章で見ていくように、エピジェネティックな問題はがんに限った話ではない。欧米社会で特に問題となっているある疾患においては、いまだ臨床的な対処法が十分ではなく、エピジェネティックな治療法を試すまでの道のりはがんの場合よりもさらに遠い。その疾患とは、精神病である。

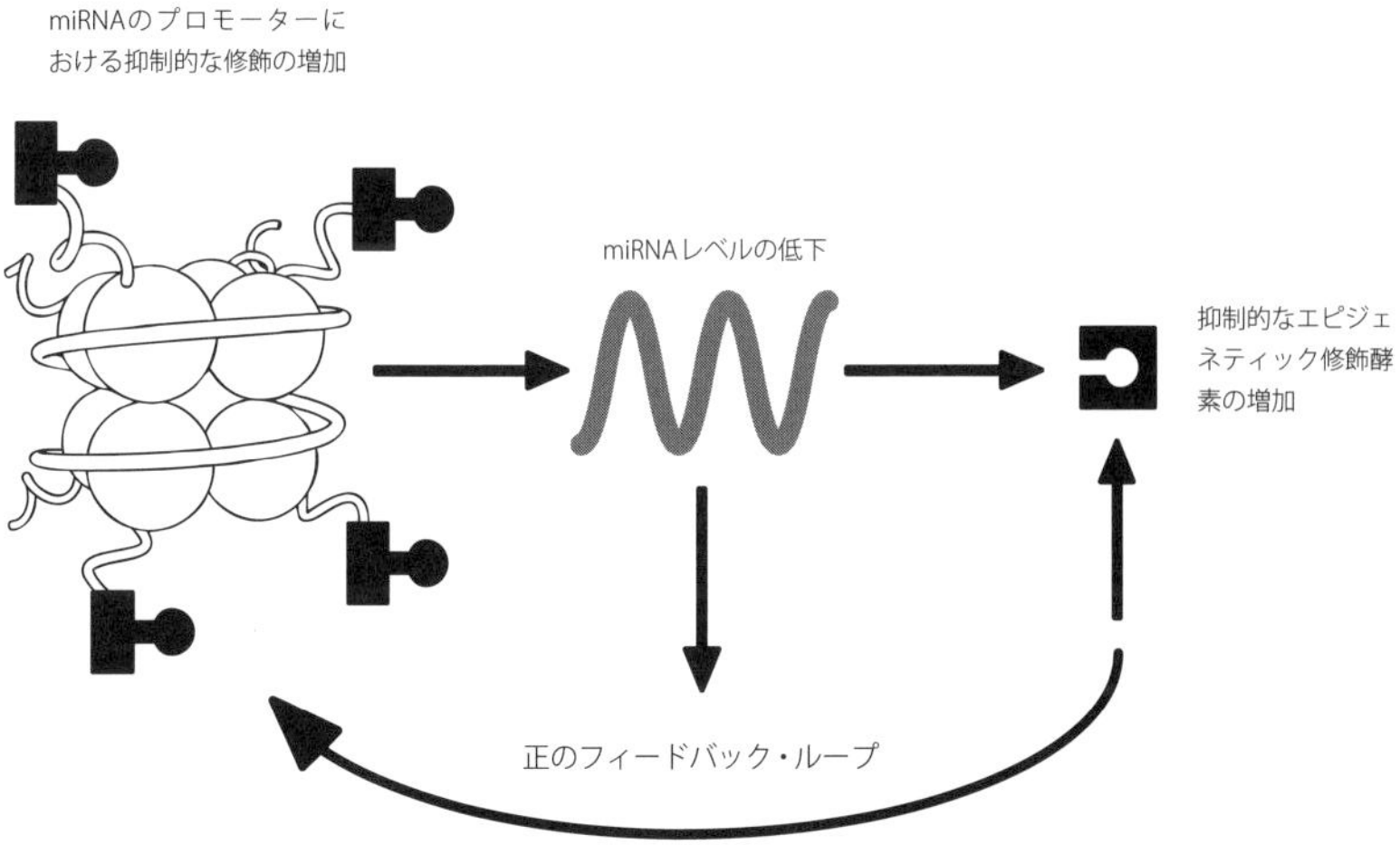

図11.4　miRNAを介したフィードバック・ループ。あるマイクロRNAは、通常、抑制的なクロマチン状態をつくり出すエピジェネティック酵素の発現を制御しているが、マイクロRNAの発現がこのエピジェネティック酵素によって定常的に低下させられることで起きる正のフィードバック・ループを示している。

THE EPIGENETICS
REVOLUTION

第12章

心の中のすべて

第12章

心の中のすべて

心というものは、それ自身独自の世界であり、みずからの内で地獄を天国に変え、また天国を地獄に変える

ジョン・ミルトン『失楽園』より

出版業界において、過去10年の間に目立った流行のひとつは、「トラウマ私小説」の台頭である。このジャンルの書籍では、著者は幼少期のつらい時代について紹介し、どのようにそれを乗り越えて、成功し、充実した成人になったのかを語っている。このジャンルはおもに二つのカテゴリーに分けられる。ひとつは、貧乏だけど幸せ、という話であり、「私たちは何も持っていないけど、愛がある」といったような物語である。もうひとつは、貧乏な場合も貧乏じゃない場合もあるが、前者より深刻な話である。児童虐待や育児放棄（ネグレクト）という悲惨な話に焦点を絞ったもので、このような回顧録のいくつかは大ヒットしている。デイヴ・ペルザーの『〝It（それ）〟と呼ばれた子』（田栗美奈子 訳、青山出版社、１９９８年）は、おそらくこのカテゴリーの中で最も有名な書籍であり、６年以上もニューヨーク・タイムズのベストセラーリストに挙がっていた。

そのような回顧録における主張の大部分は、逆境を克服するという側面にあるように見える。読者は、つらい人生の出発点にもかかわらず、最終的に幸せでバランスの取れた大人に成長した、という物語を読んで元気をもらっているようだ。確かに私たちは、不利な状況を克服して勝者になった人を賞賛する。

このような話を私たちがたたえる背景には、とても明白な事実がある。それは、「早期幼児期に起きた出来事がその人の成人期にきわめて重要な影響を与える」ということ、さらに「初期のトラウマによる影響は克服するのがとても難しい」ということを、私たちが当然のように考えていることである。おそらく、このような逆境を克服した成功者はとても珍しい、ということを知っているからこそ、読者として彼らを賞賛するのだろう。

早期幼児期の恐ろしい体験は、実際に成人期に劇的な影響を及ぼすのは事実であり、いろいろな意味で私たちの考えは正しい。そのような影響を調べるにはさまざまな方法があるが、正確な数値によって評価するのは難しいかもしれない。しかし、明らかな傾向は存在する。たとえば、児童虐待やネグレクトを経験することで、成人期における自殺のリスクが、通常の人に比べて3倍も高くなる。虐待を受けた子どもは、成人になって深刻なうつ病を発症するリスクが、少なく見積もっても50%以上高くなり、しかもうつ病からの回復が難しい。また、児童虐待やネグレクトを受けた人は、統合失調症、摂食障害、人格障害、双極性障害、全般性不安などの、幅広い症状に対して明らかに高いリスクを持つ。彼らは薬物やアルコール中毒にもなりやすい[1]。

若い頃の虐待やネグレクトは、明らかにその後の人生で精神神経疾患を発症する主要なリスク要因となる。なぜそのようなことが起きるのか。この因果関係について、私たちがほとんど疑問に思っていないのは実に不思議なことである。一見すると自明に見えるが、そうではない。たとえば2年間続いた出来事が、なぜ何十年も後までその人に悪影響をもたらすのだろうか？　よく聞かれる説明は、子どもは初期の経験によって「心理的にダメージを受けた」というものである。これは真実に違いないが、因果関係の理解に役立つものではない。なぜかというと、「心理的ダメージ」という言葉は、説明ではなく単なる記述でしかないからだ。これはとても説得力があるように聞こえるかもしれない。しかし、実際には何も説明していないに等しい。

この問題に取り組む科学者は、この記述を取り上げて別のレベルで実証してみたいと考えるかもしれない。この心理的ダメージの下にある分子的事象はいったい何なのか？　虐待やネグレクトを受けた子どもの脳内では、いったい何が起きて、どうして大人になってから精神的な問題を抱えやすくするのか？

この問題を分子的に解明しようとするアプローチには、別の学問分野、ときには学問分野からも離れた異分野からも異論が唱えられることがある。これはかなり不可解なことだ。生物学的な影響に分子的な基盤が存在しているということを受け入れなければ、いったい私たちに何が残されるというのか？　たとえば、フロイト派のセラピストであればプシケ（Psyche：心）を引き合いに出し、宗教的な人であれば精神を引き合いに出そうとするかもしれない。しかし、これらはどちらも概念的なものであり、確固とした物理的基盤を持たない。このような概念に基づくシステムの中では、すべての科学研究の基礎である「検証可能な仮説」を構築するのが難しい。多くの科学者は、そのような概念的なシステムで研究することにほとんど魅力を感じない。心や精神といった、物理的な実体を持たず、体の一部と考えられている何らかの存在を前提にしたシナリオに安易に従うのではなく、物理的な基盤を持つメカニズムを知りたいのだ。

これは文化的な衝突を生むかもしれないが、それは誤解である。科学者は、目に見えることには物理的基盤があると考えるはずである。本章のトピックとして私たちが提起する仮説は、「早期幼児期の経験は、発生の重要な時期の脳にある物理的変化をもたらす」というものである。この変化は、最終的に成人になってから精神的な問題を起こすリスクに影響を与える。これは、哲学でいう機械論的な説明に聞こえるかもしれない。確かに詳細を欠いた説明ではあるが、本章でその詳細の一部を埋めていきたいと思う。機械論的な説明は、あまりにも決定論的に聞こえるので、私たちの社会にはあまりなじまないかもしれない。ただし、機械論的な説明は誤った解釈をされている場合が多く、たとえば、私たち人間は、基本的にある刺激に対して決まった行動を取るようにプログラムされたロボットである、というような考えを意味するものと捉えられている。

しかし、これは必ずしもすべてにあてはまるものではない。もしシステムが十分に柔軟であれば、ひとつの刺激が常に同じ結果をもたらすとは限らない。虐待やネグレクトを受けたすべての子どもが、弱くて不健全な大人に成長するわけではない。ひとつの現象は、決定論的になることなく、機械論的な基礎を持ち得るはずである。

人の脳は、幼児期の経験が似たようなものであっても、成人期に異なる結果を生み出すような、十分な柔軟性を備えている。私たちの脳は1000億個の神経細胞（ニューロン）を持っている。個々のニューロンは、1万個の別のニューロンとつながり、驚くべき三次元的格子（グリッド）を形成している。その結果として、このグリッドは、1000兆個、1,000,000,000,000,000個の連結を含んでいる。これは想像が難しいので、個々の連結を1ミリの厚さのディスクと想定してみよう。1000兆個のディスクを積み上げると、太陽までの距離（地球から1億5000万キロ）を3往復以上することになる。

これだけ膨大な数の連結があることを考えたら、私たちの脳が高い柔軟性を備えていると考えてまったく問題ないだろう。しかし、連結はランダムではない。巨大なグリッドの中には、他の場所と比べて互いに結びつきをつくりやすい細胞のネットワークがある。これは、きわめて高い柔軟性と、ある種のグループ化による制約との組み合わせであり、機械論的でありながら、完全には決定論的ではないシステムとよく一致している。

●三つ子の（エピジェネティック）魂百まで

幼児期に受けた虐待による後遺症について、エピジェネティックな要因を想定する理由は、そもそもこの後遺症にはきっかけとなる出来事があり、その出来事が去ったずっと後でもその影響が続いている、という現象を私たちが見ているからである。長期にわたって影響を及ぼす幼児期のトラウマは、エピジェネティックな仕組みによって伝えられるさまざまな影響を思い起こさせる。私たちはすでにいくつかの例を見てきた。腎細胞や皮膚細胞などの分化した細胞では、その細胞に分化せよ、という最初の指令が消えた後でも、自分の細胞の種類をきちんと覚えている。オードリー・ヘップバーンは、

10代で経験したオランダの冬の飢饉の間の栄養不良が原因で、生涯にわたって健康障害に悩まされていた。発生段階においてスイッチをオフにされたインプリント遺伝子は、その後ずっとオフのまま維持される。エピジェネティックな修飾は、実際のところ、細胞のある状態を長期間にわたって維持することを可能にする唯一のメカニズムである。

エピジェネティクスの研究者が検証すべき仮説は「早期幼児期のトラウマが脳での遺伝子発現を変化させ、その変化がエピジェネティックな仕組みによって生み出される、あるいは維持される（あるいはその両方）」ということである。エピジェネティクスを介した遺伝子発現の異常は、成人になってから精神疾患にかかるリスクを高める要因となるはずである。

近年、これが単なる魅力的な仮説にとどまらないことを示唆する結果が出てきている。エピジェネティックなタンパク質は、初期のトラウマの影響を記憶するのに重要な役割を果たしていたのだ。そればかりでなく、それらのタンパク質は、成人のうつ病や薬物中毒、そして「正常な」記憶にも関与していたのである。

この分野における数多くの研究の中心は、コルチゾールと呼ばれるホルモンである。これは肝臓の上に位置する副腎で、ストレスに応答してつくり出される。ストレスがかかればかかるほど、より多くのコルチゾールが生み出される。測定時にその人が精神的に健康であったとしても、幼児期のトラウマがある人の方が、コルチゾールの産生が高くなる傾向がある[2・3]。これは、幼児期に虐待やネグレクトを経験したことのある成人は、同年代の他の人に比べて、受けているストレスの程度が高いことを示している。つまり、彼らの体は慢性的にストレスを受けているのだ。精神疾患の発症は、がんの発症に少し似ている点がある。その人が臨床的に病気になる前に、分子レベルでいくつも異常なことが起きる必要がある。虐待を過去に経験した人が受けている慢性的なストレスは、その人を病気発症の閾値に近づける。これが精神疾患のリスクを高めることになるのである。

では、コルチゾールの過剰発現はどうやって起きるのか？　そもそもこれは、腎臓から離れた私たちの脳で起きた出来事の結果である。これにはシグナル伝達カスケード全体が関与している。脳のひとつの領域でつくり出された化学物質は他の領域に作用する。次にこれらの領域が反応して別の化学物質をつくり出し、この過程が続いていく。最終的に化学物質は脳から離れ、副腎にシグナルを伝えコルチゾールがつくられる。子どもが虐待を受けている間、このシグナル伝達カスケードはとても活性化している。虐待を過去に経験した多くの人では、このシステムが、まるでその人がまだ虐待を受け続けている状況にあるかのようにシグナルを送り続けている。これは、集中暖房のサーモスタットが壊れて、2月の気温だと勘違いして8月にボイラーやラジエーターが動き続けているような状況である。

この一連の過程は、海馬（hippocampus）と呼ばれる脳の部位から始まる。海馬はタツノオトシゴを意味する古代ギリシャ語に由来し、実際にタツノオトシゴと形が少し似ている。海馬はコルチゾールの経路をどれくらい活性化したらよいかを制御する、マスター・スイッチの役目を果たしている。これを**図12・1**に示している。この図において、プラス（＋）はリンクした先を活性化することを意味している。マイナス（－）は逆で、線でつながれた先の活性を下げるという意味である。

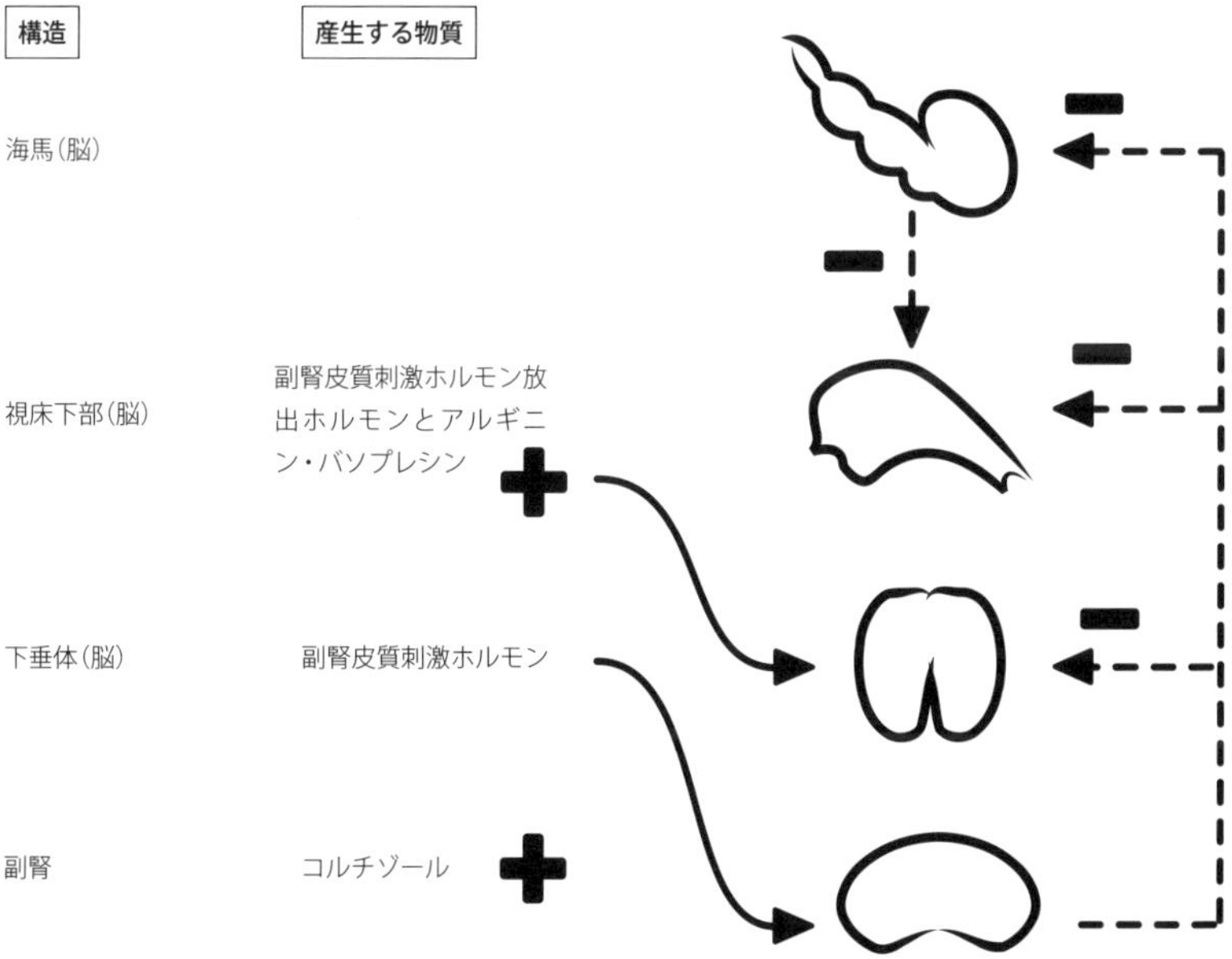

図12.1 ストレスに応答したシグナル伝達は、脳の選択的領域における連続的な事象を引き起こし、最終的に副腎からストレスホルモンであるコルチゾールの遊離につながる。ふつうの状態ではこのシステムは、ストレス応答経路の過度な活性化を抑制する負のフィードバック・ループによって制御されている。

ストレスに応答した海馬の活性の変化によって、視床下部は副腎皮質刺激ホルモン放出ホルモンとバソプレシンと呼ばれる二つのホルモンを放出する。これらの二つのホルモンは下垂体を刺激し、応答した下垂体は副腎皮質刺激ホルモンと呼ばれる物質を血液中に放出する。副腎の細胞がこのホルモンを受け取ると、コルチゾールを放出する。

この経路には優れたシステムが組み込まれている。コルチゾールは血液の流れによって体内を巡り、一部は脳に戻ってくる。図に示された三つの脳の構造は、すべてコルチゾールを認識する受容体を持っている。コルチゾールがこれらの受容体に結合すると、これらの脳の各構造の興奮を静めるようなシグナルを出す。海馬はこのシグナル伝達に関わるすべての器官を抑制するシグナル送ることができるので、海馬においてこのような負の制御が起きるのは特に重要である。これはよく知られた負のフィードバック・ループである。コルチゾールの産生はさまざまな組織に情報を返し、最終的にはコルチゾール産生の低下につながる。このフィードバックの機構は、私たちが常に過剰なストレスにさらされるのを防いでいる。

しかし、幼児期に虐待を受けた成人は、実際に過剰なストレス下にあることがわかっている。彼らは常に過剰なコルチゾールをつくり出している。このフィードバック・ループの何かがおかしくなっているに違いない。これが実際に人で起きていることを示した研究がいくつかある。これらの研究では、脳や脊髄を包む、脳脊髄液中の副腎皮質刺激ホルモン放出ホルモンの量を解析した。予想された通り、幼児期に虐待を受けた人は、そうでない人に比べて副腎皮質刺激ホルモン放出ホルモンの量が多かった。これは、実験を行ったときに健康だった人でも同じ結果だった。[4・5] 人を対象にした研究によって、ストレスとの関係をさらに深く調べるのは難しいため、多くの発見はあるモデル生物を利用し、その結果を人での場合と関連づけることによってもたらされた。

●リラックスしたラットとくつろいだマウス

研究に有用なモデル生物のひとつは、高い育児能力を持つラットである。ラットの赤ちゃんは、生まれてから最初の1週間は母親になめられ、毛づくろいされて育てられる。ある母親ラットはこのような行動を上手にこなし、別の母親ラットはあまり得意でなかったりする。上手な母親は、次に妊娠して新しい赤ちゃんが産まれたときも上手に行う。なめたり毛づくろいしたりすることにあまりやる気がない母親の場合、一緒に生まれたすべての子どもに対して同様なふるまいをする。

このように子育ての仕方の異なる母親によって育てられた子どもを、成長して一人前になってから調べると、とても面白い影響が見えてくる。大人になったラットを弱いストレス下に置いてみる。赤ちゃんのときになめられて毛づくろいされたラットはきわめて落ち着いている。一方、赤ちゃんのときにあまり母親の愛情を受けなかったラットは、弱いストレスに対してとても激しく反応する。赤ちゃんのときに一番よくなめられて毛づくろいされたラットは、大人になってから一番落ち着いている。

このようなラットの行動をもとにして、新しく生まれたラットの子どもを、育児上手な母親から育児下手な母親へ移す実験、またそれとは逆の実験が行われた。これらの実験によって、大人になってからのストレスに対する反応は、生まれて最初の週に受けた愛情に依存することがはっきりと示された。なめたり毛づくろいをしたりするのがあまり上手じゃない母親から生まれた赤ちゃんでも、上手な母親に育てられると落ち着いた大人のラットに成長する。
弱い刺激を与えられたときのラットの行動を評価したところ、愛情を持って育てられたラットが受けるストレスのレベルが低いことがわかった。実際にラットのホルモン状態を調べたところ、その影響は予想された通りだった。落ち着いたラットでは、視床下部の副腎皮質刺激ホルモン放出ホルモンのレベルは低く、血中の副腎皮質ホルモンも低かった。また、コルチゾールも上手に養育されなかったラットに比べて低かった。

上手に育てられたラットにおいて、ストレスに対する過剰な応答を抑える重要な役割を果たしていたのは、海馬でのコルチゾール受容体の発現だった。これらのラットでは受容体を高いレベルで発現していた。その結果、海馬の細胞は少量のコルチゾールでもとても効率よく感知することができ、負のフィードバックを介して下流のホルモン経路が抑制される。

赤ちゃんラットがなめられたり毛づくろいされたりする最も重要な時期から数か月が過ぎた後でも、海馬のコルチゾール受容体の発現は高いまま維持されていた。生まれてすぐの7日間に起きた出来事が、一生涯にわたって続く影響をもたらしたのだ。

このように影響が長く続くのは、母親によってなめられて毛づくろいしてもらった初期の刺激が連鎖的な反応を引き起こし、コルチゾール受容体遺伝子におけるエピジェネティックな変化につながったためと考えられる。このような変化は、発生のとても早い段階の脳が最も柔軟な時期に起きたと考えられる。柔軟な時期とは、遺伝子の発現パターンや細胞内の活性を最も簡単に修正できる時期という意味である。成長するにつれて、これらのパターンは適切な位置で落ち着く。ラットが生まれて最初の1週間が重要だというのはこのためである。

実際に起きている変化を**図12・2**に示している。赤ちゃんラットが頻繁になめられて毛づくろいされると、脳内の快楽物質のひとつであるセロトニンを産生する。これは海馬でエピジェネティック酵素の発現を促進し、最終的にコルチゾール受容体遺伝子のDNAメチル化の低下を引き起こす。DNAの低メチル化は遺伝子の高発現と関連する。結果として、コルチゾール受容体は海馬で高発現され、ラットを比較的リラックスした状態に保つことができる[6]。

これは、人生初期の出来事がいかに長期にわたる行動に影響を与えるかを説明する、とても興味深いモデルである。しかし、脳の決定的な領域における重要な遺伝子で、DNAメチル化の変化が見られたとはいえ、たったひとつのエピジェネティック変化が唯一の答えだというのは考えにくい。上記の研究が報告された5年後、別のグループによる論文が報告された。この論文もエピジェネティックな変化の重要性を示しているが、別の遺伝子における変化であった。

このグループはマウスを使って幼少期ストレスの影響を調べた。彼らは、赤ちゃんマウスを生まれた直後から10日間、毎日3時間母親から隔離するという実験を行った。なめられたり毛づくろいされたりしなかったラットと同じように、このような赤ちゃんマウスは、ストレスに対して過剰に反応するマウスに成長する。上手に養育されなかったラットと同じように、弱いストレスに応答して産生されるコルチゾールのレベルが高くなる。

このマウスの研究ではアルギニン・バソプレシン遺伝子が調べられた。図12・1に示すように、アルギニン・バソプレシンは視床下部から分泌され、下垂体からの副腎皮質刺激ホルモンの分泌を刺激

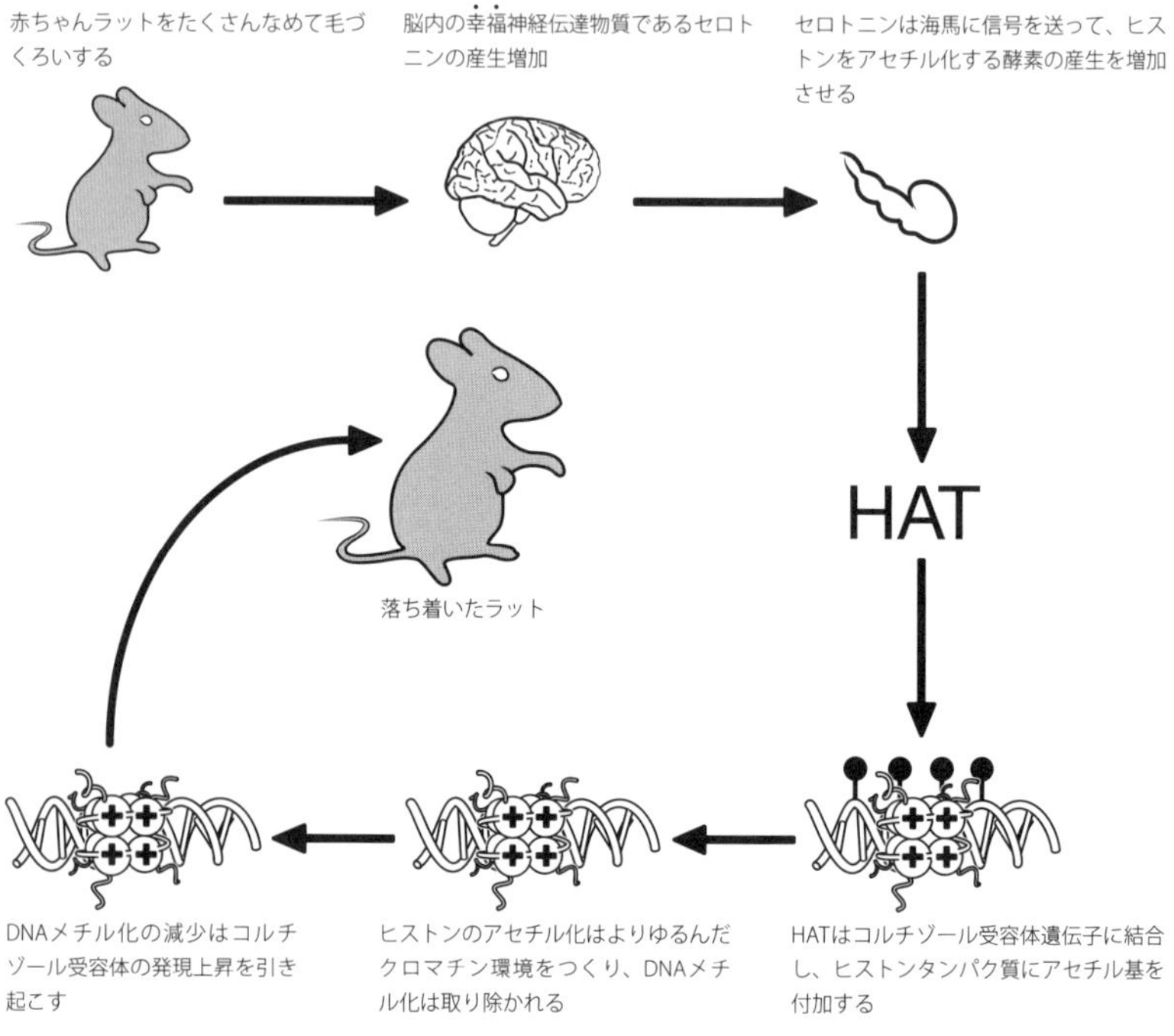
赤ちゃんラットをたくさんなめて毛づくろいする
脳内の幸福神経伝達物質であるセロトニンの産生増加
セロトニンは海馬に信号を送って、ヒストンをアセチル化する酵素の産生を増加させる
HAT
落ち着いたラット
HATはコルチゾール受容体遺伝子に結合し、ヒストンタンパク質にアセチル基を付加する
ヒストンのアセチル化はよりゆるんだクロマチン環境をつくり、DNAメチル化は取り除かれる
DNAメチル化の減少はコルチゾール受容体の発現上昇を引き起こす

図12.2　赤ちゃんラットへの十分な養育は、連続的な分子的事象を引き起こし、脳内でコルチゾール受容体の発現を上昇させる。この受容体の発現上昇は、コルチゾールに対する脳の反応を高め、図12.1で説明した負のフィードバック・ループを介したストレス応答の下方制御の効率も高める。

する。赤ちゃんのときに母親から隔離されるというストレスを与えられたマウスでは、アルギニン・バソプレシン遺伝子のＤＮＡメチル化が減少していた[7]。これはアルギニン・バソプレシンの産生を増加させ、ストレス応答を刺激することとなる。

ラットとマウスの実験は二つの重要なことを示している。ひとつは、幼少期の出来事が大人になってからのストレス応答につながるとき、おそらく複数の遺伝子が関与するということである。コルチゾール受容体遺伝子とアルギニン・バソプレシン遺伝子は、どちらも齧歯《げっし》類におけるストレス応答に寄与し得る。

二つ目は、特定のエピジェネティック修飾は、それ自体が良い、あるいは悪いといえるものではないということである。重要な点は、その修飾がどこに起こるかということである。ラットのモデルでは、コルチゾール受容体遺伝子におけるＤＮＡメチル化の減少は、いわば良いことである。このＤＮＡメチル化の減少は受容体の産生を増加させ、ストレス応答の全般的な抑制につながる。一方、マウスのモデルでは、アルギニン・バソプレシン遺伝子におけるＤＮＡメチル化の減少は反対に悪いことである。このＤＮＡメチル化の減少はこのホルモンの発現を上昇させ、ストレス応答を刺激することになる。

マウスのモデルにおける、アルギニン・バソプレシン遺伝子のＤＮＡメチル化の減少は、ラットの海馬でコルチゾール受容体遺伝子の活性化に使われていた経路とは異なる経路を介して起きている。マウスのモデルにおいて、母親から隔離されたマウスは、視床下部の神経の活性化を引き起こす。これは、あるシグナル伝達カスケードを作動させ、MeCP2タンパク質に影響を及ぼす。第4章で見てきたように、MeCP2はメチル化されたＤＮＡに結合して、遺伝子発現の抑制を助けるタンパク質である。このMeCP2の遺伝子は、重篤な神経疾患であるレット症候群で変異を受けている遺伝子でもある。エイドリアン・バードは、MeCP2タンパク質が神経できわめて高く発現されていることを明らかにした[8]。

MeCP2タンパク質は、通常アルギニン・バソプレシン遺伝子上のメチル化されたＤＮＡに結合している。しかし、ストレスを与えられた赤ちゃんマウスでは、前段落で述べたシグナル伝達カスケードが、MeCP2タンパク質にリン酸と呼ばれる小さな化学基を付加する。そして、このリン酸が付加されたことによって、MeCP2はアルギニン・バソプレシン遺伝子から離れる。MeCP2の重要な役割のひとつは、自身が結合している遺伝子に他のエピジェネティック・タンパク質を呼び寄せることである。これらのタンパク質は、共同してそのゲノム領域により多くの抑制的マークを付加する。リン酸化されたMeCP2がアルギニン・バソプレシン遺伝子から離れると、これらのエピジェネティック・タンパク質を引きつけることができなくなる。このため、標的遺伝子のクロマチンは抑制マークを失うことになる。抑制的な修飾に代わって、ヒストンアセチル化のように、遺伝子の活性化を促進する修飾が付加される。最終的に、もともと存在していたＤＮＡメチル化さえも失われてしまう。

驚くべきことに、これらすべての出来事は、マウスが生まれてから最初の10日間に起きているのだ。その後ニューロンは可塑性を失ってしまう。この可塑性が失われる段階で存在するＤＮＡメチル化パターンは、その場所の安定なパターンとなる。もしＤＮＡメチル化が低ければ、アルギニン・バソプレシン遺伝子は異常なほどに高発現されることとなる。このように、幼少期の出来事はエピジェネティックな変化を引き起こし、それが効率よく固定化されてしまう。これが、最初のストレスが消えて長い時間が経った後でも、異常なホルモンの産生によって動物が高いストレスを受け続ける理由である。

●心の奥底で

幼少期ストレスに関する齧歯類モデルで見られたいくつかの変化は、人にもあてはまることを示唆するデータが得られつつある。前に述べたように、実験の実施上の問題、さらに倫理的な問題から、人を対象にして同じような実験を行うことは不可能である。それでも、いくつかの興味深い相関が見られている。

ラットをモデルにした最初の実験は、モントリオールにあるマギル大学のマイケル・ミーニイ教授によって行われた。彼のグループはその後、人の脳、不幸にも自殺で亡くなった人の脳のサンプルを使って、興味深い研究を行っている。彼らは、自殺した人の海馬における、コルチゾール受容体遺伝子のＤＮＡメチル化を調べた。彼らのデータでは、早期幼児期に虐待やネグレクトを受けた人の脳では、ＤＮＡメチル化が高いという傾向が示された。反対に、幼児期のトラウマを持たない自殺者では、同じ遺伝子のＤＮＡメチル化は比較的低かった。[9] 虐待の被害者に見られた高いＤＮＡメチル化は、コルチゾール受容体遺伝子の発現を抑制すると考えられる。これは、負のフィードバック・ループの効率を悪くし、循環するコルチゾールの量を増加させるだろう。この結果は、十分に母親の養育を受けられず、ストレスを受けたラットにおいて、海馬のコルチゾール受容体遺伝子のＤＮＡメチル化が高かったという結果と一致している。

もちろん、精神疾患を発症している人は、何も幼児期に虐待を受けた人だけではない。世界全体でみたうつ病患者の数は驚くべきものである。ＷＨＯは世界全体で1億２０００万人以上の人がうつ病を患っていると推測している。うつ病に関連した自殺は年間85万人に達し、２０２０年までに世界で2番目に大きな疾病負荷（経済的コスト、死亡率、疾病率で計算される健康問題の指標）になると推測されている。[10]

１９９０年代初め頃、アメリカ食品医薬品局がＳＳＲＩ（選択的セロトニン再取り込み阻害薬）と呼ばれる種類の薬を承認したことによって、うつ病の治療が大きく前進した。セロトニンは神経伝達物質で、ニューロン間のシグナルを伝える。セロトニンは快楽刺激に反応して脳に放出される。これは幸せな赤ちゃんラットの話で出てきた快楽物質である。うつ病患者の脳内では、セロトニンのレベルが低く、ＳＳＲＩは脳内のセロトニンのレベルを上昇させる。

セロトニンのレベルを上げる物質が、うつ病の治療に有効なのはわかりやすい。しかし、この作用には不思議なことがある。患者がＳＳＲＩによる治療を受けると、脳内のセロトニンのレベルは急激に上昇する。しかし、深刻なうつ病の症状が改善されるまでには、通常少なくとも4～6週間はかかる。

これは、単に脳内で1種類の化学物質の量が少ないためにうつ病が起きているわけではなく、それ以外にも原因があるということを示唆している。うつ病の症状がひと晩で現れることはきわめてまれであり、インフルエンザにかかるのとは様子が異なる。多くの証拠は、うつ病を発症するまでには、もっと長い時間をかけた変化が脳内で起きていることを示している。このような変化には、ニューロン間の連結の数の変化も含まれるだろう。さらに、ニューロン間の連結の数の変化は、神経栄養因子と呼ばれる化学物質のレベルに依存している。[1-1] この化学物質は脳細胞の正常な機能と生存を助けている。

うつ病の研究は、神経伝達物質のレベルに基づく単純なモデルから、より複雑なネットワーク・システムへ移っている。このシステムでは、ニューロンの活動とあらゆる種類の因子との間の複雑な相互作用が関与している。そのような因子には、ストレス、神経伝達物質の産生量、遺伝子発現への影響、ニューロンに対するより長期間の影響、さらにこれらの因子間の相互作用が含まれている。このシステムのバランスが取れている間は、脳は正常に機能する。このシステムのバランスが崩れると、複雑なネットワークにほころびが生じる。システムの異常は、脳内の化学物質の量や脳の機能を正常な状態から逸脱させ、機能異常や疾患へと近づける。

エピジェネティクスは遺伝子発現の長期にわたるパターンを生み出し、それを維持し続けることができる。神経科学分野の研究者がエピジェネティクスに関心を持ち始めているのはそのためだ。そのような研究をするうえで、齧歯類は最もよく用いられるモデルシステムである。マウスやラットは自分が感じていることを実験者に伝えられないので、人のうつ病の症状をモデルとした行動テストが考案されている。

ストレスに対する応答は人によって異なる。きわめてストレスに強い人がいる一方、同じ刺激に対して過剰に反応し、それが原因でうつ病を発症する人もいる。異なる近交系マウスにもこれと似たような傾向が見られる。まず、異なる2種類の系統のマウスに弱いストレス刺激を与える。その後、人のうつ病の症状をモデルにしたいくつかのテストでマウスの行動を評価する。ある系統のマウスはほとんど不安な様子は見せないのに、別の系統のマウスは不安を感じている様子を見せる。ストレス応答の違いが見られるこれらの近交系マウスはそれぞれB6、BALBと呼ばれているが、ここでは簡単にするため、「チルド（chilled：冷静な）」と「ジャンピー（jumpy：イライラした）」と呼ぶことにする。

研究者は側坐核と呼ばれる脳の場所に注目した。この領域はさまざまな感情面の重要な脳機能を担っている。たとえば、敵意、恐怖、喜び、報酬といった感情である。彼らは、側《そく》坐《ざ》核《かく》におけるさまざまな神経栄養因子の発現を解析した。最も興味深い結果をもたらしたのが、*Gdnf*（グリア細胞株由来神経栄養因子）と呼ばれる遺伝子である。

ストレスを与えられたチルド・マウスでは、*Gdnf*の発現が上昇した。ところがジャンピー・マウスでは、同じ遺伝子がストレスによって減少した。異なる近交系マウスでは、DNA配列が異なっていることも考えられる。*Gdnf*の発現を制御するプロモーター領域が調べられた結果、チルドとジャンピーの系統でDNA配列には違いはなかった。ところが、このプロモーターのエピジェネティック修飾を調べたところ違いが見つかった。ジャンピー・マウスでは、チルド・マウスに比べてヒストンのアセチル化レベルが低かったのだ。これまで見てきたように、アセチル化レベルが下がると遺伝子発現が減るという関係があり、この結果は、ジャンピー・マウスにおいて*Gdnf*の発現が減少したこととつじつまが合う。

側坐核のニューロンの中でいったい何が起きているのか？　なぜジャンピー・マウスでは*Gdnf*遺伝子におけるヒストンのアセチル化が低下したのか？　科学者たちはヒストンにアセチル基を付加す

る酵素、あるいはアセチル基を取り去る酵素の量を調べた。そして2種類のマウスの系統であるひとつの因子の違いが見出された。それはHdac2と呼ばれるヒストン脱アセチル化酵素（アセチル基を取り去るタンパク質ファミリー）であり、このひとつの因子だけがチルド・マウスに比べて、ジャンピー・マウスのニューロンで高発現していた。[12]

同じようにマウスを使った別の実験で、社会的挫折と呼ばれる別のうつ病モデルがテストされた。この実験では、マウスは屈辱を受けるような体験をする。もっと巨大で凶暴なマウスと一緒の環境に置かれるのだ。もちろん、実際に危害を受ける前に外に出される。一部のマウスはこれを非常にストレスに感じ、別のマウスはまったく気にしていないように見える。

実験では、大人のマウスが10日間この社会的挫折を経験する。実験が終わった後、マウスの回復の程度に応じてストレスを受けやすいグループとストレスに抵抗性を示すグループに分けられる。そして2週間後、それぞれのマウスが詳細に調べられた。ストレスに抵抗性を示したマウスでは、副腎皮質刺激ホルモン放出ホルモンは正常なレベルだった。これは、視床下部から放出される化学物質で、最終的にストレスホルモンであるコルチゾールの産生を刺激するホルモンである。一方、社会的挫折によるストレスを受けやすいマウスでは、副腎皮質刺激ホルモン放出ホルモンのレベルが高く、この遺伝子のプロモーターにおけるＤＮＡメチル化のレベルは低かった。このＤＮＡの低メチル化は遺伝子の高発現と一致する。またHdac2の発現は低く、プロモーターのアセチル化ヒストンのレベルは高いことから、これらの結果も副腎皮質刺激ホルモン放出ホルモンが高発現されていることとよく話が合う。[13]

ひとつのモデル系では、ストレス影響を受けやすい方のマウスでHdac2の発現が上昇しているのに、別のモデル系では、ストレスの影響を受けやすい方のマウスで逆にHdac2のレベルが低いというのは奇妙に見えるかもしれない。しかし、エピジェネティック現象において重要なのは、状況によってすべてが決まる、ということである。Hdac2のレベル（さらにいえば他のエピジェネティック遺伝子のレベル）を制御する方法は何もひとつだけではない。Hdac2の制御は、脳の領域やストレス刺激に応答して活性化されるシグナル伝達経路に依存しているのだろう。

●薬が効果を示す

これまでに得られた多くの証拠は、ストレス応答において、エピジェネティクスが重要な役割を果たしていることを示している。ジャンピーと名づけたＢ６マウスは、側坐核におけるHdac2の高発現と、*Gdnf*遺伝子の発現低下が自然に見られるマウスである。これらのマウスにヒストンの脱アセチル化酵素を阻害するＳＡＨＡを与えて、その影響が調べられた。ＳＡＨＡは*Gdnf*プロモーターのアセチル化を上昇させ、*Gdnf*遺伝子の発現を上昇させると考えられる。驚いたことに、ＳＡＨＡを与えられたマウスは、ジャンピーではなくなってチルドになってしまったのである。[14] つまり、遺伝子のアセチル化の変化がマウスの行動を変えたのである。この結果は、ヒストンのアセチル化がストレス応答の調節に重要な役割を果たしている、という考えを支持する。

　マウスがストレスに応答して、どれくらい精神的に落ち込んだのかを調べる方法のひとつに、ショ糖嗜好テストと呼ばれるものがある。マウスが精神的に元気なときは、砂糖で甘くした水を好むが、精神的に落ち込んでいるときは甘い水に興味を示さなくなる。このような快楽刺激に対する反応の低下は、快感消失症と呼ばれる。これは、人のうつ病の症状を判断する最も優れた指標のひとつと考えられている。[15] 重度のうつ病を経験したほとんどの人は、病気になる前にその人が楽しいと感じていた物事に対する興味が、病気の発症後に失われてしまったといっている。ストレスを受けたマウスに抗うつ薬であるＳＳＲＩを与えると、砂糖で甘くした水に対する興味が徐々に回復する。一方、ヒストン脱アセチル化酵素の阻害薬であるＳＡＨＡを与えたところ、もともと好きだった甘い水への興味がもっと速く回復されたのである。[16]

ヒストン脱アセチル化酵素の阻害薬によって変化する動物の行動は、ジャンピーやチルドといった、マウスのストレス応答だけではない。母親から十分な養育を受けなかったラットの赤ちゃんにもあてはまる。このようなラットの赤ちゃんでは、コルチゾール産生経路が過剰に活性化されることで、慢性的なストレスを受けて成長する。このような母親の愛情を受けなかったラットに、最初に見つかったヒストン脱アセチル化酵素の阻害薬であるＴＳＡを与えると、受けるストレスが少ない状態で成長する。このようなラットは、母親から十分な養育を受けたラットと同じような落ち着きを示す。海馬ではコルチゾール受容体遺伝子のＤＮＡメチル化は低下し、受容体の発現は上昇し、重要な負のフィードバック・ループが改善される。これはおそらく、ヒストンアセチル化とＤＮＡメチル化の経路のクロストークによる結果と考えられる。[17]

社会的挫折のマウスモデルでは、ストレスの影響を受けやすい方のマウスに抗うつ薬であるＳＳＲＩを与えた。3週間後、彼らの行動は社会的挫折に対して抵抗性を示すマウスに近くなった。しかし、抗うつ薬による処置は、単に脳内のセロトニンのレベルを上昇させただけではなかった。副腎皮質刺激ホルモン放出ホルモン遺伝子のプロモーター領域におけるDNAメチル化の増加も引き起こしたのだ。

これらの研究結果はすべて、神経伝達物質による即効性のシグナルとエピジェネティック酵素を介した長期的な細胞機能への影響との間に、クロストークが存在しているというモデルと話が合う。うつ病の患者がSSRIによって治療されると、脳内のセロトニンレベルが増加し始め、ニューロンへの信号が増強される。前段落の動物を使った実験は、これらのシグナルがすべての経路を作動させて、最終的に細胞内のエピジェネティック修飾のパターンを変化させるためには数週間かかることを示唆している。これは、正常な脳の機能を回復させるのに必要不可欠な段階に違いない。

エピジェネティクスによってもうひとつ別の興味深い、しかし悩ましいうつ病の特徴を説明できる。もしあなたがうつ病を一度発症して快復したとしても、将来再発するリスクは、一般の人が発症するリスクに比べてとても高い。いくつかのエピジェネティック修飾はもとに戻すのがきわめて難しく、ニューロンが刺激の影響を受けやすい状態のままになっている可能性が高い。

●結論はこれから

いまのところ話は順調に進んでいる。すべての結果は「人生における経験が、エピジェネティクスの機構を通じて、長期的、かつ持続的な影響をその人の行動に与える」という、私たちの考えと一致しているように見える。しかし、まだ問題が残されている。神経エピジェネティクスとも呼ばれるこの領域は、おそらくすべてのエピジェネティクス研究の中でも、最も異論の多い分野である。

どんな論争が起きているのか、ここで考えてみることにしよう。本書の中で、エイドリアン・バードについて紹介した。彼はＤＮＡメチル化分野の父として認められている。ＤＮＡメチル化に関してとても大きな名声を得ているもうひとりは、ニューヨークにあるコロンビア大学メディカルセンターの、ティム・ベスター教授である。エイドリアンとティムは、ほぼ同年代で、体型も似ていて、二人とも思慮深く控えめな口調で話をする。この二人は、ＤＮＡメチル化に関しては、ほとんどすべての事柄で意見が合わないように見える。二人が同じセッションに組み込まれている学会に行ってみるとよい。間違いなく、二人が刺激的で情熱的な議論を交わす姿を見ることができるだろう。しかし、この二人が公然と意見を一致させることがある。それは、いくつかの神経エピジェネティクス分野の論文に対して懐疑的だという点である[18]。

彼らや彼らの仲間の多くの研究者が、それほどまでに懐疑的になるには三つの理由がある。第一の理由は、これまで見られてきたエピジェネティックな変化の多くが比較的小さな変化でしかない、ということである。懐疑的な人たちは、そのような小さい分子的な変化がはっきりとした表現型をもたらすということに納得していない。彼らの主張は、確かに変化は見られるが、その変化が必ずしも機能的な影響を持っていることを意味するわけではない、というものである。彼らは、エピジェネティックな修飾の変化は単に相関を示しているだけであって、原因ではないのではないかという懸念を持っている。

一方、マウスやラットを使ってストレスが行動に及ぼす変化を研究してきた研究者は、エイドリアンとティムに代表されるような分子生物学者は、オン、オフという極端な分子的変化が見られる、きわめて人工的な実験系に慣れすぎているといって、この意見に反論している。それゆえ、分子生物学者は、得られる結果がもっと曖昧で、実験的差異が大きくなりがちな実世界の実験についての経験が浅いのではないかと、行動生物学者は疑念を抱いている。

懐疑的になる二つ目の理由は、エピジェネティックな変化が見られる領域が、非常に限られているという点である。幼少期のストレスが、たとえば側坐核という脳の特定の領域に影響を与え、他の領域には影響を与えないという点である。エピジェネティック・マークが一部の遺伝子だけで変わり、他の遺伝子では変わらない。ただし、これは懐疑的な主張の根拠としては相応しくないように見える。私たちは単に「脳」と呼ぶが、この器官の中には高度に特殊化した領域が数多く存在し、何億年もの進化によって形成された産物である。これら別々の領域すべてが、個体が発生する間に形成され維持されるのであり、刺激に対して異なる反応をしても不思議はない。これは、私たちのすべての遺伝子、組織においても同様である。どうやって脳の一部の領域が正確にエピジェネティック修飾の標的とされるのか、あるいは、神経伝達物質のような化学分子によるシグナルが、どうやって脳の一部の領域を標的としているのか。私たちがこれらの疑問に対する答えを持っていないというのは正しい。しかし、通常の発生において、同じように特別な出来事がさまざまな組織や器官で起こっていることがわかっている。なぜストレスや環境変化を受けた期間に、同じようなことが脳で起きていないといえるのか？　私たちは単にそのメカニズムを知らないだけであって、それは起きていないという意味にはならない。ジョン・ガードンは大人の核が卵の細胞質によってどうやって初期化されるのか知らなかった。しかし、それで彼の発見が根拠のないものである、ということには決してならない。

　懐疑的になる三つ目の理由は最も重要な点であり、ＤＮＡメチル化自体と関係している。脳内の標的遺伝子におけるＤＮＡメチル化はとても早い時期に確立される。齧歯類の場合、おそらくは出生前か、そうでなくても出生後1日以内には間違いなく確立されている。これは、実験で用いたマウスやラットの赤ちゃんはすべて、海馬のコルチゾール受容体遺伝子上にある一定レベルのＤＮＡメチル化を、あらかじめ持って生まれてきたということを意味している。このプロモーター上のＤＮＡメチル化は、ラットがなめられたり毛づくろいされたりする程度に応じて最初の1週間で変化する。すでに見てきたように、ＤＮＡメチル化レベルは、愛情を注いでもらったラットに比べて面倒を見てもらえなかったラットで高い。しかしこれは、面倒を見てもらえなかったラットでＤＮＡメチル化が上昇したからではない。これは、なめてもらって毛づくろいしてもらったラットでＤＮＡメチル化が下がったためである。母親から隔離された赤ちゃんマウスの、アルギニン・バソプレシン遺伝子についても同じことがいえる。また、社会的挫折による影響を受けやすい大人のマウスにおける、副腎皮質刺激ホルモン放出ホルモンの遺伝子についても同様である。

　すべての場合で観察されたのは、刺激に応答したＤＮＡメチル化の減少である。分子的な観点から考えて、問題があるのはまさにこの部分であり、どのようにこのＤＮＡメチル化の減少が起きるのか誰も知らないのだ。第4章で、メチル化されたＤＮＡがコピーされると、一方のＤＮＡ鎖がメチル基を持ち、もう一方が持たない状態になるという仕組みを見てきた。ＤＮＭＴ1酵素は新規に合成されたＤＮＡ鎖に沿って移動し、オリジナルのＤＮＡ鎖を鋳型にしてメチル基を付加してメチル化パターンを回復させる。私たちの使っている実験動物の系では、ＤＮＭＴ１酵素の量が少なく、もとのメチル化パターンが維持されないためＤＮＡメチル化が低下する、という理由が考えられるかもしれない。これは受動的ＤＮＡ脱メチル化と呼ばれている。

問題は、ニューロンではこの受動的ＤＮＡ脱メチル化が起こらないということである。ニューロンは最終分化しており、ワディントンのランドスケープでは一番下に位置している。ニューロンがさらに分裂することはなく、ＤＮＡをコピーすることもない。それゆえ、ニューロンが、第4章で説明したような方法によって自身のＤＮＡメチル化を失うことはあり得ないのである。

ひとつの可能性として、ニューロンはＤＮＡからメチル基を単純に取り去っているのかもしれない。ヒストン脱アセチル化酵素は、ヒストンからアセチル基を取り去ることができる。しかし、ＤＮＡのメチル基の場合は異なる。化学的な言い方をすると、ヒストンのアセチル化は、大きなレゴ・ブロックの上に小さなレゴ・ブロックをくっつけているようなものである。二つのブロックをまたバラバラにするのはとても簡単である。しかし、ＤＮＡメチル化はそうではない。二つのレゴ・ブロックを強力接着剤でくっつけたようなものである。

ＤＮＡのシトシンとメチル基との間の化学結合はとても強力なので、長い間この結合は不可逆的な結合だと考えられてきた。しかし、２０００年にベルリンのマックス・プランク研究所のグループがそうではないということを示した。彼らは、発生のきわめて早い時期に、父親由来のゲノムが大規模な脱メチル化を受けることを明らかにした。私たちは第7章と第8章でこの現象を見てきた。それぞれの章の中ではきちんと説明しなかったが、この脱メチル化は受精卵が分裂を始める前に起きる。別の言い方をすると、ＤＮＡメチル化はＤＮＡ複製を経ずに取り除かれる。[19] これは能動的ＤＮＡ脱メチル化と呼ばれている。

これは、分裂をしない細胞であってもＤＮＡメチル化を取り除くことができる、ということを意味している。ニューロンでは、おそらく同じようなメカニズムが存在しているのだろう。ＤＮＡメチル化がどうやって能動的に取り除かれるかについては、初期発生のよく確立された系でもまだ多くの議論がある。ニューロンにおいて、実際に能動的ＤＮＡ脱メチル化がどのように起きているかについては、さらに一致した意見が得られていない。調べるのが難しいのは、能動的なＤＮＡ脱メチル化は次々と進むいくつもの段階を経て起こり、そこにさまざまなタンパク質が関わることが理由のひとつであろう。そのため、この過程を研究室で再現するという、最も重要な判断基準となるはずの実験が難しいのである。

●サイレンサーのサイレンシング

これまで繰り返し見てきたように、研究はしばしば予想もしない発見をもたらすことがあるが、今回もまた同じようなことが起きた。エピジェネティクスを研究する多くの研究者は、ＤＮＡメチル化を取り除く酵素を探していた。ところが、あるグループが、メチル化されたＤＮＡに何か余計なものをつける酵素を見つけた。これは**図12・3**に示してある。驚くべきことに、これはＤＮＡの脱メチル化と同じ結果をもたらすことが明らかにされたのである。

小さな分子は水酸基（ヒドロキシ基）と呼ばれ、酸素原子ひとつと水素原子ひとつからなり、メチル

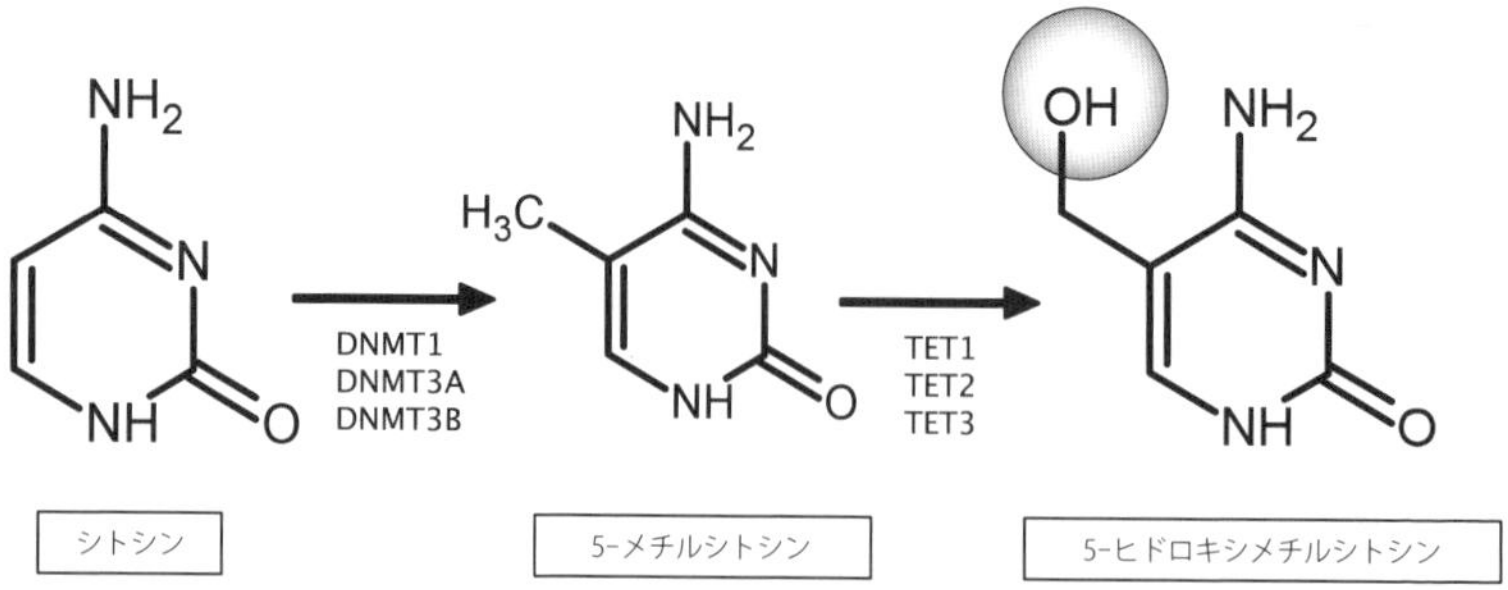

図12.3　5-メチルシトシンの5-ヒドロキシメチルシトシンへの変換。C：炭素原子、H：水素原子、N：窒素原子、O：酸素原子。単純にするため、いくつかの炭素原子と水素原子はきちんと表記していないが、2本の直線の交点として炭素原子を表している。

基に付加されると5-ヒドロキシメチルシトシンがつくり出される。この反応はＴＥＴ１、ＴＥＴ２、ＴＥＴ３と呼ばれる酵素によって行われる[20]。

　このヒドロキシ基の付加は、ＤＮＡ脱メチル化に関する疑問と大いに関係している。なぜなら、ＤＮＡメチル化自体が果たす機能が、このヒドロキシ基の付加という変化を重要なものにしているのである。シトシンのメチル化は、MeCP2のようなタンパク質との結合を介して遺伝子発現に影響を与えている。MeCP2は、ヒストンの脱アセチル化酵素のような他のタンパク質と一緒に働いて、抑制的な修飾を集約して遺伝子発現を抑える。ＴＥＴ１のような酵素がメチル化シトシンにヒドロキシ基を付加して、5-ヒドロキシメチルシトシンが形成されると、エピジェネティック修飾としての形が変わる。もしメチル化されたシトシンをテニスボールの表面につけたブドウのようなものだとすると、5-ヒドロキシメチルシトシンは、テニスボール上のブドウにさらに豆をつけたようなものである。この形の変化によって、MeCP2タンパク質は修飾されたＤＮＡに結合できなくなる。それゆえ、細胞は5-ヒドロキシメチルシトシンをメチル化されてないDNAと同じように読み取るのだ。

つい最近まで、DNAメチル化の存在を確認するためにさまざまな手法が用いられてきた。それらの方法では、メチル化されてないDNAと5-ヒドロキシメチル化されたDNAを区別できない場合がある。DNAメチル化の減少について言及している多くの論文では、5-ヒドロキシメチル化の増加を意識しないまま検出していたのかもしれない。まだきちんと証明されていないが、行動学に関する一部の研究で報告されていたDNAの脱メチル化は、実際にはニューロンが5-メチルシトシンを5-ヒドロキシメチルシトシンに変換していたのかもしれない。5-ヒドロキシメチルシトシンを詳細に研究するための技術はまだ開発中だが、ニューロンが、他の細胞に比べてこの5-ヒドロキシメチルシトシンを高いレベルで持っていることがわかっている。[21]

●覚えて、覚えて

このような論争にもかかわらず、脳の機能におけるエピジェネティック修飾の重要性についての研究は続けられている。多く研究者の関心を引きつけている分野のひとつは記憶である。記憶はきわめて複雑な現象である。記憶には、海馬と大脳皮質と呼ばれる脳の領域が関与しているが、その関わり方は異なっている。私たちの脳がある事象を覚えようと決めるように、海馬はおもに記憶の確立(統合)に関与している。記憶の確立を行う過程において、海馬は高い可塑性を持っている。この過程にはDNAメチル化の変化が関与し、まだよくわかっていない仕組みによってその変化が起きているように見える。一方、大脳皮質は記憶の長期的な保管に使われている。記憶が大脳皮質に保管されるとき、

ＤＮＡメチル化は長期的に変化する。

大脳皮質は、ギガバイトの容量を持つコンピューターのハードディスクのようなものである。一方海馬はメモリーのようなものであり、データはここで一時的に処理されて、その後削除されるか、あるいは永久保存のためにハードディスクへ移されるかが決められる。私たちの脳は、解剖学的に区別できる領域の細胞集団に、それぞれ異なる機能を割り当てている。記憶障害が起きても、すべての記憶を喪失することがないのはこのためである。たとえば臨床的な症状には、短期記憶あるいは長期記憶の一方が一部機能していないということがある。これらの異なる機能が脳内の異なる領域に分けられているというのは、とても理にかなっている。たとえば、起こった出来事をすべて覚えているような生活を想像してみてほしい。1回だけダイヤルした電話番号とか、電車の中で見知らぬ人が話しかけてきたすべての言葉とか、あるいは3年前に見たフードコートの食事のメニューとか。

私たちの記憶システムの複雑さは、この分野の研究を非常に難しくしている。ある実験系をつくったとしても、その実験系でいったい脳のどの側面を見ているのかを確かめるのが難しいからである。しかし、ひとつ確実にいえることは、記憶には長期にわたる遺伝子発現の変化が関与しており、そのような遺伝子発現の変化を通じて、ニューロンが互いに結びついているということである。そしてふたたび、エピジェネティックな仕組みが記憶においても役割を果たしているかもしれない、という仮説に行き着く。

哺乳動物では、ＤＮＡメチル化とヒストン修飾の両方が記憶と学習に役割を果たしている。齧歯類を使った研究によって、ＤＮＡメチル化やヒストン修飾の変化が、脳内の特定の領域におけるきわめて特別な遺伝子を標的として起きていることが示されている。たとえば、ラットを使った学習と記憶のモデルでは、ＤＮＡメチル化酵素であるＤＮＭＴ３ＡとＤＮＭＴ３Ｂの発現が海馬で上昇する。逆に、ラットを5-アザシチジンのようなＤＮＡメチル化酵素の阻害薬で処理すると、記憶の形成が阻害され、海馬と大脳皮質の両方に影響を及ぼす。[22]

ルビンシュタイン・テイビ症候群と呼ばれるヒトの疾患では、ある特別なヒストンアセチル基転移酵素（ヒストンにアセチル基を付加するタンパク質）の遺伝子が変異している。この病気で見られる症状のひとつに精神遅滞がある。同じ酵素をコードする遺伝子に変異を導入したマウスでは、予想通り海馬でのヒストンのアセチル化が低下し、海馬で長期記憶を処理する過程に重度の障害が起きる。[23] このマウスに、ヒストン脱アセチル化酵素の阻害薬であるＳＡＨＡを与えると、海馬でのアセチル化が上昇し記憶障害が改善される。[24]

ＳＡＨＡは多くの異なるヒストン脱アセチル化酵素を阻害できるが、脳ではそのうち一部の酵素がＳＡＨＡの標的として重要なように見える。ＳＡＨＡが標的としている酵素の中で、脳で最も高発現しているのはＨＤＡＣ１とＨＤＡＣ２である。この二つの酵素は、脳内での発現様式が異なっている。ＨＤＡＣ１はおもに神経幹細胞と、ニューロンを支えたり守ったりする役割があるグリア細胞と呼ばれる細胞で発現している。ＨＤＡＣ２はおもにニューロンで発現しており、[25] このＨＤＡＣ２が学習や記憶に最も重要な酵素であるというのも不思議ではない。

ニューロンでHdac2を過剰に発現させたマウスは、長期記憶に障害が見られるが、短期記憶の方は問題がない。一方、Hdac2をまったく発現しないニューロンを持つマウスはとても優れた記憶力を持つ。これらの結果は、Hdac2が記憶の保存に関して負の効果を持つことを示している。Hdac2を過剰発現しているニューロンは、通常よりかなり少ない結合しか形成しておらず、一方Hdac2を欠損させたニューロンではその逆になっている。この結果は、エピジェネティックな変化によって引き起こされた遺伝子発現の変化が、最終的に脳内の複雑なネットワークを変える、という私たちのモデルを支持する。Hdac2を過剰発現しているマウスの記憶がＳＡＨＡによって改善されたのは、おそらくHdac2によるヒストンのアセチル化の変化と遺伝子発現の変化が、ＳＡＨＡによって緩和されたためだと考えられる。ＳＡＨＡはふつうのマウスの記憶も向上させたのだ[26]。

事実、脳におけるアセチル化の上昇は、常に記憶の向上と関係しているように見える。学習と記憶はどちらも、環境エンリッチメントと呼ばれる、動物の望ましい行動を引き出すように工夫された環境で飼育されたマウスにおいて向上した。これは気の利いた表現だが、実際には、マウスたちが二つの回し車とトイレットペーパーの芯の中を自由に行き来できる環境のことである。海馬と大脳皮質におけるヒストンアセチル化は、周囲の環境を楽しむマウスで上昇した。これらのマウスであっても、ＳＡＨＡを与えることでヒストンのアセチル化が上昇し、記憶力が向上する[27]。

これまでのことから、私たちは常に一貫した傾向を見ることができる。異なるさまざまなモデルシステムにおいても、動物にＤＮＡメチル化酵素阻害薬や、特にヒストン脱アセチル化酵素阻害薬を与えると学習と記憶が向上する。前章で見てきたように、5-アザシチジンやＳＡＨＡといった薬はすでに承認された薬である。これらの抗がん剤を使って、アルツハイマー病など記憶障害が深刻な症状となっている病気に使えるのではないかと考えたくなる。さらに、一般の人の記憶強化にも使えるかもしれない。

残念なことに、これを実行するには大きな問題がある。これらの薬剤にはひどい倦怠《けんたい》感、吐き気、感染症に対する高いリスクなどの副作用がある。これらの副作用は、末期がんのように他に選択肢がないような場合には投与が許されるだろう。しかし、初期段階の認知症といった、まだ患者がある程度の生活の質を保っているような場合には許容すべきではないかもしれない。そして、明らかに一般の人には使うべきではない。

それ以外にも問題がある。これらの試薬の多くは、脳への取り込みが非常に悪い。齧歯類を使った実験では、これらの薬は直接脳へ、しかも海馬というような決まった領域に直接投与されている。これは人へ投与する方法としては現実的なものではない。

しかし、いくつかのヒストン脱アセチル化酵素阻害薬は、効率よく脳へ取り込まれることが確認されている。バルプロ酸ナトリウムと呼ばれる薬は、数十年もの間てんかんの治療に用いられてきた薬で、明らかに脳の中に取り込まれて効果を発揮している。最近になって、この化合物がヒストン脱アセチル化酵素の阻害薬であることが明らかにされた。この発見をもとに、エピジェネティック薬がアルツハイマー病に使えるのではないかと大いに期待されたが、残念なことに、バルプロ酸ナトリウムがヒストン脱アセチル化酵素を阻害する活性はあまり高くないことが示されている。動物を用いた実験はすべて、学習や記憶の障害を回復させるには、弱い阻害剤より強い阻害薬の方がより効果が高いことを示している。

もし適切な薬を開発することができれば、エピジェネティック治療が有効だと考えられる疾患はアルツハイマー病だけに限らない。コカイン常用者の5〜10%は中毒症状を起こし、この刺激に対する欲望を制御できなくなる。似たような現象は、ドラッグに自由に接近できるようにした齧歯類でも起こる。コカインのような刺激に対する中毒症状は、記憶と、脳内の報酬回路が不適切に適応してしまった古典的な例のひとつである。このような不適切な適応は、遺伝子発現の長期的な変化によって制御されている。DNAメチル化とMeCP2による読み取りの変化が、この中毒の基盤となっている。実際には、DNAメチル化とさまざまな要素が、まだよくわかっていない仕組みで相互作用して起きていると考えられている。そのような要素には、シグナル伝達物質、DNAやヒストンの修飾酵素、その修飾を読み出すタンパク質、マイクロRNAなどが含まれている。アンフェタミン中毒にも似たような経路が関わっている[28・29]。

本章の出発地点に戻って、幼児期のトラウマを抱えた子どもが、精神疾患の高いリスクを伴って成長するのをなんとか止める必要があるのは明らかである。エピジェネティック薬による治療によって、彼らの人生をよい方に改善できるかもしれない、と考えるのはとても魅力的である。残念ながら、虐待やネグレクトを受けた子どもの治療を考える際の問題のひとつは、どの子どもが大人になっても回復不能なダメージを受けたままで、どの子どもが健康的で幸せな充実した生活を送れるようになるか、見極めるのがとても難しいということである。その子どもが実際に治療を必要としているかどうかを断言できないとき、その子どもに薬を与えることについては大きな倫理的ジレンマがある。加えて、臨床試験によって薬の投与が実際によい効果をもたらしているかどうかを判断するには、何十年も投与を続ける必要があり、経済的な見込みからどの製薬会社も治験に踏み出せないかもしれない。

しかし、悲観的な話のままで本章を終わらせるべきではないだろう。ひとつ、エピジェネティックな事象と行動についての面白い話がある。この話をして本章の結びとしよう。さまざまなシグナル経路に関わる*Grb10*と呼ばれる遺伝子がある。この遺伝子はインプリント遺伝子のひとつで、父親から受け継いだ遺伝子コピーのみが脳で発現している。この父親由来のコピーのスイッチをオフにすると、マウスはGrb10タンパク質をつくり出せなくなり、そしてそのマウスはとても奇妙な表現型を示す。おなじケージの中にいる他のマウスの顔の毛やひげをかじってしまうのだ。これは攻撃的な毛づくろいのようなもので、ニワトリがつつき合いによって順位を決める「つつき順序」という行動に少し似ている。さらに、もしこのマウスが知らない大きなマウスに出くわしたとしても、逃げずに一歩も引かない[30]。

脳で*Grb10*遺伝子のスイッチをオフにすると、相手をやっつける格好いいマウスになるように見える。この遺伝子は通常脳内でオンになっているので、その遺伝子をオフにして格好いいマウスになるというのは、奇妙に見えるかもしれない。*Grb10*遺伝子のスイッチをオフにしたマウスは、最も男らしい成功したマウスなのだろうか？　実際には、逆にひどい目に遭うマウスになるようだ。世界にはたくさんのマウスがいて、出会いはたくさんある。ときに勝てない相手がいるということを知っておくのも重要なことである。

脳で*Grb10*遺伝子のスイッチがオフになると、マウスにとってはひどい金曜日の夜のようなものである。これを人の場合に置き換えてみたらその理由がわかる。あなたがパブにいるとき、あなたの倍くらいの体つきの男とぶつかって、ビールをこぼしてしまう。この遺伝子のスイッチがオフだと、

「行け行け、おまえなら奴をやっつけられる、ビビるな！」という友人が隣にいるような感じになる。どれだけひどい結末になるかはだいたい予想できるだろう。「相棒、放っておけよ、けんかする価値もない」という言葉をかけてくれる、この*Grb10*というインプリント遺伝子に歓声を送りながら、本章を終わらせることにしよう。

THE EPIGENETICS
REVOLUTION

第13章

人生の下り坂

第13章●●
人生の下り坂

年を取ることはそれほど気にならない、
むしろ太りながら年を取ることの方が気になる

ベンジャミン・フランクリン

時は前へ進み、私たちは年を取る。これは避けられない運命である。そして年を取るに従って、私たちの体は変わっていく。多くの人が、30代半ばを過ぎると若い頃と同じ体力を維持するのがどんどん難しくなってきた、と感じているに違いない。どれだけ速く走れるか、どれくらい自転車をこぎ続けられるか、派手な夜遊びからどれだけ早く回復できるか、どんなことでもかまわない。年を取ればとるほど、すべてが難しくなってくるように見える。体には新しい疼《うず》きや痛みが現れ、ちょっとした感染症でも簡単に床に伏せってしまう。

私たちは周囲の人の年齢を容易に認識できる。小さな子どもでさえ、若い人とお年寄りを区別できる。二人の年齢差が微妙であったとしても、たとえば私たち大人は、20歳と40歳の人、あるいは40歳と65歳の人を容易に見分けることができる。

私たちは人のおおよその年齢を無意識に判断できる。これは、それぞれの人が「これまで地上に何年います」というような電波を発しているからではなく、加齢による身体的な特徴のためである。たとえば、皮下脂肪が減少して肌のハリが少なくなる、また、しわが増え、筋肉のしまりもなくなり、背中が曲がる。このような身体的な特徴である。

いつまでも続く美容整形産業の成長は、老化現象に逆らうために私たちがいかに涙ぐましい努力をしているかを示している。２０１０年に公表されたデータによると、国際美容形成外科学会によって調査された上位25の国々では、外科的な手術が２００９年に８５０万件以上も行われ、大きな外科手術を伴わないボトックス（ボツリヌス毒素の注射によるしわ取り技術）や皮膚のたるみ取りなどの処置がほぼ同じ件数行われた。手術件数ではアメリカ合衆国がトップで、ブラジルと中国が2位の座を競っている[1]。

社会的に見ると、私たちはどれだけ生きてきたかという実際の年数はあまり気にしていないように見えるが、それに伴う肉体的な衰えについては大いに気にしているように見える。加齢と体の衰え、どちらも些細な問題ではない。がんを発生させる最も大きな要因は単純な加齢である。同じことがアルツハイマー病や脳卒中のような疾病にもあてはまる。

人の健康に関して、これまでに最も飛躍的に進歩したのは寿命の延長と生活の質の改善である。医療の進歩によって早期幼児期の死亡が減ったことがそのひとつの理由である。たとえば、ポリオなどの深刻な病気に対するワクチンは、子どもの死亡率（ポリオによって死亡する子どもの数）と、病後の生活の質という意味での罹患率（ポリオにかかったことによって障害を持つことになった子どもの数）の両方を劇的に改善させた。

人の寿命を延ばす「延命」という問題については議論が高まっている。延命とは、治療的な介入によって、人をより高齢まで生きられるようにする考え方のことである。しかし、これを実践するには、社会的、学問的な困難に直面することになる。その理由を理解するためには、老化とは実際にどのようなものであり、単に長生きすることとどう違うのかをはっきりさせることが重要である。

よく引用される老化の定義として、「組織の機能低下が進行し、最終的に死に至るもの」というものがある。[2] 多くの人にとって、最も気が重くなるのは、最終的な死という運命というよりもこの機能低下の方である。

一般的に、ほとんどの人はこの生活の質の方が重要だと考えている。たとえば、2010年に605人のオーストラリア人を対象に行った調査で、「もし長寿の薬というものが開発されたら、それを摂取したいと思うか?」という質問に対して、約半数の人が「摂取しない」と答えている。彼らがこの選択をした背景には生活の質がある。「摂取しない」と回答をした人たちは、そのような薬が健康的な生活を延ばすとは思わなかった。もし健康上の問題が伴うのであれば、単に寿命が延びることに魅力はない。回答者は、寿命が延びた後の健康がよくならない限り、自身の寿命の延長を望んでいないのだ。[3]

老化に関するどのような科学的議論においても、このように二つの別々な側面がある。寿命自身と老化に伴って起こる晩期発症性(晩発性)の疾患をどう制御するかである。少なくとも人において、これら二つを分けるのがどの程度可能なのか、あるいはどの程度理にかなっているのか、ということがはっきりしていない。

エピジェネティクスが老化に関わっていることは間違いない。単に重要な要素のひとつというだけでなく、大きな影響を与えるものである。本章の終わりの方で見ていくように、エピジェネティクスと老化の分野も、近年の医薬品業界における最も激しい論争のひとつを巻き起こした。

年を取ると、なぜ細胞の機能に異常が生じ、がん、2型糖尿病、心臓血管疾患、認知症などを含むさまざまな病気のリスクが高くなるのかについて、改めて考える必要がある。ひとつの理由は、私たちの体細胞の中のＤＮＡという台本が悪い方向へ変化し始めるというものである。ＤＮＡ配列の中にランダムに変異が蓄積する。これは体細胞突然変異と呼ばれ、生殖細胞ではなく、体の組織細胞に対する影響である。多くのがんはＤＮＡ配列の変化を伴っており、しばしば染色体転座によって、遺伝物質の一部が染色体間で交換されるようなことも起こる。

●相関関係の罪

しかし、ここまでに見てきたように、私たちの細胞はＤＮＡという設計図をできるだけもとのままに維持するための複数の仕組みを持っている。細胞の初期設定では、可能な限りゲノムをオリジナルの状態に維持するよう設定されている。しかし、エピゲノムは別である。まさにその本質的な役目から、エピゲノムはゲノムに比べてより柔軟で可塑性がある。このため、動物の加齢に伴ってエピジェネティックな修飾が変化するというのは当然のことである。そもそも、エピゲノムはゲノムよりも自然に変化しやすいため、加齢という過程においてもゲノムよりはるかに変化を受けやすいものなのかもしれない。

第5章で、加齢に伴うエピゲノムの変化についていくつか例を見てきた。遺伝的に同一であるはずの双子が、年を取るにつれてどのようにエピジェネティックな側面で同一ではなくなるかを議論した。加齢に伴ってエピゲノムがどのように変化するかという問題については、もっと直接的な方法で調べられている。アイスランドとユタの二つの大きな集団が研究されており、彼らは現在も進行している長期的な調査にも参加している。11歳～60歳の人から血液を採取し、その血液サンプルからＤＮＡを調製する。血液には赤血球と白血球細胞が含まれている。赤血球は体中に酸素を運ぶためのヘモグロビンが詰まった小さなバッグのようなものである。白血球細胞は細菌などの感染に対して免疫応答を生み出す細胞である。

調査の結果、何人かの被験者で、白血球細胞のゲノムＤＮＡのメチル化が時間によって変化することが明らかにされた。その変化はいつも同様ではない。何人かの被験者では加齢に伴ってメチル化は上昇し、他の被験者では逆に減少した。この変化の方向には家系が関係しているようだ。加齢に伴うＤＮＡメチル化の変化は、遺伝によって影響を受けるか、家族で共有する環境要因によって左右されているのかもしれない。さらに、ゲノムの１５００か所以上のＣｐＧ部位のメチル化も詳細に解析された。これらの部位は、タンパク質コード遺伝子と関連している。そして、これらの特定の部位においてもゲノム全体のＤＮＡメチル化と同じ傾向が見られた。一部の被験者では部位特異的なＤＮＡメチル化は増加し、他の被験者では減少していた。約10分の1の被験者で、少なくとも20%の箇所のＤＮＡメチル化が増加、あるいは減少していた。

調査を進めた研究者は、以下のように結論づけている。「これらのデータは、正常なエピジェネティック・パターンが加齢によって消失することが、人の晩発性の疾患を引き起こすメカニズムのひとつである、という考えを支持する」[4]。得られたデータについては、確かに、エピジェネティックな仕組みが晩発性の疾患を引き起こす、というモデルと一致しているが、その関連性の主張には限界があるということを念頭に置く必要があるだろう。

特にこのようなタイプの研究では、エピジェネティックな変化と加齢による疾患との間の関連性を強調しているが、ひとつの事象が他の事象の原因となっていることを証明しているわけではない。水の事故による溺死は、日焼け止めローションがよく売れる時期に最もよく起こる。この相関関係から人は、日焼け止めローションが人を溺れやすくする何らかの効果を持っているのではないか、と推測するかもしれない。もちろん実際には、日焼け止めローションは暑い時期に売れ、たいてい人はそのような暑い時期に泳ぎに出かける。多くの人が泳ぎに出かければ、平均してより多くの人が溺れるに違いない。私たちが観察している二つの事象（日焼け止めローションの売り上げと溺死）に相関関係はあるが、これは一方が他方の原因になっているわけではない。

したがって、エピジェネティック修飾が時間によって変化することがわかっても、その変化が加齢によって起きる病気や組織変性の原因になっていることを証明するものではない。理論的には、そのような変化は、何の機能的な結果も伴わないランダムな変化にすぎないかもしれない。単にエピジェネティック修飾における、バックグラウンド・ノイズによる変化かもしれない。そもそも、加齢に伴うエピジェネティック修飾パターンの変化が、遺伝子発現の変化をもたらすかどうかも私たちは知らない。この問題に答えるのはきわめて困難であり、特に人の集団を対象にした解析で評価するのは難しい。

●相関関係以上の罪

そうはいっても、エピジェネティック修飾は間違いなく病気の発症と進行に関連している。最も大きなものは、第11章で見てきたようながんとの関係である。ある種のエピジェネティック薬が、特定のがんを治療することができるというのもその証拠のひとつである。膨大な実験データもその証拠に含まれている。細胞におけるエピジェネティック制御の変化は、細胞ががん化する危険性を増大させる、あるいは、すでにがん化した細胞をより悪性化させる危険性を高めることをこれらの実験は示している。

第11章で議論したエピジェネティック修飾の変化のひとつは、ＤＮＡメチル化の上昇であり、これはがん抑制遺伝子のプロモーターにおいて頻繁に見られる。ＤＮＡメチル化の上昇は、がん抑制遺伝子のスイッチをオフにする。不思議なことに、このような特定の領域でＤＮＡメチル化が上昇する一方、同じがん細胞におけるゲノム全体のＤＮＡメチル化は、逆に減少していることがしばしば観察される。このメチル化の減少は、維持ＤＮＡメチル化酵素であるＤＮＭＴ１の発現や活性の低下が原因かもしれない。ゲノム全体に及ぶＤＮＡメチル化の減少も、がんの発生に寄与している可能性が考えられる。

この可能性を検証するため、ルドルフ・イェニッシュは、細胞内で通常の約10%程度しかDnmt1

を発現していないマウスをつくり出した。そのマウスの細胞では、通常のマウスに比べてＤＮＡメチル化がとても低くなっている。これらの*Dnmt1*変異マウスは、出生時の発育不全に加えて、４〜８月齢期に免疫系の悪性腫瘍（T細胞リンパ腫）を形成した。このような腫瘍の形成は、ある染色体の再編と関係しており、特に15番染色体の数の増加との関連が見られた。

　イェニッシュ教授は、ＤＮＡメチル化の程度が低下すると、染色体が不安定になり切断されやすくなっているのではないかと推測した。そうすると、染色体が不適切に結合される危険性が高くなる。ピンクのスティック・キャンディーとグリーンのスティック・キャンディーを、それぞれパキッと折って、合計で４本にするような感じである。溶かした砂糖を使って折れたそれぞれのスティック・キャンディーをくっつけて、もとの長さのキャンディーに戻すこともできる。しかし、もしこの作業を真っ暗闇の中でしたとしたら、ときには半分がピンクで半分がグリーンのハイブリッド（つぎはぎの）・スティック・キャンディーができてしまうだろう。

　ルドルフ・イェニッシュがつくり出したマウスで見られた染色体不安定性は、最終的には遺伝子発現の異常をもたらす。これは侵襲性をもった攻撃的な細胞の増殖につながり、結果としてがんになる。[5・6] これは、がん以外の疾患に対してＤＮＭＴ阻害薬を使うべきではないと考えられている理由のひとつである。正常な細胞でＤＮＡメチル化を低下させると、ある種の細胞をがんへ変化させるかもしれない、という懸念があるためである。

　これらのデータは、ＤＮＡメチル化の程度自体が重大な問題ではないということを示唆している。問題は、ＤＮＡメチル化の変化がゲノムのどこに起きたかということである。

加齢に伴って、DNAメチル化がゲノム全体で低下する現象は、ヒトやマウスだけでなく、たとえばラットやカラフトマスに至るまで、他の種においても報告されている。[7] DNAメチル化レベルの低下が、なぜゲノムの不安定化と関係しているのかについては、完全には明らかになっていない。高いレベルのDNAメチル化は凝縮したDNA構造の形成につながり、染色体をより安定な構造にしているのかもしれない。つまり、一本の延ばした針金をニッパーでチョキンと切断するのは容易だが、針金を密に絡ませて結び目をつくったら、簡単には切断できなくなると考えれば理解しやすい。

染色体の安定性を維持するために、細胞がどれだけの労力を払っているかを理解するのは重要である。もし染色体が切れたら、細胞は可能な限りその切断を修復しようとする。もし修復が困難である場合、細胞は自殺メカニズムを発動させ、基本的に細胞死を引き起こす。これは、損傷した染色体が危険なためである。損傷した遺伝物質を持ったまま細胞を生き延びさせるより、細胞ごと殺してしまった方がましなのだ。たとえば、9番染色体の1コピーと22番染色体の1コピーが同じ細胞の中で切れたような場合を考えてほしい。それらの染色体は正しく修復されるかもしれないが、ときには修復が正しく行われず、9番染色体の一部が22番染色体と結びつけられることがあるに違いない。

このような9番染色体と22番染色体の再編は、実際に免疫系の細胞で比較的頻繁に起きている。事実、それだけ頻繁に起きるため、9：22の融合染色体は特別な名前を持っている。このような染色体は、最初にこの融合染色体が見出された都市の名前にちなんで「フィラデルフィア染色体」と呼ばれている。慢性骨髄性白血病を発症した人の95％が、がん細胞の中にこのフィラデルフィア染色体を持っている。この異常な染色体が免疫系の細胞をがん化させたのは、切断と再結合が起こったゲノムの場所に原因がある。この二つの染色体領域の融合によって、*Bcl-Abl*と呼ばれるハイブリッド遺伝子がつくり出され、この遺伝子産物は細胞増殖をかなり積極的に促進させるのだ。

私たちの細胞は、このような染色体融合を防ぐために、切断された染色体をできる限り速く修復するとても洗練された機構をつくり上げてきた。この機構を働かせるためには、私たちの細胞は、染色体が二つに分断された際に形成される遊離したＤＮＡ末端を識別しなくてはならない。

しかし、ここで問題が生じる。私たちの細胞の中のすべての染色体は、それぞれの端に遊離したＤＮＡ末端を自然に持っているので、何らかの仕組みによって末端を修復しようとするＤＮＡ修復装置を止めなくてはならない。それが、テロメアと呼ばれる特別な構造である。23対あるすべての染色体の各末端にテロメアが存在しているので、1個のヒト細胞には合計で（23×2×2＝）92個のテロメアが存在する。このテロメアが、ＤＮＡ修復装置が染色体末端を標的とするのを止めているのだ。

●最後尾

テロメアは老化の制御に重要な役割を果たしている。細胞が分裂すれば分裂するほどテロメアは短くなる。必然的に、私たちが年をとればテロメアは短くなる。最終的にはテロメアは短くなって、それ以上正しい機能を果たせなくなる。そうすると細胞は分裂を止めて、自殺メカニズムを活性化させるかもしれない。このようなテロメアの短小化が見られない唯一の例外は、卵や精子を生み出す生殖細胞系列の細胞である。これらの細胞ではテロメアは常に長い状態で保たれている。染色体が次世代に受け渡され、その個体が長生きしても生殖細胞の中でテロメアが短くなることはない。２００９年、テロメアの機能を明らかにしたエリザベス・ブラックバーン、キャロル・グライダー、そしてジャック・ショスタックの三人に、ノーベル生理学・医学賞が授与された。

　テロメアは、老化の過程においてとても重要な構造であることから、テロメアがどのようにエピジェネティック・システムと結びついているのかを考えるのはもっともなことだろう。脊椎動物のテロメアＤＮＡは、ＴＴＡＧＧＧという配列の数百回の繰り返しによって構成されている。テロメアに遺伝子は存在しない。また、テロメア配列にはＣｐＧモチーフは存在しないため、ＤＮＡメチル化を受けることはない。もしテロメアを変化させるエピジェネティックな影響があるとしたら、それはヒストン修飾によるものと考えられる。

　テロメアと染色体の主要部分との間には、サブテロメアと呼ばれるＤＮＡ領域が存在している。このサブテロメア領域はさまざまな反復配列を含んでいる。これらの反復配列は、末端のテロメアに比べるとあまり配列の制約は厳しくない。サブテロメア領域には低い頻度で遺伝子が含まれている。この領域にはいくつかのＣｐＧモチーフが存在するので、ヒストン修飾に加えてＤＮＡメチル化による修飾もされ得る。

　通常、テロメアやサブテロメア領域に見出されるエピジェネティック修飾は、高度に抑制的なものである。そもそも、この領域にはほとんど遺伝子は存在していないため、これらの修飾は個々の遺伝子のスイッチをオフにするために使われているわけではないと考えられる。その代わり、これらの抑制的なエピジェネティック修飾は、染色体末端を封じ込めることに関与しているのかもしれない。エピジェネティック修飾は、染色体末端を覆い隠すようなタンパク質を呼び寄せ、テロメアをできるだけきつく折り畳み、他の因子が近づけないような働きをしている。これは、配管の末端を断熱カバーで覆うのに似ているかもしれない。

同じDNA配列は核内でお互い結合しやすい傾向があるため、すべてのテロメアが同じDNA配列を持っているというのは、そもそも、細胞にとっては潜在的な脅威になり得る。同じ配列の末端が近くに存在すると、異なる染色体の末端同士が結合されてしまう危険が生じる。特に、テロメアがダメージを受けてほどけてしまった場合はもっと危険である。細胞は、染色体の鎖をなんとかまとめようと四苦八苦しており、その際に末端が不安定だとさまざまな種類の間違いが起きる可能性がある。結果として、慢性骨髄性白血病のような間違った組み合わせの染色体が生み出されることになる。抑制的な修飾によって末端をきつく詰め込むことで、異なる染色体同士が間違って結合される可能性は低くなる。

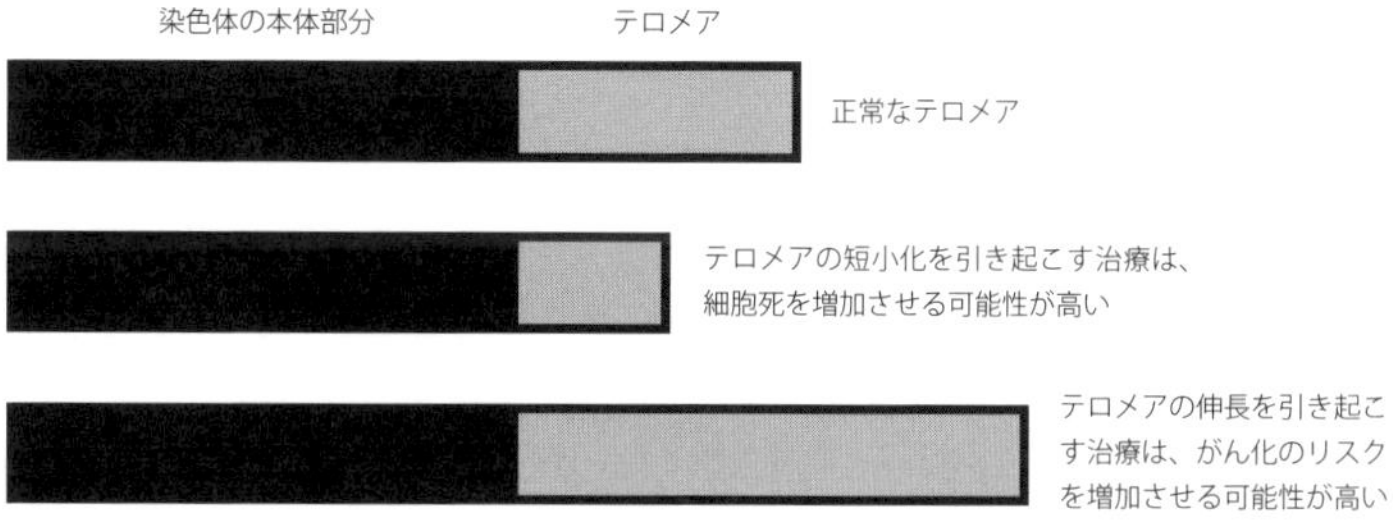

図13.1 テロメアの異常な短小化、異常な伸長は、細胞に有害な影響を与える可能性がある。

このように、実際の細胞は**図13・1**に示すようなジレンマに陥っている。もしテロメアが短くなりすぎると、細胞は増殖を止める。しかし、もしテロメアが長くなりすぎると、今度は異なる染色体同士の融合によって、がん化を促進するような異常な遺伝子が生み出される危険性が高くなる。細胞の増殖を停止させることは、おそらく新しいがん化促進遺伝子を生み出すリスクを最小限にする防御メカニズムなのだろう。これは、がん化のリスクを増加させることなく、寿命を延長させるような薬をつくり出すのが非常に難しいと考えられているひとつの理由である。

ところで、多能性をもった幹細胞を新しくつくり出す際には何が起きているのか？　これは、第1章で見てきたような体細胞核移植の場合、あるいは第2章で見てきたようなiPS細胞をつくり出すような場合にあてはまる。ヒト以外の動物のクローンを生み出す場合、あるいは退行性疾患を治療する目的でヒトの幹細胞をつくり出す場合にこれらの技術が用いられる。どちらの場合であっても、私たちは通常の寿命を持つ細胞をつくり出したいと考える。クローン技術によって有名な競走馬の種馬をつくる、あるいは糖尿病を発症した十代の患者の膵臓に幹細胞を移植しようとする場合、もしその馬や細胞がテロメアの老齢が原因で短期間に死んでしまったとしたらあまり意味がない。

したがって、通常の胚と同様な長さのテロメアを持つ細胞をつくり出す必要がある。生殖細胞系列では、染色体はテロメアの短小化から保護されているのでこのようなことが実際に起きている。しかし、大人の細胞から多能性の細胞をつくり出す場合、加齢によってテロメアがすでに短くなってしまった核を出発材料として扱っていることになる。

幸運なことに、私たちが実験的に多能性幹細胞をつくり出す際には特別なことが起きる。iPS細胞がつくり出されるとき、細胞は「テロメラーゼ」と呼ばれる遺伝子のスイッチをオンにする。テロメラーゼは、通常テロメアを正常な長さに保つ役割をするが、私たちが年を取ると細胞のテロメラーゼ活性は低下し始める。テロメラーゼのスイッチをオンにすることは、iPS細胞にとって重要なのかもしれない。あるいは、短いテロメアを持つ細胞はそもそも何世代も娘細胞を生み出すことはないのかもしれない。実際、山中因子はｉＰＳ細胞においてテロメラーゼの高発現を誘導する。

しかし、ヒトの老化を逆転させたり、あるいは止めたりする目的でテロメラーゼを使うことはできない。たとえ遺伝子治療などの方法を使って細胞内にテロメラーゼを導入できたとしても、がん化を促進する危険性がとても高くなるに違いない。テロメアは精緻にバランスのとれたシステムであり、老化とがん化のトレードオフなのである。

ヒストン脱アセチル化酵素の阻害薬とＤＮＡメチル化酵素の阻害薬は、いずれも山中因子によるリプログラミングの効率を改善させる。これは、これらの化合物にテロメアやサブテロメア領域の抑制的な修飾を取り除く効果があるためかもしれない。このような効果によって細胞がリプログラムされる際、テロメラーゼがテロメアを再構築しやすくしているのかもしれない。

エピジェネティック修飾とテロメア・システムとの相互作用を見ると、エピジェネティクスと老化との間に単純な相関関係がある、というような考えからは程遠い。むしろ、「エピジェネティックなメカニズムは、少なくとも老化のある一部の局面において原因として働いているかもしれない」という説明の方が相応しいように見える。

●酵母も年を取る？

エピジェネティクスと老化の関係をさらに詳しく調べるために、科学者たちは、私たちがふだんパンやビールでなじみのある生物を広く利用してきた。この生物の正式な学名は*Saccharomyces* *cerevisiae*であるが、一般にはパン酵母として知られている。この酵母についてしばらく話をしていこう。

酵母は単純な単細胞生物であるが、細胞の基本的な特徴については私たちととてもよく似ている。酵母は細胞内に核を持ち、哺乳動物のような高等生物と同じタンパク質や生化学的経路を持っている。酵母は単純な生物であるため、実験的に利用するのがとても簡単である。また、とてもわかりやすい方法で1個の酵母細胞（母親）が新しい細胞（娘）を生み出す。母細胞は自身のＤＮＡをコピーし、新しい細胞は出芽によって母細胞の側面から生じる。娘細胞は完全なセットのＤＮＡを持って分離し、完全に独立した新しい単細胞生物としてふるまう。酵母はとても速いスピードで分裂するので、実験に何か月あるいは何年もかかるような哺乳動物などに比べて、数日から数週間という短い期間で実験することが可能となる。酵母は、液体の培養液でも培養皿の寒天培地でも増殖させられるので扱いがとても容易である。さらに、興味ある遺伝子に変異を導入するのもとても簡単である。

酵母は、ある特徴によってエピジェネティクスの研究における優れたモデル系になっている。それは、酵母は自身のＤＮＡをメチル化しないことである。つまり、エピジェネティックな影響は、すべてヒストン修飾によって起きているということができるのだ。酵母にはもうひとつ優れた特徴がある。酵母の母細胞から娘細胞が生じる度に、母細胞には出芽による痕跡が残される。この特徴によって、その酵母が何回分裂したかを簡単に判断できる。酵母には2種類の老化があり、**図13・2**に示すように、これらの2種類の老化はいずれもヒトの老化との類似性がある。

これまでの老化研究では複製老化が最も重要視され、なぜ細胞が分裂能を失うのか理解しようとし

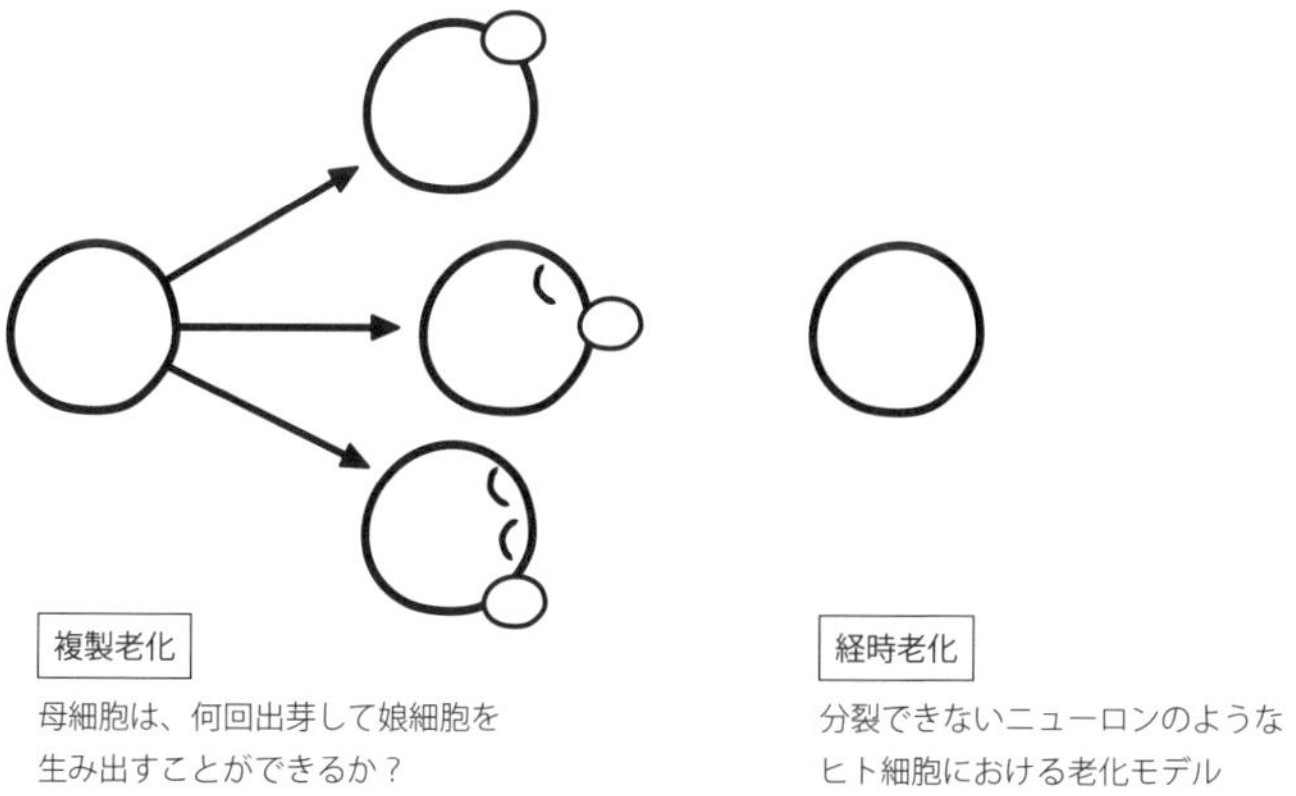
複製老化
母細胞は、何回出芽して娘細胞を
生み出すことができるか？
経時老化
分裂できないニューロンのような
ヒト細胞における老化モデル

図13.2　酵母の老化に関する二つのモデル。分裂する細胞と分裂しない細胞と関係している。

てきた。哺乳動物におけるいくつかの老化の兆候と明らかに関連している。たとえば、骨格筋はサテライト細胞と呼ばれる特別な幹細胞を含んでいる。これらの細胞はある一定の回数しか分裂できない。いったん分裂回数がこの限界に達してしまうと、もう新しい筋細胞をつくり出すことができなくなる。

　酵母の複製老化についての理解はこれまでに大きく進展してきた。この過程を制御する重要な酵素のひとつはSir2と呼ばれ、これはエピジェネティック・タンパク質のひとつである。この酵素は二つの経路を通じて酵母の複製老化に影響を与えている。ひとつ目の経路は酵母特有のものに見えるが、もう一方の経路については、進化系統樹でつながる数多くの生物種、もちろんヒトでも見出されている。

　Sir2はヒストン脱アセチル化酵素である。Sir2を過剰に発現している酵母の変異株は、通常よりも30％も長い複製寿命を持つ。[8] 反対に、Sir2を発現していない酵母は、通常よりも複製寿命が約50％も短い。[9] ペンシルバニア大学のシェリー・バーガー教授は、とてもはつらつとした研究者で、彼女の研究グループはこれまでエピジェネティクス分野の発展に重要な貢献をしてきた。彼女たちのグループは酵母を使って、２００９年に、実にエレガントな遺伝学的、分子生物学的な成果を報告した。

彼女たちは、Sir2はヒストンからアセチル基を取り去ることで老化に影響を与えており、この酵素が果たすと考えられる他の役割は関与していないことを明らかにした。[10] これは重要な研究結果である。なぜならば、Sir2は他の多くのヒストン脱アセチル化酵素と同様に、基質特異性がかなり低い。この酵素はヒストンだけを標的としてアセチル基を取り去るのではない。Sir2は、細胞内の少なくとも60以上の他のタンパク質からアセチル基を取ると考えられている。これらのタンパク質の多くはクロマチンや遺伝子発現には関係がない。シェリー・バーガーの研究は、Sir2がヒストンのアセチル基を介して老化に影響を与えていることを実証した点において重要である。ヒストン上のエピジェネティック・パターンの変化は、遺伝子発現に影響を及ぼす。

ヒストンのエピジェネティック修飾が、老化に大きな影響を与えるというこれらの結果は、老化とエピジェネティクスとの関連を調べる研究者に、自分たちが正しい方向に向かっているという大きな自信を与えた。Sir2の重要性は酵母に限った話ではない。おなじみのモデル生物である線虫でSir2を過剰発現させると、その線虫は長生きする。[11] Sir2をショウジョウバエで過剰発現させると、その寿命が57%増加したのである。[12] それでは、この遺伝子はヒトの老化においても重要なのだろうか？

ヒトにはSir2遺伝子が7個存在し、*SIRT1*から*SIRT7*と呼ばれている。その中でも他とは少し異なる特徴を持つ*SIRT6*が注目されている。この分野では、スタンフォード長寿研究センターの若い准教授である、カトリン・チュアの研究室によって重要な発見があった（カトリン・チュアは、米国で子育ての方法として物議を醸した『タイガー・マザーの闘争賛歌』の著者であるエイミー・チュアの妹でもある）。

カトリン・チュアは、Sirt6タンパク質を発現しないマウス（ノックアウト・マウス）をつくり出した。これらのマウスは、やや小さいものの正常に生まれる。しかし2週間後には、老化の過程で認められるようなさまざまな症状を呈するようになる。その症状には、皮下脂肪の消失、脊柱湾曲症、代謝異常などが含まれる。通常マウスは実験室の環境で約2年は生きるが、このマウスは生後1か月足らずで死んでしまった。

多くのヒストン脱アセチル化酵素の基質特異性は低いことが知られている。つまり、どんなヒストンのアセチル化でも、それを見つけしだい脱アセチル化することを意味している。上述したように、多くのヒストン脱アセチル化酵素はヒストンだけを基質としているわけではなく、他のあらゆるタンパク質のアセチル基を取り除く。しかし、SIRT6の場合は様子が異なる。SIRT6は、ヒストンH3の9番目と56番目のリシンのアセチル基のみを基質としている。またこの酵素は、テロメアに配置されたヒストンを選択的に標的としているように見える。カトリン・チュアがヒト細胞で*SITR6*遺伝子をノックアウトしたところ、これらの細胞のテロメアがダメージを受け、染色体同士が融合されることを見出した。細胞は分裂能を失い、活動を止めてしまった[13]。

この結果は、正常なテロメア構造を維持するために、ヒト細胞がSIRT6を必要としていることを示唆している。しかし、これはSIRT6の唯一の役割ではない。ヒストンH3の9番目のリシンのアセチル化は遺伝子発現と関連している。SIRT6がこのアセチル化修飾を取り除くと、このアミノ酸は細胞内に存在する別の酵素によってメチル化される。このヒストンH3の9番目のリシンのメチル化は遺伝子の抑制と関連している。カトリン・チュアはさらに実験を行って、SIRT6の発現レベルが変化すると、特異的な遺伝子の発現が変化することを確認している。

SIRT6はあるタンパク質と複合体をつくることで、特定の遺伝子を標的にする。いったんSIRT6が標的遺伝子に結合すると、遺伝子の発現を抑制するフィードバック・ループに加わる。いわゆる悪循環である。*SIRT6*遺伝子をノックアウトすると、このフィードバック・ループのスイッチが入らず、これらの遺伝子のアセチル化は高いままとなる。このアセチル化は、*SIRT6*ノックアウトマウスにおいて標的遺伝子の発現を上昇させる。その標的遺伝子は、自発的な細胞死や、細胞老化を誘導する遺伝子である。この効果によって、なぜ*SIRT6*のノックアウトが早期老化と関連しているのかが説明できる。[14]つまり、老化に関わるプロセスを加速させる遺伝子が、個体がまだ若い段階で、早期に、あるいは強力にオンにされてしまうためだと考えられる。

これは、ある製品の内部に、自然に老朽化するような仕組みを組み込んで製品を販売するような、悪徳製造業者にたとえられるかもしれない。通常この仕組みはある一定の年数の間は作動しない。もしこの仕組みが早くに作動してしまったら、その製造業者は、耐用年数よりも早く壊れてしまう粗悪品を売る会社というレッテルを貼られ、誰もその製品を買わなくなる。*SIRT6*をノックアウトすることは、ソフトウェアの故障のようなものであり、内蔵された老朽化の仕組みが2年ではなく、たった1か月で作動してしまったと考えることができる。

他の*SIRT6*標的遺伝子は、炎症反応や免疫反応の誘発に関連する遺伝子である。このような反応も老化に関連している。そもそも、加齢に伴って見られるようになるいくつかの症状は、これらの経路が強まることで起きる。このような症状には、心臓血管疾患や関節リウマチのような慢性疾患が含まれる。

ウェルナー症候群と呼ばれる珍しい遺伝病がある。この遺伝病の患者は、健常な人に比べて早期に老化症状を呈し、速く老化が進行する。この疾患はＤＮＡの高次構造に関連する遺伝子の変異によって引き起こされる。この遺伝子産物はＤＮＡをほどく（巻き戻す）酵素で、ＤＮＡの高次構造を解きほぐす役目を果たしている。[15]通常このタンパク質はテロメアに結合している。特に、テロメアに位置するヒストンＨ３がその9番目のリシンのアセチル化を失っているときに最も効率よく結合する。これはまさに、SIRT6が標的としている修飾である。この結果は、老化制御におけるSIRT6の役割を裏づけるものである。[16]

SIRT6がヒストン脱アセチル化酵素であることを考えると、ヒストン脱アセチル化酵素阻害薬が老化に及ぼす影響を調べるのは面白いかもしれない。SIRT6の発現をノックダウンするのと同じ効果を持つことが予想される。つまり、老化の加速である。もしこの予想が正しいとすると、ＳＡＨＡのようなヒストン脱アセチル化酵素阻害薬を患者に投与する計画に対しては逆に慎重になるべきかもしれない。抗がん剤とはいえ、あなたの老化を加速させるような薬を使うことはあまり魅力的な考えとは思えない。

がん治療の視点からすれば幸いなことに、SIRT6は「サーチュイン」と呼ばれる、一群のヒストン脱アセチル化酵素の仲間に属している。第11章で見てきた酵素とは違って、サーチュインはＳＡＨ

Aや他のヒストン脱アセチル化酵素阻害薬の影響は受けない。

●小食は長生きのしるし

これまでの議論は、人々に長寿をもたらす薬の発見に私たちは少しでも近づいているのか、という質問を上手い具合にはぐらかしてきた。これまでのデータから考えると、あまり見込みがあるようには見えない。特に、老化の根底にある多くのメカニズムが、がんの発生に対する防御であるとしたらなおさらである。さらに50年長生きさせるような治療法があったとしても、その治療によってがんが形成されて、5年以内に私たちを死に至らしめるのであれば、そのような治療法の開発には意味がない。しかし、寿命を確実に延ばす方法がひとつある。その方法は酵母からショウジョウバエまで、さらに線虫から哺乳動物まで、驚くほど有効なことが証明されている。それはカロリー制限である。

齧歯類の実験で、自由に食事できる環境で摂取するカロリーに比べて、約60%程度のカロリーだけ与えた場合、寿命と老化に関連した疾患に劇的な効果があることが示された[17]。ただし、この効果の恩恵を得るためには、生まれてすぐにカロリー制限を始めてその後ずっと続ける必要がある。酵母では、培養液中のグルコース（彼らの食糧）を2%から0・5%にすると、寿命が約30%延びる[18]。

このカロリー制限の効果が、酵母のSir2や他の動物のSir2ファミリータンパク質を介して起きているかどうかについては、これまでさまざまな議論が行われてきた。Sir2の活性はある重要な化学物質によって調節される。そしてその化合物の細胞内のレベルは、細胞が利用可能な栄養の量によって左右される。この点こそが、Sir2とカロリー制限が結びついていると何人もの研究者が主張してきた理由であり、実際に魅力的な仮説のひとつである。Sir2が寿命に重要であるという点についてははっきりしており、議論の余地はない。カロリー制限がとても重要であることもはっきりしている。問題は、両者が一緒に働いているのか、別々に働いているかという点である。この点については、現在も意見の一致はなく、使うモデル系によってその結論は大きく影響を受ける。どのパン酵母の株を使ったかとか、あるいは培養液の中に正確にどれだけのグルコースを入れたかというような、一見するとほとんど取るに足りないことに思えるような細かい実験の詳細に至るまで議論が及んでいる。

　カロリー制限がどのように働いているかについて議論することは、実際に効果が見られるという事実に比べたら、あまり重要なことではないかもしれない。しかし、もし私たちが老化防止の方策を探しているのだとしたら、その分子メカニズムを解明することはとても重要である。なぜならば、人がカロリー制限するにしても、それには限界があるからだ。食べ物には大きな社会的、文化的側面があり、単なる栄養源というだけの存在ではない。このような精神的、社会学的な問題に加えて、カロリー制限には副作用もある。最も明白な副作用は、筋肉の減少と性欲の減退である。長生きするチャンスが与えられても、このような副作用があれば、大多数の人々がそのチャンスを魅力に感じないというのは、ある意味当然である。[19]

　2006年に、ハーバード大学医学大学院のデービッド・シンクレアのグループによって報告された「ネイチャー」の論文が、一連の騒動を巻き起こした理由のひとつである。彼らは、レスベラトロールと呼ばれる化合物がマウスの健康や寿命に及ぼす影響について研究していた。レスベラトロールは、ブドウなどの植物で合成される化合物である。またこの化合物は赤ワインの成分のひとつでもある。

この論文が報告されるまでにも、レスベラトロールが酵母や、線虫、ショウジョウバエの寿命を延ばすことは報告されていた。[20・21]

シンクレア教授らは、マウスを高カロリーの食餌で飼育した後、レスベラトロールを6か月間投与した。6か月後、彼らはマウスのあらゆる健康状態を調べた。高カロリーの食餌を与えられたマウスは、レスベラトロールの投与の有無にかかわらずみな太っていた。しかし、レスベラトロールを投与されたマウスは、投与されていないマウスに比べて健康状態がよかったのだ。肝臓の脂肪は少なく、運動能力は高く、また糖尿病の兆候はほとんど見られなかった。１１４週齢の時点において、レスベラトロールを投与されたマウスの死亡率は、投与されていないマウスに比べて31%低かった。[22]

なぜこの論文がそこまで多くの注目を集めたのかすぐにわかるだろう。もし同じ効果が人でもあるとしたら、レスベラトロールは、モノポリーの「刑務所釈放カード」ならぬ「肥満フリーカード」になり得る。好きだけ食べて、好きなだけ太っても、健康で長生きできる。毎回食事の3分の1を残す必要もなければ、筋肉や性欲を失う必要もないのだ。

レスベラトロールはどうやってこのような効果をもたらしているのか？　同じグループは、以前に報告した論文の中で、レスベラトロールがサーチュインタンパク質、この場合はSirt1を活性化させることを示している。[23] Sirt1は糖代謝や脂肪代謝の制御に重要だと考えられている。

シンクレア教授はサートリス（Sirtris）・ファーマシューティカルズと呼ばれる会社を設立し、レスベラトロールの構造に基づいて新しい化合物の合成を続けた。２００８年、グラクソ・スミスクライン社は、老化による疾患を治療するための技術や化合物を入手することを目的として、７億２０００

万ドル（約860億円）を投じてこのサートリス・ファーマシューティカルズを買収した。

この取引は多くの業界関係者から高い買い物だと考えられ、実際に何も問題がないわけではなかった。2009年、競合するライバル製薬会社であるアムジェンの研究グループが一報の論文を報告した。彼らは、レスベラトロールはSir2を活性化せず、もともとの発見は何らかの技術的な問題による間違った結果だと主張したのだ。[24] そのすぐ後に、別の巨大製薬企業であるファイザーの研究者たちも、アムジェンと同じような結果を報告した。[25]

巨大な製薬会社にとって、別の会社の発見に対して真っ向から対立する結果を報告するのはなかり異例なことである。そうすることで得られるものは何もないからだ。製薬会社は、世に出した薬によって最終的に評価されるものである。まだ薬の開発の初期段階にあるような競合他社を批判することは、商業的に有利になることはない。アムジェンとファイザーの両社が、彼らの発見を公表したという事実は、レスベラトロールにまつわる話がいかに議論の的になっているかを示している。

レスベラトロールがどうやって作用しているのかは、どうでもよいことなのだろうか？　この化合物が劇的な効果を持つという事実だけで十分なのだろうか？　もし人の症状を改善するための新薬を開発しようとする場合、その作用機序を知ることはきわめて重要な事である。化合物がどのように作用するかがわかったとき、そのことに特に関心を向けるのは、新薬を認可する機関である。その理由のひとつは、作用機序がわかれば副作用を評価するのが容易になるためである。しかし、また別の問題として、レスベラトロール自身おそらく薬として利用するには理想的な化合物ではないということである。

これは、植物から単離されたレスベラトロールのような天然物質でしばしば生じる問題である。天然の化合物の場合、大なり小なり形を変えて、体内をよく循環するようにして、しかも副作用が出ないようにする必要がある。たとえばアルテミシニンは、ヨモギ属の植物であるクソニンジンから単離された化学物質であり、寄生虫であるマラリアを殺すことができる。アルテミシニン自身はヒトの体内に取り込まれにくいため、研究者は本来の天然物質の化学構造を改変させた異形化合物を開発した。この異形化合物はマラリア寄生虫を殺すだけでなく、アルテミシニンよりも効率よく体内に取り込まれる。[26]

しかし、特定の化合物がどのように作用するのかを正確に知らなければ、標的タンパク質への影響を確認できないため、新しい化合物を設計しその効果を検証するのがとても難しい。

グラクソ・スミスクラインは、いまでもサーチュインのプロジェクトを支持している。しかし、多発性骨髄腫と呼ばれる病気に対してレスベラトロールを処方する臨床治験が、腎臓への毒性によって中断されたという事態に憂慮を示している。[27]

製薬業界におけるすべての大企業が、サーチュインを活性化させる因子に関する研究の進展に大きな関心を示している。これらのエピジェネティックな修飾酵素が、寿命の延長、あるいは老化防止を目的とした治療法の開発を進展させるのか、あるいは終焉を迎えるのかまだわからない。いまのところ私たちは、まだ古くからの習慣から抜け出せていない。野菜を多く摂取し、たくさんの運動をして、太陽の光を浴びすぎない——つまらない話である。

THE EPIGENETICS
REVOLUTION

第14章

女王陛下万歳

第14章 ●● 女王陛下万歳

しばしの時間と引き換えられるなら私の全財産を差し出そう

エリザベス1世

哺乳動物の健康や寿命に、摂取した栄養が及ぼす影響はとても大きい。前章で見てきたように、長期的なカロリー制限はマウスの平均寿命を3分の1程度も延長させる[1]。また第6章で見てきたように、私たち自身の健康や寿命は、私たちの両親、さらに祖父母が食べた物によっても影響を受ける。これらの事実は確かに驚きではあるが、自然界にはもっと衝撃的な例がある。ある種の生物では、一部の選ばれた個体が特別な食事を与えられることによって、他の仲間に比べて20倍も長く生きるのだ。なんと20倍である。もしこのようなことが私たち人間で起きたら、イギリスは未だにエリザベス女王1世の統治下にあり、その状態がいまからさらに約４００年間も続くことになる。

もちろん、私たち人間ではこのようなことは起きないが、私たちがよく知る生物では実際に起きているのだ。その生物は、毎年春から夏にかけて目にすることができる。彼らの労働でもたらされた物を使って、私たちはローソクや家具用ワックスをつくったりしている。人類史のかなり早い段階から、私たちは彼らが苦労して手に入れた自然の恵みを食してきた。その生物とは、ミツバチである。

ミツバチは実に驚くべき生物である。彼らは典型的な社会性昆虫であり、何万もの個体によって構成されるコロニーの中で生活している。これらの個体の大多数は働きバチである。働きバチは生殖能力を持たない雌であり、花粉を集めたり、巣の中の居住区画をつくったり、若いハチの面倒を見たりするなど、特殊化されたさまざまな役割を持っている。コロニーの中には少数の雄がいて、運がよければ交尾できるが、それ以外にはほとんど何もしていない。そして女王バチがいる。

新しいコロニーを形成するとき、まだ交尾していない女王バチは、一群の働きバチを伴って巣から出ていく。女王バチは数匹の雄バチと交尾して新しいコロニーに落ち着く。女王バチは数千の卵を産み、そのほとんどは卵から孵って働きバチへと成長する。数個の卵は孵った後女王バチへと成長し、もう一度最初からこのサイクルを始める。

コロニーを形成する女王バチは、通常数回の交尾をするので、コロニーの中のハチがすべて遺伝的に同一なわけではない。つまり、一部のハチは異なる父親を持つことになる。しかし、どのコロニーにおいても数千匹に及ぶ遺伝的に同一なハチが存在しているのは事実である。遺伝的に同じなのは何も働きバチに限ったことではない。新しく生まれる女王バチは、コロニーの中の数千匹の働きバチと遺伝的に同一である。彼女たちを姉妹と呼ぶこともできるが、これは適切な表現ではない。正しくいえば、彼女たちはすべてクローンである。

しかしながら、新しい女王と、彼女のクローンでもある働きバチの姉妹は、体の形とその役割において驚くほど違っている。まず、女王バチの体は、働きバチの倍近い大きさになる。女王バチが巣を離れて交尾する、いわゆる結婚飛行を終えた後、女王バチはふたたび巣を離れることはほとんどない。彼女は巣の内部の暗闇にいて、夏の数か月の間１日に２０００個もの卵を産む。女王バチは針やろう腺《せん》、花粉かごを持たない（家を出なければ買い物袋を持つ意味がないのと同じように）。働きバチの寿命は通常は数週間だが、女王は数年間も生きることができる[2]。

反対に、働きバチは女王バチにはできないさまざまな仕事ができる。働きバチの中のリーダーに相当するハチは食べ物を集め、コロニーにいる他のハチにその場所を伝える。この情報は有名な「尻振りダンス」によって伝えられる。女王バチは暗闇の中でぜいたくに暮らしているが、決して働きバチのようにブギウギダンスを踊ることはない。

このように、ミツバチのコロニーは遺伝的に同一な数千の個体によって構成されているが、そのうちの少数の個体は身体的、行動的な面でかなり違っている。この成虫の個体に見られる違いはすべて、幼虫の時期にどのような食事をしたかによって決まる。初期の食事パターンによって、幼虫がその後働きバチに成長するのか、女王バチに成長するのかが決定されるのだ。

ミツバチにとって、ＤＮＡという台本は不変だが、その台本によってもたらされる結果は変化し得る。発生初期の出来事（食事パターン）が、その結果を制御しており、この初期の出来事は、生涯維持される表現型を決定づけるのだ。このシナリオは、まさにエピジェネティクスそのものであり、ここ数年間の研究によってようやくこの過程を支える分子的事象が明らかにされてきた。

ミツバチにとってサイコロを振るような重要な瞬間は、生後3日目、まだほとんど動かない幼虫の時期に訪れる。すべてのミツバチの幼虫は、この3日目までは同じ食事を与えられている。これはローヤル・ゼリーと呼ばれる物質で、働きバチの中でも特別なグループによってつくり出される。これらの若い働きバチは養育バチとして知られ、頭部にある分泌腺からローヤル・ゼリーを分泌する。ローヤル・ゼリーはとても栄養価の高い食料源である。多くの成分が濃縮された混合物で、その中には重要なアミノ酸や、変わった脂質、特別なタンパク質、ビタミン、そしてまだよくわかっていない他の栄養成分が含まれている。

生まれてから3日経つと、養育バチはほとんどの幼虫にローヤル・ゼリーを与えるのを止める。その代わり、幼虫の食事は花粉や蜜からつくられた食事に切り換えられる。これらの幼虫は成長して働きバチになる。

しかし、養育バチは一部の選ばれた幼虫にはローヤル・ゼリーを与え続ける。これらの幼虫が選ばれる仕組みや理由はまだ明らかにされていない。遺伝的に見れば、これらの選ばれた幼虫は、栄養価の低い食事に切り換えられた幼虫と同一である。ローヤル・ゼリーを与え続けられたこの少数の幼虫は女王バチに成長し、生涯にわたって同じ食事を与え続けられる。ローヤル・ゼリーは、女王バチの体内で成熟した卵巣を形成するのに必要となる。働きバチは正常な形の卵巣を発達させることはなく、これが働きバチが不妊となる理由のひとつである。またローヤル・ゼリーは、花粉かごのような女王バチには必要のない器官が女王バチの体内で形成されるのを妨げている。

この過程の背景にあるいくつかの分子メカニズムについては、すでに明らかにされている。ミツバチの幼虫は、私たちの肝臓と共通の機能を果たす器官を持っている。ミツバチの幼虫がローヤル・ゼリーを継続して与えられると、この器官が複雑な食料源を処理してインスリン経路を活性化させる。

これは、血液中の糖の濃度を調節する哺乳動物のホルモン経路とよく似ている。ミツバチの中でこの経路が活性化されると、幼若ホルモンと呼ばれる別のホルモンの産生を促す。幼若ホルモンはその後別の経路を活性化する。その経路の一部が、成熟した卵巣のような組織の形成や発達を促進するのである。そして、他の経路は女王バチが必要としない器官の形成を停止させる。[3]

●王を模倣する

ミツバチの成熟過程には、エピジェネティック現象の特徴が数多く見られることから、この過程にも他の生物種と同じようにエピジェネティック装置が関与しているだろうと推測されていた。実際に、その最初の証拠が２００６年に報告された。この年にミツバチのゲノム配列が解読され、その遺伝の設計図が明らかにされた。[4] そしてこのゲノム解析によって、ミツバチのゲノムに脊椎動物などの高等生物のＤＮＡメチル化酵素とよく似た遺伝子が含まれていることが明らかにされた。また、ミツバチのゲノムには多くのＣｐＧモチーフが含まれていることも示された。これは通常ＤＮＡメチル化酵素の標的となる塩基配列である。

同年、ジーン・ロビンソン率いるイリノイ大学の研究グループが、ミツバチのゲノムから見つかったＤＮＡメチル化酵素と予想されるタンパク質が、酵素活性を持つことを示した。このタンパク質は、実際にＤＮＡのＣｐＧモチーフのシトシンをメチル化できたのだ。[5] さらにミツバチは、メチル化ＤＮＡを認識して結合できるタンパク質を発現していた。これらの結果は、ミツバチの細胞がエピジェネティックなコードを「書き込み」、そしてそれを「読み取る」ことができることを示している。

これらの結果が報告されるまで、ミツバチがＤＮＡメチル化のシステムを持っていることを誰ひとり予想していなかった。その理由には、昆虫の実験モデルとして最も広く使われ、本書でも出てきたショウジョウバエは、自身のゲノムＤＮＡをメチル化しないということが知られていたためである。

ミツバチがきちんとしたＤＮＡメチル化のシステムを持っているという発見は興味深い。しかしこの発見は、ローヤル・ゼリーに対するミツバチの応答や、この食事がミツバチの体形や行動に及ぼす影響にＤＮＡメチル化が関与していることを証明するものではない。この問題は、オーストラリア国立大学のリシャード・マレシュカ博士の研究室による、一連の素晴らしい研究によって解決された。

マレシュカ博士たちは、ＤＮＡメチル化酵素のひとつであるDnmt3をコードする遺伝子の発現をノックダウンによって抑制した。Dnmt3は、もともとメチル化されていないＤＮＡ領域にメチル基を付加する酵素である。この実験結果については**図14・1**に示している。

ミツバチの幼虫で*Dnmt3*の発現を減少させると、その結果はミツバチの幼虫にローヤル・ゼリーを与えた場合と同じであった。ほとんどの幼虫は働きバチではなく女王バチに成長したのだ。*Dnmt3*のノックダウンがローヤル・ゼリーを食事として与えたのと同じ効果を示すということは、ローヤル・ゼリーによる主要な影響のひとつが、重要な遺伝子のＤＮＡメチル化パターンを変化させることと結びついていることを示唆している。[6]

この仮説を裏づけるため、彼らは異なる集団のミツバチを使って、実際にＤＮＡメチル化と遺伝子発現パターンを調べた。そして、女王バチの脳と働きバチの脳のＤＮＡメチル化パターンが異なっていることを明らかにした。*Dnmt3*をノックダウンしたミツバチのＤＮＡメチル化パターンは、ロー

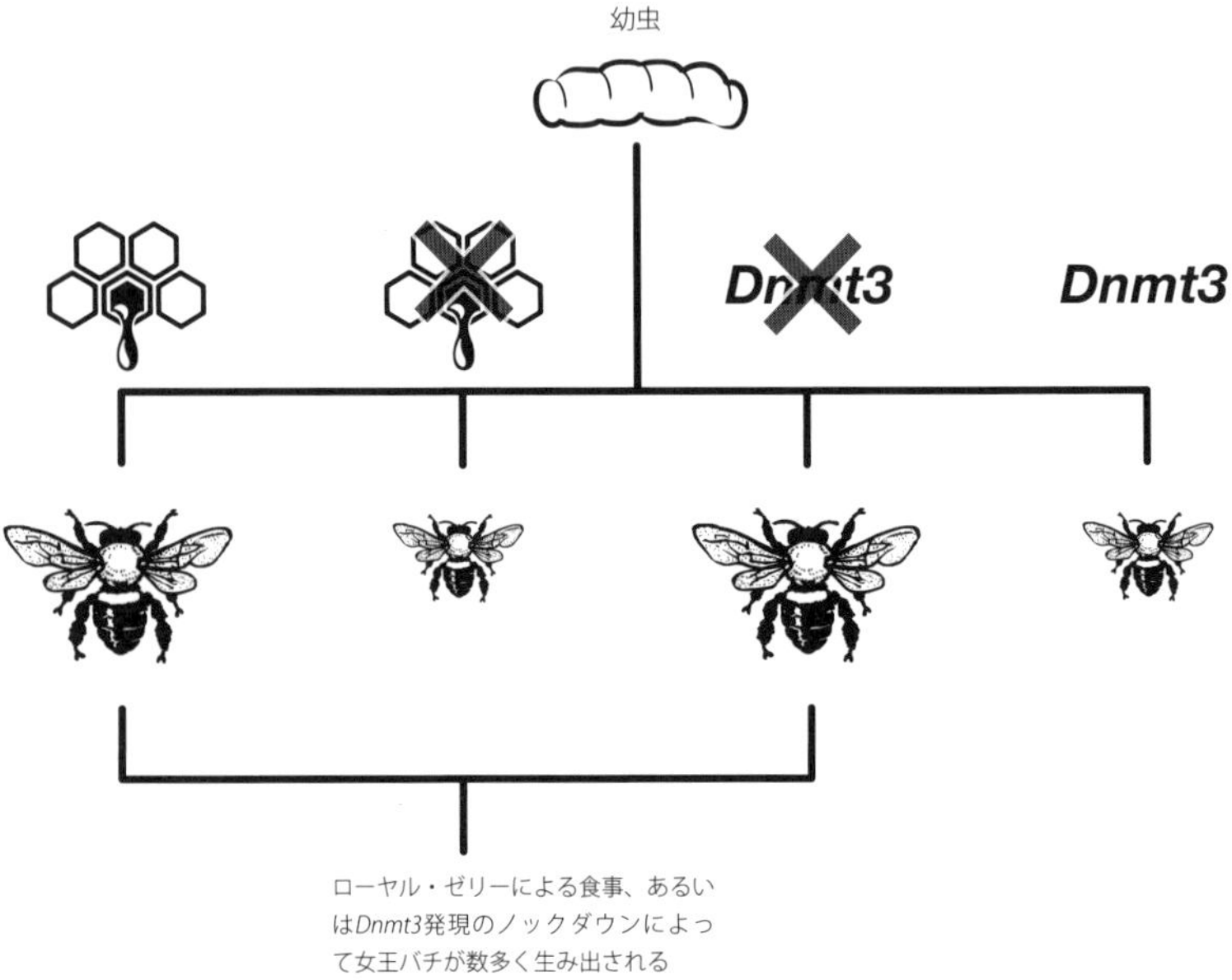

幼虫
Dnmt3
Dnmt3
ローヤル・ゼリーによる食事、あるいはDnmt3発現のノックダウンによって女王バチが数多く生み出される

図14.1　ミツバチの幼虫に長期間ローヤル・ゼリーを与えて育てると、その幼虫は女王バチに成長する。ローヤル・ゼリーによる長期間の食事がなくても、幼虫の*Dnmt3*遺伝子の発現を実験的に低下させると、同じ効果が見られる。Dnmt3タンパク質はDNAにメチル基を付加する。

ヤル・ゼリーで誘導された通常の女王バチのパターンと似ていた。これは表現型から予想される結果である。遺伝子の発現パターンも、通常の女王バチと*Dnmt3*をノックダウンすることで成長した女王バチでよく似ていた。これらの結果によって、彼らは、ローヤル・ゼリーを与え続けられたことによる影響は、ＤＮＡメチル化を介して起きていると結論づけた。

ミツバチの幼虫に与えられた栄養が、どのようにＤＮＡメチル化パターンの変化を引き起こすのかについては、まだわからないことがたくさんある。先ほどの実験から導かれるひとつの仮説は、ローヤル・ゼリーがＤＮＡメチル化酵素の活性を抑制するというものである。しかし、いまのところ誰もこの仮説を実験的に示した人はいない。それゆえ、ＤＮＡメチル化に及ぼすローヤル・ゼリーの影響は、間接的なものである可能性が考えられる。

ローヤル・ゼリーはミツバチのホルモン情報伝達に影響を与え、遺伝子発現パターンを変化させることがわかっている。遺伝子発現レベルの変化は、しばしばその遺伝子上のエピジェネティック修飾に影響を与える。遺伝子のスイッチがより強力にオンにされれば、その発現を促進するためにより多くのヒストンが修飾される。似たようなことがミツバチでも起きているかもしれない。

ＤＮＡメチル化のシステムが、しばしばヒストン修飾のシステムと連動していることもわかっている。それゆえ、ミツバチの発生や活動の制御にヒストン修飾酵素が果たす役割にも興味が示された。ミツバチのゲノムの解析から、四つのヒストン脱アセチル化酵素が同定されている。これはとても興味深いことである。なぜならば、[7]ローヤル・ゼリーの中に酪酸フェニルという化合物が含まれていることがしばらく前からわかっており、このとても小さな化合物は、かなり弱くではあるが、ヒストン

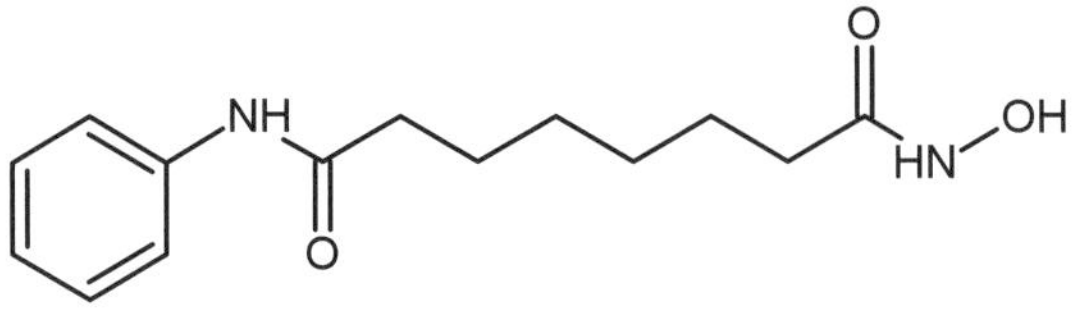

SAHA

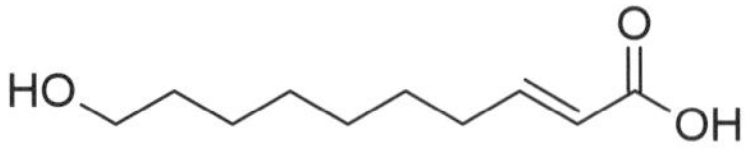

10HDA

図14.2　ヒストン脱アセチル化酵素の阻害薬であるSAHAと、ローヤル・ゼリーの中に見出される化合物10HDAの化学構造。H：水素原子、N：窒素原子、O：酸素原子。単純にするため、一部の炭素原子と水素原子はきちんと表記していないが、2本の直線の交点として炭素原子を表している。

脱アセチル化酵素を阻害できるからだ。２０１１年、ヒューストンのＭＤアンダーソンがんセンターのマーク・ベッドフォード博士率いるグループは、ローヤル・ゼリーの中に含まれる別の化合物について興味深い報告をした。この論文に名前を連ねるもうひとりの年長の著者は、エピジェネティック薬をがんの治療に用いることに尽力してきたジャン＝ピエール・イッサ教授である。

彼らは、ローヤル・ゼリーの中に含まれる（Ｅ）‐10‐ヒドロキシ‐2‐デセン酸、略して10ＨＤＡと呼ばれる化合物の解析をした。この化合物の構造を、ＳＡＨＡの構造と一緒に**図14・2**に示している。第11章でも紹介したように、ＳＡＨＡはがんの治療薬としても承認されているヒストン脱アセチル化酵素阻害薬である。

この二つの化合物の構造は決して同じではないが、部分的に似ているところがある。いずれも炭素原子による長い鎖（ワニの背中を横向きにしたような）を持ち、その右側の構造もよく似ている。マーク・ベッドフォードたちは、10ＨＤＡがヒストン脱アセチル化酵素の阻害薬ではないかと考えた。彼らは試験管や細胞を使ったさまざまな実験を行って、実際にそれが正しいことを示した。この結果によって、ローヤル・ゼリーの中に見出される主要な化合物のひとつが、重要なエピジェネティック酵素を阻害することが明らかにされたのである。[8]

●忘れっぽいハチと多用途な道具

エピジェネティクスは、働きバチになるか女王バチになるか、という現象だけではなくもっと広範な影響を及ぼす。リシャード・マレシュカは、ＤＮＡメチル化が記憶形成にも関わっていることを明らかにした。ミツバチが花粉あるいは蜜を手に入れるのに適した場所を見つけると、巣に戻ってコロニーの仲間にその場所の方角を伝える。これは、ミツバチのとても重要な性質を示唆している。そう、彼らは情報を記憶できるのだ。彼らは、食料を手に入れるためにどこに行くべきかを他のハチに伝えられるはずなのだ。もちろん、そのハチが一度覚えた情報を忘れて、新しい情報に交換することも同じくらい重要である。先週は花が咲いていたが、いまは放牧されたロバに食べ荒らされているようなアザミ畑へ仲間を送っても意味がない。ハチは先週咲いていたアザミの場所を忘れて、今週咲いているラベンダーの場所を記憶する必要があるのだ。

食料に関わる刺激を与えて、実際にミツバチをトレーニングすることができる。マレシュカ博士たちは、ミツバチがこのトレーニングを受けると、記憶に重要なミツバチの脳の領域でDnmt3タンパク質のレベルが上昇することを明らかにした。ミツバチにDnmt3タンパク質を抑制する薬剤を与えると、ミツバチが記憶を保持する仕方や記憶が失われるまでの時間が変化した。[9]

このことから、ミツバチの記憶にＤＮＡメチル化が重要だということは確かだが、実際どのように働いているのかはわかっていない。これは、ミツバチが学習して新しい記憶を獲得するとき、どの遺伝子が実際にメチル化されるかまだ明らかにされていないためである。

これまでの話の流れから、ミツバチと私たち哺乳動物を含む高等生物が、DNAメチル化を同じように使っていると考えるのも無理はない。ヒトとミツバチの両方の種において、DNAメチル化の変化が発生過程の変化と関連しているのは確かに正しい。哺乳動物とミツバチが、どちらも脳における記憶形成の過程でDNAメチル化を使っているのも事実である。

しかし、とても奇妙なことに、ミツバチと哺乳動物はDNAメチル化をかなり違った方法で使っている。たとえば、大工は道具箱の中にノコギリを持っていて、本棚をつくるためにそのノコギリを使う。整形外科医は手術用ワゴンの中にノコギリを持っていて、そのノコギリを患者の足の切断に使う。このように、同じような道具であっても、実際にはとても違う方法で使われることがある。哺乳動物とミツバチはどちらもDNAメチル化を道具として使っているが、進化の過程でその道具をとても違った方法で使うようになったのだろう。

哺乳動物がDNAをメチル化する場合、たいてい遺伝子のプロモーター領域をメチル化し、アミノ酸をコードする部分はメチル化しない。第5章のエマ・ホワイトロウの研究で見てきたように、哺乳動物は反復配列やトランスポゾンをメチル化する。哺乳動物におけるDNAメチル化は、遺伝子のスイッチをオフにして、トランスポゾンのようなゲノムに危険を及ぼす可能性のある因子の動きを止めるために使われる場合が多い。

ところが、ミツバチはDNAメチル化をまったく違った方法で使っている。まずミツバチでは、反復配列やトランスポゾンをメチル化することはない。おそらくミツバチは、これらの厄介な因子を制御する別の方法を持っていると考えられる。また彼らは、遺伝子のプロモーター領域ではなくアミノ酸をコードする遺伝子領域の中のＣｐＧモチーフをメチル化する。ミツバチは、遺伝子のスイッチをオフにするためにＤＮＡメチル化を使っているわけではないのだ。ミツバチでは、すべての組織で発現している遺伝子や、多くの昆虫で共通して発現しているような遺伝子でＤＮＡメチル化が見出される。ミツバチの組織の中では、ＤＮＡメチル化は遺伝子発現を微調整するような機能を果たしている。スイッチをオン、あるいはオフにするというよりはむしろ、音量つまみを回して音量を少しだけ上げる、あるいは下げるというように遺伝子発現を調節している。[10] ＤＮＡメチル化は、ミツバチの組織におけるｍＲＮＡスプライシングの制御にも深く関わっている。しかし、このエピジェネティック修飾が実際にどのようにメッセージの加工に影響を与えるのかについては、まだよくわかっていない。[11]

ミツバチにおけるエピジェネティック制御については、ようやくその詳細が解き明かされ始めたばかりである。たとえば、ミツバチのゲノムには１０００万か所ものＣｐＧ部位が存在しているが、どの組織を調べても、メチル化されているのはそのうちの１％以下でしかない。残念なことに、この低いメチル化の頻度がメチル化による影響の解析を困難にしている。*Dnmt3*ノックダウンの効果は、確かにＤＮＡメチル化がミツバチの発生にとても重要であることを示している。しかし、ミツバチにおいてＤＮＡメチル化が遺伝子発現を微調整する機構なのだとしたら、*Dnmt3*のノックダウンは少数の遺伝子に劇的な変化をもたらすというよりはむしろ、比較的多数の遺伝子に対して小さな変化をもたらしている可能性が考えられる。このような微妙な変化は実験で解析するのが最も難しい。

ミツバチは、遺伝的に同一な個体が形態的、機能的に変化して複雑な社会性を発達させる唯一の昆虫ではない。この生活モデルは、狩りバチ、シロアリ、ミツバチ、アリなどの異なる種において独立に何度も進化してきた。これらすべての昆虫種で、同じエピジェネティック過程が使われているどうかはまだわかっていない。第13章で紹介した老化の研究を行っているペンシルバニア大学のシェリー・バーガーは、アリの遺伝学とエピジェネティクスに注目した研究を他の研究室と共同で進めている。この研究では、アリの少なくとも二つの種において、そのゲノムＤＮＡがメチル化されていることをすでに明らかにしている。また、コロニーの中の異なる社会集団において、異なるエピジェネティック酵素の発現に差が見られる。[12] これらの結果は、コロニーを構成するメンバーのエピジェネティック制御が、社会性昆虫の中で複数回進化してきたことを示唆しているのかもしれない。

　しかし、エピジェネティクスを研究する研究室は別として、いま世界の大部分の関心はローヤル・ゼリーに向けられている。ローヤル・ゼリーには、健康補助食品としての長い歴史があるからである。ただし、このローヤル・ゼリーがヒトに何か大きな効果をもたらすという証拠は、実はほとんどないということを指摘しておくべきだろう。マーク・ベッドフォードたちがヒストン脱アセチル化を阻害する効果があると報告した10ＨＤＡは、血管細胞の増殖に影響を与える。[13] 腫瘍が増殖を続けるには十分な血管供給を必要とするので、理論的には、この化合物ががんに有効に作用する可能性が考えられる。しかし、ローヤル・ゼリーが実際にがんを撃退するとか、あるいは何らかの方法でヒトの健康を増進することを明らかにするまでの道のりはとても長い。いま確実にいえることは、ミツバチとヒトはエピジェネティックに同じではない、ということであろう。まあこれはかえって幸運なことかもしれない。もしあなたが君主制の熱烈なファンでない限り……。

THE EPIGENETICS REVOLUTION

第15章

緑の革命

第15章

緑の革命

一粒の砂に世界を見、
一輪の野の花に天国を見るには、
君の手のひらで無限をとらえ、
ひとときのうちに永遠をつかめ

ウィリアム・ブレイク『無垢の予兆』より

クイズ番組「動物、植物、それとも鉱物？」（１９５２年から１９５９年にわたってＢＢＣで放送された）を知っている人も多いだろう。このゲームの背景にある暗黙の了解として、動物と植物がお互いまったく異なるものであるという考え方がある。確かにこれは真実である。どちらも生物ではあるが、両者が似ているとは思えない。進化の過程を遠くさかのぼれば、私たちヒトと顕微鏡下の線虫が同じ祖先に行き着くように、植物でも同じように考えることができるかもしれない。しかし、私たちヒトと植物の間で、どのような生物学的な共通点があるのかこれまで疑問に思ったことがあるだろうか？カーネーションが私たちヒトの親戚だと考えたことがあるだろうか？

ところが、動物と植物は多くの点で驚くほどよく似ている。植物の仲間でも、特に進化した顕花植物はそうである。顕花植物には、私たちが基本的な食料源として依存している牧草や穀物類、キャベツからオークの木、シャクナゲからガーデンクレスといった広葉植物が含まれる。

動物も顕花植物も、多くの細胞で構成される多細胞生物である。これらの細胞の多くは、特定の機能を果たすように特殊化している。顕花植物では、水や糖を植物内で輸送する細胞、葉で光合成をする細胞、根で栄養を蓄える細胞などがある。動物と同じように、植物は有性生殖を担う特殊化した細胞を持っている。精子核は花粉によって運ばれて大きな卵細胞と受精し、これが接合子となって新しい植物個体が生まれる。

植物と動物の間に見られる相同性は、このような外見的なものよりも、もっと根本的なものである。植物には、動物の遺伝子と同じ機能を果たす遺伝子が数多く存在している。本書のテーマにも大いに関連することとして、植物は高度に発達したエピジェネティック・システムも持っている。植物は、動物細胞がするようにヒストンタンパク質やＤＮＡを修飾することができ、多くの場合ヒトなどの動物の酵素とよく似たエピジェネティック酵素を使っている。

このような遺伝的、そしてエピジェネティックな相同性はすべて、動物と植物が共通祖先に由来することを示唆している。よく似た遺伝子セットとエピジェネティックな仕組みは、そのような共通祖先から受け継いできたのだ。

もちろん、植物と動物にはかなり重要な違いも存在している。植物は自身で栄養をつくり出せるが、動物はそのようなことはできない。植物は基本的な化学物質、特に水と二酸化炭素を取り込み、太陽のエネルギーを使って単純な化合物をグルコースのような複雑な糖に変換することができる。地球上のほぼすべての生物が、直接的、あるいは間接的にこの光合成という驚くべきプロセスに依存している。

植物と動物で大きく異なる点が他に二つある。園芸をする人なら知っていると思うが、成長している植物の一部、たとえば小さな芽などを切ったとき、この切った部分から新しい完全な植物をつくり出すことができる。このようなことが可能な動物は非常に少なく、高等動物ではまずあり得ない。確かに、ある種のトカゲがしっぽを失うと、新しいしっぽをふたたびつくり出すことができる。しかし、この逆はあり得ない。切られたしっぽから新しいトカゲを成長させることはできない。

これは、多くの動物の成体において、本当の意味での多能性幹細胞は、卵や精子をつくり出すために厳密にコントロールされた生殖細胞だけだからである。しかし植物では、活発な多能性幹細胞が通常の植物体の一部として存在している。これらの多能性幹細胞は茎の先端と根の先端に見出される。適当な条件下では、これらの幹細胞は分裂を続け植物を成長させる。しかし、条件が変わると幹細胞は花などの特殊な細胞種に分化する。幹細胞がいったん、たとえば花びらの一部になるように細胞運命が決定されると、もとの幹細胞に戻ることはできない。植物の細胞であっても、最後にはやはりワディントンのエピジェネティック・ランドスケープを転がり落ちていくのだ。

植物と動物のもうひとつの違いは明白である。植物は自由に動くことができない。環境条件が変化すれば、彼らはそれに適応するか死ぬしかない。天候が好ましくないとき、彼らは走って逃げることも、飛んで逃げることもできない。そのため、植物は周囲のすべての環境要因に対応する方法を見つけなくてはならない。彼らは確実に生き延びて、1年の間で自分たちの子孫が新しい個体を形成する可能性が最も高くなる時期に生殖する必要がある。

このような植物の特性について、冬は南アフリカにいるツバメ（*Hirundo rustica*）のような種と対比してみてほしい。夏が近づき気候条件が耐えがたくなると、ツバメは大移動を始める。アフリカからヨーロッパまで飛び、イギリスで夏を過ごして子育てをする。そして6か月後に南アフリカに帰る。

環境に対する植物の応答の多くは、細胞運命の変化と関連している。これらの変化には、有性生殖のために多能性幹細胞が花という最終分化した形態に変化することも含まれる。このような変化に際して、エピジェネティックな過程が重要な役割を果たしている。その過程は、植物の他の経路と一緒に働いて繁殖の可能性が最大になるようにしている。

すべての植物が、正確に同じエピジェネティック戦略を用いているわけではない。最もよく解析されているモデル植物は、シロイヌナズナと呼ばれる小さな顕花植物である。アブラナ科の一種で、荒れ地によく生えている地味な雑草のように見える。ほとんどの葉は地面に近いところで放射状に成長し、20~25センチメートルの高さの茎の上に小さな白い花を咲かせる。このシロイヌナズナのゲノムサイズ（長さのこと）はとても小さく、配列を読んで遺伝子を探すのが容易なため、これまでとても有用なモデル系として研究者に用いられてきた。シロイヌナズナを遺伝的に改変する充実した技術も開発されている。このような技術によって変異を導入して、目的とする遺伝子の機能を比較的容易に解析することができる。

シロイヌナズナの種は、野生ではたいてい初夏に発芽する。発芽した苗は成長して放射状の葉を形成する。これは植物成長の栄養生長期と呼ばれる。子孫を生み出すためにシロイヌナズナは花をつくり出す。花は、その中で新しく卵や精子をつくり出すための構造であり、その結果としてつくり出された接合子は種の中に入れられて放散される。

しかし、ここで植物にとって問題がある。シロイヌナズナがその年の遅くに花をつけた場合、生み出された種は無駄になってしまう。これは、新しくつくられた種が発芽するには気候条件が適していないからである。種がなんとか発芽したとしても、弱々しい小さな苗は霜のような厳しい天候によってやられてしまう。

成熟したシロイヌナズナはこのような状態に備える必要がある。次の春が訪れるまで開花を待っていれば、子孫を残せる可能性がもっと高まることとなり、植物の成熟体は、苗がやられてしまうような冬の気候でも生き延びることができる。これはまさに、シロイヌナズナがふだんしていることである。植物は春を待って、そして花を咲かせる。

●春の儀式

これは専門用語で「春化」と呼ばれる。春化とは、植物が花を咲かせる前に長い低温期間（通常は冬の期間）を経験する必要がある、という意味である。これは、一年生の植物、特に四季がはっきりしている温帯地域の植物において一般に見られる。春化は、シロイヌナズナのような広葉植物だけに影響を与えるのではない。多くの穀草類、特に秋まき大麦や秋まき小麦はこの影響を受ける。多くの場合、開花するためには長期の低温期間の後に日長の増加が伴う必要がある。これら二つの刺激の組み合わせが、1年の最も適した時期に開花が起きることを保証している。

春化には非常に面白い特徴がある。植物が最初に寒冷気候を感じてそれに応答するのは、開花が始まる数週間、あるいは数か月前であったりする。植物は寒冷期の間、栄養生長を続けているかもしれない。もし新しい種が、春化を経験した親から生み出されたら、その種はリセットされる。種から生み出された新しい植物体は、また開花の前に寒冷期を経験しなくてはならない[1]。

これらの春化の特徴は哺乳動物のエピジェネティック現象を思い起こさせる。特に、

1. 植物では、刺激と最終的に起きる事象が数週間から数か月離れていることから、植物が何らかの形の分子記憶を持っているのだと考えられる。これは、幼少期に養育放棄されたマウスやラットが、大人になって異常なストレス応答を示すことと比較することができる。
2. その記憶は、細胞が分裂しても維持される。これは、通常の発生やがん化の際、ある刺激が親細胞へもたらされた後、娘細胞があるふるまいを継続するという意味で動物細胞と比較することができる。
3. その記憶は次の世代（種子）では失われる。これは、動物の体細胞にもたらされたほとんどの変化はすっかり消去され、ラマルク遺伝が一般的なものではなく例外的であるという事実と比較できる。

現象だけ見ると、春化はとてもエピジェネティックな現象であるように見える。近年多くの研究室に

よって、エピジェネティックな過程、特にクロマチン修飾の変化がこの現象を制御していることが確認されている。

春化の鍵を握る遺伝子は、*FLOWER LOCUS C*, 略して*FLC*と呼ばれる。*FLC*は転写抑制因子と呼ばれるタンパク質をコードしている。これは他の遺伝子に結合して、遺伝子のスイッチがオンになるのを妨げる。シロイヌナズナでは、開花に特に重要な遺伝子が三つあり、これらは*FT*, *SOC*, *FD*と呼ばれる。**図15・1**は、*FLC*がどのようにこれらの遺伝子を制御しているか、またそれらの相互作用が開花にどのような影響をもたらすかを示している。またこの図には長期の低温期の後に、*FLC*のエピジェネティックな状態がどのように変化するかも示されている。

冬になる前、*FLC*遺伝子のプロモーターには発現スイッチをオンにするようなヒストン修飾がたくさん存在している。このため、*FLC*遺伝子は高度に発現し、この遺伝子にコードされたFLCタンパク質は標的遺伝子に結合してその転写を抑制する。これによって植物は通常の栄養生長の状態を保つ。冬の時期を経験すると、*FLC*遺伝子のプロモーター上のヒストン修飾は抑制的な修飾に変化する。これらの修飾は*FLC*遺伝子のスイッチをオフにする。FLCタンパク質のレベルは低下して標的遺伝子の抑制を解除する。春になって日照時間が長くなると*FT*遺伝子の発現が活性化される。この段階までにFLCタンパク質のレベルが下がっている必要があり、FLCのレベルが高いままだと日光の刺激に応答しにくくなることが示されている[2]。

エピジェネティック酵素の変異体を使った実験によって、*FLC*遺伝子におけるヒストン修飾の変化が開花応答の制御にきわめて重要であることが示されている。たとえば、*SDG27*と呼ばれる遺伝

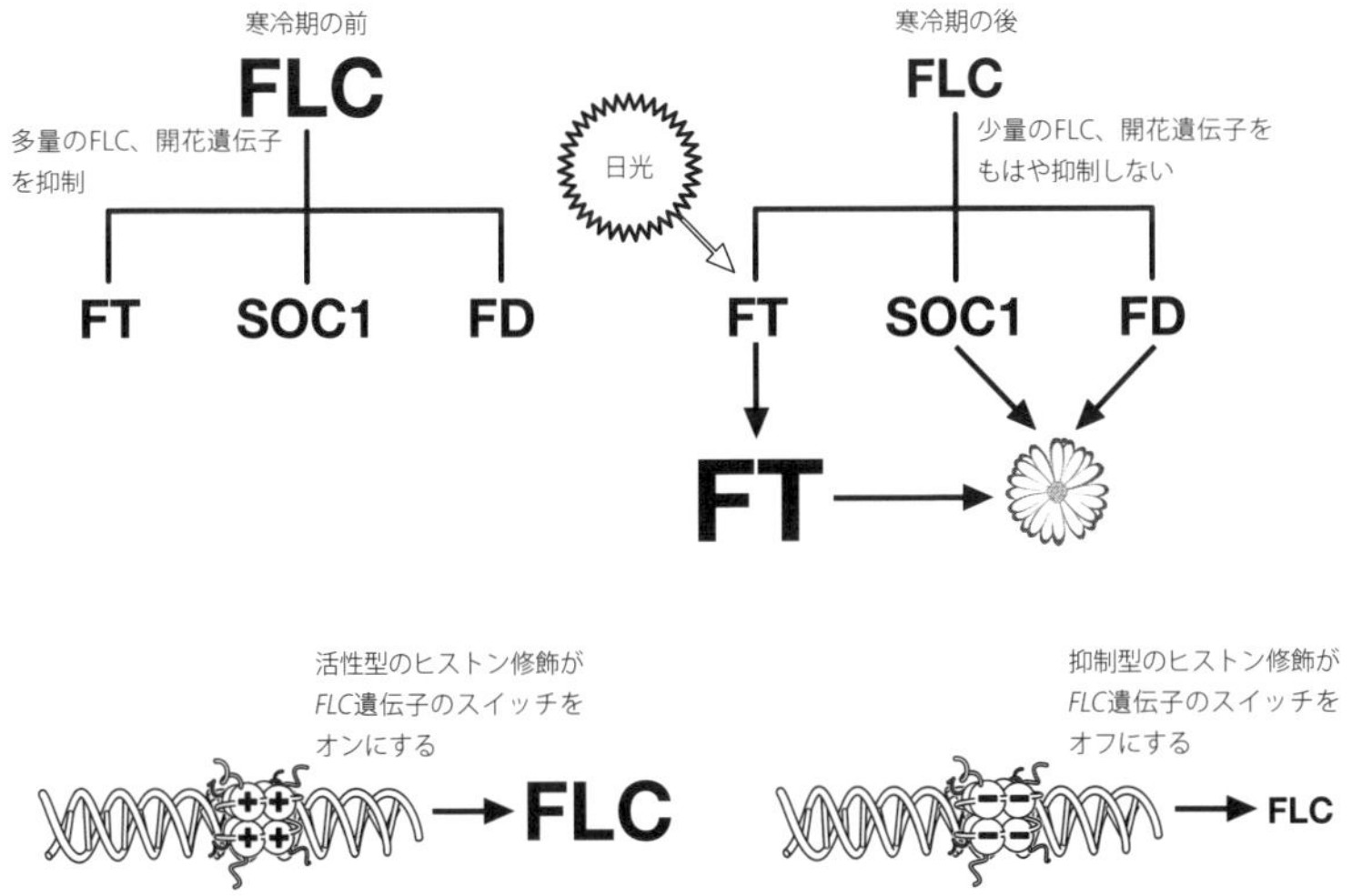

図15.1　開花促進遺伝子を抑制する*FLC*遺伝子の発現を、エピジェネティック修飾が制御する。*FLC*遺伝子上のエピジェネティック修飾は、温度によって制御されている。

子があり、この遺伝子産物はヒストンH3の4番目のリシンにメチル基を付加する、いわゆるエピジェネティック修飾の書き手である。このメチル化は遺伝子発現の活性化と関連している。実験的に*SDG27*遺伝子に変異を導入すると、活性を持ったタンパク質ができなくなる。この変異を持つ植物では、*FLC*遺伝子のプロモーター領域におけるこの活性化ヒストン修飾のレベルが下がる。その結果、この変異植物は通常より少ない量のFLCタンパク質しか産生できず、開花を引き起こす遺伝子の抑制が十分にできなくなる。それゆえ、*SDG27*変異体は通常の植物に比べて早く開花する。[3] この結果は、*FLC*遺伝子のプロモーター上のエピジェネティック修飾が単に遺伝子の活性化レベルを反映しているだけではなく、実際に遺伝子発現の変化に寄与していることを示している。修飾が実際に遺伝子発現の変化をもたらしているのだ。

寒冷な気候は、植物細胞内でVIN3と呼ばれるタンパク質を誘導する。このタンパク質は*FLC*遺伝子のプロモーターに結合する。VIN3はクロマチン・リモデラーと呼ばれるタンパク質のひとつである。クロマチン・リモデラーは、クロマチンを巻き上げる強さの加減を変化させる。VIN3が*FLC*遺伝子のプロモーターに結合すると、クロマチンの局所構造を変化させて他のタンパク質がより接近しやすくなる。一般的にクロマチン構造が緩められると、遺伝子発現の増加につながることが多い。しかしこの場合、VIN3はヒストンタンパク質にメチル基を付加する別の酵素を呼び寄せる。この特別な酵素はヒストンＨ３の27番目のリシンにメチル基を付加する。この修飾は遺伝子発現を抑制する修飾であり、植物細胞が*FLC*遺伝子のスイッチをオフにする際に用いる最も重要な方法のひとつである[4・5]。

ここで、寒冷な気候はどうやって*FLC*遺伝子特異的にエピジェネティック修飾の変化をもたらすのか、という疑問が出てくる。標的を決めるメカニズムは何なのか？　すべてが明らかにされたわけではないが、いくつかあると考えられる段階のうちのひとつは解明されている。寒冷な気候の後、シロイヌナズナの細胞はタンパク質をコードしていない長いＲＮＡを生み出す。このＲＮＡは*COLDAIR*と呼ばれている。この*COLDAIR*非コードＲＮＡは、*FLC*遺伝子上に特異的に局在する。実際に局在すると、ヒストンＨ３の27番目の重要な抑制マークを生み出す酵素複合体と結合する。このようにして、*COLDAIR*は標的遺伝子領域に酵素複合体を呼び寄せる役割を果たしている[6]。

シロイヌナズナが新しい種子を生み出すと、*FLC*遺伝子上の抑制的なヒストン修飾は取り除かれる。これらの修飾は活性型のクロマチン修飾に置き換えられる。この機構によって、種が出芽したときに

*FLC*遺伝子のスイッチがオンになり、新しい植物体が冬を経験するまで開花の抑制が保証される。

これらの結果から、多くの動物細胞が使っているエピジェネティック機構と同じような仕組みを顕花植物が利用していることがわかる。このような機構には、ヒストンタンパク質の修飾や、これらの修飾を標的遺伝子領域に呼び寄せるための長い非コードＲＮＡなどが含まれる。動物細胞と植物細胞は、確かにこれらの仕組みを異なる目的に使っている。しかし、前章の整形外科医と大工の例を思い出してほしい。この結果は、動物と植物が共通祖先を持ち、その祖先に基本的なエピジェネティック・システムが存在していたことを示唆する強力な証拠である。

植物と動物の間に見られるエピジェネティックな相同性は、このような例だけにとどまらない。動物のように、植物も数千種類の小分子ＲＮＡを生み出している。これらはタンパク質をコードせず、代わりに他の遺伝子を抑制する。小分子ＲＮＡが細胞間を移動し、移動した先の細胞で遺伝子発現を抑制できることを最初に発見したのは、もとはといえば植物の研究者である[7・8]。この仕組みによって、刺激に対するエピジェネティックな応答を最初の場所から同じ植物体の離れた場所に伝えることができるのだ。

●カミカゼ穀物

シロイヌナズナの研究によって、植物がエピジェネティック修飾を使って数千もの遺伝子を制御していることが明らかにされた[9]。この制御はおそらく動物細胞の場合と同じような役目を果たしていると考えられる。環境刺激に対して、細胞が適切かつ短期的な応答を維持するのを助け、また分化した細胞が特別な遺伝子発現パターンを維持できるようにしている。エピジェネティック機構によって、私たちヒトでは目玉の中から歯が生えることはなく、植物は根の外側に葉をつけることはない。

顕花植物は、他の動物界のメンバーには見られないあるひとつの特徴を哺乳動物と共有している。顕花植物は、胎盤《たいばん》性の哺乳動物以外で唯一インプリンティングの機構を持つ生物である。インプリンティングは第8章で検証した過程であり、遺伝子の発現パターンが父親由来か母親由来かで変化する機構である。

一見すると、顕花植物と哺乳動物だけが似た機構を持っているということは、当然ながら奇妙に思われる。しかし、私たちと花を咲かせるこの親戚との間には興味深い類似点がある。すべての高等哺乳動物では、受精した接合子は胚《はい》と胎盤の両方を形成する。胎盤は成長する胚に栄養を与えるが、最終的な個体の一部にはならない。顕花植物で受精が起こる際、哺乳動物とよく似たことが起きる。その過程は哺乳動物に比べて少々複雑ではあるが、受精した結果生み出される種子は、**図15・2**に示すように、胚と、胚乳と呼ばれる付属組織を含んでいる。

哺乳動物の発生における胎盤のように、胚乳は胚に栄養を与える。胚乳は胚の成長と発芽を促進するが、遺伝的に次世代に貢献することはない。胎盤あるいは胚乳のような、発生段階の付加的組織の存在は、一部の選択された遺伝子を制御するようなインプリントという仕組みを生み出すきっかけになったように見える。

実際、種子の胚乳ではとても洗練された出来事が起きている。ほとんどの哺乳動物のゲノムのように、顕花植物のゲノムはレトロトランスポゾンを含んでいる。これらは通常ＴＥ（転位因子：trans-

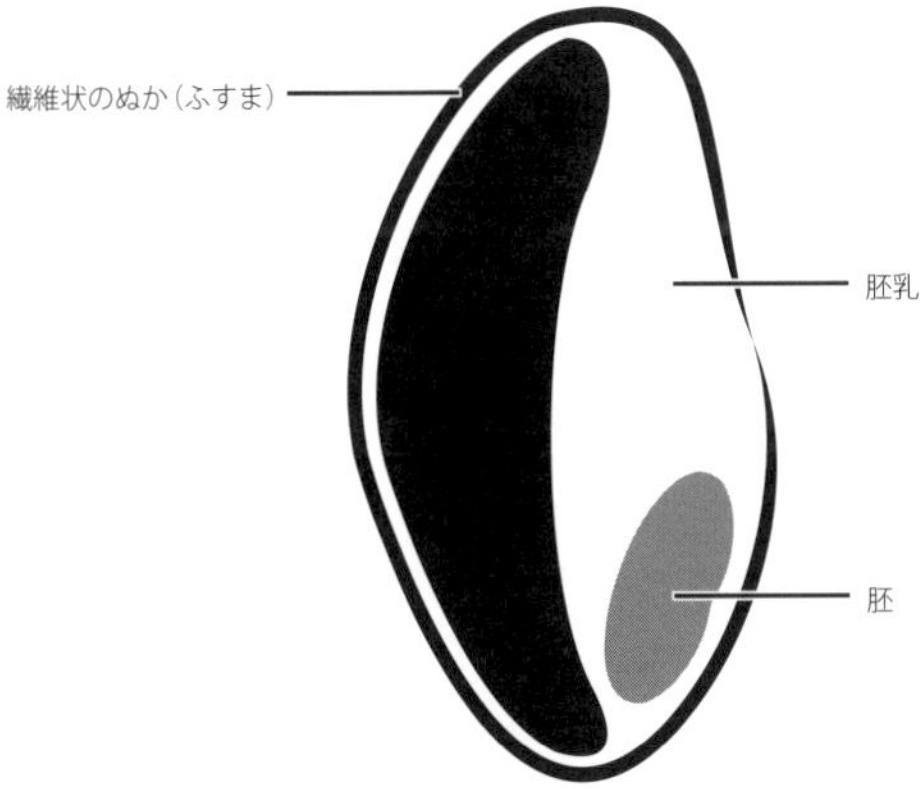

図15.2　種の主要な解剖学的構成物。比較的小さく、将来新しい植物を生み出す胚は、胚乳の養分を受けて成長する。これは哺乳動物の胚が胎盤を通じて栄養を受け取る方法と類似している。

posable element）と呼ばれる。これらのＴＥはタンパク質をコードしない反復因子であるが、活性化されるとゲノムに破壊的な影響をもたらす。これらの因子はゲノム中を飛びまわり、遺伝子発現を混乱させるからである。

　通常ＴＥは強固に抑制されているが、胚乳の中ではこれらの配列のスイッチはオンになっている。胚乳の細胞はこれらのＴＥから小分子ＲＮＡをつくり出す。この小分子ＲＮＡは胚乳から胚へと移動し、同じ配列を持つ胚ゲノムの中のＴＥを見つけ出す。これらのＴＥ由来の小分子ＲＮＡは、これらの潜在的な危険性を持つゲノム因子を永久に不活性化するための分子装置を呼び寄せているように見える。ＴＥを活性化することによって引き起こされる胚乳のリスクは高い。しかし、胚乳は遺伝的に次世代へは貢献しないため、このような自殺的行為をより大きな見返りのために実行しているのだ。[10・11・12・13]

　哺乳動物と顕花植物はどちらもインプリンティング

を行うが、少々異なるメカニズムを使っているように見える。哺乳動物では、インプリント遺伝子の適切なコピーをＤＮＡメチル化によって不活性化する。一方植物では、父親由来の遺伝子コピーが常にＤＮＡメチル化を受ける。しかし、このメチル化されたコピーの方が常に不活性化されるわけではない[14]。それゆえ、植物のインプリンティングにおけるＤＮＡメチル化はその遺伝子の由来を教えるものであり、遺伝子の発現の仕方を決めるものではない。

ＤＮＡメチル化の基本的特性に関しては、植物と動物の間でかなりよく似ている。植物ゲノムは、ＤＮＡメチル化酵素やメチル化されたＤＮＡを読み取るタンパク質をコードしている。哺乳動物の始原生殖細胞のように、ある植物細胞はＤＮＡから能動的にメチル化を取り除くことができる。植物ではどの酵素がこの反応を担っているのか明らかにされている[15]。ひとつはデメートル（DEMETER）と呼ばれ、ギリシャ神話のペルセポネの母にちなんでこの名前がつけられている。デメートルは豊穣の女神であり、四季があるのは、黄泉の国の神であるハデスと交わした契約のためである。

しかしＤＮＡメチル化には、同じ基本システムでありながら、植物と高等動物の間でその使い方が異なるという側面もある。最も明白な違いのひとつは、植物がＣｐＧ（シトシンの後にグアニンが続く）モチーフだけをメチル化するのではないことである。このＣｐＧモチーフは、植物においてもＤＮＡメチル化酵素の標的として最も一般的な配列であるが、植物は後に続く塩基が何であれシトシンをメチル化することができる[16]。

植物のＤＮＡメチル化酵素の多くは、哺乳動物と同じように発現されていない反復配列を標的としている。しかし、発現している遺伝子のＤＮＡメチル化パターンを調べたとき、大きな違いが明らかになった。植物の中で発現している遺伝子の約５％では、そのプロモーター領域にＤＮＡメチル化が検出されるが、30％以上の遺伝子については、アミノ酸をコードしている遺伝子の本体部（ジーン・ボディー）の領域がメチル化されている。この本体部領域がメチル化されている遺伝子は幅広い組織で発現される傾向があり、そのような組織では中程度から高度に発現されている。[17]

反復配列における高いレベルのＤＮＡメチル化は、哺乳動物のような高等動物のクロマチンにおける反復配列におけるパターンとよく似ている。対照的に、植物において広範に発現している遺伝子のジーン・ボディーに見られるメチル化は、（反復配列をメチル化しない）ミツバチで見られるメチル化と似ている。これは、エピジェネティック制御という面で、植物が昆虫と哺乳動物の奇妙な雑種であるということではない。エピジェネティクスをもたらす共通の仕組みをどのような使い方で使うかということに関して、進化の過程はそれぞれの生物に過度な制約を課すことはなかったのだと考えられる。

THE EPIGENETICS REVOLUTION

第16章

これから進む道

第16章 これから進む道

予言は難しい、特に未来のことに関しては

ニールス・ボーア

エピジェネティクスに関して最もうれしいことのひとつは、専門家以外の人でも何らかの方法で身近に接することができるという点である。私たち全員が最新の実験技術に接することはできないので、みながエピジェネティック現象の根底にあるクロマチン変化の解明に携わることはできない。しかし、身近な世界を観察し予想することはできる。身のまわりの現象が、最も本質的な二つのエピジェネティクスの基準にあてはまるかどうかを見ればいい。そうすれば、自然の世界をまったく新しい観点から眺められるはずだ。二つの基準とは、本書を通して何度も繰り返して見てきたことである。もしある現象が以下の二つの条件のひとつ、あるいは両方にあてはまれば、それはＤＮＡとタンパク質を介して起きる、エピジェネティックな変化の影響を受けているはずである。

1. **遺伝的に同一な二つのものが、表現型において異なっている**

2．あるひとつの出来事が生物に影響を与え、その出来事が去って長い時間が経った後でもその影響が続いている

もちろん、私たちは常識的に物事を考える必要がある。もしある人がバイクの事故で片足を失ったとする。その後20年経っても片足は失われたままだという事実に関して、エピジェネティックな仕組みを議論できるという意味ではない。一方で、その人は片足を失った後でも両足があるという感覚を持ち続けているかもしれない。いわゆる「幻肢」という症状は、中枢神経系において過去にある遺伝子発現パターンがプログラムされ、そのパターンがエピジェネティックな修飾によって部分的に維持されていることによる影響かもしれない。

私たちは、近代生物学で用いられる技術に圧倒されて、思慮深く見るという単純な行為からどれだけ多くの物事を学ぶことができるかを忘れてしまいがちである。たとえば、表現型が異なる二つの生き物が遺伝的に同一であることを確かめるのに、何も研究室にあるような高度な機器が必要なわけではない。ここで私たちがよく知っている例を挙げてみよう。ウジ虫はハエに、毛虫はチョウになる。ウジ虫と、最終的にそれが変態した成虫のハエは同じ遺伝暗号を持っているはずである。変態の際にウジ虫が新しいゲノムを手に入れているわけではない。それゆえ、ウジ虫とハエは同じゲノムをまったく別の方法で使っているのだ。ヒメアカタテハの幼虫は、体中に変わった形のトゲがあり冴えない色をしていて、ウジ虫と同じように羽を持たない。成虫のヒメアカタテハは、黒と鮮やかなオレンジ色の大きな羽を持つ美しい生き物で、その体には大きなトゲは見当たらない。繰り返しになるが、毛

虫と最終的にそれが変態した成虫のチョウは同じ遺伝暗号を持っているはずである。しかし、同じ台本を使って得られた最終産物はまったく異なっている。私たちは、この現象にエピジェネティックな出来事が関わっているに違いないと予想できる。

ヨーロッパと北アメリカに生息しているオコジョは、優れた運動能力を持つ小さなイタチ科の肉食動物であり、夏の間その体毛は背中側が暖色系の茶色で、正面が乳白色である。冬になると、黒いままのしっぽの先を除いて体毛が真っ白に変化し、冬の間は白い体毛のままとなる。春が来るとオコジョの体毛はまた夏の色に戻る。季節による体毛の色の変化にホルモンが関与していることが知られている。このホルモンが、クロマチン上のエピジェネティック修飾を変化させることで、体毛の色を決める遺伝子の発現に影響を与えていると予想するのは、実に理にかなった考え方である。

哺乳動物において、雄が雄で雌が雌なのは、きちんとした遺伝的理由がある。機能的なY染色体がオスの表現型をもたらしているのだ。ところが、クロコダイルやアリゲーターなどのワニを含む多くの爬虫《はちゅう》類は、二つの性が遺伝的に同一である。染色体からクロコダイルの性を推測することはできない。クロコダイルやアリゲーターの性は、卵が発生する間の、ある重要な時期の温度に依存している。つまり、雄、あるいは雌のクロコダイルを生み出すのに同じ設計図が用いられているのだ[1]。この過程にホルモンによるシグナル経路が関わっていることが知られている。性差特異的な遺伝子発現パターンの決定、あるいはその維持に、エピジェネティック修飾がどのような役割を果たしているのかについてはあまり多くの研究は行われていない。しかし、その可能性は十分考えられる。

クロコダイルやその近縁種の性決定のメカニズムを理解することは、近い将来種の保全という観点から重要な問題になるかもしれない。もし気候の変動による地球規模の気温の変化が、これらの爬虫類の集団の性を片方の性に極端に偏らせるとしたら、種の存続に深刻な影響をもたらす可能性が十分考えられる。ある専門家は、そのような影響が恐竜の絶滅に寄与したかもしれないと推測している[2]。

ここで述べた考えはどれも単純明快なものであり、簡単に検証可能な仮説である。実際に探してみれば、このような例を数多く見つけることができる。エピジェネティクス研究に関して、今後の発展をここでおおげさに主張するのは少々危険なことかもしれない。この分野はまだ若く、ありとあらゆる予想外の方向へ進みつつある。しかし、あえて危険を冒していくつかの予想をしてみよう。

まずひとつ具体的なことから始めることにしよう。２０１６年までに少なくともノーベル生理学・医学賞のひとつはこの分野を先導した数人の研究者に贈られるだろう。問題は誰に贈られるかということである。そもそも、受賞してもおかしくない候補者はたくさんいる。

この分野の多くの候補者の中で、Ｘ不活性化に関してきわめて先駆的な研究をしたメアリー・ライアンに、この賞がまだ贈られていないというのはとても意外なことである。Ｘ不活性化に関する概念的枠組みを論じた彼女の重要な論文には、確かにオリジナルの実験結果が多く含まれていないというのは事実である。しかし、これはジェームズ・ワトソンとフランシス・クリックによるＤＮＡの構造に関する原著論文にもあてはまる[3]。ノーベル賞が与えられないのは性別のためではないかと邪推したくなるが、これは一部にはロザリンド・フランクリンにまつわる逸話のためである。彼女はＸ線結晶学者であり、彼女の実験データはワトソン-クリックのモデルを考え出すのに不可欠な結果であった。１９６２年にノーベル賞がワトソンとクリックに贈られたとき、ロザリンド・フランクリンのいた研究室の主催者であるキングス・カレッジ・ロンドンのモーリス・ウィルキンスが同時に受賞した。しかし、このときロザリンド・フランクリンは女性であるために受賞を逃したのではない。不幸なことに、彼女は卵巣がんのために37歳という若さで亡くなったために受賞を逃したのだ。死後にノーベル賞を受賞することは決してない。

ブルース・カタナックは本書の中で紹介した研究者のひとりである。片親起源効果に関する研究に加えて、彼はX不活性化の背景にある分子機構に関するいくつかの重要な実験にも携わった[4]。多くの研究者は、彼がメアリー・ライアンと共同受賞するに相応しいと考えている。メアリー・ライアンとブルース・カタナックは、１９６０年代に後に大きな影響力を与えることとなった数々の研究を行い、その後引退してからずいぶん経っている。しかし、顕微授精の先駆者であるロバート・エドワーズは、80代半ばにして２０１０年のノーベル賞を受賞しており、まだ時間と少々の希望がライアンとカタナック両教授に残されている［残念ながらメアリー・ライアンは２０１４年12月25日に89歳で亡くなった］。

ジョン・ガードンと山中伸弥の細胞のリプログラミングに関する研究は、細胞運命がどのように制御されているかについての私たちの理解に革命をもたらし、ストックホルムへのチケットを手にする大本命に違いない［実際に２０１２年のノーベル生理学・医学賞はジョン・ガードン博士と山中伸弥博士に贈られた］。少々本流からは外れるものの、魅力的な組み合わせはアジム・スラーニとエマ・ホワイトロウだろう。彼らの研究は、有性生殖においてどのようにエピゲノムがリセットされるかだけでなく、この過程がときには覆され、獲得形質を遺伝させ得ることを示した点において、大きな影響をもたらした。デヴィッド・アリスは、ヒストンのエピジェネティック修飾に関する研究の第一人者であり、魅力的な候補のひとりに違いない。おそらくはＤＮＡメチル化の第一人者の誰か、特にエイドリアン・バードやピーター・ジョーンズとの組み合わせになるかもしれない。

ピーター・ジョーンズは、エピジェネティクスに関する別の成長分野であるエピジェネティック医療の発展を先導してきた。ヒストン脱アセチル化酵素やＤＮＡメチル化酵素の阻害薬は、エピジェネティック医療の先駆けである。これらの化合物を使ったほとんどの臨床試験はがんに対して行われてきたが、この状況は変わり始めている。サーチュイン・ファミリーに属するヒストン脱アセチル化酵素の阻害薬は、現在、重篤な遺伝性神経変性疾患であるハンチントン舞踏病への初期臨床試験に用いられている。[5]がんの治療、またそれ以外の疾患の治療に関して、最も刺激的な最近の動向は、より特異的なエピジェネティック酵素を対象とした阻害薬の開発へその流れが移ってきていることである。その対象には、ヒストンタンパク質のある特定のアミノ酸の修飾だけを変化させるような酵素が含まれている。世界中で何億ドルもの研究資金が、この分野の新しいバイオテクノロジー会社、あるいは巨大製薬会社に投資されている。これらの研究によって開発された新しい薬が、今後5年以内にがんの臨床試験に、また10年以内にがんほどは致死的ではない他の病気の臨床試験に入ることになるだろう。[6]

エピジェネティクス、特に継代遺伝に関しての理解が深まると、薬の開発にチャンスをもたらすばかりでなく、逆に別の問題を生み出すかもしれない。エピジェネティックな過程を妨げる新しい薬をつくり出したとして、もしその薬が生殖細胞を形成する際に起きる通常のリプログラミングにも影響を及ぼすとしたらどうなるだろうか？　理論的に考えて、その薬による治療を受けた人だけでなく、その人の子どもや孫にまで生理的な変化をもたらすことになる。もちろんこのような懸念は、エピジェネティック酵素を標的とした化学物質に限るべきではないかもしれない。第8章で見てきたように、環境汚染物質であるビンクロゾリンは何世代もネズミやラットに影響を与え得る。もし新しい薬の承認をするような機関が継代的な研究を要求したら、新薬開発にかかるコストや手続きは膨大なものになるかもしれない。

一見すると、私たちができる限り安全な薬を求めるということは、至極当然のことのように思える。しかし、致死的な病気から救ってくれる新しい薬を切望している患者、あるいは痛みや身体的な障害から解放され、健康的で尊厳ある生活をするための薬を必要としている患者の立場に立って考えたらどうだろうか？　薬が市場に出るまでの時間が長くなれば長くなるほど、患者はそれだけ長く病気で苦しむことになる。製薬会社、新薬承認を制御する機関、患者の擁護団体が、今後10年、あるいは15年かけて、この問題にどのように対処していくのかとても興味深い。

エピジェネティックな変化の継代効果は、今後数十年間にわたって人の健康に最も大きな影響を与える分野のひとつになるかもしれない。これは薬や汚染物質についての話だけではなく、食料や栄養に関する問題のためである。本書では、エピジェネティック・ランドスケープを目指したこの旅をオランダの冬の飢饉の話題から始めた。この歴史的な出来事は、この飢饉を生き延びた人々だけでなくその子孫にも影響をもたらした。現在世界的に肥満がまん延している。たとえ私たち研究者が、なんとかこの状況を制御しようとしても（少数の欧米文化がそうするための多くの兆候を見せてはいても）、すでに私たちの子どもや孫に、とても最良とはいえないエピジェネティックな遺産を生み出しているかもしれない。

一般の人が摂取する栄養は、今後10年の間にエピジェネティクスが注目を浴びるようになると予想される分野のひとつである。以下は、現在までに知られているいくつかの例である。

葉酸は妊娠した女性に推奨されるサプリメントのひとつである。妊娠のとても早い時期に葉酸の摂取量を増やすことは、新生児の二分脊椎症（先天的に脊椎骨が形成不全となって起こる神経管閉鎖障害のひとつ）の発生率を大きく減少させるため、公衆衛生上の偉業のひとつと考えられている。[7] 葉酸は、SAM（S-アデノシルメチオニン）と呼ばれる化学物質の産生に必要とされる。このSAMは、DNAメチル化酵素がDNAを修飾するときにメチル基を提供する分子である。もしラットの赤ちゃんに葉酸の量を制限した食餌を与えると、ゲノムのインプリント領域での遺伝子制御に異常が起きる。[8] 葉酸による有益な効果のうち、どれがエピジェネティックな機構を介した効果であるかを調べるための研究は、まさに始まったところである。

私たちの食事に含まれるヒストン脱アセチル化酵素の阻害薬は、がんやその他の疾患を予防するうえで有用な役割を果たしているかもしれない。ただ、現在までに報告されているデータは、確実な結論を出すほど十分なものではない。チーズの中の酪酸ナトリウム、ブロッコリーの中のスルフォラファン、ニンニクの中の二硫化アリルはすべてヒストン脱アセチル化酵素の弱い阻害剤である。消化の過程でこれらの化合物が食物から遊離されると、腸内細胞の遺伝子発現調節や増殖を助ける可能性があると推測されている。[9] 理論的には、大腸がんのリスクを下げるかもしれない。私たちの腸内細菌も、食べ物、特に植物由来の物質を分解することで自然に酪酸を産生しており、[10] これは私たちが野菜を摂取するもっともな理由のひとつでもある。

　食事がどのようにエピジェネティックな機構を通じて病気に影響を与えるかという問題について、まだ予備的な結果ではあるものの、興味深いアイスランドの症例研究が報告されている。この研究では、脳卒中による早死の原因となる、遺伝性シスタチンCアミロイド血管症と呼ばれるまれな遺伝病を対象にしている。血縁者の数人がこの病気を発症したアイスランドの家族では、患者はある重要な遺伝子の変異を持っている。アイスランド社会が比較的他の地域から隔離され、またこの国が過去の記録を非常によく保存してきたおかげで、研究者はこの遺伝病を発症した家系をさかのぼって調べることができた。彼らが見つけたことは実に驚くべきものであった。１８２０年まで、この変異を持つ人は病気で倒れるまでだいたい60歳まで生きていた。１８２０年から１９００年の間、同じ変異を持つ人の平均余命は約30歳まで下がり、これは現在でも続いている。このことから、１８２０年以降に起きた何らかの環境変化が、遺伝子の変異に対する細胞の反応や制御の仕組みを変化させたのではないかと推測された[11]。

　２０１０年にケンブリッジで行われた研究会において、１８２０年から現在にわたるアイスランドでの主要な環境変化は、伝統的な食事からヨーロッパ的な食事への移行であるということが同じ研究者によって報告されている[12]。伝統的なアイスランドの食事には、大量の魚の干物や発酵したバターが含まれていた。発酵したバターは、ヒストン脱アセチル化酵素の弱い阻害薬である酪酸をとても多く含んでいる。この変異を持つ患者が脳卒中を発症するかどうかには血管の筋繊維の機能が関係しており、ヒストン脱アセチル化酵素の阻害薬は、この機能を変化させ得る[13]。食物に含まれるヒストン脱アセチル化酵素阻害薬の摂取量の減少が、この変異を持つ集団の早死を引き起こしたという可能性はまだきちんと証明されてはいないが、とても魅力的な仮説である。

エピジェネティクスの基礎科学は最も予測が難しい分野である。それでも、エピジェネティックな仕組みが、これまで予想だにしなかった科学分野に今後関わっていくのはまず間違いない。このことを示す最近のよい例のひとつに、概日リズムの分野における発見がある。概日リズムとは、ほとんどの生物に見出される24時間の生理的、生化学的なサイクルのことである。ヒストンアセチル基転移酵素のひとつが、このリズムに関わる重要なタンパク質であることが示され[14]、少なくとももうひとつ別のエピジェネティック酵素によってこのリズムが調節されている[15]。

いくつかのエピジェネティック酵素については、これまで考えられてきた以上に多様な方法で細胞に影響を与えていることが明らかにされるだろう。なぜならば、多くのエピジェネティック酵素は、クロマチンだけを修飾しているわけではないからである。これらの酵素は、細胞の中の他のタンパク質も修飾することができ、異なる多数の経路で同時に働いているかもしれない。実際、ヒストン修飾酵素をコードするいくつかの遺伝子は、細胞がヒストンを持つようになる前に進化したという考えが提唱されている[16]。この考えによれば、これらの酵素はもともと別の機能を持っていて、進化によって遺伝子発現を制御するよう強いられたということが示唆される。それゆえ、いくつかのエピジェネティック酵素が、細胞の中で二重の機能を果たしていることが明らかにされても驚きではない。

エピジェネティックの分子装置に関する、いくつかの最も根本的な問題は未解明のままである。どうやってゲノムの一部の領域に特定の修飾が形成されるのかという問題について、私たちの知識はかなり漠然としている。この過程における非コードＲＮＡの役割が明らかにされつつあるが、まだ私たちの理解には数々の穴がある。同じように、どのようにヒストン修飾が親細胞から娘細胞に伝達されるのかについてはほとんどわかっていない。ヒストン修飾は、細胞運命を維持するための分子記憶の一部である。その伝達が実際に起きていることは間違いないが、それがどうやって起きているか私たちは知らない。ＤＮＡが複製されるとき、ヒストンタンパク質は片方のＤＮＡ鎖に振り分けられる。新しいＤＮＡコピーでは、修飾されたヒストンの割合が減っているだろう。ほとんど何の修飾も持たない合成されたばかりのヒストンが、代わりに補充されているかもしれない。このようなヒストンの修飾は、素早くもとの状態に戻される必要がある。これはエピジェネティクスすべての分野において最も基本的な問題であるにもかかわらず、それがどのように起きているのかわかっていない。

　私たちが、二次元ではなく、三次元的に物事を考えられるような技術や想像力を手にするまで、この謎は解明されないかもしれない。私たちはゲノムというものを、まっすぐ読まれる文字列のような直線的なものと考えるのに慣れてしまっている。しかし実際には、ゲノムの異なる領域は曲がって折り重なり、お互い接触しながら新しい組み合わせや、部分的な制御領域をつくり出している。私たちは遺伝物質を通常の台本のように考えているが、実際には、ＭＡＤという雑誌の裏表紙にある「折り変わり絵」のようなものであり、ひとつのイメージをある方法で折ると別のイメージが出てくるようなものかもしれない。この過程を理解することは、エピジェネティック修飾と遺伝子という組み合わせがどうやって一緒に働いて、昆虫、オーク、クロコダイル、あるいは私たちヒトという奇跡の生き物を創り出しているのかを解明するのにきわめて重要になるだろう。

以上、エピジェネティクスに関する研究が、今後10年でどのように展開するかについて簡単に予想してみた。希望と誇大広告、過剰な期待、袋小路、誤った方向、そしてときには疑わしい研究があるだろう。科学とは人の努力であり、ときには間違った方向に進むかもしれない。しかし、10年後には生物学上の最も重要な問題に対する多くの答えが得られているだろう。いまのところ、私たちがどのような解答を手にするのか予想することはできないし、場合によってはその問題が何であるかさえ理解していないが、ひとつ確かなことがある。

エピジェネティクス革命はもう始まっている。

訳者あとがき

本書はネッサ・キャリー著、“*The Epigenetics Revolution*”（Icon Books Ltd., 2011）の翻訳である。

私たち生物を形づくる設計図はＤＮＡの塩基配列として記述され、30億年以上前に生まれた共通の祖先から脈々と受け継がれてきた。生物にとってＤＮＡは絶対的な存在である。しかし、ＤＮＡの配列によってすべてが一義的に決定されるわけではない。これは、私たち生物個体がたった1個の受精卵に由来しているにもかかわらず、２００を超える種類の細胞によって構成されていることからも明らかである。あなたの身のまわりを見回してみれば、ＤＮＡだけでは説明できない現象をいくらでも見つけることができるに違いない。

このようなＤＮＡ配列の変化では説明できない遺伝現象が「エピジェネティクス」である。本書の原題にある“Revolution”には、現代の生物学がエピジェネティクスという概念によって刷新されるという意味合いが込められている。これまでＤＮＡだけでは説明ができなかった現象、たとえば発生、分化、がんや老化が、いまやエピジェネティクスの仕組みによって解明されつつある。

本書では、このようなエピジェネティクスにまつわる身近な話題をとてもわかりやすく紹介している。ガードン博士のカエルを使ったクローニングの実験からはじまって、山中伸弥博士のiPS細胞作成、一卵性双生児の違い、雄と雌の必要性から、精神疾患、老化、がん、女王バチにいたるまで、じつにさまざまな話題が収められている。本書を読み終えた読者の皆さんは、最終章の末文にあるようにエピジェネティクスによる革命が始まっていることを実感しているに違いない。

一般の読者に専門的な科学を紹介する著書は数多くあるが、それらと比べて本書が素晴らしいと思える点は、一見すると難しく思える事象を、巧みな比喩を使ってとてもわかりやすく説明しているところであろう。思い返してみたらおわかりのように、車の工場、映画、演劇の台本、レゴ・ブロック、クリスマスツリー、ゲーム、屋根の上に積んだレンガ、といった具合である。私たち研究者は、ふだん自分たちの成果を専門外の人にわかりやすく説明するのに苦労しており、本書のように比喩を使って説明する姿勢はとても参考になる。

著者であるネッサ・キャリー博士は、エディンバラ大学でウイルス学の博士号を取得し、インペリアル・カレッジ・ロンドンで分子生物学の上級講師を務めた後、バイオ系の製薬会社に10年間勤務しているときに本書の執筆をしている。研究者、講師、製薬会社という彼女のこれまでの経歴が、本書に大きな影響を与えたに違いない。先に触れた比喩もそのような彼女の経験によるところが大きいのだろう。最初の謝辞にあるように、本書はキャリー博士の処女作であり、渾身の力を込めて書かれた様子が随所に見られる。インタビューした研究者の数は30人近くに及び、いずれも第一線の研究者たちである。本書の中で紹介されている複数の研究者については、彼らの人物像がキャリー博士の目線でじつに表情豊かに描かれている。これも読者を魅了する本書の特徴だと思われる。

原著が出版されてからすでに数年が経っているが、エピジェネティクスの分野はさらに勢いを増して発展し続けている。ここで簡単に最近の動向を紹介してみたい。

まず本書の中で注記させていただいたように、本書が出版された1年後の２０１２年に、本書の予想どおりにジョン・ガードン博士と山中伸弥博士がノーベル生理学・医学賞を受賞している。また、ヒストンの修飾酵素を発見したデヴィッド・アリス博士は、２０１４年の日本国際賞（Japan Prize）を受賞している。

一方、エピジェネティクス研究はヒトゲノムプロジェクトに続く国家的なプロジェクトに変わりつつある。アメリカの国立衛生研究所が主導で推進した「エンコード（ENCODE: Encyclopedia of DNA Element）」プロジェクトでは、ヒストン修飾などの情報をもとにヒトゲノムの機能領域が推定され、じつに約80%が何らかの機能を持っていると報告されている。また、さまざまなヒトの組織のエピジェネティックな情報を統合的に解析した、エピゲノム・ロードマップ（Epigenome Roadmap）と呼ばれるプロジェクトの成果が２０１５年2月に「ネイチャー」誌で報告されている。さらに、国際ヒトエピゲノムコンソーシアム（IHEC: International Epigenome Consortium）と名づけられた組織が設立され、高精度のエピゲノム地図の作成が進められている。このIHECには文部科学省が支援する研究プロジェクトを通じて日本のチームも加わり、疾患に関連するヒト細胞のエピゲノムを１０００個以上解析することを目指して推進されている。

　このような国家規模の大きな研究の裏で、モデル生物を使った継代遺伝の分子機構の理解も進んでいる。本書でも紹介されているショウジョウバエ、線虫、植物をモデルとした研究によって、環境刺激に対する個体の応答がどのように次世代に伝えられるかの研究が進められている。これらの生物種ではＤＮＡのメチル化やヒストンの修飾が継代遺伝をつかさどる分子的な実体として寄与していることが多いが、私たち哺乳動物では配偶子形成の過程でこれらのエピジェネティック情報のほとんどは取り去られてリセットされてしまう。そのため、本書の第10章で紹介したような小さなＲＮＡが注目されている。ＤＮＡメチル化やヒストン修飾などのエピジェネティック情報と小さなＲＮＡを介した機構がどのように相互作用しているか、今後の研究の発展が楽しみである。

　本書の翻訳に際して、多くの方のお世話になった。翻訳原稿を丁寧にチェックしていただいた朝日新聞仙台総局の小宮山亮磨様、東京大学大学院総合文化研究科の太田邦史教授の両氏に深く感謝したい。そして、訳文を何度も通読しチェックし尽力してくれた丸善出版株式会社の米田裕美さんに深くお礼申し上げる。本書はこれらの方々の協力なしには出版できなかったことを、ここで記させていただきたい。

２０１５年6月

中山潤一

索引

人名索引

事項索引

あ行

か行

さ行

た行

な・は行

ま・や・ら行

用語解説

CpG DNAの中でグアニンヌクレオチドが後に続くシトシンヌクレオチド。CpGモチーフのCはメチル化を受け得る。

DNA複製 DNAをコピーして新しく同じ配列のDNAを合成すること。

DNMT DNAメチル化酵素。DNA中のシトシンの塩基にメチル基を付加する酵素。

ES細胞 胚性幹細胞。内部細胞塊（ICM）から実験的に取り出した多能性細胞。

HDAC ヒストン脱アセチル化酵素。ヒストンタンパク質からアセチル基を取り除く酵素。

iPS細胞 人工（誘導）多能性幹細胞。特別な遺伝子によって、最終分化した細胞を多能性細胞に戻すことでつくり出される。

kb キロベース。1000塩基対。

miRNA マイクロRNA。DNAからコピーされるが、タンパク質をコードしていない小さなRNA分子。miRNAはncRNAの一部。

mRNA メッセンジャーRNA。DNAからコピーされ、タンパク質をコードしている。

ncRNA 非コードRNA。DNAからコピーされ、タンパク質をコードしていない。

一卵性双生児 初期胚が二つに分かれたことによって生まれた双子。

一致（双生児の） 遺伝的に同一な2個体が表現型的に一致する程度。

イントロン 遺伝子の中で、最終的なmRNAコピーをつくる際に取り除かれる部分をコードしている領域のこと。

インプリンティング ある遺伝子の発現が、母親あるいは父親に由来するかによって変化する現象。

エキソン 遺伝子の中で、最終的なmRNAコピーに存在する部分をコードしている領域のこと。すべてではないが、ほとんどのエキソンは、その遺伝子から産生される最終的なタンパク質のアミノ酸をコードしている。

エピゲノム DNAゲノムとそれに結合するタンパク質におけるエピジェネティック修飾の総体。

確率的変動 ランダムな変化や変動。

片親ダイソミー　対となる染色体を、1本ずつそれぞれの親から受け継ぐのではなく、両方とも片親から受け継いだ状態。たとえば、11番染色体の母性片親ダイソミーとは、11番染色体の両方のコピーが母親から受け継いだことを意味する。

クロマチン　DNAとそれに結合するタンパク質、特にヒストンタンパク質からなる複合体。

継代遺伝　ある世代の表現型の変化が、遺伝暗号の変化を伴わずに次の世代に受け継がれる現象のこと。

ゲノム　細胞の核に含まれる全DNA。正確には、卵や精子などの半数体の全DNAを指す。

始原生殖細胞　発生初期につくり出される特殊化した細胞で、将来配偶子を生み出す。

受精卵（接合子）　卵と精子が結合して生じた全能性細胞。

春化　植物が開花する前に寒冷期を必要とする過程。

常染色体　性染色体ではない染色体のこと。ヒトの常染色体は22対存在する。

神経伝達物質　1個の脳細胞からつくられる化学物質で、他の脳細胞に作用してそのふるまいを変化させる。

生殖細胞系列　遺伝情報を親から子へ受け渡す細胞群。卵や精子（とその前駆細胞）のこと。

性染色体　哺乳動物ではX染色体とY染色体のことで、性決定をつかさどる。通常、雌がX染色体を2本、雄がX染色体とY染色体を1本ずつ持つ。

前核　精子あるいは卵の核のことで、精子が卵と結合した後、それぞれの核が融合する前の状態の核を指す。

全能性　体と胎盤を構成するすべての細胞を生み出す細胞の能力のこと。

体細胞　体を構成する細胞。

体細胞核移植（SCNT）　成熟した細胞の核を他の細胞、通常受精卵に移植すること。

体細胞突然変異　体細胞で起きる突然変異のことで、精子あるいは卵を介して遺伝する変異とは異なる。

多能性　他のほとんどの細胞種を生み出せる能力のこと。一般的に、多能性な哺乳動物細胞は体のすべての細胞を生み出すが、胎盤の細胞を生み出すことはできない。

転写　DNAをコピーしてRNAを生み出すこと。

内部細胞塊（ICM）　初期胚盤胞の内部に存在し、のちに体のすべての細胞を生み出す多能性細胞。

ヌクレオソーム　特別な8個のヒストンタンパク質と、それらに巻きついたDNAとの組み合わせ。

配偶子　卵、あるいは精子のこと。

胚盤胞　約100個の細胞から構成される、かなり初期段階の哺乳動物の胚のこと。胚盤胞は、中空のボールのような形を形成して、のちに胎盤になる細胞群と、その内部に小さく密に集まって存在し、のちに胚の体を生み出す細胞群からなる。

ヒストン　DNAと強く結合している球状タンパク質であり、エピジェネティックな修飾を受ける。

表現型　外見から判断できる個体の特徴あるいは形質。

不一致（双生児の）　遺伝的に同一な2個体が表現型的に異なる程度。

プロモーター　遺伝子の前に存在し、遺伝子のスイッチをオンにするかを制御する領域。

レトロトランスポゾン　タンパク質をコードせずゲノムの別の場所に移動することができる特別なDNA断片。ウイルスに由来するDNAと考えられている。

参考文献

はじめに

1. ヒトゲノム解読についての数々の声明については以下参照：
   http://news.bbc.co.uk/1/hi/sci/tech/807126.stm
2. 統合失調症の症状や、患者と家族への影響、関連する統計については以下参照：
   www.schizophrenia.com

1章

1. http://www.britishlivertrust.org.uk/home/the-liver.aspx
2. http://www.wellcome.ac.uk/News/2010/Features/WTX063605.htm
3. *The Scientist Speculates*, ed. Good, I.J. (1962), published by Heinemann の中から引用
4. リプログラミングの研究に関する重要な論文：
   Gurdon et al. (1958) *Nature* 182 : 64–5 ;
   Gurdon (1960) *J Embryol Exp Morphol.* 8 : 505–26 ;
   Gurdon (1962) *J Hered.* 53 : 5–9 ;
   Gurdon (1962) *Dev Biol.* 4 : 256–73 ;
   Gurdon (1962) *J Embryol Exp Morphol.* 10 : 622–40.
5. Waddington, C. H. (1957), *The Strategy of the Genes*, published by Geo Allen & Unwin.
6. Campbell et al. 1996 *Nature* 380 : 64–6.

2章

1. 当時の状況を理解するのに役立つ総説：Rao, M. (2004) *Dev Biol.* 275 : 269–86.
2. Takahashi and Yamanaka (2006), *Cell* 126 : 663–76.
3. Pang et al. (2011), *Nature* online publication May 26.
4. Alipio et al. (2010), *Proc Natl Acad Sci USA* 107 : 13426–31.
5. Nakagawa et al. (2008), *Nat Biotechnol.* 26 : 101–6.
6. 例となる論文：Baharvand et al. (2010) *Methods Mol Biol.* 584 : 425–43.
7. Gaspar and Thrasher (2005), *Expert Opin Biol Ther.* 5 : 1175–82.
8. Lapillonne et al. (2010), *Haematologica* 95 : 1651–9.

3章

1. ゲノムに関する豊富で有用な事実と特徴については以下参照：

http://genome.wellcome.ac.uk/doc_WTD020745.html

2. Schoenfelder et al. (2010), *Nat Genet.* 42 : 53–61.

4 章

1. Kruczek and Doerfler (1982), *EMBO J.* 1 :409–14.
2. Bird et al. (1985), *Cell* 40 : 91–99.
3. Lewis et al. (1992), *Cell* 69 : 905–14.
4. Nan et al. (1998), *Nature* 393 : 386–9.
5. MeCP2 の働きについての最近の総説：Adkins and Georgel (2011), *Biochem Cell Biol.* 89 : 1–11.
6. Guy et al. (2007), *Science* 315 : 1143–7.
7. http://www.youtube.com/watch?v=RyAvKGmAElQ&feature=related
8. 1996 年にアリス研究室から報告された最も重要な論文：
   Brownell et al. (1996), *Cell* 84 : 843–51 ;
   Vettese-Dadey et al. (1996), *EMBO J.* 15 : 2508–18 ;
   Kuo et al. (1996), *Nature* 383 : 269–72.
9. この分野の最先端の研究者による優れた総説：
   Kouzarides, T. (2007) *Cell* 128 : 693–705.
10. Jenuwein and Allis (2001), *Science* 293 : 1074–80.
11. Ng et al. (2010), *Nat Genet.* 42 : 790–3.
12. Laumonnier et al. (2005), *J Med Genet.* 42 : 780–6.

5 章

1. Fraga et al. (2005), *Proc Natl Acad Sci USA* 102 : 10604–9.
2. Ollikainen et al. (2010), *Human Molecular Genetics* 19 : 4176–88.
3. http://www.pbs.org/wgbh/evolution/library/04/4/l_044_02.html
4. http://www.evolutionpages.com/Mouse%20genome%20home.htm
5. Gartner, K. (1990), *Lab Animal* 24:71–7.
6. Whitelaw et al. (2010), *Genome Biology.*
7. Tobi et al. (2009), *HMG.*
8. Kaminen-Ahola et al. (2010).

6 章

1. もっと知りたい読者はアーサー・ケストラーのとても読みやすい、ただしかなり党派的な本を読んでみるとよい：*The Case of the Midwife Toad.*

2. Lumey et al. (1995), *Eur J Obstet Reprod Biol.* 61 : 23–20.
3. Lumey (1998), *Proceedings of the Nutrition Society* 57 : 129–135.
4. Kaati et al. (2002), *EJHG* 10 : 682–688.
5. Morgan et al. (1999), *Nature* 23 : 314–8.
6. Wolff et al. (1998), *FASEB J* 12 : 949–957.
7. Rakyan et al. (2003), *PNAS* 100 : 2538–2543.
8. 世界がん研究基金 (World Cancer Research Fund) から図を引用
9. www.nhs.uk
10. Waterland et al. (2007), *FASEB J* 21 : 3380–3385.
11. Ng et al. (2010), *Nature* 467 : 963–966.
12. Carone et al. (2010) *Cell* 143 : 1084–1096.
13. Anway et al. (2005) *Science* 308 : 1466–1469.
14. Guerroro-Bosagna et al. (2010), *PLoS One* : 5.

7 章

1. Surani, Barton and Norris (1984), *Nature* 308 : 548–550.
2. Barton, Surani and Norris (1984), *Nature* 311 : 374–376.
3. Surani, Barton and Norris (1987), *Nature* 326 : 395–397.
4. McGrath and Solter (1984), *Cell* 37 : 179–183.
5. Cattanach and Kirk (1985), *Nature* 315 : 496–498.
6. Hammoud et al. (2009) *Nature* 460 : 473–478.
7. Reik et al. (1987), *Nature* 328 : 248–251.
8. Sapienza et al. (1987), *Nature* 328 : 251–254.
9. Rakyan et al. (2003), *PNAS* 100 : 2538–2543.

8 章

1. Surani, Barton and Norris (1984), *Nature* 308 : 548–550.
2. Barton, Surani and Norris (1984), *Nature* 311 : 374–376.
3. Surani, Barton and Norris (1987), *Nature* 326 : 395–397.
4. Cattanach and Kirk (1985), *Nature* 315 : 496–8.
5. De Chiara et al. (1991), *Cell* 64 : 845–859.
6. Barlow et al. (1991), *Nature* 349 : 84–87.
7. 次の総説を参照：Butler (2009), *Journal of Assisted Reproduction and Genetics* : 477–486.
8. Prader, A., Labhart, A. and Willi, H. (1956), *Schweiz. Med. Wschr.* 86 : 1260–1261.
9. http://www.ncbi.nlm.nih.gov/omim/176270

10. Angelman, H. (1965), 'Puppet children': a report of three cases. *Dev. Med. Child Neurol.* 7: 681–688.
11. http://www.ncbi.nlm.nih.gov/omim/105830
12. Knoll et al. (1989), *American Journal of Medical Genetics* 32: 285–290.
13. Nicholls et al. (1989), *Nature* 342: 281–185.
14. Malcolm et al. (1991), *The Lancet* 337: 694–697.
15. Wiedemann (1964), *J Genet Hum.* 13: 223.
16. Beckwith (1969), *Birth Defects* 5: 188.
17. http://www.ncbi.nlm.nih.gov/omim/130650
18. Silver et al. (1953), *Pediatrics* 12: 368–376.
19. Russell (1954), *Proc Royal Soc Medicine* 47: 1040–1044.
20. http://www.ncbi.nlm.nih.gov/omim/180860
21. 有用な総説：Gabory et al. (2010), *BioEssays* 32: 473–480.
22. Frost & Moore (2010), *PLoS Genetics* 6 e1001015.
23. Ohinata et al. (2005), *Nature* 436: 207–213.
24. Buiting et al. (2003), *American J Human Genet.* 72: 571–577.
25. Hammoud et al. (2009), *Nature* 460: 473–478.
26. OOi et al. (2007), *Nature* 448: 714–717.
27. Stadtfeld et al. (2010), *Nature* 465: 175–81.
28. 有用な総説：Butler (2009), *J Assist Reprod Genet.* 26: 477–486.
29. Kono et al. (2004), *Nature* 428: 860–864.
30. Blewitt et al. (2006), *PLoS Genetics* 2: 399–405.
31. 以下記事の例：http://www.guardian.co.uk/uk/2010/aug/04/cloned-meat-british-bulls-fsa?INTCMP=SRCH
32. 最近の総説：Bukulmez, O. (2009) *Curr Opin Obstet Gynecol.* 21: 260–4.

9章

1. Jager et al. (1990), *Nature* 348: 452–4.
2. Margarit et al. (2000), *Am J Med Genet.* 90: 25–8.
3. 優れた総説：Graves (2010), *Placenta, Supplement A Trophoblast Research* 24: S27–S32.
4. Lyon, M. F. (1961), *Nature* 190: 372–373.
5. Lyon, M. F. (1962), *American Journal of Human Genetics* 14: 135–148.
6. 有用な総説：Okamoto and Heard (2009), *Chromosome Res.* 17: 659–69.
7. McGrath and Solter (1984), *Cell* 37: 179–83.
8. Cattanach and Isaacson (1967), *Genetics* 57: 231–246.

9. Rastan and Robertson (1985), *J Embryol Exp Morphol.* 90: 379–88.
10. Brown et al. (1991), *Nature* 349: 38–44.
11. Borsani et al. (1991), *Nature* 351: 325–329.
12. Brown et al. (1992), *Cell* 71: 527–542.
13. Brockdorff et al. (1992), *Cell* 71: 515–526.
14. Borsani et al. (1991), *Nature* 351: 325–329.
15. 優れた総説：Lee, J. T. (2010) *Cold Spring Harbor Perspectives in Biology* 2 a003749.
16. Lee et al. (1996), *Cell* 86: 83–84.
17. Xu et al. (2006), *Science* 311: 1149–52.
18. Lee et al. (1999), *Nature Genetics* 21: 400–404.
19. Navarro et al. (2008), *Science* 321: 1693–1695.
20. Maherali et al. (2007), *CellSeell* 1: 55–70.
21. Zonana et al. (1993), *Amer J Human Genetics* 52: 78–84.
22. http://www.ncbi.nlm.nih.gov/omim/305100
23. 以下の総説を参照：Pinto et al. (2010), *Orphanet Journal of Rare Diseases* 5: 14–23.
24. http://www.ncbi.nlm.nih.gov/omim/310200
25. Pena et al. (1987), *J Neurol Sci.* 79: 337–344.
26. Gordon (2004), *Science* 306: 496–499.
27. 性染色体の進化に関する優れた総説：Graves (2010), *Placenta Supplement A Trophoblast Research* 24: S27–S32.
28. Rao et al. (1997), *Nature Genetics* 16: 54–63.

10章

1. From *Scientific Autobiography and Other Papers* (1950).
2. Mulder et al. (1975), *Cold Spring Harb Symp Quant Biol.* 39: 397–400.
3. Ohno (1972), *Brookhaven Symposia in Biology* 23: 366–370.
4. Orgel and Crick (1980), *Nature* 284: 604–607 を参照
5. Doolittle and Sapienza (1980), *Nature* 284: 601–603 を参照
6. Mattick (2009), *Annals N Y Acad Sci.* 1178: 29–46.
7. http://genome.wellcome.ac.uk/node30006.html
8. http://wiki.wormbase.org/index.php/WS205
9. 脳の非コード RNA に関する有用な総説：Qureshi et al. (2010), *Brain Research* 1338: 20–35.
10. Clark and Mattick (2011), *Seminars in Cell and Developmental Biology*, 22: 366–376.
11. Carninci et al. (2005), *Science* 309: 1559–1563.

12. Nagano et al. (2008), *Science* 322 : 1717–1720.
13. Zhao et al. (2010), *Molecular Cell* 40 : 939–953.
14. Garber et al. (1983), *EMBO J.* 2 : 2027–36.
15. Rinn et al. (2007), *Cell* 129 : 1311–1323.
16. Orom et al. (2010), *Cell* 143 : 46–58.
17. Lee et al. (1993), *Cell* 75 : 843–854.
18. Wightman et al. (1993), *Cell* 75 : 858–62.
19. miRNA に関する優れた総説：Bartel (2009), *Cell* 136 : 215–233.
20. Mattick, J. S. (2010), *BioEssays* 32 : 548–552.
21. *Chimpanzee Sequencing and Analysis Consortium* (2005), *Nature* 437 : 69–87.
22. Athanasiasdis et al. (2004), *PLoS Biol* 2 : e391.
23. Paz-Yaacov et al. (2010), *Proc Natl Acad Sci USA* 107 : 12174–9.
24. Melton et al. (2010), *Nature* 463 : 621–628.
25. Yu et al. (2007), *Science* 318 : 1917–20.
26. Marson et al. (2008), *Cell* 134 : 521–33.
27. Judson et al. (2009), *Nature Biotechnology* 27 : 459–461.
28. Pauli et al. (2011), *Nature Reviews Genetics* 12 : 136–149 の総説を参照.
29. Giraldez et al. (2006), *Science* 312 : 75–79.
30. West et al. (2009), *Nature* 460 : 909–913.
31. Vagin et al. (2009), *Genes Dev.* 23 : 1749–62.
32. Deng and Lin (2002), *Developmental Cell* 2 : 819–830.
33. Aravin et al. (2008), *Molecular Cell* 31 : 785–799.
34. Kuramochi-Miyagawa et al. (2008), *Genes and Development* 22 : 908–917.
35. Reviewed in Mattick et al. (2009), *BioEssays* 31 : 51–59.
36. Wagner et al. (2008), *Dev Cell.* 14 : 962–9.
37. Lewejohann et al. (2004), *Behav Brain Res* 154 : 273–89.
38. Clop et al. (2006), *Nature Genetics* 38 : 813–818.
39. Abelson et al. (2005), *Science* 310 : 317–320.
40. http://www.ncbi.nlm.nih.gov/omim/188400
41. Strak et al. (2008), *Nature Genetics* 40 : 751–760.
42. Calin et al. (2004), *Proc Nat Acad Sci USA* 101 : 2999–3004.
43. Volinia et al. (2006), *Proc Natl Acad Sci USA* 103 : 2257–2261.
44. miRNA とがん治療に関する有用な総説：Garzon et al. (2010), *Nature Reviews Drug Discovery* 9 : 775–789.
45. Melo et al. (2009), *Nature Genetics* 41 : 365–370.

11 章

1. Karon et al. (1973), *Blood* 42 : 359–65.
2. Constantinides et al. (1977), *Nature* 267 : 364–366.
3. Taylor and Jones (1979), *Cell* 17 : 771–779.
4. Jones (2011), *Nature Cell Biology* 13 : 2.
5. Jones and Taylor (1980), *Cell* 20 : 85–93.
6. Santi et al. (1983), *Cell* 33 : 9–10.
7. Ghoshal et al. (2005), *Molecular and Cellular Biology* 25 : 4727–4741.
8. Kuo et al. (2007), *Cancer Research* 67 : 8248–8254.
9. SAHA の開発についての素晴らしい経緯を紹介した論文：Marks and Breslow (2007), *Nature Biotechnology* 25 : 84–90.
10. Friend et al. (1971), *Proc Natl Acad Sci USA* 68 : 378–382.
11. Richon et al. (1996), *Proc Natl Acad Sci USA* 93 : 5705–5708.
12. Yoshida et al. (1990), *Journal of Biological Chemistry* 265 : 17174–17179.
13. Richon et al. (1998), *Proc Natl Acad Sci USA* 95 : 3003–3007.
14. Herman et al. (1994), *Proc Natl Acad Sci USA* 91 : 9700–9704.
15. Esteller et al. (2000), *J National Cancer Institute* 92 : 564–569.
16. Toyota et al. (1999), *Proc Natl Acad Sci USA* 96 : 8681–8686.
17. Lu et al. (2006), *Oncogene* 25 : 230–9.
18. Gery et al. (2007), *Clin Cancer Res.* 13 : 1399–404.
19. 遺伝子治療が有効であることが示されている病気に関する最近の総説：
Ferrua et al. (2010), *Curr Opin Allergy Clin Immunol.* 10 : 551–6.
20. Kantarjian et al. (2006), *Cancer* 106 : 1794–1803.
21. Silverman et al. (2002), *J Clin Oncol.* 20 : 2429–2440.
22. Duvic et al. (2007), *Blood* 109 : 31–39.
23. www.cancer.gov/clinicaltrials/search/results?protocolsearchid=8828355
24. www.lifesciencesworld.com/news/view/11080
25. http://www.masshightech.com/stories/2008/04/21/story1-Epigenetics-isthe-word-on-bio-investors-lips.html
26. Vire et al. (2006), *Nature* 439 : 871–874.
27. Schlesinger et al. (2007), *Nature Genetics* 39 : 232–236.
28. Shi et al. (2004), *Cell* 29 : 119 ; 941–53.
29. Ooi et al. (2007), *Nature* 448 : 714–717.
30. Bachmann et al. (2006), *J Clin Oncology* 24 : 268–273.

31. Lim et al. (2010), *Carcinogenesis* 31 : 512–20.
32. Kondo et al. (2008), *Nature Genetics* 40 : 741–750.
33. Widschwendter et al. (2007), *Nature Genetics* 39 : 157–158.
34. Taby and Issa (2010), *CA Cancer J Clin.* 60 : 376–92.
35. Bernstein et al. (2006), *Cell* 125 : 315–326.
36. Ohm et al. (2007), *Nature Genetics* 39 : 237–242.
37. Fabbri et al. (2007), *Proc Natl Acad Sci USA* 104 : 15805–10.

12 章

1. 最近の総説：Heim et al. (2010), *Dev Psychobiol.* 52 : 671–90.
2. Yehuda et al. (2001), *Dev Psychopathol.* 13 : 733–53.
3. Heim et al. (2000), *JAMA* 284 : 592–7.
4. Lee et al. (2005), *Am J Psychiatry* 162 : 995–997.
5. Carpenter et al. (2004), *Neuropsychopharm.* 29 : 777–784.
6. Weaver et al. (2004), *Nature Neuroscience* 7 : 847–854.
7. Murgatroyd et al. (2009), *Nature Neuroscience* 12 : 1559–1565.
8. Skene et al. (2010), *Mol Cell* 37 : 457–68.
9. McGowan et al. (2009), *Nature Neuroscience* 12 : 342–248.
10. http://www.who.int/mental_health/management/depression/definition/en/
11. Uchida et al. (2011), *Neuron* 69 : 359–372 の総説を参照.
12. Uchida et al. (2011), *Neuron* 69 : 359–372.
13. Elliott et al. (2010), *Nature Neuroscience* 13 : 1351–1353.
14. Uchida et al. (2011), *Neuron* 69 : 359–372.
15. うつ病の動物モデルに関する有用な総説：
Nestler and Hyman (2010), *Nature Neuroscience* 13 : 1161–1169.
16. Uchida et al. (2011), *Neuron* 69 : 359–372.
17. Weaver et al. (2004), *Nature Neuroscience* 7 : 847–854.
18. 例として次のインタビュー記事を参照：Buchen (2010), *Nature* 467 : 146–148.
19. Mayer et al. (2000), *Nature* 403 : 501–502.
20. Tahiliani et al. (2009), *Science* 324 : 30–5.
21. Globisch et al. (2010), *PLoS One* 5 : e15367.
22. DNA メチル化と記憶の形成に関する有用な総説：
Day and Sweatt (2010), *Nature Neuroscience* 13 : 1319–1329.
23. Korzus et al. (2004), *Neuron* 42 : 961–972.
24. Alarcon et al. (2004), *Neuron* 42 : 947–959.

25. MacDonald and Roskams (2008), *Dev Dyn.* 237 : 2256–2267.
26. Guan et al. (2009), *Nature* 459 : 55–60.
27. Fischer et al. (2007), *Nature* 447 : 178–182.
28. Im et al. (2010), *Nature Neuroscience* 13 : 1120–1127.
29. Deng et al. (2010), *Nature Neuroscience* 13 : 1128–1136.
30. Garfield et al. (2011), *Nature* 469 : 534–538.

13 章

1. http://www.isaps.org/uploads/news_pdf/Raw_data_Survey2009.pdf
2. Aubert and Lansdorp (2008), *Physiological Reviews* 88 : 557–579.
3. 寿命の延長に対する一般大衆の意識調査についての総説：
Partridge et al. (2010), *EMBO Reports* 11 : 735–737.
4. Bjornsson et al. (2008), *Journal of the American Medical Association* 299 : 2877–2883.
5. Gaudet et al. (2003), *Science* 300 : 488–492.
6. Eden et al. (2003), *Science* 300 : 455.
7. 老化過程で起きるエピジェネティック修飾の変化に関する有用な総説：
Calvanese et al. (2009), *Ageing Research Reviews* 8 : 269–276.
8. Kennedy et al. (1995), *Cell* 80 : 485–496.
9. Kaeberlein et al. (1999), *Genes and Development* 13 : 2570–2580.
10. Dang et al. (2009), *Nature* 459 : 802–807.
11. Tissenbaum and Guarente (2001), *Nature* 410 : 227–230.
12. Rogina and Helfand (2004), *Proceedings of the National Academy of Sciences USA* 101 : 15998–16003.
13. Michishita et al. (2008), *Nature* 452 : 492–496.
14. Kawahara et al. (2009), *Cell* 136 : 62–74.
15. http://www.ncbi.nlm.nih.gov/omim/277700
16. Michishita et al. (2008), *Nature* 452 : 492–496.
17. McCay et al. (1935), *Nutrition* 5 : 155–71.
18. Reviewed in Kaeberlein and Powers (2007), *Ageing Research Reviews* 6 : 128–140.
19. Partridge et al. (2010), *EMBO Reports* 11 : 735–737.
20. Howitz et al. (2003), *Nature* 425 : 191–196.
21. Wood et al. (2004), *Nature* 430 : 686–689.
22. Baur et al. (2006), *Nature* 444 : 337–342.
23. Howitz et al. (2003), *Nature* 425 : 191–196.
24. Beher et al. (2009), *Chem Biol Drug Des.* 74 : 619–24.

25. Pacholec et al. (2010), *J Biol Chem* 285 : 8340–51.
26. Chaturvedi et al. (2010), *Chem Soc Rev.* 39 : 435–54 の総説を参照.
27. http://www.fiercebiotech.com/story/weak-efficacy-renal-risks-force-gsk-dump-resveratrol-program/2010-12-01

14 章

1. McCay et al. (1935), *Nutrition* 5 : 155–71.
2. 女王バチと働きバチの違いに関する有用な総説：Chittka and Chittka (2010), *PLoS Biology* 8 : e1000532.
3. ミツバチの発生に関する有用な概説：Maleszka (2008), *Epigenetics* 3 : 188–192.
4. Honeybee Genome Sequencing Consortium (2006), *Nature* 443 : 931–49.
5. Wang et al. (2006), *Science* 314 : 645–647.
6. Kucharski et al. (2008), *Science* 319 : 1827–1830.
7. Lyko et al. (2010), *PLos Biol* 8 : e1000506.
8. Spannhoff et al. (2011), *EMBO Reports* 12 : 238–243.
9. Lockett et al. (2010), *NeuroReport* 21 : 812–816.
10. Hunt et al. (2010), *Genome Biol Evol* 2 : 719–728.
11. Lyko et al. (2010), *PLos Biol* 8 : e1000506.
12. Bonasio et al. (2010), *Science* 329 : 1068–1071.
13. Izuta et al. (2009), *Evid Based Complement Alternat Med.* 6 : 489–94.

15 章

1. 春化に関する有用な総説：Dennis and Peacock (2009), *J Biol* 8 : article 57.
2. 春化のエピジェネティック制御に関する有用な総説：Ahmad et al. (2010), *Molecular Plant* 4 : 719–728.
3. Pien et al. (2008), *Plant Cell* 20 : 580–588.
4. Sung and Amasino (2004), *Nature* 427 : 159–164.
5. De Lucia et al. (2008), *Proc Natl Acad Sci USA* 105 : 16831–16836.
6. Heo and Sung (2011), *Science* 331 : 76–79.
7. Pant et al. (2008), *Plant J* 53 : 731–738.
8. Palauqui et al. (1997), *EMBO J* 16 : 4738–4745.
9. エピジェネティック修飾が植物で遺伝子発現を制御することを示した論文の例：Schubert et al. (2006), *EMBO J* 25 : 4638–4649.
10. Gehring et al. (2009), *Science* 324 : 1447–1451.
11. Hsieh et al. (2009), *Science* 324 : 1451–1454.

12. Mosher et al. (2009), *Nature* 460 : 283–286.
13. Slotkin et al. (2009), *Cell* 136 : 461–472.
14. Garnier et al. (2008), *Epigenetics* 3 : 14–20.
15. Zhang et al. (2010), *J Genet and Genomics* 37 : 1–12 の総説を参照.
16. Chan et al. (2005), *Nature Reviews Genetics* 6 : 351–360.
17. Cokus et al. (2008), *Nature* 452 : 215–219.

16 章

1. 爬虫類の性決定に関する最近の総説：Wapstra and Warner (2010), *Sex Dev.* 4 : 110–8.
2. Miller et al. (2004), *Fertil Steril* 81 : 954–64.
3. Watson, J. D. and Crick, F. H. C. (1953), *Nature* 171 : 737–738.
4. Cattanach and Isaacson (1967), *Genetics* 57 : 231–246.
5. 詳細な情報は次を参照：http://www.sienabiotech.com.
6. Mack, G. S. (2010), *Nat Biotechnol.* 28 : 1259–66.
7. MRC Vitamin Study Research Group (1991), *Lancet* 338 : 131–7.
8. Waterland et al. (2006), *Hum Mol Genet.* 15 : 705–16.
9. Reviewed in Calvanese et al. (2009), *Ageing Research Reviews* 8 : 268–276.
10. Reviewed in Guilloteau et al. (2010), *Res Rev.* 23 : 366–84.
11. Palsdottir et al. (2008), *PLoS Genet.* June 20, 4 : e1000099.
12. Abstract from Palsdottir et al. (2010), *Wellcome Trust Conference on Signalling to Chromatin Hinxton UK*
13. 脱アセチル化酵素の阻害薬が血管の筋細胞に影響を与えることを示した論文の例：Okabe et al. (1995), *Biol PharmBull.* 18 : 1665–70.
14. Nakahata et al. (2008), *Cell* 134 : 329–40.
15. Katada et al. (2010), *Nat Struct Mol Biol.* 17 : 1414–21.
16. Gregoretti et al. (2004), *J Mol Biol.* 338 : 17–31.

エピジェネティクス革命
―世代を超える遺伝子の記憶

平成 27 年 7 月 30 日　発　　行
平成 29 年 10 月 15 日　第 4 刷発行

訳　者　中　山　潤　一

発行者　池　田　和　博

発行所　丸善出版株式会社
〒101-0051 東京都千代田区神田神保町二丁目 17 番
編集：電話(03)3512-3265／FAX(03)3512-3272
営業：電話(03)3512-3256／FAX(03)3512-3270
http://pub.maruzen.co.jp/

装丁・桂川　潤
組版印刷・株式会社 精興社／製本・株式会社 松岳社

ISBN 978-4-621-08956-9 C0045　Printed in Japan